环 境 学

董玉瑛　白日霞　编著

科 学 出 版 社

北 京

内 容 简 介

本书对环境学的基本概念、基础知识、重要原理和前沿动态做了详尽论述。从环境史切入，以环境问题为主线，围绕大气、水、土壤和生物等主要环境要素在人类活动影响下所引起的各种环境污染和生态破坏问题展开系统分析；以凝练环境风险分析、质量评价、保护技术及综合防治对策相关内容的信息为手段，使读者更为直接和全面地了解、掌握环境问题的本质和解决方案；并对气溶胶污染、微生物耐药性及其传播、毒地、臭味、内分泌干扰物质等环境领域的新型热点问题进行了探讨。解读"气十条"、"水十条"和"土十条"等全方位环境保护大战略及现阶段"巩固气、突破水、研究土"要求的深刻含义，培养解决环境问题综合策略的逻辑分析能力。每章后还包含与章节内容相关、提升对环境问题深刻理解的双语助力站，以及重要知识点和典型案例的讲解视频。

本书可作为高等学校环境类专业环境学课程的教学用书，也可作为环境类相关专业的教辅用书和研究生入学考试参考用书，还可作为非环境专业学生的选修课教材及从事环境保护工作的专业人员参考用书。

图书在版编目（CIP）数据

环境学 / 董玉瑛，白日霞编著. —北京：科学出版社，2019.1

ISBN 978-7-03-058997-2

Ⅰ. ①环… Ⅱ. ①董… ②白… Ⅲ. ①环境科学－高等学校－教材 Ⅳ. ①X

中国版本图书馆 CIP 数据核字（2018）第 227027 号

责任编辑：赵晓霞 宁 倩 / 责任校对：杨 赛
责任印制：赵 博 / 封面设计：陈 敬

科学出版社出版
北京东黄城根北街 16 号
邮政编码：100717
http://www.sciencep.com
北京厚诚则铭印刷科技有限公司印刷
科学出版社发行 各地新华书店经销
*
2019 年 1 月第 一 版 开本：787×1092 1/16
2024 年12月第十次印刷 印张：18 3/8
字数：450 000

定价：59.00 元

（如有印装质量问题，我社负责调换）

序

《环境学》一书从公害事件、重要里程碑、国际环境公约、国际环境日主题等方面对环境史进行了较全面的总结；阐述了全球变暖、臭氧空洞、内分泌干扰物污染等热点环境问题的综合防治策略，以及近年来提出的海洋微塑料污染、微生物耐药性传播、臭气污染、新型污染物和新兴技术评价等前沿环境问题。针对环境问题及其防治的信息图有助于读者了解环境问题的发生和发展，掌握环境科学的基本知识、生态保护和污染防治的基本原理和技术。书中也包含了“气十条”“水十条”“土十条”环境保护措施的相关内容，对于宣传加强环境保护工作，实践全方位环境保护大战略具有积极的促进作用。

该书紧紧以环境问题为主要线索展开，重视“点—线—面—管”一体化课程建设，不但涉及环境保护基础知识、环境污染微观方面的成因分析及污染后治理技术等方面，同时总结解决环境问题的综合策略，将知识传授和全人教育理念融入课程。

该书是对作者坚持实践浓缩方法和思维训练、融合知识—能力—素质一体化发展的可持续教育、教学理念的具体写实。相信该书的出版也是对立体化教材建设的实践和推进，可在环境及相关专业人才培养方面发挥重要作用。

大连理工大学　环境学院

2018 年 5 月 7 日

序

前　言

本书初稿是与辽宁省精品资源共享课“环境学”建设同步完成的，并经过了将近 5 年的教学实践。本书阐述了环境问题的发生和发展；探讨了人类活动所引发的大气、水、土壤、生物等各介质中的环境问题；分析了环境问题的原因和危害；总结和集成了环境问题综合防治策略。环境问题不但包含酸雨、全球变暖、富营养化、农药残留、危险固体废弃物等典型环境污染问题，也包含内分泌干扰物质、气溶胶、微塑料、臭味、微生物耐药性传播等环境领域的热点问题。本书将基础知识、案例分析、知识图谱、扩展阅读、双语精讲等板块与教学中知识传授、问题启发、解决途径、系统总结等模块设计有机结合，同时辅以重要知识点和典型案例的讲解视频，在实践应用中得到环境、材料和化工专业，以及全校公选课学生的广泛认可。读者可扫描二维码 点击“多媒体”查看本书的讲解视频。

本书围绕环境问题“是什么（What）—为什么（Why）—怎么办（How）”的分析线索展开，旨在为实现知识—素质—能力一体化融合式发展的传播目标提供支撑材料；同时穿插信息丰富的图文，旨在突出科研服务教学下的知识创新和运用；剖析环境问题解决综合策略始终贯穿于五律协同原理的灵活运用，并进一步衍生化，形成了“过程思考（Think processes）—系统分析（Be systematic）—灵活应用（Be flexible）—习惯坚持（Be persistent）—坚定信心（Be confident）”解决问题的逻辑思维模式，有助于激发读者的联想和创新思维，同步启发做人做事的思考，培养学生的社会责任意识。

本书由董玉瑛教授和白日霞教授设计、统稿和总撰，课题组研究生方政、赵晶晶、孙国权、苑承禹和于一鸣参加了 6 个月的编写工作。相关资料整理和编写人员分工：董玉瑛、方政、葛辉（第 1、2、4 章），董玉瑛、赵晶晶、杨宝灵（第 3、5 章），董玉瑛、于一鸣（第 6 章），白日霞、孙国权、邹学军（第 7、8、9 章），白日霞、苑承禹、宋彦涛（第 10、11 章）。重要知识点和典型案例的讲解视频由课题组研究生倪焕博、刘思彤和杨勇强完成制作。上海大学雷炳莉博士、浙江师范大学尉小旋博士和河北工程大学马静讲师参与了相关章节的组织和审阅工作。陈景文教授审读了书稿，并提出了修改意见。感谢大家的辛勤付出！

由于作者水平有限，加之本书内容涉及领域广泛，书中难免存在不当之处，敬请广大读者批评指正。

作　者

2018 年 5 月

前言

目　录

序
前言
第 1 章　绪论……1
1.1　环境史概述……1
1.1.1　环境问题的发生与发展……1
1.1.2　20 世纪十大公害事件……2
1.1.3　环境史重要里程碑……5
1.1.4　面对环境问题的极端态度……7
1.1.5　可持续发展战略……8
课外阅读：当代影响较大的环境事件……8
1.2　环境科学的发展……9
1.2.1　环境科学的提出……9
1.2.2　环境科学分支结构……10
1.2.3　我国环境保护工作进程……11
1.3　国际环境公约……13
1.4　双语助力站……15
1.4.1　黑天鹅……15
1.4.2　灰犀牛……16
第 2 章　全球环境问题……17
2.1　全球变暖……17
2.1.1　全球变暖的趋势……18
2.1.2　全球变暖成因……18
2.1.3　全球变暖造成的影响……19
课外阅读：我国已参与全球气候框架国际行动……21
2.2　臭氧空洞……22
2.2.1　臭氧空洞的发现……22
2.2.2　臭氧空洞形成机制……22
2.2.3　臭氧空洞的危害……24
2.3　内分泌干扰物……25
2.3.1　内分泌干扰物的分类……25
2.3.2　内分泌干扰物的危害……26
课外阅读：国外环境内分泌干扰物管控现状……27

2.4 解决环境问题的根本途径……28
2.4.1 五律协同原理……28
2.4.2 全球变暖防治策略……29
2.4.3 臭氧空洞防治策略……30
2.4.4 内分泌干扰物防治策略……31
2.5 双语助力站……32
2.5.1 囚徒困境……32
2.5.2 纪录片《难以忽视的真相》……33
2.5.3 解决环境问题的综合策略……35
第 3 章 大气环境问题……36
3.1 大气环境概述……36
3.1.1 大气层结构……37
3.1.2 大气边界层主要特征……39
3.1.3 大气污染和大气污染物……40
3.2 气溶胶污染……42
3.2.1 气溶胶及其相关特性……42
3.2.2 气溶胶污染危害……43
3.2.3 气溶胶污染源与汇……44
3.2.4 气溶胶污染控制对策……45
课外阅读：穹顶之下……46
3.3 酸沉降……49
3.3.1 酸沉降的定义……49
3.3.2 酸雨形成的机制及影响因素……49
3.3.3 酸雨的危害……50
3.3.4 酸雨的防治对策……51
3.4 光化学烟雾……52
3.4.1 光化学烟雾的形成条件及判定……53
3.4.2 光化学烟雾的危害……55
3.4.3 光化学烟雾的防治对策……56
课外阅读：大气污染物处理技术……59
3.5 “气十条”解读……61
3.5.1 总体要求……61
3.5.2 工作目标……62
3.5.3 主要指标……62
3.5.4 具体要求……62
3.6 双语助力站……64
3.6.1 烟雾事件……64
3.6.2 APEC 蓝……66

第 4 章　水环境问题 ······ 68
4.1　水环境概述 ······ 68
4.1.1　水体的多介质组成 ······ 68
4.1.2　主要水体污染物类型 ······ 69
4.1.3　主要水污染指标 ······ 71
课外阅读：他山之石——国外跨界水体治理 ······ 73
4.2　水资源合理开发与利用 ······ 74
4.2.1　我国水资源的现状及主要问题 ······ 74
4.2.2　水资源合理开发与利用综合策略 ······ 75
4.2.3　国外水资源开发利用的先进经验 ······ 77
课外阅读：中水回用 ······ 78
4.3　水体富营养化 ······ 79
4.3.1　水体富营养化的成因 ······ 79
4.3.2　水体富营养化的危害 ······ 80
4.3.3　水体富营养化的防治 ······ 81
4.4　水中有毒有害物质污染 ······ 83
4.4.1　水体优先污染物的确定 ······ 84
4.4.2　持久性有机污染物 ······ 85
4.4.3　重金属 ······ 90
4.4.4　新型污染物 ······ 95
4.5　海洋污染 ······ 99
4.5.1　海洋污染来源 ······ 100
4.5.2　海洋污染物类型 ······ 100
4.5.3　海洋污染治理措施 ······ 102
课外阅读：海洋微塑料污染现状 ······ 102
4.6　“水十条”解读 ······ 103
4.6.1　总体要求 ······ 104
4.6.2　工作目标 ······ 104
4.6.3　主要指标 ······ 105
4.6.4　具体要求 ······ 105
4.7　双语助力站 ······ 110
4.7.1　全球蒸馏 ······ 110
4.7.2　新型污染物 ······ 112
第 5 章　土壤环境问题 ······ 114
5.1　土壤环境概述 ······ 114
5.1.1　土壤的结构和组成 ······ 114
5.1.2　土壤的性质 ······ 118
5.1.3　土壤污染特点及污染类型 ······ 120

5.2 农药污染问题 …… 122
5.2.1 农药污染土壤的主要途径及原因 …… 123
5.2.2 主要的农药类型 …… 123
5.2.3 农药污染对土壤的影响 …… 125
5.2.4 农药污染土壤的修复及综合治理对策 …… 125
5.3 重金属污染问题 …… 127
5.3.1 土壤重金属污染的危害 …… 128
5.3.2 土壤重金属污染的来源及特性 …… 129
5.3.3 土壤重金属污染的评价方法 …… 130
5.3.4 重金属汞污染 …… 134
5.3.5 重金属砷污染 …… 135
5.3.6 重金属镉污染 …… 137
5.4 土地荒漠化问题 …… 140
5.4.1 土地荒漠化概述 …… 141
5.4.2 土地荒漠化的危害 …… 144
5.4.3 土地沙漠化的防治 …… 145
5.5 “土十条”解读 …… 146
5.5.1 总体要求 …… 147
5.5.2 工作目标 …… 147
5.5.3 主要指标 …… 147
5.5.4 具体要求 …… 147
5.6 双语助力站 …… 152
第 6 章 固体废弃物处理与处置 …… 155
6.1 固体废弃物概述 …… 155
6.1.1 固体废弃物的来源与分类 …… 156
6.1.2 固体废弃物的特性 …… 157
6.1.3 固体废弃物的危害途径 …… 158
6.2 固体废弃物的综合利用及资源化 …… 159
6.2.1 固体废弃物处理技术 …… 159
6.2.2 固体废弃物的资源化 …… 161
6.3 垃圾围城 …… 163
6.3.1 城市垃圾围城现状和危害 …… 163
6.3.2 垃圾围城的成因 …… 163
6.3.3 国外城市垃圾围城的骇人困境 …… 164
6.3.4 中外城市垃圾处置的成功举措 …… 164
6.3.5 针对垃圾围城现象的可行建议 …… 166
6.4 危险废物的越境转移 …… 167
6.4.1 危险废物特性 …… 169

6.4.2 危险废物越境转移的危害 …… 169
6.4.3 危险废物越境转移的原因 …… 170
6.4.4 危险废物及其越境转移的控制 …… 171
6.5 双语助力站 …… 173
第7章　生物和生态安全问题 …… 175
7.1 生态系统 …… 175
7.1.1 生态系统组成 …… 175
7.1.2 生态系统的分类 …… 176
7.1.3 生态系统的生态功能 …… 177
7.2 生物多样性减少 …… 181
7.2.1 生物多样性受危害的原因 …… 181
7.2.2 生物多样性减少的影响 …… 182
7.2.3 生物多样性减少的防治 …… 183
7.3 微生物耐药性及其传播 …… 183
7.3.1 危害 …… 184
7.3.2 耐药性传播途径分析 …… 185
7.3.3 控制抗生素耐药性环境传播的综合策略 …… 187
7.4 生物和生态安全 …… 188
7.4.1 生物安全 …… 188
7.4.2 生态安全 …… 191
7.5 双语助力站 …… 193
7.5.1 后抗生素时代 …… 193
7.5.2 雨林中的死亡 …… 194
第8章　物理性污染问题 …… 197
8.1 物理性污染概述 …… 197
8.2 噪声污染 …… 197
8.3 光污染 …… 199
8.3.1 光污染种类 …… 199
8.3.2 产生的原因 …… 201
8.3.3 污染案例 …… 201
8.3.4 治理方法 …… 201
8.4 城市热岛效应 …… 202
8.5 电磁辐射污染 …… 203
8.5.1 电磁辐射危害 …… 203
8.5.2 电磁辐射类别 …… 204
8.5.3 电磁辐射危害的防范 …… 205
8.6 放射性辐射污染 …… 206
8.6.1 放射性辐射污染危害 …… 208

8.6.2 防治方法……209
课外阅读：日本福岛核泄漏事故……210
8.7 恶臭类污染……213
8.7.1 主要恶臭污染源……213
8.7.2 检测方法……214
8.7.3 防治方法……214
8.8 双语助力站……215
第 9 章 人口与资源问题……217
9.1 人口、资源与环境……217
9.2 能源问题……218
9.2.1 我国能源问题的现状……220
9.2.2 全球能源基本状况与发展趋势……223
9.2.3 解决能源问题的对策……224
9.3 矿产资源问题……225
9.3.1 矿产资源匮乏原因……227
9.3.2 矿产资源开发带来的生态环境问题……229
9.3.3 我国矿产资源综合利用的对策建议……230
9.4 森林资源问题……231
9.4.1 森林减少引起的问题……232
9.4.2 我国森林资源存在的主要问题……233
9.4.3 森林减少引起的问题原因分析和未来发展方向分析……234
9.5 双语助力站……235
第 10 章 化学品环境风险问题……238
10.1 化学品概述……238
10.1.1 化学品及其种类……238
10.1.2 有毒化学品对人类健康的危害……238
10.2 化学品风险评价……239
10.2.1 化学品健康风险评价……239
10.2.2 化学品生态风险评价……240
10.2.3 化学品区域风险评价……242
10.2.4 风险控制和管理的重要方法……242
10.3 国外化学品风险控制和管理法则……243
10.3.1 美国化学品风险控制和管理……243
10.3.2 欧盟化学品管理……246
10.3.3 日本化学品管理体系……246
10.3.4 韩国化学品管理……248
10.4 我国化学品风险控制和管理……249
10.4.1 我国化学品分类、控制和管理现状……249

10.4.2 加强化学品风险控制和管理的必要性 249
10.4.3 我国现行化学品风险控制和管理框架 250
课外阅读：化学品风险评价案例 253
10.5 双语助力站 254
第 11 章 新兴环境技术问题 257
11.1 环境修复技术概述 257
11.1.1 环境修复 257
11.1.2 环境修复技术类型 257
11.2 纳米技术 259
11.2.1 概念 259
11.2.2 纳米技术应用引发的潜在风险 260
11.2.3 规避纳米技术潜在风险的对策建议 264
11.3 膜技术 265
11.3.1 膜污染 265
11.3.2 膜污染的类别 267
11.3.3 防治措施 268
11.4 生物技术 270
11.4.1 生物技术的概念界定 270
11.4.2 生物技术对环境的改善作用 270
11.4.3 生物技术潜在的危害 273
11.5 双语助力站 274
11.5.1 DDT 的兴衰 274
11.5.2 绿色纳米技术 276
主要参考文献 280

第 1 章　绪　　论

环境是人类生存和发展的基础，环境问题日益严重引起了人们的重视，为了寻求人类与环境的协调发展，自 20 世纪 70 年代以来，兴起了一门研究人与环境相互作用的新学科——环境科学，目的在于揭示人与环境相互作用中存在的规律。从对环境问题零星、分散的认识，到初步汇集成一门具有广泛领域和丰富内容的学科，环境科学形成、发展至今不满 50 年。研究环境史的重要意义就是揭示连接人类和自然之间的历史事实。本章为了帮助读者把握环境史的核心内容，以环境问题的发生和发展为切入点，将丰富的环境史资料完整地呈现出来，有助于读者系统、深刻地理解环境问题。

1.1　环境史概述

人类是环境的产物，又是环境的改造者。人类在同自然界的斗争中，运用自己的智慧，通过劳动不断地改造自然，创造新的生存条件。然而，人类由于认识能力和科学技术水平的限制，因此在改造环境的过程中往往会产生意料不到的后果，继而对环境造成污染和破坏。历史研究的实践过程中，人总被当作历史研究的主角，研究的大部分是人类的历史。直到 20 世纪下半叶，环境史才与人类史一同成为历史研究的重要组成部分。走进环境史，首先需了解环境问题的发生和不同阶段的发展情况。

1.1.1　环境问题的发生与发展

1. 远古人类在环境中求生存

人类活动造成的环境问题最早可追溯到远古时期。那时由于用火不慎，大片草地、森林发生火灾，生物资源遭到破坏，人类不得不迁往他地以谋生存。

2. 农业与环境

早期的农业生产中，刀耕火种、砍伐森林造成了地区性的环境破坏。古代经济比较发达的美索不达米亚、希腊、小亚细亚及其他许多地方由于不合理的开垦和灌溉，后来成了荒芜的不毛之地。中国的黄河流域是中国古代文明的发源地，那时森林茂密、土地肥沃，西汉末年和东汉时期对其进行大规模的开垦，促进了当时农业生产的发展，但由于滥伐森林，水源不能涵养，水土严重流失，导致沟壑纵横、水旱灾害频繁、土地日益贫瘠。随着农业文明的兴起，土地破坏也越发严重，农业文明引发了环境史中环境问题的“第一次浪潮”。

3. 早期城市的污染

随着社会分工和商品交换的发展，城市成为手工业和商业的中心，炼铁、冶铜、锻造、纺织、制革等各种手工业作坊与居民住房混在一起。这些作坊排出的废水、废气、废渣及城镇居民排放的生活垃圾引发了环境污染问题，即环境史中环境问题的“第二次浪潮”。另外，蒸汽机的发明和广泛使用，使生产力得到了快速发展，但是一些工业发达的城市和工矿区企业排出的废弃物也使污染事件不断发生。

4. 工业革命兴起与环境意识觉醒

第二次世界大战后，为了恢复经济，许多政府把排除一切障碍、最大限度地发展生产确立为经济政策的首要目标，社会生产力突飞猛进，经济得到了迅速发展。这种发展使得环境负荷大大超过了环境承载力，许多工业发达国家普遍出现现代工业发展带来的范围更大、情况更加严重的环境污染问题，威胁着人类的生存。例如，美国洛杉矶市随着汽车数量的日益增多，自20世纪40年代后经常在夏季和早秋出现光化学烟雾，烟雾事件对人体健康造成了严重的危害。

1962年，美国女作家蕾切尔·卡逊出版了《寂静的春天》，书中详细描述了滥用化学农药杀虫剂DDT带来的环境污染和毁灭性的生态破坏。蕾切尔·卡逊在书中警示世人，人类在创造巨大物质财富的同时，也在毁灭自己的文明。环境问题如不解决，人类将“生活在幸福的坟墓之中”。这本书的问世轰动了欧美各国及地区，引起了西方国家的强烈反响，在唤醒人们环境意识的同时，也引发了公众对环境问题的深刻反思。1970年4月22日，美国2000多万人（相当于美国当时人口的1/10）举行了大规模的游行，要求政府重视环境保护，根治污染危害。美国政府开始对剧毒杀虫剂问题进行调查，并于1970年成立了环境保护局，各州也相继通过了禁止生产和使用剧毒杀虫剂的法律。该书被认为是20世纪环境生态学的标志性起点。

此后，世界各地的环境保护呼声日益高涨，许多国家成立了负责环境管理的政府部门，通过了清洁空气法和清洁水法，环境保护逐渐登上各国政府的议事日程，并成为国际关注的焦点。随后的一段时间，环境问题发展成为全球性的问题，环境问题的“第三次浪潮”也就此掀起。

1.1.2 20世纪十大公害事件

20世纪30～80年代，公害事件不断在欧洲各国、美国、日本出现，在这一历史时期，工业化国家的许多地区都爆发了危害程度不同的公害事件，对人们的日常生活甚至生命造成了严重的威胁。在这样的背景下，不仅受害者奋起抗争，很多学者也都从不同的角度，撰文论述盲目地发展经济、开发自然将会造成的毁灭性影响，呼吁改变以自然环境破坏为代价的经济增长模式，保护自然、保护人类。表1.1总结了公害事件名称、公害污染物、发生地点、发生时间、中毒情况简述、致害原因、机理等信息。

表 1.1 20 世纪十大环境公害事件

公害事件名称	发生时间	发生地点	污染物	中毒情况简述	致害原因	机理浅析
1. 马斯河谷事件	1930 年 12 月 1～5 日	比利时 马斯河谷	烟尘及 SO_2、SO_3 等	人们出现胸痛、咳嗽、呼吸困难等症状，一周内有 60 多人丧生，其中心脏病、肺病患者死亡率最高，牲畜死亡	（1）工厂分布密集，烟尘排放量大；（2）河谷上空出现强逆温层，大雾弥漫	SO_2 浓度高，空气中有害的氟化物、煤烟、粉尘等加速了对人体的刺激作用
2. 多诺拉烟雾事件	1948 年 10 月 26～31 日	美国 多诺拉镇	烟尘及 SO_2	全城 14000 人中有 6000 人出现眼痛、喉咙痛、头痛胸闷、呕吐、腹泻等症状，并有 17 人死亡	（1）工厂分布密集，烟尘排放量大；（2）地处河谷，受反气旋和逆温影响	SO_2 及其氧化作用的产物与大气中尘粒结合，刺激了人的呼吸道
3. 洛杉矶光化学烟雾事件	20 世纪 40 年代初期	美国 洛杉矶市	氮氧化物、烃类物、臭氧、过氧酰基硝酸酯等	大多数市民患了眼红、头疼病	（1）汽车漏油、汽油挥发、不完全燃烧和汽车排气；（2）阳光充沛、无风等自然条件	碳氢化合物、氮氧化物、CO 等在光照条件下产生了光化学烟雾
4. 伦敦烟雾事件	1952 年 12 月 5～9 日	英国 伦敦市	粉尘及 SO_2	出现胸闷、窒息等不适感，4 天内有 4000 多人死亡，两个月内又有 8000 多人死去	（1）大量的工厂肆意排放粉尘；（2）出现大雾天气和逆温现象	燃煤排放的粉尘和 SO_2 的衍生物吸入人的肺中
5. 四日市哮喘事件	1961～1972 年	日本 四日市	废气及粉尘	到 1972 年为止，日本全国患者达 6376 人，大多患有支气管炎、支气管哮喘及肺气肿等许多呼吸道疾病	工厂排出大量的重金属粉尘和 SO_2 等废气	重金属微粒与 SO_2 形成硫酸烟雾，人吸入肺，致癌并削弱肺部排除污染物的能力
6. 日本水俣病事件	1953～1956 年	日本 熊本县 水俣湾	汞、甲基汞	人们大多步态不稳、抽搐、手足变形、神经失常、身体弯弓高叫，中毒者 283 人，其中 60 人死亡	大量的汞随着工厂未经处理的废水被排放到水俣湾	有机汞进入人体和动物体内后，会侵害脑部和身体的其他部位，引起脑萎缩、小脑平衡系统被破坏等多种疾病，毒性极大
7. 日本骨痛病事件	1955～1972 年	日本 富山县 神通川流域	镉	大多数人骨骼严重畸形、剧痛，身长缩短，骨脆易折，1972 年 3 月患者已超过 180 人，死亡 34 人	锌、铅冶炼厂等排放的含镉废水污染了神通川水体	居民食用含镉的大米和饮用含镉的水而中毒，损害肾，导致胃软化
8. 日本米糠油事件	1968 年 3 月	日本 北九州市	多氯联苯	出现眼皮发肿、手掌出汗、全身起红疙瘩的情况，至七八月患者超过 5000 人，其中 16 人死亡，实际受害者 13000 人，几十万只鸡死亡	用多氯联苯作脱臭工艺中的热载体，由于管理不善，混入米糠油中，米糠油销往各地，许多人食用后中毒或死亡	误食含多氯联苯的米糠油所致
9. 印度博帕尔毒气事件	1984 年 12 月 3 日	印度 博帕尔市	异氰酸甲酯	人们感到眼睛疼痛，有的失明，死亡近 2 万人，受害 20 多万人，孕妇流产或产下死婴	农药厂管理混乱，操作不当，使得地下储罐内的异氰酸甲酯爆炸外泄	人们吸入从药厂外泄的异氰酸甲酯
10. 切尔诺贝利核污染事件	1986 年 4 月 26 日	乌克兰 基辅市郊	放射性物质	人们出现恶心和呕吐、神经系统功能紊乱、畸变等情况，31 人死亡，237 人受到严重放射性伤害	管理不善和操作失误，致使大量放射性物质泄漏	人们受到放射性物质的辐射危害

1. 马斯河谷事件

比利时马斯河谷工业区位于狭窄的河谷里，聚集了炼油厂、金属厂、玻璃厂等许多工厂。1930 年 12 月 1～5 日，河谷上空出现了很强的逆温层，致使烟囱排出的烟尘无法扩散，二氧化硫、三氧化硫等有害气体和粉尘积累在近地大气层，对人体造成了严重伤害。一周内有 60 多人丧生，其中心脏病、肺病患者死亡率最高，许多牲畜死亡。这是 20 世纪最早记录的公害事件。

2. 多诺拉烟雾事件

1948 年 10 月 26～31 日，美国宾夕法尼亚州匹兹堡市南边的多诺拉镇发生了烟雾事件。该镇地处河谷，有许多大型炼铁厂、炼锌厂和硫酸厂。大部分地区受反气旋和逆温控制，持续有雾，大气污染物在近地大气层积累。全城 14000 人中有 6000 人出现眼痛、喉咙痛、头痛胸闷、呕吐、腹泻等症状，并有 17 人死亡。

3. 洛杉矶光化学烟雾事件

20 世纪 40 年代初期，三面环山的洛杉矶市拥有 250 万辆汽车，每天燃烧掉 1100 t 汽油。由于汽油挥发、汽油不完全燃烧和汽车排气，向城市上空排放近千吨石油烃废气、一氧化碳、氮氧化物和铅烟，它们在紫外光线照射下引起化学反应，形成浅蓝色烟雾，使该市大多数市民患了眼红、头疼病。后来人们称这种污染为光化学烟雾。1955 年和 1970 年洛杉矶又两度发生光化学烟雾事件，前者有 400 多人因五官中毒、呼吸衰竭而死亡，后者使全市四分之三的人患病。

4. 伦敦烟雾事件

1952 年 12 月 5～9 日，英国伦敦市发生了伦敦烟雾事件。当时，英国几乎全境被浓雾覆盖，温度逆增，使燃煤排放的粉尘和二氧化硫不断积累。烟雾事件使呼吸道疾病患者猛增，4 天内有 4000 多人死亡，两个月内又有 8000 多人死去。英国环境专家认为，伦敦毒烟雾与英国森林遭到破坏，特别是与泰晤士河两岸森林被毁等原因有关。

5. 四日市哮喘事件

1955 年以来，日本四日市发展了 100 多个中小企业，石油冶炼和工作燃油（高硫重油）产生的废气严重污染城市空气，整个城市终年黄烟弥漫。全市工厂粉尘、二氧化硫排放量达 13 万 t。烟雾中飘浮着多种有毒气体和有毒的铝、锰、钴等重金属粉尘。重金属微粒与二氧化硫形成硫酸烟雾，人吸入肺，致癌和逐步削弱肺部排除污染物的能力，患上支气管炎、支气管哮喘及肺气肿等许多呼吸道疾病，统称为“四日气喘病”。1961 年四日市气喘病大发作，1964 年连续 3 天烟雾不散，气喘病患者开始死亡，甚至一些患者不堪忍受痛苦而自杀。1970 年气喘病患者达 300 多人，实际超过 2000 人。到 1972 年为止，日本全国四日气喘病患者达 6376 人。

6. 日本水俣病事件

1953～1956 年，日本熊本县水俣湾发生日本水俣病事件。含有机汞的工业废水污染水体，使水俣湾的鱼中毒，人食用鱼后也发生中毒情况，相继出现了中枢神经性疾病患者和疯猫。水俣湾和新潟县因汞中毒者 283 人，其中 60 人死亡。到 1973 年止，水俣病患者共 900 多人，死亡近 50 人，2 万多人受到不同程度的危害。

7. 日本骨痛病事件

1955～1972 年，日本富山县神通川流域发生日本骨痛病事件。锌、铅冶炼工厂等排放的含镉废水污染了神通川水体，两岸居民利用河水灌溉农田，使土地的镉含量急剧增加，居民食用含镉的大米和饮用含镉的水而中毒。患者骨骼严重畸形、剧痛，身长缩短，骨脆易折。1972 年 3 月患者已超过 180 人，死亡 34 人。

8. 日本米糠油事件

1968 年 3 月，日本北九州市、爱知县一带发生日本米糠油事件。九州大牟田一家粮食加工食用油工厂在生产米糠油时，为了追逐利润，降低成本，使用多氯联苯作脱臭工艺中的热载体，由于管理不善，多氯联苯混入米糠油中。人们食用有毒米糠油后开始时眼皮发肿，手掌出汗，全身起红疙瘩，接着肝功能下降，全身肌肉疼痛，咳嗽不止。至七八月患病者超过 5000 人，其中 16 人死亡，实际受害者 13000 人。米糠油的副产物黑油可作家禽饲料，大量家禽食用后死亡，其中几十万只鸡死亡。

9. 印度博帕尔毒气事件

1984 年 12 月 3 日，印度博帕尔市的农药厂管理混乱、操作不当，致使地下储罐内剧毒的异氰酸甲酯因压力升高而爆炸外泄。45 t 毒气形成一股浓密的烟雾，以每小时 5000 m 的速度袭击了博帕尔市区，造成近 2 万人死亡，20 多万人受害，5 万人失明，孕妇流产或产下死婴，受害面积 40 km^2，数千头牲畜被毒死。

10. 切尔诺贝利核污染事件

1986 年 4 月 26 日，位于乌克兰基辅市郊的切尔诺贝利核电站由于管理不善（造价低、工艺落后，使用的是安全性能较差的以石墨作减速剂的旧式反应堆）和操作失误，4 号反应堆爆炸起火，致使大量放射性物质泄漏。西欧各国及世界大部分地区都测到了核电站泄漏的放射性物质。切尔诺贝利核污染事件导致 31 人死亡，237 人受到严重放射性伤害。核电站周围的庄稼全被掩埋，粮食减产 2000 万 t，距核电站 7 km 内的树木全部死亡，此后半个世纪内，10 km 内不能耕作放牧，100 km 内不能生产牛奶。这次核电站爆炸事故给切尔诺贝利这座城市和整个欧洲都带来了灾难性的影响。

1.1.3　环境史重要里程碑

随着全球诸多地区危害程度不同的环境问题不断爆发，土壤、大气、水资源纷纷向当代社会和世界经济提出了严重的挑战。为此，联合国及其有关机构在不同时期召开了一系列会议探讨人类面临的环境问题。下面所述的四次会议在环境史上有着里程碑般的重要意义。

1. 斯德哥尔摩联合国人类环境会议与《人类环境宣言》

1972 年 6 月 5 日，联合国在瑞典首都斯德哥尔摩召开了联合国人类环境会议。这是国际社会第一次在联合国会议上探讨环境问题，也是第一次就环境问题召开的世界性会议。会议规模宏大，共有 113 个国家和国际机构的 1300 多名代表参加。会议提出了“只有一个地球”的口号，通过了《人类环境宣言》，强调“保护和改善人类环境是关系到全世界各国人民的幸福和经济发展的重要问题，也是全世界各国人民的迫切希望和各国政府的责任”。《人类环境宣言》是人类历史上第一个保护环境的全球性国际文件，它标志着国际环境法的诞生。斯德哥尔摩人类环境会议对推动世界各国保护和改善人类环境发挥了重要作用，标志着人类对环境问题的觉醒，揭开了全球环境保护的崭新篇章，世界各国由此走上了保护和改善生态环境的艰难而漫长的历程。时任总理周恩来率代表团前往参加了该次会议。

2. 里约热内卢联合国环境与发展大会与《21 世纪议程》

虽然斯德哥尔摩人类环境会议唤醒了人们的环境意识，但人类的行动仍然无法抵挡环境迅速恶化的趋势。20 世纪 80 年代，人们相继发现了与人类生存休戚相关的三大全球性环境问题，即“全球变暖”、“臭氧层空洞”和“酸雨”，并意识到这些问题将对人类此后的生存和发展构成严峻的挑战。对此，为了迅速解决日趋恶化的环境问题，联合国在斯德哥尔摩会议后的 20 年，即 1992 年 6 月 3～14 日在巴西里约热内卢召开了环境与发展大会。里约热内卢联合国环境与发展大会使人类社会认识到环境与发展是密不可分的，环境问题必须在发展中加以解决，可持续发展的理念被各国广泛接受，确立了全球可持续发展战略，实现了人类认识和处理环境与发展问题的历史性飞跃，并签署了《生物多样性公约》和《联合国气候变化框架公约》。会议明确了发达国家与发展中国家“共同但有区别的责任”，会议代表一致同意在文件中明确发达国家对全球环境恶化负有主要责任，应当提供资金作为官方发展援助，并以优惠条件向发展中国家转让有益于环境的技术等，这些原则目前都已成为国际上处理环境与发展问题的重要准则。时任总理李鹏代表中国政府出席该次会议并发表了重要讲话。

里约热内卢联合国环境与发展大会通过了《21 世纪议程》，并成为全球实施可持续发展的主要参照方案。《21 世纪议程》的基本思想是：人类正处于历史的关键时刻，我们面对着国家之间和各国内部长期存在的悬殊现象，不断加剧的贫困、饥饿、疾病和文盲问题，以及人类所依赖的生态系统的持续恶化。然而，把环境和发展问题综合处理并提高对这些问题的重视，将会使基本需求得到满足、所有人的生活水平得到改善、生态系统得到较好的保护和管理，并带来一个更安全、更繁荣的未来。《21 世纪议程》分为序言、社会和经济方面、促进发展的资源保护和管理、加强主要团体的作用、实施手段五部分。

3. 约翰内斯堡可持续发展地球峰会

里约热内卢联合国环境与发展大会后的十年间，各国在可持续发展领域进行了积极的探索，可持续发展逐渐由理念认识转向行动落实。为给各国领导人提供一个做出具体承诺的机会，采取行动执行《21世纪议程》，联合国于2002年8月26日～9月4日在南非约翰内斯堡召开了可持续发展地球峰会。会议通过了《执行计划》和《约翰内斯堡可持续发展承诺》两份重要文件。约翰内斯堡可持续发展地球峰会在减少贫困和扭转环境恶化方面制定了比较清晰的目标和时间表，并将重点集中在水、渔业资源、健康、生物多样性、农业、能源等几大具体领域，其中包括2005年开始实施下一代人口资源保护战略，2015年之前将全球无法得到足够卫生设施的人口降低一半，以及到2020年最大限度地减少有毒化学物质的危害等，体现了前所未有的务实精神。与此同时，会议再次深化了人类对可持续发展的认识，确保经济发展、社会进步与环境保护相互联系、相互促进，共同构成可持续发展的三大支柱。时任总理朱镕基率代表团出席了该次会议并发表讲话。

4. 里约热内卢可持续发展大会

2012年6月20～22日在巴西里约热内卢召开联合国可持续发展大会。会议发起可持续发展目标讨论进程，提出绿色经济是实现可持续发展的重要手段，正式通过《我们憧憬的未来》这一成果文件。

纵观世界环境保护史，就是正确处理人口-环境-发展的相关关系史。每一重大环境事件的发生，都会推动环境与发展关系的重新调整。

1.1.4 面对环境问题的极端态度

斯德哥尔摩会议的召开使得环境问题的重要性和紧迫性第一次被摆在各国政府面前，并开始在全球范围内唤起世人对环境问题的觉醒，在这一方面，这次会议具有不可磨灭的功绩。但是，必须指出的是会议并未把环境问题同经济和社会发展结合起来，虽然暴露了环境问题却未能确定其根源和责任，也就不可能真正找到解决问题的出路。当时，发达国家对环境问题的关注并未得到广大发展中国家的响应，许多发展中国家并未意识到环境污染的影响，甚至认为环境污染是发达国家的事情。一位巴西代表私下里说：“给我们一些你们的污染，只要我们能得到与之一同到来的工业。”这也真实地反映了当时的历史背景下，各国对环境问题认识的不一致性。

同期来自不同国家、不同领域的约30名学者组成罗马俱乐部，该团体发表了报告《增长的极限》，引起了很大的震动。该报告指出，按照当时的经济模式发展下去，人类不久就会遇到增长的极限，而改变这一趋势的最好方法就是停止增长，或者说是零增长。这种悲观的理论自然引起了很大的争议和批评，但是它从全新的角度启发人们重新认识人与自然、经济发展等许多问题，提醒人们不要盲目陶醉于经济增长的成果之中，无疑具有警世的作用。就在这份报告发表之后的第二年，世界上爆发了以石油危机为代表的多重经济危机，侧面证明了作者的预言并不完全是危言耸听。

1.1.5 可持续发展战略

斯德哥尔摩会议之后，发达国家普遍加强了对环境保护的投入，生态面貌得到了很大的改善，但世界上公害事件仍时有发生。随后一些专家撰文指出，新的问题已经出现了。一方面，虽然发达国家在治理环境污染方面取得了一些进展，但环境问题的焦点却逐渐转移到了发展中国家，如热带雨林在消失，良田由于过度开垦而逐渐变成不毛之地；另一方面，人们开始关注全球性环境问题的发展，如酸雨、全球变暖和臭氧层耗损等，因为它们已给人类带来了更大的威胁。在这样的背景下，各国政府逐渐开始认识到，环境问题绝不只是一个国家内部的问题，只有通过国际合作，才有可能真正取得进步。

1983 年，联合国成立了世界环境与发展委员会（WCED)。委员会的宗旨是：为持续的发展提出长期的环境战略，把对环境的关注转化成南北双方的更大合作，找到国际社会更有效地保护环境的途径等。经过 5 年细致的实地调查研究，WCED 于 1987 年 4 月出版了最终报告《我们共同的未来》。同年 12 月，该报告通过联合国第 42 届大会，在全球范围内引起了巨大的反响。

该报告以详实的资料，针对世界环境与发展方面存在的问题，提出了具体而现实的建议。最引人注目的是，报告中首次采纳“可持续性”和“可持续发展”的概念，把环境与发展紧密地结合在了一起。报告指出，需要一种全新的发展道路，在这条道路上，持续的发展不仅能够于某一时期在某些地区实现，而且能在整个星球上延续到遥远的未来。这种全新的发展道路，就是“可持续发展”。

该报告对可持续发展给出的经典定义为：既满足当代人需求，又不危及后代人满足其需求的能力的发展。可持续发展的这个定义包含两个重要的概念：第一，“需要”的概念，特别是穷人的需要，应当对此给予特别优先的地位来考虑；第二，“限制”的概念，这并不是绝对的限制，而是现有的技术和社会组织的状态对环境满足目前和未来的需要的限制。随着《我们共同的未来》的发表和可持续发展理论的提出，一条新的发展道路出现在人类面前。

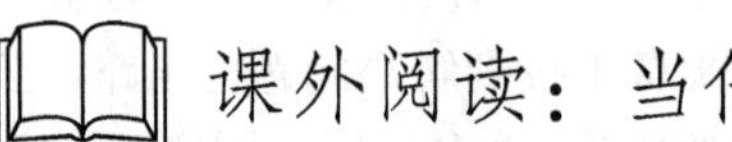

课外阅读：当代影响较大的环境事件

20 世纪十大公害事件，使环境保护彻底成为国际关注的焦点。随后的一段时间，人类环境史上又相继出现了一些影响较大的环境事件。

1. 珠穆朗玛峰黑雪

1991 年一支登山队在攀登珠穆朗玛峰（珠峰）时遇到了大雪，珠峰下雪自属平常，但令他们惊奇的是，天上飘下的雪花居然是黑色的。黑色的雪花纷纷扬扬，使大地和天空笼罩在阴霾中。这引起了人们的担忧，也让人们产生了疑虑。

1990 年爆发的海湾战争竟是引起这场黑雪的直接原因。这场战争除了消耗掉军费 1000 亿美元，科、伊两国死亡 10 万人之外，还给环境带来了深重的灾难，环境污染和生态破坏所造成的损失远远超过了战争的直接经济损失。在这场战争中被点燃的油井每小时排放出 1900 t 二氧化碳，所产生的浓烟遮天蔽日，使白昼如同黑夜。油井燃烧引起了大规模的空气污染，导致气候异常。由于日照量的减少，植被和土壤都受到了影响。燃烧使空气中二氧化硫和二氧化碳含量大大超过正常值，很多地方出现高酸度降水，对植物造成了极大的破坏。还有些地方的雨水甚至都无法使用。石油燃烧后出现的大量尘埃弥漫扩散，经印度洋上空的暖湿气流向东移动，在飘过喜马拉雅山上空时就凝成了黑雪降落下来。黑雪会迅速吸收阳光，使冰雪融化，极大地增加了发生雪崩的概率。这场战争使参战国付出的经济代价也许可以用数字衡量，但给环境带来的灾难却是无法估量的。

2. 墨西哥湾溢油事件

2010 年 5 月 5 日，美国墨西哥湾遭受了有史以来最严重的油井漏油事件。

1）造成大面积海洋环境污染

从 4 月 20 日钻井平台发生爆炸到 9 月 19 日油井被有效封死，共有约 700 万桶原油泄漏到墨西哥湾。从海面收集的一些样本表明，泄漏的原油从液体变成一种乳化的“摩丝”，再变成黏性的焦油团块，这些焦油团块随海水的流动而不断扩散，更大范围地破坏了墨西哥湾的海洋环境。据 2010 年 5 月初的卫星图片显示，墨西哥湾油污面积已达 9971 km^2，而 6 月初的卫星图像显示，海面上的漏油覆盖面已达 2.4 万 km^2。原油扩散形成大面积的油膜，造成下层海水含氧不足，再加上原油中的有害物质等，对海水的物理和化学性质造成了严重的影响。

2）墨西哥湾生态系统遭受重创

墨西哥湾生存着种类繁多的生物，海水对它们犹如空气、土地对人类，是其生存的基础。在海洋环境被破坏的同时，海湾中海洋生物的生存也受到各种直接或间接的威胁。原油一旦附着在海鸟等生物的体表、羽毛上，其保暖、游泳、潜水、飞翔等能力便会丧失，被困在油污中；海豹、海龟、海象和鲸等一旦受困于浮油，几天甚至几个小时内就会死亡。据美国《国家地理》杂志报道，截至 2010 年 6 月，在受污染海域的 656 类物种中，已有大约 28 万只海鸟，数千只海獭、斑海豹、白头海雕等动物死亡；而该海域的蓝鳍金枪鱼、棕颈鹭等 10 种动物将受到严重的生存威胁；蠵龟、西印度海牛和褐鹈鹕 3 种珍稀动物更可能灭绝。从海洋环境被污染到海洋生物大量死亡，墨西哥湾的生态系统遭受重创。

3）经济受损，民众反应强烈

事件发生后，占墨西哥湾经济总量一半以上的石油产业损失重大。从颁布禁令开始，不到 2 个月时间，美国浅水石油开采就已损失了 1.35 亿美元；受漏油影响，美国海洋及大气管理部门将墨西哥湾美国专属经济区内的禁渔水域扩大至 22.8 万 km^2，占该区域面积的 37%，致使墨西哥湾渔业受到沉重打击；墨西哥湾是度假胜地，沿岸的佛罗里达州旅游业年产值达 600 亿元，每年吸引游客达 8000 万人次，有 21%的销售税和 100 万人就业依赖旅游业，溢油事件让很多游客望而却步；此外，溢油事件还影响到墨西哥湾沿岸的航运业等一系列产业。

墨西哥湾溢油事件是人类开发利用海洋资源的进程中发生的众多环境事件之一，虽然被称之为美国历史上最严重的环境灾难，对墨西哥湾的环境、生态系统及人类的生活等造成了难以估量的损失，但随着人类对海洋资源需求的日益迫切、人类技术水平的不断提高等，人类仍未停止开发海洋的脚步。

1.2 环境科学的发展

1.2.1 环境科学的提出

环境科学是为了解决人类面临的环境问题，创造更适宜、更美好的环境而逐渐发展起来的一门年轻而具有活力的学科。它的兴起和发展，标志着人类对环境的认识、利用和改造进入了一个新的阶段。环境科学最早的形态就是古代人类在生产和生活中逐渐积累的防治污染、保护自然的技术和知识。我国大约在公元前 5000 年，在烧制陶器的柴窑中，就已经了解热烟上升的道理而用烟囱排烟。公元前 2000 多年就知道用陶土管修建地下排水道。古罗马大约在公元前 6 世纪修建地下排水道。公元前 3 世纪我国的荀子在《王制》中写道“草木荣华滋硕之时，则斧斤不入山林，不夭其生，不绝其长也”，体现了保护自然生物的思想。19 世纪中叶以后，随着社会经济的发展，环境问题逐渐受到人们的重视，地学、生物学、物理学、医学和一些工程技术学科的学者分别从本学科研究的角度开始对环境问题进行探索和研究。德国植物学家 C.N. 弗拉斯在 1847 年出版的《各个时代的气候和植物界》中，论述了人类活动影响植物界和气候的变化；英国生物学家 C.R. 达尔文在 1859 年出版的《物种起源》中，论证了生物进化同环境的变化有很大关系，生物只有适应环境才能生存。

20 世纪 50 年代环境质量逐渐恶化，环境公害事件频频发生，环境问题得到了社会各界的广泛关注。地学、化学、物理学、生物学、医学、工程学、社会学、经济学、法学等学科的科学家，在各自原有学科的基础上，运用原有学科的理论和方法开展研究。这些分支学科广泛分布在其他学科中，由此形成了以环境问题为中心，探讨环境问题产生、演化和解决机制的环境科学学科群，在此基础上产生了环境科学。最早“环境科学”一词源于研究宇宙飞船中人工环境而提出的。1968 年国际科学联合会理事会设立了环境问题科学委员会，20 世纪 70 年代出现了以环境科学为书名的综合性专著。20 世纪 50～60 年代，环境科学侧重于自然科学和工程技术方面，后来逐渐扩展到社会学、经济学等方面。与环境科学发展同步，20 世纪发达国家环境污染防治经历了几个阶段：30 年代主要是污染源的末端治理；60 年代转向区域性污染的综合治理；70 年代侧重预防，强调区域规划和合理布局；90 年代可持续发展、清洁生产等逐渐成为人类共同的选择。不同阶段的工作重点逐步推动环境科学向更加综合的方向发展。

1.2.2　环境科学分支结构

科学与制约人类生存发展的五类规律——自然规律、社会规律、经济规律、技术规律和环境规律相对应，由此，人类社会发展了自然科学、社会科学、经济科学、技术科学和环境科学五大类科学体系。环境科学的任务在于揭示环境规律，即人类与环境相互作用的规律。环境基本规律及其分别与自然规律、社会规律、经济规律、技术规律的联合作用，形成环境科学的学科体系。南京大学环境学院左玉辉教授将环境科学的分支结构概括为“1 + 4 + *X*”，如图 1.1 所示。“1”指环境科学，“4”指环境自然科学、环境社会科学、环境经济科学和环境技术科学，“*X*”指建立在前者基础上的环境规划学等和正在发展中的环境科学分支学科。

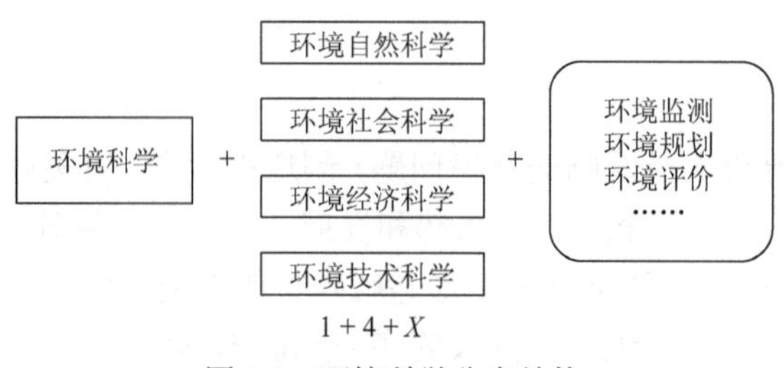

图 1.1　环境科学分支结构

1. 环境自然科学

环境自然科学的研究对象是自然规律和环境规律的联合作用领域，它是自然科学和环境科学相互渗透形成的交叉学科。其研究重点是，在人类活动作用下自然环境和人工环境中的演化规律，以及环境演化对人体的生理影响和毒理效应等。按照自然科学的学科体系分类，环境自然科学可以分为环境地学、环境化学、环境物理学、环境生物学、环境毒理学、环境数学等。按照环境要素分类，环境自然科学可以分为水环境学、大气环境学、土壤环境学、生物环境学和物理环境学等。

2. 环境社会科学

环境社会科学的研究对象是社会规律和环境规律的联合作用领域，它是社会科学和环境科学相互渗透形成的交叉学科，主要是运用社会科学的研究方法，研究人与环境之间的关系及人类环境行为的调控等。环境社会科学的主要内容包括环境伦理学、环境法学和环境管理学等。

3. 环境经济科学

环境经济科学的研究对象是经济规律与环境规律的联合作用领域，它是经济科学和环境科学相互渗透形成的交叉学科，主要是利用经济学和环境学原理，研究经济和环境之间的相互作用，探索将环境资源纳入主流经济轨道的理论与途径。研究内容包括环境资源的市场配置、环境消费与环境生产、外部性的内在化、经济发展与环境生产力、国际贸易与环境全球化、经济与环境的宏观调控，以及可持续发展经济等。

4. 环境技术科学

环境技术科学的研究对象是技术规律和环境规律的联合作用领域，它是技术科学与环境科学相互渗透形成的交叉学科，主要研究环境规律作用下的技术创新。环境技术科学主要包括工业生态学、环境监测学、环境工程学等。

1.2.3 我国环境保护工作进程

1972 年首次联合国人类环境会议、1992 年联合国环境与发展大会、2002 年可持续发展地球峰会和 2012 年联合国可持续发展大会，为我国加强环境保护提供了重要借鉴和外部条件。我国积极参与国际领域的合作与治理，同时根据国内经济发展和环境容量及时出台相关环境保护的新举措。我国环境保护大致可以分为五个阶段。

1. 第一阶段 从 20 世纪 70 年代初到党的十一届三中全会

我国的环境科学起步于 20 世纪 70 年代，1972 年召开人类环境会议后不久，1973 年 8 月国务院召开第一次全国环境保护会议，提出了“全面规划、合理布局，综合利用、化害为利，依靠群众、大家动手，保护环境、造福人民”的 32 字环保工作方针。

2. 第二阶段　从党的十一届三中全会到1992年

这一时期，我国环境保护逐渐步入正轨。1983年第二次全国环境保护会议，把保护环境确立为基本国策。1984年国务院做出关于环境保护工作的决定，环境保护开始纳入国民经济和社会发展计划。1988年设立国家环境保护局，成为国务院直属机构。地方政府也陆续成立环境保护机构。1989年召开第三次全国环境保护会议，提出要积极推行环境保护目标责任制、排放污染物许可证制、污染集中控制、限期治理等环境管理制度。1979年颁布试行、1989年正式实施的《中华人民共和国环境保护法》（以下简称《环境保护法》）为开展环境治理奠定了法治基础。

3. 第三阶段　从1992年到2002年

里约热内卢联合国环境与发展大会之后，我国发布《中国关于环境与发展问题的十大对策》，把实施可持续发展确立为国家战略。1994年我国政府率先制定实施《中国21世纪议程》。1996年召开第四次全国环境保护会议，发布《国务院关于环境保护若干问题的决定》，大力推进控制主要污染物排放总量、工业污染源达标和重点城市的环境质量按功能区达标的“一控双达标”工作，全面开展“三河”（淮河、海河、辽河）、“三湖”（太湖、滇池、巢湖）水污染防治等工程，启动了退耕还林、退耕还草、保护天然林等一系列生态保护重大工程。

4. 第四阶段　从2002年到2012年

党的“十六大”以来，党中央、国务院提出树立和落实科学发展观、构建社会主义和谐社会、建设资源节约型环境友好型社会、让江河湖泊休养生息、推进环境保护历史性转变、探索环境保护新路等新思想和新举措。2002～2011年先后召开第五至第七次全国环境保护大会，做出一系列新的重大决策部署。把主要污染物减排作为经济社会发展的约束性指标，完善环境法制和经济政策，强化重点流域区域污染防治，提高环境执法监管能力，积极开展国际环境交流与合作。

5. 第五阶段　从党的“十八大”以来

以污水防治为例，地下水归国土资源部，河流湖泊归环境保护部，排污口设置由水利部管理，农业面源污染归农业部治理，海水则由海洋局负责。改革后，上述职能将统一整合进入新组建的生态环境部。由“环境保护部”转型为“生态环境部”，加了“生态”二字，不仅是在原来环保部门的基础上扩大了职责，更是融入了生态文明思想的重要内涵。党的“十八大”将生态文明建设纳入中国特色社会主义事业总体布局，把生态文明建设放在突出地位，要求融入经济建设、政治建设、文化建设、社会建设各方面和全过程，努力建设美丽中国，实现中华民族永续发展，走向社会主义生态文明新时代。这是具有里程碑意义的科学论断和战略抉择，标志着党对中国特色社会主义规律认识的进一步深化，昭示着要从建设生态文明的战略高度来认识和解决我国环境问题。

1.3 国际环境公约

全球环境问题日渐突出，国际社会逐步意识到环境问题已跨越国界，解决这些问题需要世界各国的共同努力。截至目前，国际上有关环境问题的多边协议已达200多个，涉及气候变化、生物多样性保护、化学品管理和海洋资源保护等多个领域。国际环境公约已成为解决全球环境问题的主要手段和重要支撑。

1.《保护臭氧层维也纳公约》

1985年国际社会通过并签署了《保护臭氧层维也纳公约》。它呼吁各国采取预防措施，使本国内开展的活动不要对全球环境造成破坏；在保护臭氧层中应考虑发展中国家的特殊情况和要求，这实际上暗示了发达国家和发展中国家在处理全球一般问题上的合作原则。该公约要求各国采取法律、行政、技术等措施保护人类健康和环境安全，降低臭氧层破坏的影响。公约中还对各国加强研究、信息交换提出了要求。应该说《保护臭氧层维也纳公约》虽然没有任何实质性的控制协议，但却为会后采取国际性控制CFCs（氯氟烃的统称）的措施做了必要的准备，为之后《联合国气候变化框架公约》及《京都议定书》的签订提供了指导。

2.《蒙特利尔议定书》

《关于消耗臭氧层物质的蒙特利尔议定书》（简称《蒙特利尔议定书》）是1987年9月16日邀请所属26个会员国在加拿大蒙特利尔所签署的环境保护公约。公约中对CFC-11、CFC-12、CFC-113、CFC-114、CFC-115五项氟氯碳化物及三项哈龙的生产做了严格的管制规定，并规定各国有共同努力保护臭氧层的义务，凡是对臭氧层有不良影响的活动，各国均应采取适当防治措施，影响的层面涉及电子光学清洗剂、冷气机、发泡剂、喷雾剂、灭火器等。此外，公约中也约定成立多边信托基金，援助发展中国家进行技术培训。

3.《巴塞尔公约》

1989年3月22日，世界环境保护会议一致通过了关于《控制危险废料越境转移及其处置巴塞尔公约》（简称《巴塞尔公约》）。《巴塞尔公约》为确保其目标的实现设置了一系列行之有效的制度，主要包括：规定了成员国义务，包括将国内废物减至最低限度、保证提供充分处置设施、在法律上完全禁止危险废物进口的成员国出口废物等；制定了废物越境转移制度，要求出口者应以书面通知或要求产生者或出口者通知有关国家，同时出口者在得到进口国及过境国书面同意之前不被允许越境转移。这有力地保障了进口国与过境国的环境主权；再进口制度是《巴塞尔公约》一大特色，即越境废物如在一定期限不能按契约完成无害处理，出口国应确保出口者将废物运回出口国，再进口制度为废物无害处理又加了一道安全阀；建立了一个对危险废物越境转移的严格控制系统，将危险废物越境转移降到最低；制定了危险废物环境无害管理的技术准则，建立了培训和技术转让区域和次区域中心；对发展中国家在实施《巴塞尔公约》和对危险废物环境无害管理方面提供帮助，监视和防止危险废物的非法越境转移。总之，《巴塞尔公约》已经建立了一个对危险废物环境无害管理和越境转移的全球调节机制，可减弱对人类健康的不利影响和控制环境风险。

4.《联合国气候变化框架公约》

1992 年，为了扼制全球气温的增长，联合国有针对性地出台了《联合国气候变化框架公约》，该公约于 1992 年 6 月在巴西里约热内卢签署生效。依照公约的相关规定，发达国家承诺在 21 世纪之前将释放到大气层的二氧化碳及甲烷等其他温室气体的排放量降至 20 世纪 90 年代的水平。除此之外，排放量相对较少的发达国家愿意将相关先进科学技术提供给发展中国家进行技术支持。发达国家转让的科学技术有利于帮助发展中国家应对气候变暖所带来的各种障碍。该公约是世界上第一个为全面控制二氧化碳等温室气体排放，以应对全球气候变暖给人类经济和社会带来不利影响的国际公约，也是国际社会在应对全球气候变暖问题上进行国际合作的一个基本框架。

5.《21 世纪议程》

《21 世纪议程》是 1992 年在巴西里约热内卢召开的联合国环境与发展大会上通过的重要文件之一，它明确了在处理全球环境问题方面，发达国家和发展中国家“共同但有区别的责任”，以及发达国家向发展中国家提供资金和进行技术转让的承诺，制定了实施可持续发展的目标、行动计划、建立全球伙伴关系、改变不可持续的生产与消费方式和开展国际合作等原则。它应是 21 世纪在全球范围内各国政府、联合国组织、发展机构、非政府组织和独立团体在人类活动对环境产生影响的各个方面的综合的行动蓝图。

6.《生物多样性公约》

《生物多样性公约》是一项保护地球生物资源的国际性公约，于 1993 年 12 月 29 日正式生效。它旨在保护濒临灭绝的植物和动物，最大限度地保护地球上的多种多样的生物资源，以造福于当代和子孙后代。公约规定，发达国家将以赠送或转让的方式向发展中国家提供新的补充资金以补偿其为保护生物资源而日益增加的费用，以更实惠的方式向发展中国家转让技术，从而为保护世界上的生物资源提供便利；签约国应为本国境内的植物和野生动物编目造册，制订保护濒危动植物的计划；建立金融机构以帮助发展中国家实施清点和保护动植物的计划；使用另一个国家自然资源的国家要与该国家分享研究成果、盈利和技术。应该说《生物多样性公约》推动了区域和国家有关生物多样性保护的活动和立法，遏制了人类对生物遗传资源的掠夺性开采，维护了资源原产国和农民的利益，为保护和可持续利用全球生物多样性做出了积极贡献。

7.《鹿特丹公约》

《关于在国际贸易中对某些危险化学品和农药采用事先知情同意程序的鹿特丹公约》（简称《鹿特丹公约》）于 1998 年 10 月在荷兰鹿特丹召开的外交大会上通过，它由 30 条正文和 5 个附件组成。其核心是要求各缔约方对某些极危险的化学品和农药的进出口实行一套决策程序，即事先知情同意（PIC）程序。《鹿特丹公约》为全球人类健康和环境在国际贸易中免受某些极危险的化学品和农药的有害影响提供了保障，同时也进一步促进了各国在此类化学品的国际贸易中进行资料交流、分担责任和开展技术合作。

8.《京都议定书》

2005年2月16日，历经数载的《联合国气候变化框架公约的京都议定书》（简称《京都议定书》）正式生效。作为首部限制温室气体排放法规的《京都议定书》做出了如下具体的指标规定：限排的温室气体包括二氧化碳（CO_2）、甲烷（CH_4）、氧化亚氮（N_2O）、氢氟碳化物（HFCS）、全氟化碳（PFCS）、六氟化硫（SF_6）。为达到限排目标，各参与公约的30个工业化国家根据“共同但有区别的责任”的原则分配了减少排放温室气体的配额。《京都议定书》是人类历史上首次以国际法的形式对特定国家的特定污染物的排放量做出的具有法律约束力的定量限制，并首次规定了温室气体排放控制的时间表；代表着环境政策全球化倾向的一个高峰，预示着全球环境政策和立法趋同化的态势正日渐明朗。

1.4 双语助力站

1.4.1 黑天鹅

在17世纪发现澳大利亚黑天鹅之前，欧洲人认为天鹅都是白色的。但随着第一只黑天鹅的出现，这个不可动摇的认识破碎了。黑天鹅的存在代表了不可预测的重大稀有事件，它在人们的意料之外，却又改变着一切。人类总是过度相信经验，殊不知一只黑天鹅的出现就足以颠覆一切。

（1）黑天鹅的存在代表不可预测的重大稀有事件，意料之外却又能改变一切。

The disproportionate role of high-profile，hard-to-predict，and rare events are beyond the realm of normal expectations.

（2）人们总是对一些不确定的罕见事件和事物视而不见。而这些被认为极端异常的事件却往往比常规事件起着更大的作用。

The psychological biases which blind people，both individually and collectively，to uncertainty and to a rare event’s massive role in historical affairs. Such events，considered extreme outliers，collectively play vastly larger roles than regular occurrences.

（3）我们需要做好准备，及时应对极端环境问题。例如，发生灾害或冲突后，由于释放有害和有毒物质或生态系统受到严重破坏，人们的健康和生计处于危险之中，可能会发生环境紧急情况，包括火灾、石油泄漏、化学事故、有毒废物倾倒和地下水污染等。

We need to do a good job of preparation，always respond to changes in the external environment. Such as following a disaster or conflict，an environmental emergency can occur when people’s health and livelihoods are at risk due to the release of hazardous and noxious substances，or because of significant damage to the ecosystem. Examples include fires，oil spills，chemical accidents，toxic-waste dumping and groundwater pollution.

1.4.2 灰犀牛

灰犀牛指发生概率大且影响巨大的潜在危机。

（1）《灰犀牛：如何应对大概率危机》一书的作者米歇尔 • 渥克以重达 2 t 的灰犀牛来比喻发生概率大且影响巨大的潜在危机。

Michele Wucker，the author of the book *the Gray Rhino：How to Recognize and Act on the Obvious Danger We Ignore*，likened the potential crisis that is highly-probable and high-impact to a two-pound gray rhino.

（2）相较于黑天鹅事件的难以预见性和偶发性，灰犀牛事件并不是随机突发事件，而是在一系列警示信号和迹象之后出现的大概率事件。

Unlike Black Swans，which are unpredictable，Gray Rhinos are not random emergencies，but a high probability event that occurs after a series of early warning signals.

（3）谈到中国面临的"灰犀牛"时，渥克说，传统观点认为经济增长和环境保护是一种此消彼长的关系，如果想保持经济增长，就不得不接受更多污染。但是中国在这方面走在了前头，中国意识到环境保护和经济增长不一定是对立的。中国越来越多地投资清洁能源、可持续发展的基础设施等领域，寻找发展经济的新途径。

When it talks about the Gray Rhinos in China，Wucker said the traditional thinking about the environment and economic growth was that they were a trade-off：if one needs to grow，you have to accept more pollution. China is farther ahead on recognizing that cleaning up environment and growing economy are necessarily. China is investing more and more in clean energy and the infrastructure of sustainable development when looking at new ways to manage economy.

第 2 章　全球环境问题

随着社会和经济发展步伐的加快，经济全球化的趋势已不可阻挡，环境问题也有"全球化"的趋势，称为全球环境问题。图 2.1 描述了典型全球环境问题之间相互影响和作用的途径。这些问题的产生包含了经济、技术、自然、环境、社会等诸多方面因素，对人类的影响范围不止一个国家或一个地区，其对全球的影响不仅体现在空间上的延伸，也体现在时间上的持续，问题的产生原因和影响错综复杂。因此，解决全球环境问题不能只单向考虑。只有改变单向思维，转向多维、系统、全局观点，才有可能找到长久有效的解决方案。本章重点分析全球变暖、臭氧空洞和内分泌干扰物这三大全球焦点环境问题及其综合防治策略。

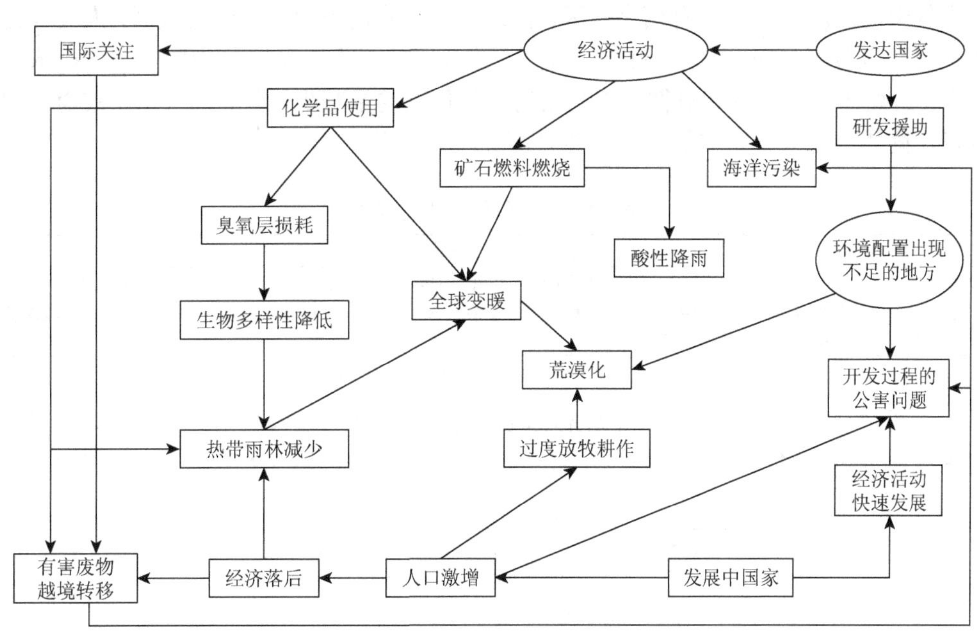

图 2.1　全球环境问题相关性分析

2.1 全球变暖

气候变化主要包括全球气候变暖、酸雨和臭氧层破坏这三方面内容，其中全球气候变暖是目前人类最为关注的问题。研究发现，地球平均温度自工业化革命以来有异常上升趋势，这称为全球气候变暖。

2.1.1 全球变暖的趋势

20～21 世纪，全球平均气温变化总体为上升趋势。进入 20 世纪 80 年代后，全球气温明显上升。21 世纪北极平均气温上升了 1.6℃，2016 年全球表面平均温度继续刷新最暖纪录，高出工业革命前 1.1℃。全球气候变暖现象也造成了地球“第三极”青藏高原上的冰川消融减退和南北极冰带减少等重大环境危机。如无法采取有效的措施加以控制，这种趋势很可能继续下去。国际预测表明，到 2050 年，全球变暖的幅度可能在 4.5～10℃，到 21 世纪末，则在 12～15℃。这些预测还是初步的，因为其中没有考虑海洋热力学效应引起的时间滞后效应。比较折中的预测是，到 2030 年，全球平均气温将比现在上升 0.5～2.5℃，到 2050 年，将上升 3.6～4.5℃。

2.1.2 全球变暖成因

表 2.1 列举了造成全球变暖的自然因素和人为因素。人为因素是导致全球气候变暖的主要因素。工业革命以来，人类活动特别是发达国家工业化过程消耗大量能源资源，使得大气中温室气体浓度不断增加，而全球变暖的关键原因在于“温室效应”的加剧。温室气体在大气中的浓度上升主要有两个原因：首先是人口的剧增和工业化的发展，人类社会消耗的化石燃料急剧增加，燃烧产生的大量二氧化碳进入大气，使大气中的二氧化碳浓度增加；其次是森林毁坏使得被植物吸收利用的二氧化碳的量减少，造成二氧化碳被消耗的速度降低，同样造成大气中二氧化碳浓度升高。

表 2.1 影响气候变化的因素

因素	具体分析
自然因素	①地球处于温暖时期，气温呈现上升趋势；②太阳活动、厄尔尼诺、火山爆发等影响气温的变化
人为因素	①人类活动中向大气中排放大量二氧化碳等温室气体，大气温室气体总量增多；②森林被破坏，减弱了绿色植物吸收二氧化碳的能力

大气层中某些气体对短波和可见光吸收能力很弱，而对长波辐射吸收强烈，使得短波辐射得以通过大气层，而不允许长波辐射通过，吸收光谱如图 2.2 所示。地球表面从太阳

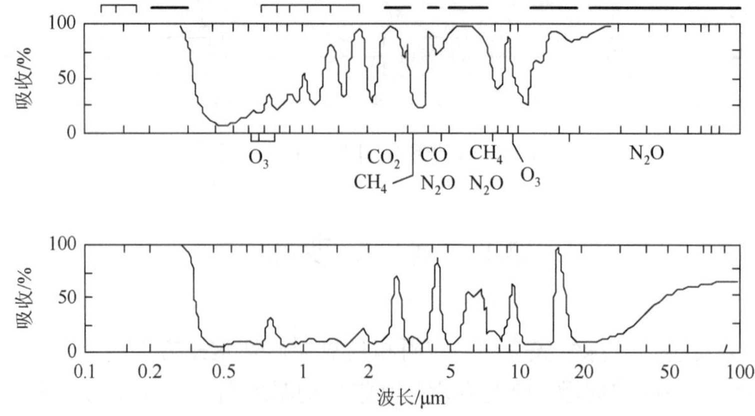

图 2.2 大气吸收光谱（上）和地表测量的太阳辐射吸收光谱（下）

辐射获得的热量多，而散失到大气层以外的热量少，地球表面的温度得以维持，这就是大气的“温室效应”。这些气体称为温室气体，主要包括二氧化碳、臭氧、甲烷、氯氟烃（氟利昂）、一氧化碳等。当它们在大气中的浓度增加时，大气的温室效应就会加剧，引起地球表面和大气层下部的温度升高。

大气中许多组分对不同波长的辐射都有其特征吸收光谱，其中能够吸收长波辐射的主要有二氧化碳、甲烷、氧化亚氮和水蒸气分子等。水分子只能吸收波长为 700～850 nm 和 1100～1400 nm 的红外辐射，且吸收极弱，而对 850～1100 nm 的辐射全无吸收。大气中的二氧化碳含量比水分子低得多，但它可强烈地吸收波长为 1200～1630 nm 的红外辐射，因而它在大气中的存在对截留红外辐射能量影响较大。

人类社会实现工业化前的 19 世纪初，大气中二氧化碳的浓度为 270 ppm（1 ppm = 10^{-6}），而到了 1988 年已上升到 350 ppm。全球表面平均温度最暖的年份是 2016 年，而这一年也是全球二氧化碳平均浓度最高的年份，突破了 400 ppm 的警示线。而同时二氧化碳以外的温室气体，如甲烷、臭氧、氯氟烃、氧化亚氮等也在不同程度地增加。

在温室气体中，引起温室效应增强的温室气体主要分两种。一种能吸收和发射红外辐射，称为辐射活性气体，包括二氧化碳、甲烷、氧化亚氮和卤代烃等寿命长、在对流层大气中均匀混合的气体，也包括时空分布差异很大的臭氧；另一种不能或只能微弱地吸收和发射红外辐射，但可以通过化学转化来影响辐射活性气体的浓度水平，称为反应活性气体，包括氮氧化物、一氧化碳和挥发性有机物（VOCs）。而根据气体在对流层中的稳定程度，也可将其分为两类。一类在对流层混合均匀，如二氧化碳、甲烷、氮氧化物、氯氟烃等，其温室效应具有全球性特征；另一类在对流层混合不均匀，如臭氧和非甲烷烃（NMHCs），其温室效应具有区域性特征。

2.1.3　全球变暖造成的影响

全球变暖会对环境与人类造成直接或间接的影响，如造成海洋灾害、影响农业产量、影响物种的多样性和人类健康等。

1. 引起缓发性海洋灾害

全球升温会引起海洋变暖、海水膨胀和冰川融化等现象，进而导致海平面上升。海平面上升会导致沿海低地被淹没、地下水位升高、土壤盐碱化、海岸侵蚀加强、破坏港口设备和影响水产养殖业等一系列的问题，从而威胁沿海与岛国居民（占世界 1/3 的人口）的生活。如果极地冰冠融化，经济发达、人口稠密的沿海地区会被海水吞没。例如，位于南太平洋的图瓦卢由 9 个环形珊瑚岛群组成，这个世界上面积第四小的国家已被海水侵蚀得千疮百孔，岛上淡水日益减少，土壤盐碱化让粮食和蔬菜无法正常生长，从 1993 年到 2012 年，图瓦卢的海平面共上升了 9.15 cm，照此速度，其大部分国土将在 50 年后被海水淹没。2001 年，该国领导人宣布他们将举国迁往新西兰，成为世界首批“环境难民”。

2. 影响农业产量

气候变暖容易造成洪涝、干旱等自然灾害，而这些自然灾害会增加农业产量的不稳定性。温度不断升高，使得不同作物（如一年两熟或一年三熟的农作物）的生长周期产生变化，农业布局和结构被改变。同时，全球变暖会增加农作物的水分蒸发量，也会大幅度增加农业的灌溉成本、杀虫剂用量、化肥用量等。在全球范围内，高纬度地区温度升高，有利于当地作物生长；但中纬度“谷物带”变暖，作物水分亏欠，造成当地粮食产量下降。而高纬度地区的收益不能补偿中纬度地区的损失，造成全球粮食产量下降。

3. 影响物种的多样性

研究发现，蜥蜴体内的肠道菌群在温度高于正常水平 2℃的环境中生存时，细菌种类将减少 34%。这不但影响蜥蜴体内肠道菌群的多样性，还会影响蜥蜴的寿命，受气候变化影响的蜥蜴，其寿命比未受气候变化影响的蜥蜴要短。全球变暖使自然生态系统不能适应变化的气候，致使物种遭受损失；同时全球变暖造成了海水温度变化及洋流的变化，使鱼类聚集地改变，甚至造成某些渔场消失；其造成的生态环境恶化也对物种的多样性存在消极影响。

4. 对人类健康带来多方面的影响

1）影响身体健康

2015 年 10 月著名医学期刊《柳叶刀》和清华大学联合发布“气候变化与健康”和“星球健康”特邀报告。报告指出，气候变化对全球 74 亿人口产生的后果将可能威胁、抵消人类过去 50 年社会发展和全球健康取得的成果。过去几十年间，气候变化、海洋酸化、土地退化、水资源短缺、过度捕鱼和生物多样性减少等环境变化已经对全球人类健康构成了极大威胁，而这种威胁在 21 世纪后半叶还会加剧。例如，全球变暖造成的极端天气增多会干扰人体新陈代谢；同时温度升高使疫病传播媒介增加，扩大了疫病的流行。

2）影响心理健康

美国心理学协会和美国生态协会联合发表了一份名为《气候变化与心理健康》的报告，揭示了气候变化对人类健康，尤其是心理健康的影响。报告指出，气候变化引起的极端天气和其他自然灾害对心理健康产生即时影响。例如，在洪水或飓风中痛失家园或亲人时对心理造成严重创伤。哈佛医学院之前发表的《卡特里娜飓风之后精神疾病和自杀倾向趋势》研究报告指出，在 2005 年卡特里娜飓风过后，在受该飓风影响的区域自杀和有自杀意念的居民增加了一倍多，并且六分之一的人被诊患有创伤后应激障碍，49%的人患上抑郁症或者其他情绪病。

5. 对重污染天气的影响

《中国极端天气气候事件和灾害风险管理与适应国家评估报告》指出，伴随着全球气候变暖，近 60 年中国极端天气气候事件发生了显著的变化，中国中东部冬半年平均重污染天数显著增加，尤其是华北地区因重污染天气导致能见度明显下降。

一方面，大气环流形势的变化影响了大气的扩散条件。自 20 世纪 60 年代初以来，在全球气候变暖的影响下，全国性的寒潮事件频次呈现出明显的减少趋势，平均每十年减少 0.2 次。此外，西太平洋地区生成的台风和热带气旋个数有减少趋势，登陆我国的台风和热带气旋频数也有减少趋势，从而导致我国南方和东南沿海地区夏秋季的大风天气频率减少，大气扩散能力下降。另一方面，气温升高、降水减少、平均风速降低不利于污染物的扩散。近 30 余年，我国对流层年平均风速下降速率从每十年下降 0.10 m/s 到 0.17 m/s，导致逆温天气现象增多，不利于污染物的扩散。逆温条件下，逆温层阻碍了空气的垂直对流运动，近地面大气污染物越积越厚，空气污染势必加重。

课外阅读：我国已参与全球气候框架国际行动

全球大气环境问题的产生原因与影响范围是全球性的，因此这些问题的有效解决，也需要世界各国综合考虑自然、社会、经济、技术等条件，加强交流、增进合作，以促进全球社会、经济、环境的可持续发展。我国积极参与了相关国际行动。

1979 年召开的第一次世界气候大会在其发表的宣言中提出，如果大气中的二氧化碳在未来仍像现在这样不断增加，则气温到 21 世纪中叶将会显著上升。

1985 年 10 月，国际科学理事会、联合国环境规划署、世界气象组织共同召开奥地利菲拉赫会议。会议提出，如果大气中二氧化碳和其他温室气体的浓度以当前的趋势继续增加的话，到 21 世纪 30 年代，二氧化碳的含量可能是工业化前的 2 倍，在这种情况下，全球平均温度可能升高 1.5～4.5℃，同时海平面可能上升 0.2～1.4 m。

1988 年 12 月，联合国第 43 届大会通过了《为人类当代和后代保护全球气候》43/53 号决议，决定在全球范围内对气候变化问题采取必要的和及时的行动，并要求当时成立不久的联合国政府间气候变化专门委员会（IPCC）就全球气候变化现状进行综合评估，并对未来的国际气候公约提出建议。

1992 年 6 月在联合国环境与发展大会期间，153 个国家正式签署了《联合国气候变化框架公约》。公约规定了发达国家缔约方于 2000 年将其温室气体排放稳定在 1990 年的水平上，没有涉及 2000 年以后的排放义务。为此，公约缔约国决定 1997 年在日本京都召开的第三次缔约方大会上制定具体政策和措施。这就形成了《京都议定书》，从此在法律上规定了全世界共同为保护全球气候而必须采取的减排行动。

自 1990 年以来，IPCC 相继组织世界上各学科领域的专家编写和出版了 1990 年气候变化第一次评估报告、1995 年气候变化第二次评估报告、2001 年气候变化第三次评估报告和 2007 年气候变化第四次评估报告。这些报告评估了气候变化科学进展、气候变化的社会经济影响、减缓与适应对策等方面的进展，为联合国环境与发展大会的召开，特别是《联合国气候变化框架公约》的制定，提供了重要的科学支持。

2009 年 12 月 7～18 日，《联合国气候变化框架公约》第十五次缔约方会议（又称哥本哈根联合国气候变化大会）暨《京都议定书》第五次缔约方会议在丹麦首都哥本哈根举行。在哥本哈根联合国气候变化大会上，《联合国气候变化框架公约》192 个缔约方的代表围绕以下议题展开激烈博弈：全球新一轮的减排目标协议、发达国家向发展中国家提供适应气候变化的资金及技术转让机制、保护森林机制的组成及完善清洁生产机制等。

温室气体的大量排放影响了全球气候，带来了雾霾、海洋酸化等环境问题，从 1992 年的《联合国气候变化框架公约》，到 1997 年的《京都议定书》，再到 2015 年的《巴黎协定》，国际社会关于气候变化议题和温室气体减排的努力已超过 25 年。《巴黎协定》为削减温室气体的排放设定了目标，确立了 2020 年后以国家自主贡献为主体的国际应对气候变化机制安排，重申了《联合国气候变化框架公约》的

"共同但有区别的责任"原则。《巴黎协定》是国际社会在历史上首次达成共识、同心协力应对气候变化问题，是世界政治体系首次对环境威胁做出了"合乎比例"的应对方式，让政界和学界在这一问题上站在了同一个认知高度。

2.2 臭 氧 空 洞

太阳是一个巨大的热源，是地球的能量来源。太阳辐射光中包含可见光和不可见光，其中红外线和紫外线（UV）属于不可见光。紫外线能量极高，按照其波长的不同，可以划分成 UV-A（315～400 nm）、UV-B（280～315 nm）和 UV-C（280 nm 以下）三个波段。如果 UV-B 辐射到达地球表面，可能破坏生物分子的蛋白质和基因物质，导致细胞破坏或死亡。地球的大气层能够将太阳辐射中的有害部分阻挡在大气层之外，其中臭氧层可阻挡太阳光中 99%的 UV-B 辐射。随着人类活动，特别是氟氯烃和哈龙等人造化学物质的大量使用，使大气中的臭氧总量减少，造成部分区域臭氧稀薄，科学家形象地将之称为"臭氧空洞"。

2.2.1 臭氧空洞的发现

1984 年，英国南极考察队的科学家约瑟 • 法曼在南纬 60°地区首次观测发现南极上空出现臭氧空洞，引起了世界各国极大关注。1985 年，美国宇航局（NASA）的"雨云-7号"（Nimbus-7）气象卫星测到了这个臭氧空洞。经过数年的连续观测，其存在进一步得到证实。极地上空臭氧层的中心地带，近 95%的臭氧被破坏。从地面向上观测，高空的臭氧层已极其稀薄，与周围相比像是形成了一个"洞"，直径上千米。臭氧层中臭氧的减少，使得太阳对地球表面的紫外辐射量增加，照射到地面的紫外线增强，影响人类和其他生态系统中的生物有机体的正常生存。目前不仅在南极，在北极上空也出现了臭氧减少现象。我国科学家在近年来对我国上空臭氧分布的分析中发现，在我国青藏高原上空，也存在着一个相对周围地区臭氧浓度较低的区域。

2.2.2 臭氧空洞形成机制

造成臭氧空洞的元凶就是人为活动中使用的氟利昂（Freon，CF_xCl_{4-x}）和哈龙（CF_xBr_{4-x}）。氟利昂是一种人造化学物质，1930 年由美国的杜邦公司投入生产，第二次世界大战后尤其是进入 60 年代以后，开始大量使用。例如，氟利昂被广泛用作冰箱、冷冻机、空调等设备的制冷剂，聚氨酯泡沫和聚乙烯/聚苯乙烯泡沫中的发泡剂，气雾剂制品中的推进剂，电子线路板、精密金属零部件等的清洗剂及烟丝的膨胀剂和诸多化工溶剂等。哈龙则主要用作灭火器中的灭火剂。上述化学物质非常稳定，排到大气中可存留数十年，甚至 100 年左右。

氟利昂和哈龙在大气低层几乎不与任何分子发生反应，这些物质会在全球范围对流层内均匀分布，然后主要在热带地区上空通过大气环流进入平流层，之后风将其从高纬度地区向低纬度地区输送，进而在平流层内混合均匀。当其进入平流层后受到强烈紫外线照射，氟利昂和哈龙发生分解，产生原子状态的高活性的氯和溴，同时生成破坏臭氧层的主要物质，它们对臭氧层的破坏是以催化剂的方式进行的，氟利昂破坏臭氧过程如图 2.3 所示。据估算，一个氯原子可以破坏 10^4～10^5 个臭氧分子。而由哈龙释放的溴原子对臭氧的破坏能力是氯原子的 30～60 倍。而且，氯原子和溴原子二者同时存在时，破坏臭氧的能力要远远大于二者之和，即存在协同作用。

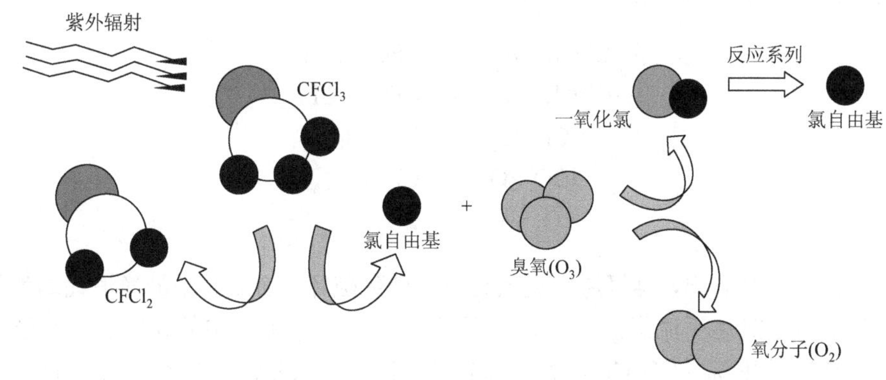

图 2.3　氟利昂破坏臭氧过程示意图

臭氧层中臭氧的形成及耗竭机理是，在高空太阳辐射的作用下，分子氧 O_2 先离解出原子氧（O），然后结合形成 O_3，其反应式可表示如下：

$$O_2 + h\nu(\lambda \leqslant 240\text{nm}) \longrightarrow 2O(^3P)$$

$$2O(^3P) + 2O_2 \longrightarrow 2O_3$$

总反应：
$$3O_2 + h\nu \longrightarrow 2O_3$$

随后，O_3 又可被太阳辐射作用离解：

$$O_3 + h\nu(210\text{nm} \leqslant \lambda \leqslant 310\text{nm}) \longrightarrow O_2 + O(^3P)$$

$$O_3 + O(^3P) \longrightarrow 2O_2$$

总反应：
$$2O_3 + h\nu \longrightarrow 3O_2$$

大气平流层中存在着一些微量成分，这些微量成分能使 O 与 O_3 转换成 O_2，而本身不被破坏。这些微量气体组成 NO_x、ClO_x、HO_x 等，称为活性物种。若其在平流层中就会起催化清除 O_3 的作用。

对于 ClO_x：

$$Cl + O_3 \longrightarrow ClO + O_2$$

$$ClO + O \longrightarrow Cl + O_2$$

总反应：
$$O + O_3 \longrightarrow 2O_2$$

对于 NO_x：

$$NO + O_3 \longrightarrow NO_2 + O_2$$

$$NO_2 + O \longrightarrow NO + O_2$$

总反应：
$$O + O_3 \longrightarrow 2O_2$$

人为排放出来的在对流层寿命较长的物质会进入平流层，并在平流层离解产生活性基。最主要的化学物质是 CH_4、N_2O 和卤代烃（CFC-11、CFC-12 等）。

N_2O 在对流层中比较稳定，它是由土壤反硝化作用产生的。它被输送到高空对流层后，可与氧原子结合生成 NO，其对 O_3 的破坏作用不可忽视。扩散到平流层的 CFCs 在紫外线照射下光解释放出氯原子，继而再与 O_3 发生链反应产生 O_2，其反应速率是 NO_x 与 O_3 反应速率的 5.6 倍。CFCs 作用反应式如下：

$$CFCl_3 + h\nu \longrightarrow CFCl_2 + Cl$$
$$CFCl_2 + h\nu \longrightarrow CFCl + Cl$$
$$Cl + O_3 \longrightarrow ClO + O_2$$
$$ClO + O \longrightarrow Cl + O_2$$
$$O_3 + O \longrightarrow 2O_2$$

由上述反应不难看出，臭氧层中臭氧会不断遭到破坏，而氯原子的净消耗却为零。只要有少量的氯原子到达平流层，即可使臭氧不断被耗损。平流层中的氯原子一部分来源于海洋散发生成的氯甲烷（CH_3Cl），另一部分则来源于人类生产及生活中排放的各种有机氯气体。

2.2.3 臭氧空洞的危害

1. 对人体及动物健康的影响

已有研究表明，长期暴露于强紫外线的辐射下，会导致细胞内的基因物质脱氧核糖核酸（DNA）改变，对人体和动物自身免疫系统产生不良影响，甚至诱发发育停滞等疾病。紫外线辐射能够破坏生物的蛋白质和 DNA，使人类的皮肤癌发病率增高。而 UV-B 段的增加能明显地诱发人类的三种皮肤疾病：非恶性的巴塞尔皮肤瘤、鳞状皮肤瘤及恶性黑瘤。紫外线还会损伤角膜和眼晶体，导致白内障、眼球晶体变形等疾病患者增加。

2. 对陆生植物的影响

随着紫外辐射的增强，植物的生长也会受到抑制。十几年来，研究人员对 200 多个品种的植物进行了添加紫外照射的实验，其中有三分之二的植物显示出敏感性。紫外辐射增加能够导致植物的叶面积减小，减少植物俘获阳光的有效面积，对植物的光合作用产生影响，还会改变植物的叶面结构、生理功能、芽苞发育过程等，降低农作物的产量和质量。与此同时，森林生态系统也受到紫外线增加影响，造成相当大的破坏。

3. 对水生生态系统的影响

海洋中浮游植物能够自由运动以提高生产力保证生存，但暴露于阳光紫外线辐射下会影响浮游植物的定向分布和移动，因而减少了浮游植物和微生物的存活率，从而危及水中生物的食物链和自由氧的来源，整个生态环境将因此受到严重影响。与此同时，有实验研究发现，紫外线辐射对鱼、虾、蟹、两栖动物和其他动物的早期发育阶段都有危害作用，导致繁殖力下降和幼体发育不全。科学研究表明，如果平流层臭氧减少 25%，浮游生物的初级生产力将下降 10%，这将导致水面附近的生物减少 35%。

4. 对工业的影响

紫外线增强还会对工业生产造成影响，如使油漆褪色，使橡胶、塑料等其他有机材料尤其是高分子材料降解和老化变质。特别是在高温和阳光充足的热带地区，这种破坏作用更为严重。由这一破坏作用造成的损失全球每年达到数十亿美元。

2.3　内分泌干扰物

20 世纪后期，人类及野生动物的生殖、免疫、神经等系统出现了各种各样的异常现象。很多研究表明，造成这些现象的主要原因是人类和野生生物的内分泌系统受到环境中一些化学物质的扰乱，造成体内天然激素水平的失衡。这些能够干扰体内激素平衡的化学物质一般是人类在生产和生活活动中产生和排放的污染物质，因此称为“内分泌干扰物”或“环境激素类物质”。美国环境保护局（USEPA）对内分泌干扰物（EDCs）的定义为：对维持体内平衡并调节生殖、发育、行为等过程的天然激素的合成、释放、转运、代谢、结合、效应及消除具有干扰作用的外源性物质。

2.3.1　内分泌干扰物的分类

EDCs 根据其作用主要分为以下几类。

1. 环境雌激素干扰物

具有抗雌激素作用的 EDCs 主要包括：天然雌激素、植物雌激素及真菌雌激素；人工合成雌激素；工业化学物及其他环境污染物，包括多氯联苯（PCBs）、多溴联苯（PBBs）、二噁英类物质（PCDDs）、多种农药成分（杀虫剂、杀菌剂、除草剂等）、烷基酚（壬基酚、辛基酚）、对羟基苯甲酸酯类、丁基羟基苯甲醚、重金属（镉、汞、砷、铀）等。而多环芳烃（PAHs）、二噁英（TCDD）等能与芳香烃受体结合的化合物也具有抗雌激素作用。

2. 环境雄激素干扰物

具有抗雄激素作用的 EDCs 主要包括：邻苯二甲酸酯（PAEs）、苯乙烯、氟他胺、烯菌酮、重金属（铅、镉）等；广泛用于化妆品及个人护理产品的抗菌剂三氯卡班具有类雄激素性质。

3. 环境孕激素干扰物

某些天然植物成分具有模拟或干扰孕激素作用。例如，一些中药中的皂苷类成分通过与孕激素受体结合产生抗孕激素作用；动物实验发现，某些合成化合物具有抗孕激素作用，如杀虫剂甲草胺、硫丹、十氯酮、甲氧 DDT。

4. 环境甲状腺类干扰物

许多环境干扰物，通过影响碘的利用和运输、甲状腺激素合成转运及甲状腺激素受体等途径来干扰甲状腺功能。这类化学物包括：多卤芳烃、烷基酚、双酚 A、有机氯农药及重金属（铅、镉）等。

2.3.2 内分泌干扰物的危害

EDCs 污染广泛，种类繁多，在环境中几乎无处不在。它们长期大量使用，普遍存在于人类环境中，致使人类长期持续地暴露于这类 EDCs 中，从而造成健康损害。而且通常是多种 EDCs 混合物同时存在于环境中，进入生物体后，多种混合物会产生联合作用（如协同作用、相加作用、拮抗作用等），通过多种作用机制产生复杂的有害效应。此外，处于发育关键窗口期的组织器官对 EDCs 作用敏感性增加。一方面是因为胚胎发育过程具有多种激素依赖性，对内、外源激素环境的变化十分敏感；另一方面，胎儿期各种屏障及防御机制发育尚不完善，经母体暴露的 EDCs 进入胎儿体内容易对发育中的多种组织器官，特别是胎儿大脑、生殖系统等造成严重危害。可以说 EDCs 不仅作用于通过母体暴露的子代，而且发育关键窗口期 EDCs 暴露造成的某些遗传表型的改变可通过生殖细胞系继续传递给下一代，产生跨代效应。

综合以上 EDCs 的种种特征，它的危害也显而易见，具有以下几点。

1. 对生殖系统的影响

EDCs 会影响生物的生殖、发育、行为及体内天然激素的合成、分泌、传输、结合和清除等。例如，长期暴露于有机氯农药 DDTs 及其降解产物环境中的男性工作者，其精子数会明显减少。

2. 对生长发育的影响

EDCs 会导致大脑发育迟缓，抑制大脑 DNA 的合成。除草剂、多氯联苯等，除了具有类雌激素的性质外，还能够干扰甲状腺素的代谢，甲状腺素属于生长激素，因此儿童或孕期妇女接触除草剂、多氯联苯等会影响儿童或胎儿神经系统的发育和正常的免疫机能，并进一步影响性腺的合成。

3. 对动物体内酶活性的影响

在 EDCs 的生殖毒理性研究中，芳香化酶备受关注，主要有卵巢型和大脑型。它们控制从睾酮到雌二醇的转化，直接决定着生物体内性激素的平衡。很多环境 EDCs 都可以影响芳香化酶的基因表达或者酶的活性，从而影响体内的性激素即雌二醇和睾酮的含量。

4. 对内分泌系统的影响

污染物影响生物体的内分泌系统，主要通过与受体结合或与血浆性激素结合蛋白结合来影响受体的表达。

5. 对神经系统的影响

对神经系统的影响可通过两个途径实现：

（1）先作用于神经内分泌系统，影响激素的释放及其在靶器官的效应，再通过反馈作用影响神经系统。

（2）直接作用于神经系统，引起行为、精神等的改变。环境雌激素可引起人或动物出现行为、学习、记忆障碍，也可出现注意力、感觉功能和精神发育的改变。

6. 对免疫系统的影响

EDCs 使许多生物胸腺质量减少、T 细胞介导的免疫功能下降。人类接触多氯联苯、二噁英和有机氯农药等可影响机体免疫功能，表现为亢进或抑制。生理浓度的雌激素可提高机体免疫力，剂量较大时则增加自身免疫性疾病的易感性。所以，人体接触 EDCs 能改变机体免疫功能，导致免疫抑制或过度反应。

课外阅读：国外环境内分泌干扰物管控现状

自 EDCs 问题提出以来，日本政府就高度重视，迅速指派环境省制定了国家应对 EDCs 问题的策略。该策略制定后，日本政府给予了大力支持和持续资助。日本关注的方向包括：环境浓度文献调研及实际监测、野生动物危害效应观测、内分泌干扰效应相关基础研究、测试方法开发与验证、效应评估和暴露评估、EDCs 评估框架、风险评估和风险管理、信息共享和风险交流、国际合作等。在环境浓度实际监测方面，进行了大量实际监测工作。例如，针对日本海岸线上岩螺的调查，发现其具有生殖器官异常现象。通过大量基础研究，日本开发了系统的 EDCs 测试方法，构建了 EDCs 筛选评估框架及测试策略。上述研究成果为日本进一步针对 EDCs 采取风险评估和风险管理提供了技术支撑。基于此，之后新的计划将更加强调针对内分泌干扰效应的危害测试，以及尝试开展针对 EDCs 的风险评估与风险管理。这意味着日本除继续开展 EDCs 环境监测、开发测试方法和基础研究以外，还将重点依据构建的筛选评估框架和测试策略，采用发展的测试方法，对选择的目标清单进行危害效应评估。

2014 年 6 月，欧盟委员会发布了关于确定 EDCs 识别标准的路线图。经过两年的讨论评估，欧盟委员会于 2016 年 6 月 15 日向欧洲议会提交了植物保护产品指令和生物杀灭剂指令框架下的 EDCs 识别标准授权法案草案。欧盟委员会确认的环境内分泌干扰物见表 2.2。

表 2.2　欧盟委员会确认的环境内分泌干扰物

序号	中文名称	CAS 号
1	邻苯二甲酸丁苄酯	85-68-7
2	邻苯二甲酸二丁酯	84-74-2
3	邻苯二甲酸二异丁酯	84-69-5
4	邻苯二甲酸二（2-乙基己基）酯	117-81-7
5	直链和支链的 4-庚基苯酚	—
6	4-叔戊基苯酚	80-46-6
7	直链和支链的 4-壬基苯酚乙氧基醚	—
8	直链和支链的 4-壬基苯酚	—
9	对特辛基苯酚乙氧基醚	—
10	对特辛基苯酚	140-66-9

“—”表示无 CAS 号。

为了实施 EDCs 识别标准，欧盟委员会要求欧洲化学品管理局（ECHA）和欧洲食品安全局（EFSA）于 2016 年 12 月底前起草一份配套的指导文件框架。目前，ECHA 和 EFSA 已完成配套的指导文件框架，止处于征求意见阶段。

2.4　解决环境问题的根本途径

环境问题是指任何不利于人类生存的环境结构和状态的变化，人类所面对的环境问题有人类与环境相互作用的过程中产生的问题，也有一些是自然环境原生的（如自然灾害），消除人类与环境相互作用产生的不利影响，是我们解决环境问题的关键。

人类生存发展离不开五类规律——自然规律、社会规律、经济规律、技术规律和环境规律。相对应，人类发展了五类科学——自然科学、社会科学、经济科学、技术科学和环境科学。环境基本规律往往与自然规律、社会规律、经济规律、技术规律等联合作用。一般而言，想要从根本解决环境问题，必须综合考虑多种规律的共同作用，因此有必要将五类规律作为协同者进行分析考虑，这称为“五律协同”。五类客观规律制约着人类的生存和发展，与“五律”相对应又存在着“五则”，它们分别是自然法则、社会规则、经济规则、技术规则和环境规则，要实现既定的目标，规则的制定和施行必须达到五类规律的协同。以五类规律为出发点来分析问题的方式称为五律分析。利用五律分析，可以全面系统地分析问题，避免了只从一个方面来提出解决问题的方案而导致的片面局限性，也符合当今社会的要求。

2.4.1　五律协同原理

人类的行为往往有目标导向。规律作用方向与目标之间一般表现为如图 2.4 所示的三种状态：若规律作用方向与目标一致者为协同，规律则是实现目标的动力；若规律作用方向与目标相反者为拮抗，规律则称为实现目标的阻力；若规律作用方向偏离预期目标者为偏离，规律则是实现目标的离心力。人类在实现重大目标的过程中，往往同时受到多种规律，甚至五类规律的联合作用，与任何一个发生作用的规律产生背离作用，就可导致既定目标不能实现的结果；当规律产生偏离作用时，会产生人类预期以外的负面效应；当五类规律作用方向都与目标一致时，它们都成为实现目标的动力，这种状态称为五律协同。规

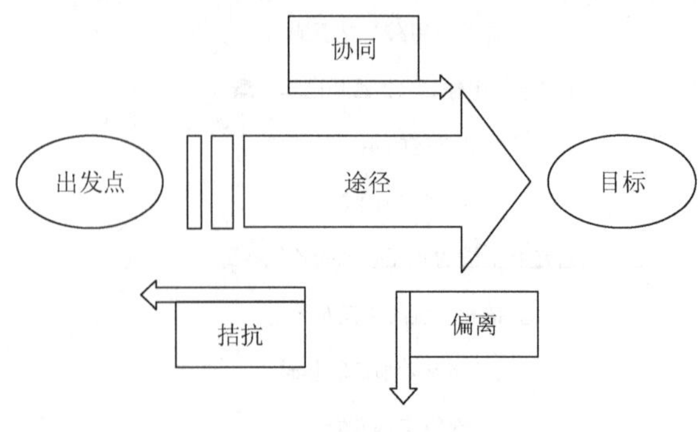

图 2.4　规律作用示意图

律作用的状态与人类实现预定目标所选择的途径有关，途径不同，规律作用的状态可能会有差别。

人类战略目标的确定和实现目标的途径都应遵循五律协同原理，如图 2.5 所示，其实施是以自然规律为物质基础，以经济规律为动力牵引，以社会规律为组织力量，以技术规律为支撑体系，以环境规律为约束条件。五律协同原理建立了五律解析和五律协同两个方法论，前者是系统分析方法，后者则是系统综合方法。为了全面、系统地解决全球环境问题，需要应用五律协同原理，对全球性的重要环境问题的防治策略进行探讨。

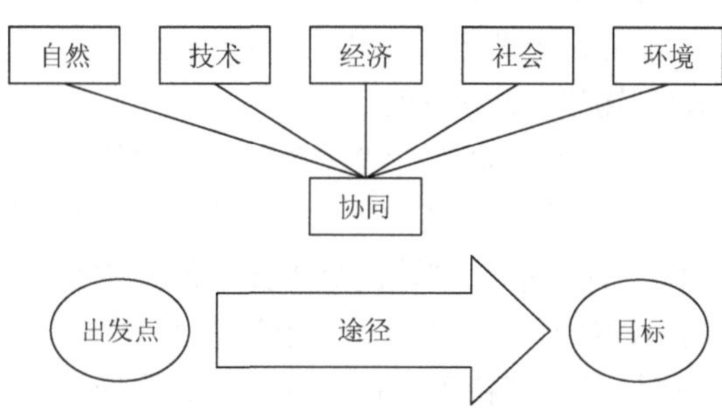

图 2.5　五律协同原理示意图

2.4.2　全球变暖防治策略

1. 环境规律解析

全球变暖的效应对于环境及人类的生活影响深远。它表现为全球平均气温的升高，并且引发一系列后果，如海平面的上升、农业分布的改变、恶劣气候的增加及热带疾病疫情的扩大，因此人类活动要以目前已知的环境规律作为依据，来自我约束一系列生产活动。

2. 自然规律解析

气候系统的改变是对外来力量的改变做出的反应。这些外来力量包括了人为与非人为因素，如太阳活动、火山活动及温室气体。气候学家的研究一致表明地球近年来已经变暖，科学界对温室气体是全球变暖的主因也已有共识。温室气体产生温室效应，会促使地面升温。温室气体对于太阳的短波辐射来说是透明的。可是，它们却吸收了来自地球发射的部分长波的红外线辐射，使地球难以降温。

3. 经济、社会、技术规律协同解析

温室气体的增多是伴随着人类社会经济的发展和化石能源开发技术的进步而出现的，其中经济、社会和技术规律起着主要作用。

CO_2 排放解析：CO_2 是最重要的人为产生的温室气体。全球大气中 CO_2 的浓度已经从前工业化社会的大约 280 ppm 增加到 2005 年的 379 ppm，2005 年全球大气中的 CO_2 浓度已经超过了根据冰心样品测定的过去 65 万年的自然浓度范围（180～300 ppm）。地球大气中 CO_2 浓度增加的主要来源是化石燃料燃烧。化石燃料燃烧排放的 CO_2 从 20 世纪 90 年代的平均 23.5 Gt 增长到 2000～2005 年的 26.4 Gt。

CH_4 排放解析：全球大气中 CH_4 的浓度从前工业化时代的大约 715 ppb（1 ppb 为 10^{-9}）增长到 20 世纪 90 年代的 1732 ppb，再到 2015 年的 1774 ppb。一般认为 CH_4 的排放源主要是稻田、湿地、反刍家畜、生物质燃烧、矿物燃料燃烧、垃圾掩埋、采煤、采矿、油气提炼及其运输泄漏等，但至今尚未确定不同来源所占的确切比例。

N_2O 排放解析：N_2O 浓度从前工业化的 270 ppb 增长到 2005 年的 319 ppb，约三分之一的 N_2O 是由人类活动产生的，主要来源于农业生产活动。

根据此规律可以采取的措施有如下方面。

加强国际协作：温室效应具有区域性、特殊性和全球性的特点，必须加强全世界各国的合作才能真正解决温室效应这个世界性的难题。加强国际合作不仅能够使环保理念在更广的范围内得到传播和发展，而且能够创造出更加先进的技术来治理温室效应。通过制定协议等方式更能有效制约各国的行为及实现逐步解决温室效应的目标。例如，在 1997 年 149 个国家通过的《京都协议书》使各国减排的任务更加明确。

开发新能源：煤作为化石能源具有不可再生的特点，过分地依赖煤炭资源不仅对我们的环境产生恶劣的影响，而且会约束经济社会的发展，因此开发新能源、调整能源结构就显得特别重要，而随着科技的进步，水能、风能、太阳能、核能与氢能等新能源的开发和利用正在成为可能。页岩气是一种更加清洁的资源。页岩气的开发为能源结构调整提供了新的选择。促进现有的绿色技术商业化，在拥有较多成熟技术的基础上，政策在资金等方面给予支持，帮助这些技术进入市场，进行商业化运作，使这些技术能够得到及时推广。同时结合提高能源生产和使用效率以达到减缓大气二氧化碳浓度增长的目标。

固碳对策：固碳是以捕获碳并安全封存的方式来取代直接向大气中排放碳的过程。固碳形式包括直接从大气中分离出二氧化碳并安全封存，以及将人类活动产生的碳排放物捕获、收集并封存到安全的碳库中。固碳方法一般有自然植被固碳与人工固碳减排。陆地植被的固碳功能是自然的碳封存过程，相比人工固碳则无须提纯二氧化碳，从而可节省分离、捕获、压缩二氧化碳气体的成本。以植树造林为例，其成本远低于各国采用能源转换策略减少温室气体排放所需的成本。因此，开展植树造林活动，能改善环境。

2.4.3 臭氧空洞防治策略

1. 环境规律解析

臭氧空洞对地球环境影响是多方面的。

臭氧层被大量损耗后，吸收紫外辐射的能力大大减弱，导致到达地球表面的紫外线明显增加，给人类健康和生态环境带来多方面的危害。对陆生植物会造成农作物的产量降低等影响。对水生生态系统的影响也是全球性的。正因为如此，在应对臭氧空洞问题时我们应该以环境规律为约束，全方面考虑应对对策。

2. 自然规律解析

消耗臭氧层物质逸入大气时，由低空（对流层）逐渐向高空（臭氧层）延伸。在这个过程中受到自然规律支配，发生一系列的物理化学反应，最终会导致臭氧层的破坏。一些氯氟烃在对流层不发生变化，但至臭氧层，受到短波紫外线照射分解，引发了破坏臭氧的反应；而一些含氯的氯氟烃，在对流层已与大气中富含的HO·发生反应而分解，生成氯自由基等活性物质。我们知道在平流层内离地面20～30 km的地方，也就是臭氧层中存在着氧原子（O）、氧分子（O_2）和臭氧（O_3）的动态平衡，但是氮氧化物、氯、溴等活性物质及其他活性基团会破坏这个平衡，使其向着臭氧分解的方向转移。

3. 经济、社会、技术规律解析

大气臭氧层破坏的主要原因，是人类过多地使用氯氟烃类化学物质。自20世纪30年代初，CFCs作为一类新的化工产品问世以来，由于其具有化学惰性和热稳定性、不燃性、低毒性、低沸点及气液相易于转变、与碳氢类油脂相互混溶、表面张力和黏度低等特性，它们的应用范围日益广泛，已用于航空航天、机械电子、医药卫生、石油及日用化工、建筑家具、食品加工、商业服务等许多行业。

对此，应在社会规律方面寻求国际对话，草拟公约；经济方面由国家出台环境保护政策，对违规使用生产排放对臭氧有破坏作用物质的企业进行处罚；技术方面推出替代新品，以减少对臭氧层的破坏。

2.4.4　内分泌干扰物防治策略

1. 环境规律解析

我们已了解，EDCs会影响生物的生殖、发育、行为及体内天然激素的合成、分泌、传输、结合和清除等。长期暴露于EDCs环境下的成人和儿童健康都会受到损害，不仅如此，EDCs对动物体内酶活性的影响，会使各种激素比例失调，对内分泌系统和免疫系统产生巨大影响。同时EDCs也对植物产生一定影响，已有证据表明EDCs会直接减少农作物的产量，也会对自然环境中植物的形状产生影响。

2. 自然规律解析

EDCs来源复杂，有天然产生的雌雄激素，也有人类生产活动生产的各类合成激素。EDCs无处不在，普遍存在于食物、水源和空气中，人类可能在胚胎时期就因为母亲的饮食而接触到EDCs，从而影响发育。

3. 经济、社会、技术规律解析

EDCs多为有机污染物及重金属物质。在生产生活中EDCs大量存在：70%～80%农药属于EDCs；我们所使用的塑料，其中大部分的稳定剂和增塑剂也属于EDCs；日常人们所食用的肉类、饮料、罐头等食品中也含有EDCs，因此EDCs在日常生活中使用量较大。

技术层面解决措施包括方法的开发与验证、效应评估和暴露评估、EDCs 评估框架、风险评估和风险管理、信息共享和风险交流、国际合作等。在环境浓度实际监测方面，进行大量实际监测工作。在野生动物危害效应观测方面，观测大量野生动物，以确定化学品暴露与野生动物危害效应之间是否具有关联。对有反常现象的野生动物，会通过模拟实验验证该现象。

从社会规律和经济规律了解 EDCs 的生产方式及使用范围，从政策上制定相应对策，进行品类分级与健康标识，明确提示使用风险，并且加强回收管控，环保部门严格把控废品回收。从技术上加强 EDCs 的监测与风险控制，对环境中 EDCs 的分布规律与现状做到心中有数，从而为社会规律、经济规律做理论支撑；以环境规律为约束、自然规律为导向，形成五律协同状态，全面解决 EDCs 的问题。

2.5　双语助力站

2.5.1　囚徒困境

犯罪团伙的两名成员被逮捕和监禁。每个囚犯被单独监禁，没有与他人交流的手段。检察官缺乏足够的证据定罪。

（1）如果 A 和 B 各自背叛另一方，他们每个人在监狱服刑 2 年。

（2）如果 B 被出卖，B 仍然保持沉默，A 将被释放，B 将服刑 3 年（反之亦然）。

（3）如果 A 和 B 两人都保持沉默，他们两人只会被判 1 年监禁（代价较轻）。

若对方沉默时，背叛会让我获释，所以会选择背叛。

若对方指控我，我也要指控对方才能得到较低的刑期，所以也是会选择背叛。

因此对于两个纯理性的犯罪者来说，它们唯一的可能是相互背叛，以求得利益最大化。反映个人最佳选择并非团体最佳选择。

So the only possible outcome for two purely rational prisoners is to betray each other，then could maximize the benefits. The situation is the best choice for individual but not the group.

国际气候谈判与合作一再受挫，使得应对全球气候变化问题演变成一场不同国家之间的政治博弈，国际合作陷入了囚徒困境。

Global climate negotiations and cooperation have failed repeatedly，which turns the global climate change problem into a political game，and the cooperation is caught in a Prisoner’s Dilemma.

由于各国在承担成本和分享收益上的不均等，气候谈判陷入了僵局。谈判即使达成一致，各国也可能不会采取行动共同努力，主要是因为不遵守约定的国家能够从中获得较大益处。

As it is not equitable in their interests and costs，global climate negotiations have reached an impasse. It cannot be assumed that the parties to the agreement will carry out their commitments to moderate their activities，especially if a competitive advantage might be gained by non-complying states.

在全球变暖的情况下，如果各国都减少温室气体排放，那么各国都会得到更大的收益。然而，每个国家都有动机从其他国家的减排中获益，而自身不支付任何减排成本。通过交流和单边承诺，能够减少囚徒困境的发生。相互依存，才能保障全球气候安全。

In the situation of global warming, if all states cut down their greenhouse emissions, all states would get more benefits. However, each country could get benefits through the emission reduction did by other country with no cost. The communication and unilateral commitments can reduce the occurrence of the Prisoner's Dilemma. Only the cooperation can ensure the climate security.

问题的关键是，对环境安全的追求能否引导可持续发展合作的前进，而不加剧国际冲突的自私的民族事业。这需要调和发展中国家的生态需求和经济需求，并解决工业化国家消费习惯造成的环境恶化对较贫穷国家造成的影响。

The question is that the pursuit of environmental security can be channeled into cooperative arrangements that promote sustainable development rather than self-serving, nationalistic ventures that will heighten international conflict and perpetuate international injustices. We need to reconcile ecological imperatives with the economic needs of developing countries and to address injustices that arise from the ways poorer societies are affected by environmental degradation caused by the consumptive habits of the highly industrialized nations.

2.5.2 纪录片《难以忽视的真相》

《难以忽视的真相》是由戴维斯·古根海姆导演的纪录片，讲述美国前副总统戈尔通过详实的幻灯片向公民宣传全球变暖的活动。这部纪录片获得了奥斯卡最佳纪录片奖。自《难以忽视的真相》上映以来，它被公认为提高了国际公众对全球变暖的认识，并且重新激活了环境运动。

An Inconvenient Truth is a documentary film directed by Davis Guggenheim about former United States Vice President Al Gore's campaign to educate citizens about global warming via a comprehensive slide show. The documentary won the Academy Awards for Best Documentary Feature. Since the film's released, *An Inconvenient Truth* has been credited for raising international public awareness of global warming and reenergizing the environmental movement.

这部关于全球变暖的纪录片灵感来源于美国前副总统戈尔的竞选活动，活动的目的在于提高人们对气候变化的认识并鼓励针对其采取行动。纪录片的内容主要来自于戈尔在世界各地的学校发表的报告。报告内容中有令人印象深刻的直观可视化图表，展示了我们因碳消耗造成的气候变化水平。戈尔还叙述了温度日渐小幅升高对生态循环周期的影响，如鸟类由于毛毛虫孵化周期提前和松树甲虫取食时间变长破坏森林而挨饿。来自中国、旧金山和曼哈顿的科学统计图显示，迅速的冰川融化会导致海平面上升，进而淹没部分地区，而用计算机生成的北极熊栖息地图像表明，北极熊需要游数英里以寻找冰上栖息地，观众对此感到震惊。

This documentary film about global warming was inspired by the campaigning work of Al Gore, the former United States Vice President, to raise awareness of the issue and encourage action against climate change. The content of the film largely derives from lectures delivered by Gore at a number of universities and schools around the world. The presentation includes impressive visual supports which demonstrate the level of climate change already wrought from our consumption of carbon. Gore also outlines the impact of minute daily temperature rises on ecological cycles such as birds that starve because caterpillars hatch early and forests that are destroyed by extended feeding periods of pine beetles. The viewer is horrified by scientifically calculated images of China, San Francisco and Manhattan, all partially submerged by rising sea levels which will result from rapidly melting glaciers and by a computer-generated image of a polar bear, swimming miles in search of ice on which to rest.

他详细介绍了现代环境运动的要素，追溯了他在大学时期就对气候变化产生了兴趣，并且参与了相关活动。这部纪录片的标题暗示了政治家和政府对解决气候变化犹豫不决的态度，这是因为处理相关问题需要采取严格的且可能不讨喜的举措。例如，拨款于对环境友好的能源，以及改变我们的生活方式和生产方式。在纪录片结尾时戈尔强调，如果及时采取行动，全球变暖的影响就可以通过减排二氧化碳和增加植被以消耗二氧化碳等措施而改善。

He details the elements of the modern environmental movement and traces the development of his interest and involvement in climate change from his university days onward. The film's title alludes to the hesitancy of politicians and governments to address climate change because of the tough and potentially unpopular actions that are required to tackle the issue, the financial cost of changing to less environmentally damaging energy sources, and the need to alter our lifestyles and means of production. The documentary ends with Gore arguing that if appropriate actions are taken soon, the effects of global warming can be successfully reversed by releasing less CO_2 and planting more vegetation to consume existing CO_2.

作为克林顿执政期间的副总统，戈尔曾推动了碳排放税的实施，以鼓励提高能源效率和燃料选择多样化，碳排放税的实施更好地反映了能源使用产生的真实环境成本。该政策在 1993 年得以部分实施。而在该片上映之后，戈尔于 2006 年创立了“气候现实项目”，通过项目培训了 1000 名活动家，让他们在社区进行相关的演讲。目前，该组织在全球已有 3500 名主持人。而戈尔也因其在气候变化方面所做的工作获得了诺贝尔和平奖。因此，这部电影不是一个绝望的故事，而是一场凝聚的呐喊。

As Vice President during the Clinton Administration, Gore pushed for the implementation of a carbon tax to encourage energy efficiency and diversify the choices of fuel better reflecting the true environmental costs of energy use. It was partially implemented in 1993. Following the film, Gore founded The Climate Reality Project in 2006 which trained 1000 activists to give Gore's presentation in their communities. Presently, the group has 3500 presenters worldwide. And Al Gore won the Nobel Peace Prize for his work on climate change. So the film is not a story of despair but rather a rallying cry.

2.5.3　解决环境问题的综合策略

经过多年的教学经历，结合工科学生培养的基本要求，总结了解决环境问题的综合策略。还可引导学习者应用以下系统方法论，并将相关方法应用于解决人生问题。

The integrating strategies of solving environmental problems were summarized combined with teaching experience and basic requirements of engineering students. These skills could be helpful to guide learners in solving different environmental issues and life problems as well.

（1）思考相关过程：关注污染物、环境及其相互作用。

Think processes. Focus on the pollutants，environment and their interactions.

（2）系统性：解决问题需要一个循序渐进的方法。

Be systematic. Solving problems requires a step-by-step approach.

（3）灵活性：寻找两者的相似点和不同点。

Be flexible. Look for both the similarities and the differences.

（4）有耐心：将问题细化为可操作的实际行动。

Be patient. Pick the problem apart into its workable steps.

（5）有信心：以具体问题为引导，坚信能够想出相应解决措施。

Be confident. Let the problem guide you，and assume that you can think it out.

第3章　大气环境问题

大气中存在着十分复杂的物质循环过程，所以它一直在缓慢地发生着变化，人类的活动与生存也因而不断地受到影响。同时，人类通过生产和生活实践，也在不断地影响着大气。人与大气环境之间这种连续不断的物质和能量交换，决定了大气环境在整个环境中的重要地位。随着人类进程的加快，大气污染问题越来越受到人们的关注。虽然近年各国注重清洁生产，污染排放强度逐渐降低，但能源需求在日趋上升，机动车尾气和燃煤等对大气持续产生诸多不利的影响，全球变暖、臭氧耗损和内分泌干扰物三大全球问题中就包含了两个大气环境问题。加之气溶胶污染、酸沉降、光化学烟雾等问题的不断发生，使得防控大气环境问题成为重中之重。

3.1　大气环境概述

大气由干洁大气、水汽和气溶胶粒子三大部分构成，除了氧、氮等气体外，还悬浮着水滴、冰晶和固体微粒，占地球总质量的0.0001%左右。大气中的悬浮物常称为气溶胶质粒。没有水汽和悬浮物的空气，称为干洁空气。在85 km以下的大气中，干洁空气的成分基本上是不变的（表3.1）。大气中二氧化碳、臭氧、水汽、悬浮微粒及微量有害气体的含量是不断变化的（图3.1）。

表3.1　干洁空气的成分

成分	容积/%	相对分子质量
氮（N_2）	78.088	28.016
氧（O_2）	20.95	32.000
氩（Ar）	0.93	39.944
二氧化碳（CO_2）	0.03	44.010
氖（Ne）	0.0018	20.183
氦（He）	0.0005	4.003
氪（Kr）	0.0001	83.700
氢（H_2）	0.00005	2.016
氙（Xe）	0.000008	131.300
臭氧（O_3）	0.000001	48.000

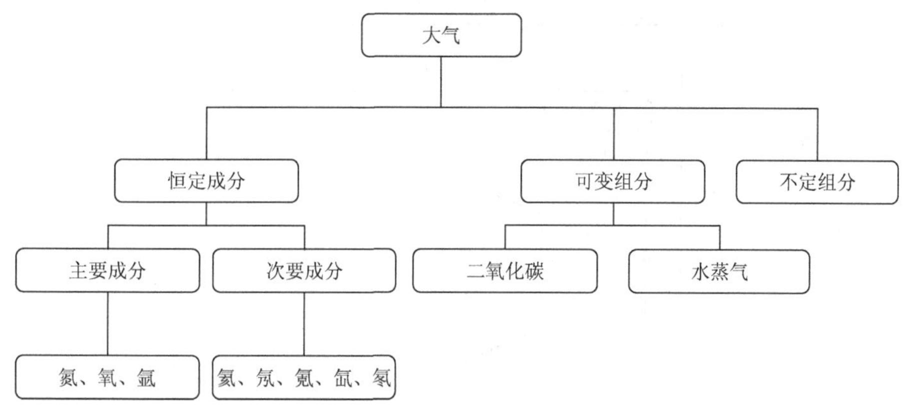

图 3.1　大气组分结构图

在 85 km 以上大气层中，主要成分是氮和氧。二氧化碳主要来自于生物的呼吸作用和有机体的燃烧与分解。在 11～20 km 以下，二氧化碳的分布比较均匀，相对含量基本不变。由于工业的发展，化石燃料燃量的增加、森林覆盖面积的减少，二氧化碳在大气中的含量有增加的趋势。臭氧随高度分布不均匀，近地面臭氧比较少，从 10 km 开始逐渐增加，在 20～30 km 高度达到最大值，形成明显的臭氧层，向上又逐渐减少。大气中的水汽主要来自海洋和地面蒸发与植物蒸腾。大气中的固体微粒主要来源于火山爆发、沙土飞扬、物质燃烧的颗粒、海水溅沫、蒸发等散发的烟粒、尘埃、盐粒和冰晶，还有细菌、微生物、植物的孢子花粉等。液体微粒是指悬浮于大气中的水滴、过冷水滴和冰晶等水汽凝结物。

引起空气污染的物质在自然大气中的含量很少，如 CO、NH_3、SO_2、H_2S、Cl_2、NO_2 和甲醛等均在百万分之一以下。但是，随着工业快速发展和化石燃料大量使用，污染性气体日渐增多。

3.1.1　大气层结构

大气在垂直方向上的物理性质有显著的差异，根据温度、成分、电荷等物理性质的差异，同时考虑大气的垂直运动状况，可将大气分为对流层、平流层、中间层、热层、散逸层（图 3.2）。

1. 对流层

对流层距离地面最近，位置在低纬 17～18 km，中纬 10～12 km，高纬 8～9 km，随季节和温度而变化。赤道附近对流层厚度最大，两极最小，原因在于热带的对流强度比寒带要强烈。对流层的气温随海拔高度的升高而降低，通常每升高 100 m，大气温度降低 0.65℃，这是对流层最显著的特点。此外，对流层的空气密度大，它集中了大气质量的 3/4 和几乎所有的水蒸气。对流层受地球表面影响最大，所以空气垂直对流强烈。贴近地面的空气吸收热量后发生膨胀而上升，上层的冷空气会下降，故在垂直方向上形成了强烈的对流。随着气流的上下、对流和水平运动，一些主要的天气现象都发生在对流层，空气中的污染物也大多存在于此，因而对流层对人类生产、生活和生态平衡影响很大。

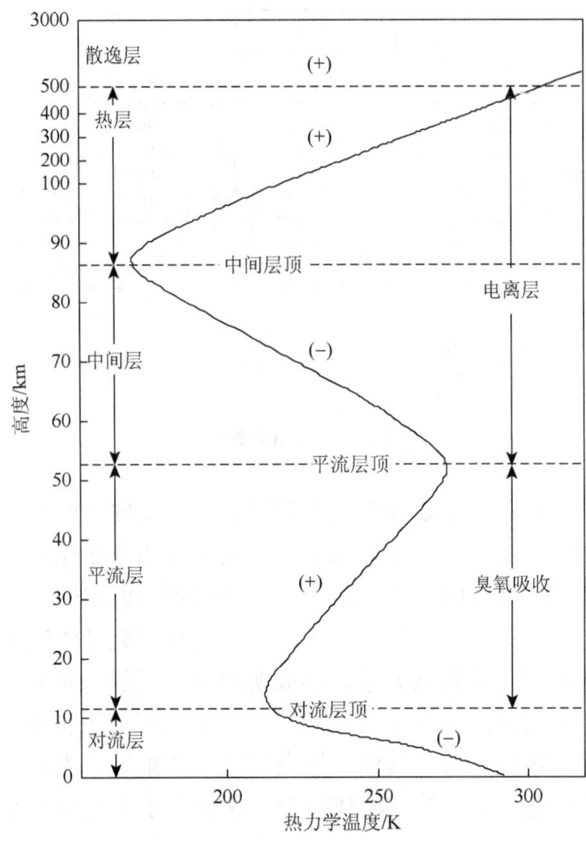

图 3.2　大气的层状结构

2. 平流层

自对流层顶，向上直至大约距地球表面 50 km 高处的大气层称为平流层。臭氧层位于 15～35 km，大气温度随高度降低而减小，趋于稳定，所以又称为同温层。这主要是地面辐射减少和氧气、臭氧对太阳辐射吸收的结果。臭氧吸收来自太阳的紫外辐射而分解为氧原子和氧分子，当它们又重新化合为臭氧分子时，便可释放大量的热量，导致平流层温度升高。平流层大气稳定，空气的垂直运动微弱，以水平运动为主，空气稀薄，水蒸气和尘埃含量少，大气透明度好，适合超音速飞机飞行。

3. 中间层

距离地球表面 50～85 km 的区域称为大气的中间层。中间层气温随高度的升高而降低，这是因为没有臭氧吸收紫外线，来自太阳辐射的大量紫外线穿过这一层大气时未被吸收，同时氮气和氧气能吸收的短波辐射又大部分被上层的大气吸收了。由于下层气温比上层高，空气垂直对流运动强烈。

4. 热层

热层是指距地球表面 80～500 km 范围的大气层，大气温度随高度的增加而迅速增加。在太阳辐射的作用下，大部分气体分子发生电离，产生较高密度的带电粒子，故也称为电离层。热层能反射无线电波，其波动对全球的无线通信有重要影响。

5. 散逸层

热层以上的大气层称为散逸层，是大气圈向星际空间的过渡地带。在那里空气极为稀薄，质点间距离很大。随着高度升高，地心引力减弱，导致距离地球表面越远，质点运动速度越快，以致一些空气质点不断向星际空间逃逸，所以称为散逸层。散逸层的温度随高度升高略有增加。

3.1.2　大气边界层主要特征

在对流层下部靠近下垫面 1.2～1.5 km 范围的薄层大气称为大气边界层，因为贴近地面，空气运动受到地面摩擦作用的影响，又称为近地层。这一层是人类活动的主要场所，进入大气的污染物质绝大部分在此层活动。所以，边界层气象条件与大气污染物的迁移和扩散有着密切的关系。大气边界层的主要特征有以下几点。

1. 湍流运动

在大气边界层中，由于地面粗糙度的影响，越靠下层风速变得越小，因而产生了风速的垂直梯度，形成湍流。当太阳照射加热地面时，产生的热力对流也会引起湍流。近地层湍流强弱主要与下垫面粗糙度、平均风速和大气稳定度有关，下垫面越粗糙，平均风速越大，大气越不稳定，湍流越强。由于几乎所有污染物质的扩散在大气边界层中进行，因此边界层大气运动的高度湍流性对污染物的扩散稀释起着重要作用。

2. 风

在大气边界层中，由于越往高处摩擦力越小，因而风速随高度增加明显变快。近地层风速日变化的一般形式为：白天风速大、夜间风速小；最大值出现在 14 时左右，最小值出现在清晨日出前。在某一高度以上，与地面情况相反，风速最大值出现在夜间，而中午前后风速却变成最小值。

风速日变化的转变高度较复杂，通常冬季比夏季低，夏季发生在 100 m 左右，冬季大致在 50 m 高的气层内。风速日变化随高度的变化是由湍流日变化直接引起的。日出后，下垫面开始迅速增暖，大气中的对流和湍流发展，逆温遭到破坏，扰动作用加强，造成了动量向下输送，这种作用于中午前后达到最大强度，日落以后，扰动作用减弱，上下层之间联系也相应减弱，近地层由于地面摩擦，风速迅速减弱，而高层由于减少了动量下传，风速逐渐回升加大，从而使得风速随高度明显增加。在大面积水域上，低层风速的日变化与陆地却刚好相反。由渤海观测资料证实，海上最大平均风速发生在夜间，最小则在白天。这种海陆低层大气风速日变化相反的情况，显然是由下垫面辐射性质不同造成的。

3. 温度的垂直分布

辐射到地表的太阳辐射主要是短波辐射。地面吸收太阳辐射的同时也向空中辐射能量，这种辐射主要是长波辐射。大气吸收短波辐射的能力很弱，而吸收长波辐射的能力却极强。因此，在大气边界层内尤其是近地层内，空气温度的变化主要是受地表长波辐射的影响。近地层空气温度，随着地面温度的增高而增高，而且是自下而上地增高；反之，空气温度随着地表温度降低而降低，也是自下而上地降低。气温随高度的变化通常以气温垂直递减率 γ 表示。一般情况下，大气温度层结的气温垂直递减率 $\gamma>0$，表示气温随高度增加而递减，也称正常温度层结。但在特定条件下也会发生 $\gamma=0$ 或 $\gamma<0$ 的现象，即气温随高度增加而不变或增加。一般将气温随高度增加而增加的大气层称为逆温层。根据对大气稳定度的分析，当发生等温或逆温时，大气是稳定的，逆温层的存在大大阻碍了气流的垂直运动，所以也将逆温层称为阻挡层。若逆温层存在于空中某高度，由于上升的污染气流不能穿过逆温层而积聚在它的下面，则会造成严重的大气污染现象。

根据逆温生成的过程，可将逆温分为辐射逆温、下沉逆温、平流逆温、锋面逆温及湍流逆温等五种。

（1）辐射逆温：在晴空无云的夜间，当风速较小时，地面因强烈的有效辐射而很快冷却，近地层冷却最为强烈，较高的气层冷却较慢，因而形成了自地面开始逐渐向上发展的逆温层，这种现象称为辐射逆温。随着地面辐射的增强，地面迅速冷却，逆温逐渐向上发展，黎明时达到最强；日出后太阳辐射逐渐增强，地面逐渐增温，空气也随之自下而上地增温，逆温便自下而上地逐渐消失，大约在上午 10 时逆温层完全消失。

辐射逆温在陆地常年可见，但以冬季最强。在中纬度地区的冬季，辐射逆温层厚度可达 200～300 m，有时可达 400 m 左右。冬季晴朗无云和微风的白天，由于地面辐射越过太阳辐射，也会形成逆温层。辐射逆温与大气污染的关系最为密切。

（2）下沉逆温：下沉逆温又称压缩逆温。当高压区内某一层空气发生强度较大的气层下沉运动时，常可使原来具有稳定层结的空气层压缩成逆温层结。若气层下沉距离很大，就可能使顶部增温后的气温高于底部增温后的气温，从而形成逆温层。下沉逆温多出现在高压控制区内，范围很广，厚度也很大，一般可达数百米。下沉气流一般达到某一高度就停止了，所以下沉逆温多发生在高空大气中。

（3）平流逆温：由暖空气平流到冷地表面上而形成的逆温称为平流逆温。这是由于低层空气受地表影响大、降温多、上层空气降温少所形成的。暖空气与地面之间温差越大，逆温越强。当冬季中纬度沿海地区的海上暖空气流到达大陆及暖空气平流到低地、盆地内积聚的冷空气上面时，皆可形成平流逆温。

（4）湍流逆温：低层空气湍流混合形成的逆温称为湍流逆温。实际空气的运动都是一种湍流运动，其结果使大气中包含的热量、水分及污染物质得以充分地交换和混合。

（5）锋面逆温：在对流层中的冷空气团与暖空气团相遇时，暖空气团因其密度小就会发生锋面逆温到达冷空气上，形成一个倾斜的过渡区，称为锋面。在锋面上，如果冷、暖空气的温差较大，也可以出现逆温，这种逆温称为锋面逆温。锋面逆温仅在冷空气一边可以看到。

3.1.3　大气污染和大气污染物

大气污染物的输入方式是指大气污染物由天然源或人为源进入大气。输出方式是指通过大气中的化学反应、生物活动和物理沉降等过程从大气中去除。如果输入速率大于输出速率，污染物就会在大气中积聚，造成大气中某种物质浓度升高。当浓度升高到一定程度时，就会直接或间接地对人体或生物或材料等造成急慢性危害。一般地说，由于自然环境所具有的物理、化学和生物作用过程，天然源造成的大气污染经过一定时间后会得到恢复。所以说，大气污染主要指人类活动造成的。

1. 颗粒物污染

大气颗粒物的化学组成十分复杂，存在的颗粒物也多种多样。各种固体或液体微粒均匀地分散在空气中形成一个庞大的分散体系，称为气溶胶体系。气溶胶体系分散的污染物称为大气颗粒污染物。

颗粒物按三模态划分分别是：爱根核模（0.005～0.05 μm）的粒子是由高温过程或化学反应产生的蒸气凝结而成的，积聚模（0.05～2 μm）的粒子是由蒸气凝结或核模中的粒子凝聚长大而形成的，两者合称为细粒子（0.005～2 μm），二次大气颗粒物多在细粒子范围；粗粒子模直径大于 2 μm，是由液滴蒸发、机械粉碎等过程形成的，也称粗模。

有关颗粒物的划分还有：粉尘（1～100 μm 固体）、烟（0.01～1 μm 固体）、灰（1～200 μm 固体）、雾（2～200 μm 液体）、霭（大于 10 μm 液体）、霾（0.1 μm 左右固体）、烟尘（0.01～5 μm 固体或液体）、烟雾（0.001～2 μm 固体）。

也可按照常规监测和性质划分：大气颗粒物分为总悬浮颗粒物、降尘和飘尘、可吸入颗粒物。总悬浮颗粒物是指悬浮在空气中的固态和液态颗粒物的总称，其粒径一般小于 100 μm，是环境监测的一个常规指标。飘尘是指可在大气中长期飘浮的悬浮物，主要是粒径小于 10 μm 的颗粒物。降尘是指粒径为 10～100 μm，能用采集罐采集到的大气颗粒物。这些颗粒物能依靠自身的重力作用而沉降下来，在大气中有很大的沉降速度。可吸入颗粒物是指能够进入深部呼吸道部位的颗粒物，其能深入肺部并造成肺部组织纤维化病变而导致尘肺病。

2. 气态污染

气态污染物种类很多，主要有五大类：以 SO_2 为主的硫氧化合物，以 NO、NO_2 为主的含氮化合物，碳的氧化物，碳氢化合物及含卤素化合物。

1）硫氧化合物

主要指 SO_2 和 SO_3。SO_2 在大气中易氧化成 SO_3，再与水分子结合生成硫酸气溶胶及硫酸盐，可形成硫酸烟雾和酸性降水，造成较大危害。大气中 SO_2 主要来源于含硫燃料的燃烧，以及硫化物矿石的燃烧、冶炼过程。

2）含氮化合物

主要指 NO、NO_2、N_2O、NO_3、N_2O_4、N_2O_5 等。造成大气污染的主要是 NO、NO_2。人为源主要是燃料的燃烧，其中流动源占人为源排放的 2/3，固定源占 1/3。天然源主要为生物源，生物机体腐烂形成硝酸盐，经细菌作用产生 NO，随后缓慢生成 NO_2。生物源产生的 N_2O 氧化生成 NO_x。有机体中氨基酸分解产生的氨经氢氧自由基氧化形成 NO_x。大

气中的 NO_x 最终转化为硝酸和硝酸盐，经湿沉降和干沉降从大气中去除。NO_x 中天然源和人为源各占一半。

3）碳的氧化物

一氧化碳主要由人为源造成，如燃料的不完全燃烧，高温时二氧化碳分解为一氧化碳和氧原子，燃料的燃烧过程是一氧化碳的主要来源，汽车尾气的 80%为一氧化碳，家庭炉灶、工业燃煤锅炉、煤气加工等工业过程也排出大量的一氧化碳。二氧化碳的天然源来自海洋脱气、甲烷转化、动植物的呼吸等。人为源主要是矿物燃料的燃烧。

4）碳氢化合物

指 $C_{1\sim8}$ 可挥发的所有碳氢化合物，又称烃类，分为甲烷和非甲烷两类。甲烷主要来源于厌氧细菌的发酵过程，自然界的淹土水体，如水稻田底有机质的分解，原油和天然气的泄漏。大气中 60%的甲烷来源于化石燃料燃烧、水稻生产、生物物质燃烧、垃圾填埋及反刍类家畜排放，其余部分来自湿地、白蚁活动等自然过程。非甲烷烃的天然源是由自然界植物释放的萜烯类化合物，约占 65%。人为源主要来自汽油燃烧、焚烧、溶剂蒸发、石油蒸发和运输损耗、废物提炼等。

5）含卤素化合物

大气含卤素无机物中，含氯的主要是氯气（Cl_2）和氯化氢（HCl）；氟化物有氟化氢（HF）和氟化硅（SiF_4）等。大气含卤素的有机物中，主要有卤代脂肪烃和卤代芳香烃，以及用于制冷的氟氯烃类。

3.2　气溶胶污染

近年来，随着城市工业的发展，大气污染日益严重，空气质量进一步恶化，不仅危害人们的正常生活，而且威胁着人们的身心健康。近几年，气溶胶污染频发，原因较为复杂，我们应了解大气气溶胶污染的知识及相关的治理对策。

3.2.1　气溶胶及其相关特性

气溶胶是固体或液体小质点分散并悬浮在气体介质中形成的胶体分散体系，又称气体分散体系。其分散相为固体或液体小质点，其大小为 0.001～100 μm。

按形成过程可分为一次颗粒物与二次颗粒物。一次颗粒物是以固体或液体微粒的形式直接由源排出的微粒，如土壤粒子、海盐粒子、燃烧烟尘等。由于其粒径比较大，且数量较少，所以很少发生聚集现象；二次颗粒物是由大气中某些污染气体组分之间，或这些组分与大气中的其他组分之间通过光化学氧化反应、催化氧化反应或其他化学反应转化生成的颗粒物，如二氧化硫转化生成硫酸盐。

含碳气溶胶是气溶胶的重要组成部分，其对全球气候变化、辐射强迫、能见度、环境质量、人类健康等产生重要影响。含碳气溶胶从化学组成上主要分为有机碳（OC）、元素碳和无机碳（EC）。其中 OC 并不是特定分子组成的一种或一类有机物，而是由成百上千种有机化合物组成的。从饱和蒸气压的角度，含碳气溶胶可以分为挥发性有机物、半挥发性有机物（SVOCs）及不挥发性有机物；按分子官能团的性质可分为多环芳烃、正构烷烃、有机酸、羰基化合物及杂环化合物。OC 的来源比较复杂，一般按形成过程可以分为一次有机碳和二次有机碳，主要来自各种燃烧过程的直接排放，而且多以细颗粒形式存在。OC 主要发挥光散射的作用，而 EC 是黑色的，通常称为烟黑，它也是复杂的混合物，含有纯碳、石墨碳，也含有高相对分子质量的、黑色的、不挥发性的有机物质，如焦油、焦炭等。EC 主要来自各种不完全燃烧过程，EC 含量很大程度上取决于污染控制措施，变化范围较大。EC 与 CO_2、CH_4 等温室气体一样，通过吸收太阳辐射而使地球变暖，是最重要的光吸收的大气颗粒物种，约占气溶胶光吸收的 95%。

气溶胶离子成分：阳离子有 NH^{4+}、Mg^{2+}、Na^+、K^+等金属离子；阴离子有 SO_4^{2-}、NO_3^- 及 Cl^-、Br^-等卤素离子。这些离子成分通常是气溶胶理化特性研究的必测项目。它们对太阳光产生散射和吸收作用，使能见度降低，为大气污染的标志之一。气溶胶有机物成分包括 PAHs、OC 和 EC。PAHs 是指两个或两个以上苯环连在一起的碳氢化合物。其性质稳定、数量多、种类多，广泛存在于大气环境中。排放到大气中的 PAHs 主要以气相和吸附在颗粒物表面两种形式存在。其中，苯并芘被认为是 PAHs 中毒性最强的化合物。气溶胶元素组成包含：地壳元素如 Si、Fe、Al、Na、Mg 等；污染元素如 Zn、K、Cd、Ni、Cu 和 Pb 等。

大气气溶胶具有诸多特性。例如，太阳光通过大气时，气溶胶粒子能够散射太阳光，使大气能见度降低；同时气溶胶粒径小，表面积大，为大气中许多化学反应提供了良好的反应床，因而对大气中污染物的迁移转化过程有明显的影响。其中某些化学成分对许多化学反应都有催化作用。气溶胶也有能加重污染情况的性质，如成核作用、黏合和吸着。成核作用是饱和蒸气在颗粒物表面形成液滴的现象；黏合是颗粒彼此黏合或在固体表面黏合；吸着是指气体或蒸气吸附在颗粒物表面。

3.2.2　气溶胶污染危害

1. 大气颗粒物对人体的危害

关于颗粒物对人体的危害在国外有着惨痛教训，如 1952 年发生在伦敦的毒雾事件造成了至少 4000 人死亡。颗粒物对人体的危害是非常巨大的，长期暴露在高浓度颗粒物下会对人体的心血管和肺部产生损伤。据世界卫生组织发布报告称，当空气中 $PM_{2.5}$ 的浓度长期高于 10 μg/m^3，会提高人类的死亡概率。浓度每增加 10 μg/m^3，总死亡概率会上升 6%，同时患肺癌的风险率也会上升 8%。此外，颗粒物比较容易吸附有机污染物和重金属，会提高致癌率和突变的概率。不同粒径的颗粒物在人体肺部沉积的位置也不相同，粒径大于 10 μm 的颗粒物，会被人体的鼻黏膜过滤掉。而粒径为 2.5～10 μm 的粒子可以进入人体的上呼吸道，但大部分都可通过痰液的方式排出体外，小于 5 μm 的多滞留在细支气管和肺泡。进入呼吸道的飘尘往往和二氧化硫、二氧化氮产生联合作用，损伤黏膜、肺泡，引起支气管和肺部炎症，长期作用导致肺心病，死亡率增高。灰霾天气还可导致近地层紫外线辐射减弱，易使空气中传染性病菌活性增强，导致传染病增多。

2. 大气颗粒物对环境的影响

大气颗粒物对环境的影响主要体现在四个方面，即对能见度的影响、对材料的影响、对气候的影响与对生态系统的影响。

能见度指的是大气对可见光的透明程度。当大气中颗粒物的浓度较高时，尤其是细颗粒物的浓度较高时，颗粒物与可见光的吸收和散射作用会降低大气的透明度，使得远方的物体难以辨认。另外能见度还与空气的相对湿度有密切的关系，当湿度增加时，颗粒物的粒径会增大，随着粒径的增大，粒子与可见光的相互作用也越发强烈。

颗粒物因为沉降作用，接触到金属、油漆、石材和混凝土的表面时会引起材料表面的褪色、腐蚀和脱落。如果不及时清理污染物，会降低材料的使用寿命。颗粒物中的硫酸盐和硝酸盐，还可以加速人造建筑的风化。

颗粒物对气候也有显著的影响，大气颗粒物的存在不但降低了大气能见度，还会反射太阳光，这样到达地表的辐射就会减少，从而降低地球接受的能量，使得地表温度下降，增加了预测气候的难度和不确定性。气溶胶与区域的水汽循环也有着密切的关系，已经有依据表明气溶胶的存在会导致某些地区的干旱。

由于大气颗粒物中含有二次硫酸根粒子，这部分颗粒物往往是通过雨水的冲刷作用清除的。这会降低雨水 pH，降水的酸性增加，从而损伤植物的叶片，减缓植物的生长。颗粒物中的少数重金属元素，如铜、镍、锌等会污染土壤，破坏植被和森林的生态平衡。

3.2.3　气溶胶污染源与汇

气溶胶污染形成原因之一是大气水平方向静风现象增多。近年来随着城市建设迅速发展，大楼越建越高，阻挡和摩擦作用使风流经城区时明显减弱，水平方向静风现象增多，不利于大气污染物的扩散稀释，却容易在城区和近郊区周边积聚。气溶胶污染形成原因之二是大气垂直方向出现逆温现象。逆温层好比一个“锅盖”覆盖在城市上空，这种高空气温比低空气温更高的逆温现象，使得大气层低空空气垂直运动受到限制，导致污染物难以向高空飘散而被阻滞在低空和近地层。气溶胶污染形成原因之三是悬浮细颗粒物和气态污染物增加。近年来，随着城市人口增长、工业持续发展和机动车辆猛增，悬浮细颗粒物 $PM_{2.5}$ 和气态污染物二氧化硫、氮氧化物大量增加，$PM_{2.5}$ 中可溶性粒子具有强吸水性，它们与水蒸气结合在一起，形成气溶胶污染。燃煤排放废气和机动车排放尾气中的二氧化硫、氮氧化物是大气细颗粒物 $PM_{2.5}$ 中硫酸盐、硝酸盐的前体物，二氧化硫和氮氧化物与空气中的其他污染物经过一系列复杂化学反应形成硫酸盐、硝酸盐等二次颗粒，由气态污染物转化成固态污染物，成为 $PM_{2.5}$ 的主要成分，二次污染过程成为 $PM_{2.5}$ 升高的最主要原因，因此加重了气溶胶污染。

1. 来源

大气颗粒物来源复杂，按照产生过程分为自然源和人为源。自然源主要来自洋面气泡的破裂、土壤的风蚀、生物的孢子花粉及火山爆发、森林火灾等。人为源主要来自化石燃料燃烧、工农业生产等。图 3.3 描述了大气颗粒物的来源。

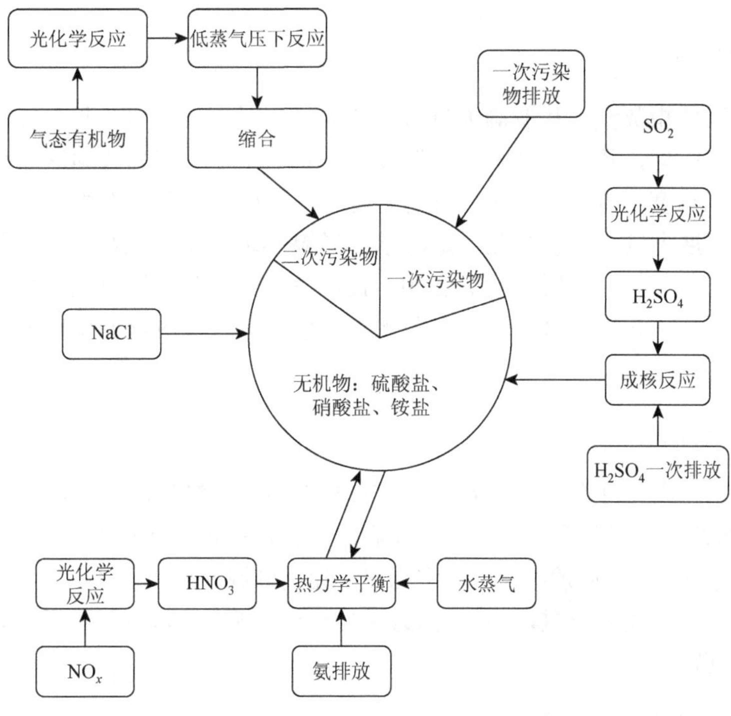

图 3.3　大气颗粒物来源分析

2. 汇

大气颗粒物的汇一般为干沉降与湿沉降。干沉降是通过重力作用或与地面其他物体碰撞后沉降。它存在两种机制，一是通过重力作用，使其降落在土壤、水体表面或植物、建筑等物体上，沉降速率与颗粒粒径、密度、空气黏滞系数等有关；另一种是粒径小于 0.1 μm 的颗粒，靠布朗运动扩散，互相碰撞而凝集成较大的颗粒，通过大气湍流扩散到地面或碰撞而消除。湿沉降是通过降水沉降，包括雨除和冲刷。雨除是颗粒物作为云凝结成为云滴中心，通过凝结和碰并，云滴增长为雨滴，形成降水。冲刷是在降水过程中，将大气中的微粒挟带或冲刷下来。大气中消除颗粒物的量一般湿沉降占 80%～90%，而干沉降只有 10%～20%。除此之外，部分污染物还可以通过光降解过程得以从大气中去除。

3.2.4　气溶胶污染控制对策

1. 科学布设规划

在城市规划中，要注意研究城区上升气流到郊区的下沉距离，将污染严重的工业企业布局在下沉距离之外，避免这些工厂排出的污染物从近地面流向城区；还应将卫星城建在城市热岛环流之外，以避免相互污染。要充分考虑大气扩散条件，预留空气通道。增加城市绿地，让城市绿地发挥吸烟除尘、过滤空气及美化环境等环境效益，从而净化城市大气，改善城市大气质量。

2. 建立预报预警

建立灰霾天气指数预报和灰霾天气预警机制。一是在城市设立地基光学观测点，与卫星遥感资料相匹配，开展气溶胶光学厚度监测；二是在城市周边地区布设水平能见度观测站和垂直能见度观测站，开展水平能见度和垂直能见度观测并直接进行灰霾天气公众服务；三是开展大气边界层探测，定时掌握逆温等边界层特征与灰霾天气关系，认识工业化、城市化对大气边界层结构的影响，提高灰霾天气预测准确性，提高监测、预防灰霾天气的能力；四是加强对太阳辐射监测，评估大气灰霾对农业生产和气候变化的影响等。

3. 推进城区绿化

各类植物是净化大自然的最好帮手，不仅能有效吸附空气中有毒有害物质，还可美化环境。要充分发挥街道社区和公务机关、商店居家在植树种草栽花中的作用，协力推进城区立体绿化、道路绿化、屋顶绿化、居室绿化，让更多城区绿化发挥吸霾除尘、净化空气及美化环境等功能。此外，积极引入“强力净化空气”植物，农林科研部门培育善于吸收 $PM_{2.5}$ 的绿色植物。

4. 发展空气净化技术及产业

我国的环境保护面临经济发展和人口增长的双重压力，环境保护工作任重而道远。针对这种现实，一方面应着重发展急需的、实用的、适合国情的污染防治技术。对此，我国已制定了环保科技的具体发展目标。对于大气污染防治，研究和开发适合国情的脱硫和除尘技术并形成产业化。另一方面，应集中人力、物力和资金，充分发挥企业在科技创新中的主体作用，提倡产学研跨学科、跨部门联合攻关和开发，鼓励有条件的高等院校和科研院所与企业联办技术中心、中试基地，或通过联营、投资、参股等多种形式实现与企业的联合，形成多方参与、利益共享、风险共担的产学研合作机制，加速污染防治优秀科技成果的转化及其产业化。

5. 加强理念宣传

灰霾天气导致空气质量下降，从一个侧面反映出地方在发展经济的同时，忽略了对生态环境、空气质量的严格保护。因此，须各级领导干部牢固树立绿色、低碳发展理念，深入贯彻绿色 GDP 理念，缜密审视经济社会发展与环境破坏、资源损耗之间关系，认真实行绿色国民经济核算，以追求经济、社会、生态全面协调可持续发展来取代单纯追求 GDP，这是最根本最源头“治理”。

2014 年的北京，一年竟有 175 天污染。新闻记者柴静录制了反映雾霾的一部环保纪录片《穹顶之下》，围绕着线索“雾霾是什么——雾霾从哪儿来——我们怎么办”展开。图 3.4 剖析了该部纪录片的结构。

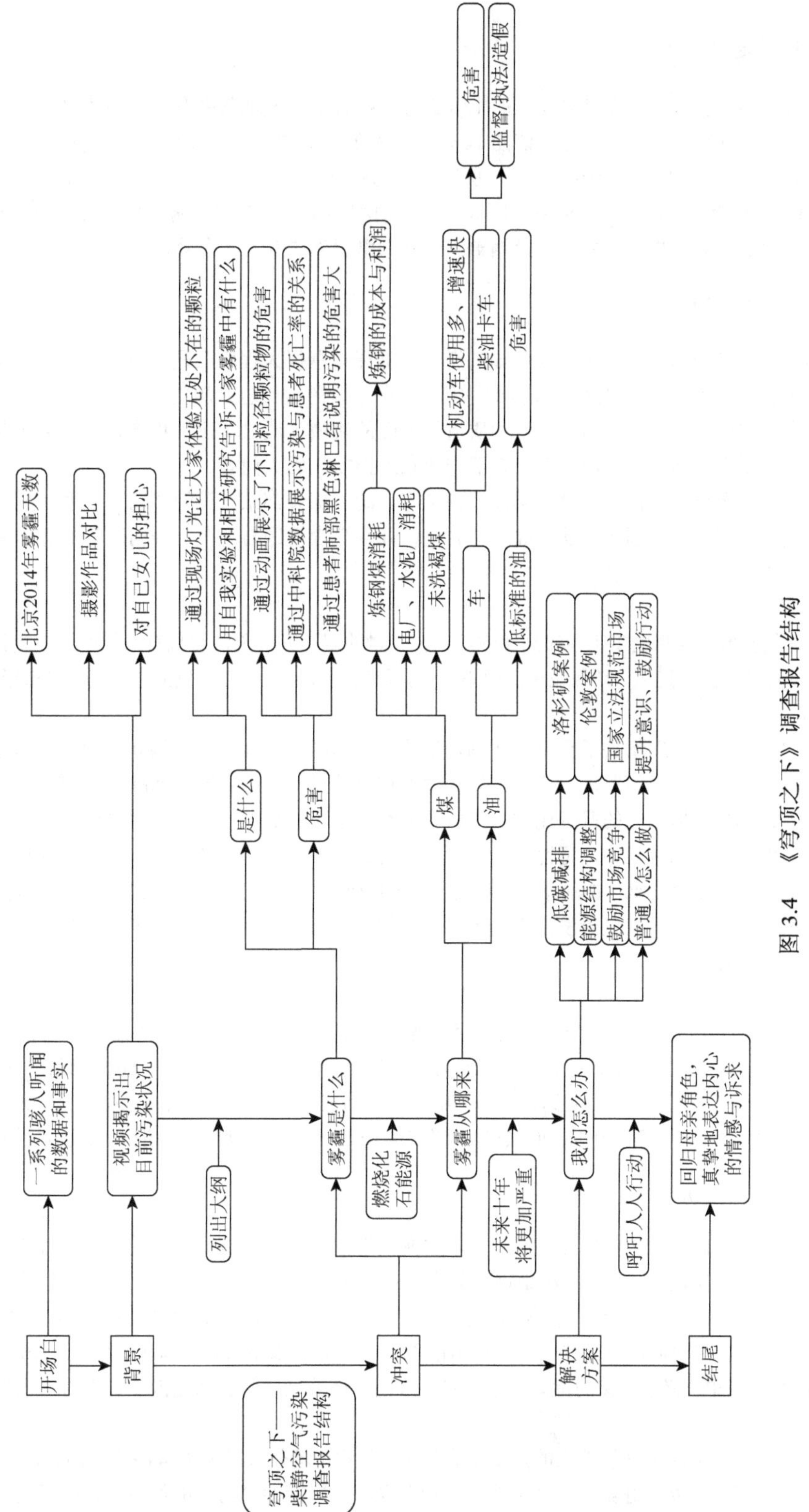

图 3.4　《穹顶之下》调查报告结构

1. 雾霾是什么?

对不可见的雾霾粒子，通过对北京的空气进行采样分析，发现其中有 15 种致癌物，有世界上最强的致癌物之一苯并芘，它是国家标准值的 14 倍。所有的致癌物都附着在称为黑碳的物质上，它非常小，只有 0.2 μm，但是它是一个锁链的结构，所以如果它打开的话，2 g 黑碳能有整个篮球场那么大。所以当 $PM_{2.5}$ 上升到 200 $\mu g/m^3$ 时，我们各种呼吸系统疾病和心血管系统的疾病死亡率会增加 14%～26%。采访中一位山西的肺肿瘤患者，并没有吸烟史，但肺部淋巴结中存有黑色物质。

2. 雾霾从哪儿来?

我国空气污染的 60%以上来自煤和油的燃烧，雾霾问题很大程度上是能源问题。中国煤炭消费量在 2013 年就超过了全世界其他国家用煤量的总和，汽车数量的增长也是历史罕见。作为世界上发展最快的发展中国家，中国不得不同时面对数量和质量两方面的挑战。通过调研，我国燃煤和燃油存在“消耗量大”“相对低质”“前端缺少清洁”“末端排放缺乏控制”四大问题。

它的来源是燃煤、燃油、生物质燃烧、扬尘等，绝大部分都跟人类的活动有关系，主要来源是化石能源的燃烧。中国的燃烧强度比欧洲高 3～4 倍，并且燃煤问题与汽车污染问题等的叠加使污染物复合起来，加重了雾霾的危害程度。

1）煤

工业化的发展，大量的重工业布局集中，消耗大量的煤，而又无法得到有效的监管控制。而劣质煤炭用量大，没有进行洗煤过程，环保设施启用不到位，仅河北境内就存在大量的电煤场，严重影响空气质量。

2）油

中国的车辆十年之间增加了将近一亿辆，仅北京 2010 年一年就增加了 80 万辆。汽车尾气净化装置不达标，没有任何排放设施时，一辆车，只一项颗粒物的排放，就是国Ⅳ标准车的 500 倍。虽然柴油车比例不高，只占 17%，但是它的氮氧化物的排放占所有机动车的 70%，它的一次性颗粒物的排放占到 99%。且柴油车的尾气排放的颗粒物，毒性远比一般颗粒物的大，如硝基多环芳烃。油品亟待升级，每提高一个等级，排放可以减少 10%。加油站如果不加油气回收装置，每 1 L 大概要蒸发出 1.5 g 到大气中，油箱也会自己蒸发出来，在北京仅蒸发出来的碳氢化合物，就比汽车尾气排放出来的还要多。而这一项物质是 $PM_{2.5}$ 的重要原料。

3）环保设施

1 t 钢如果把它所有的环保成本省下来，不去装环保设施的话，能够省 100 元，1 t 煤能够省 156 元，一辆车如果不装环保设施的话，能够大概省两万元。油品少升级一次，能够省 500 亿元，环保举措会与经济效益的最大化相违背。一方面如钢铁等重污染行业利润极低，带来了严重的污染，另一方面重工业大部分严重过剩，却享受到了经济补贴。而法律对环保部门的责权规定不明确，也造成相关监管措施难以执行。

3. 我们怎么办?

这是有路可寻的。从英美的治理经验可以看到，发生过“大烟雾事件”的伦敦当时的污染比中国更严重，但在治理污染的前 20 年，污染物下降了 80%。发生过严重“光化学烟雾”事件的洛杉矶，车辆比 20 世纪 70 年代增加了 3 倍，但排放量降低了 75%。中国已经承诺 2030 年左右碳排放到峰值，碳排放与雾霾同源，有协同减排效应，这个峰值的倒逼，意味着未来只能向绿色、低碳、循环经济的方向，不再单纯追求 GDP，整个国家的治理体系、能源战略、产业结构将会随之改变，会对人们的生活产生巨大影响。

大气污染并不是改革开放带来的，恰恰需要更充分的市场化改革才能解决这一问题。环保不是负担，而是创新的来源，可以促进竞争，产生就业，拉动经济。国际治理污染的经验也证明了这一点。第一，政府减少不必要的行政干预，让市场成为配置资源的主要力量。第二，政府不可或缺，必须通过制定政策，严格执法，来保证市场竞争的公正、公平，优胜劣汰，这两点都与我国当前改革的方向一致。普通人应该怎么做？我们要寻找适合自己的方式，如尽量不开车，与扬尘的工地交涉，打环保举报电话12369，要求餐馆安装上法规要求安装的设备，要求加油站维修油气回收装置等。

3.3 酸沉降

随着现代工业的发展、人口的剧增和城市化的趋势，化石燃料的消耗量日益增加，燃烧过程中排放的硫的氧化物和氮的氧化物越来越多，它们的气态化合物在大气中反应生成硫酸和硝酸，这些酸性物质随雨雪从大气层降落，形成了酸雨。酸雨对陆地生态系统和材料的危害已成为世界性的重大环境问题。

3.3.1 酸沉降的定义

酸沉降包括湿沉降和干沉降，湿沉降通常指pH低于5.6的降水，包括雨、雪、雾、冰雹等降水形式。最常见的就是酸雨，这种降水过程称为湿沉降。干沉降是指大气中的酸性物质在气流的作用下直接迁移到地面的过程。目前，人们对酸雨的研究较多，已将酸沉降与酸雨的概念等同起来。

根据常规定义，酸雨是指pH＜5.6的大气降水，是由人类活动排放的大量酸性物质所致，主要是含硫化合物和含氮化合物，在大气中被氧化成不易挥发的硫酸和硝酸，并溶于雨水降落到地面所形成的。我国是典型的硫酸型酸雨。

3.3.2 酸雨形成的机制及影响因素

1. 形成机制

从各种污染源放出的二氧化硫等含硫化合物和二氧化氮等含氮化合物，排放到大气中后，在大气中经过各种物理化学变化，通过固体、液体和气体三种形式沉降到地表。

酸雨的前体物主要是 SO_2、NO_x、二甲基硫（DMS），包括自然起源和人工起源。在大气中能够氧化 SO_2 和 NO_x 的氧化剂中，OH·对 SO_2 和 NO_x 的氧化具有最大的意义。

在夏季的白天，OH·的浓度可以达到最高值，从而使得产生的硫酸和硝酸在夏季达到最大值。硫酸和硝酸又可以通过均质核化和非均质核化过程形成硫酸盐和硝酸盐。DMS的氧化过程非常复杂，其反应机理到目前为止尚不清楚，但是研究已经表明它在大气中的主要氧化产物是甲磺酸。形成的这些酸及盐可以通过降水被带到地面，同时硫酸盐和硝酸盐也可以通过干沉降的形式到达地面。SO_2、NO_x 气体还可以直接被植物的叶面、根部等吸附。

2. 影响因素

1）酸性污染物质的迁移和扩散

我国的酸性降水不仅出现在城市和污染地区，也出现在乡村和清洁地区，主要是由污染物的中长距离传输造成的。致酸物质在一定的气象条件下，可传输几百公里或者更远。中国内地排放的酸性污染物以境内传输为主，在东北、华北和东南沿海地区与东面邻国和地区之间存在酸性污染物的相互传输。

2）土壤性质

土壤中碱金属离子含量及其 pH 是影响酸雨形成的重要因素之一。我国降水中的主要碱性离子是 Ca^{2+}、Mg^{2+}、NH_4^+，它们主要来自土壤。我国的土壤北方偏碱性，pH 为 7～8；南方偏酸性，pH 为 5～6。土壤中碱金属 Na、Ca 的含量由南至北逐渐递增，尤其是过淮河、秦岭后其含量迅速增加。由于空气中的颗粒物有一半左右来自土壤，而且碱性土壤的氨挥发量大于酸性土壤，因此北方地区大气中的碱性物质远高于南方，从而导致我国酸雨主要发生在土壤碱性物质含量低、土壤 pH 低的南方地区。

3）大气中的氨

NH_3 为大气中常见的气态碱，易溶于水，能与大气或雨水中酸性物质中和，从而降低雨水的酸度。如 NH_3 与 SO_2 可在有水分的条件下反应生成硫酸铵和亚硫酸铵，从而对酸性物质起到中和作用。一般酸雨区 NH_3 的含量比非酸雨区普遍低一个数量级，说明氨在酸雨形成中具有重要作用。大气中的氨主要来自有机物分解及农田施用氮肥的挥发。土壤中氨的挥发量随土壤 pH 的上升而增加，我国北方土质偏碱性，南方偏酸性，氨的含量北高南低，是中国酸雨主要分布在南方的一个重要原因。

4）大气颗粒物及其缓冲能力

降水中的碱金属和碱土金属主要来自大气中的颗粒物，大气颗粒物主要来自土地飞起的扬尘。我国南方地区由于湿润多雨、植被良好、大气颗粒物浓度低，大气总悬浮颗粒物（TSP）平均含量为 218 $\mu g/m^3$；而北方地区干燥少雨、土壤裸露、大气颗粒物浓度大，TSP 平均含量为 426 $\mu g/m^3$。可以看出，北方的 TSP 平均含量约为南方的 2 倍。

5）气象条件影响

气象条件对酸雨形成的影响主要表现在两个方面：在化学方面影响前体物的转化速率；在大气物理方面影响有关物质的扩散、输送和沉降。

气象条件对污染物的扩散、输送和沉降的作用也直接影响酸雨的形成。气象条件如果有利于污染物扩散，则大气污染物浓度降低，酸雨就弱，反之则强。例如，当地面受反气旋控制时，近地层风力微弱，大气扩散能力弱，且伴有下沉气流，使酸性污染物在低层大气中积累，有可能在经过一系列化学反应后发生酸性沉降过程。

3.3.3 酸雨的危害

1. 对水生生态系统的影响

酸雨可造成江、河、湖、泊等水体的酸化，致使生态系统的结构与功能发生紊乱。水体的 pH 降到 5.0 以下时鱼的繁殖和发育会受到严重影响。水体酸化还会导致水生物的组成结构发生变化，耐酸的藻类、真菌增多，有根植物、细菌和浮游动物减少，有机物的分解率则会降低。流域土壤和水体底泥中的金属可被溶解进入水体中而毒害鱼类。

2. 对陆生生态系统的影响

酸雨可使土壤的物理化学性质发生变化，加速土壤矿物如 Si、Mg 的风化、释放，使植物营养元素特别是 K、Na、Ca、Mg 等产生淋失，降低土壤的阳离子交换量和盐基饱和度，导致植物营养不良。酸雨还可以使土壤中的有毒有害元素活化，特别是富铝化土壤，在酸雨作用下会释放出大量的活性铝，造成植物铝中毒。同时酸性淋洗可导致土壤有机质含量轻微下降。受酸雨的影响，土壤中微生物总量明显减少，其中细菌数量减少最显著，放线菌数量略有下降，而真菌数量则明显增加。

酸雨除了通过进入土壤改变土壤性质，间接影响植物生长外还直接作用于植物，破坏植物形态结构、损伤植物细胞膜、抑制植物代谢功能，还可以阻碍植物叶绿体的光合作用，影响种子的发芽率。

3. 酸雨对人体健康的影响和危害

酸雨对人类健康会产生直接或间接的影响。首先，酸雨中含有多种致病致癌因素，能破坏人体皮肤、黏膜和肺部组织，诱发哮喘等多种呼吸道疾病和癌症，降低儿童的免疫能力。其次，酸雨还会对人体健康产生间接影响。在酸沉降作用下，土壤和饮用水水源被污染，其中一些有毒的重金属会在鱼类机体中沉积，人类食用后会对身体造成伤害。

4. 酸雨对建筑物和材料的危害

1）酸雨对非金属建筑材料的破坏

酸雨能使非金属建筑材料表面的硬化水泥溶解，从而使材料表面变质、失去光泽、材质松散，出现空洞和裂缝，导致强度降低，最终引起构件破坏，这就是混凝土酸蚀作用。更严重的使混凝土大量剥落，钢筋裸露与锈蚀。

2）酸雨对金属建筑材料的破坏

研究表明，暴露在室外的钢结构建筑物，受酸雾的影响，腐蚀速率为 0.2～0.4 mm/a，若直接受酸雨浇淋其腐蚀速率将大于 1 mm/a，明显高于无污染地区。

3）酸雨对保护性涂层的腐蚀

汽车、摩托车、自行车、火车、电器及其他机械设备、电力和通信设备、基础工程建设设施和厂房建筑等，无不通过涂覆金属、非金属或有机涂层进行保护，一方面是提供漂亮外观，另一方面是防止金属的腐蚀生锈。酸雨对这些保护层具有腐蚀作用，特别是对金属性保护层的破坏更是非常快。

3.3.4　酸雨的防治对策

控制酸化的根本途径是减少或消除酸沉降的污染源，控制酸雨污染最根本的途径是控制 SO_2 和 NO_x 的排放。由于我国的酸沉降是硫酸型的，因此硫沉降量的控制在我国酸沉降控制中占主导地位。

1. 调整能源结构，改进燃烧技术

调整工业布局，改造污染严重的企业，淘汰落后的工艺与陈旧的设备，限制高硫煤的生产和使用，限制、淘汰现有煤耗高、热效低、污染重的工业锅炉和炉窑。严格选择材料和燃料，尽可能使用低硫燃料。减少 SO_2 排放最简单的方法就是改用低硫煤。煤中含硫量一般在 0.2%～5.5%，当煤的含硫量大于 1.5%时，就应加一道洗煤工序，以降低硫含量。加大烟道气脱硫脱氮技术，对煤燃烧后形成的烟气在排放到大气中之前进行烟气脱硫。调整民用燃料结构，减轻能源污染。逐渐实现民用燃料气体化，逐渐实现城市集中供热。增加无污染或少污染的能源比例。开发可以替代燃煤的清洁能源，如太阳能、水能、风能、天然气等，将对减排 SO_2 具有实际意义。但目前的技术水平还不能保证从太阳能、风能、地热能等获得大规模稳定的工业电力。因此，替代能源的主要开发目标应当是水电和核电。

2. *改善交通环境，控制汽车尾气*

城市要着力发展公共交通，适当限制私人汽车数量，保证交通顺畅，才能减少汽车尾气的污染。大力推广使用无铅汽油，改进汽车发动机技术，安装尾气净化器及节能装置。呼吁使用“绿色汽车”，即用天然气、氢气、乙醇、甲醇、电等清洁燃料作为汽车动力的汽车，可大大降低 NO_x、有机物和颗粒物的排放量。

3. *完善环境法规，加强监督管理*

制定严格的大气环境质量标准，健全排污许可证制度，实施 SO_2 排放总量控制。经济刺激措施手段有征收 SO_2 排污费、排污税费、产品税（包括燃料税）、排放交易和一些经济补助等，充分运用经济手段促进大气污染的治理。建立酸雨监测网络和 SO_2 排放监测网络，以便及时了解酸雨和 SO_2 污染动态，从而采取措施，控制污染。推行清洁生产，强化全程环境管理，走可持续发展道路。目前我国的环境管理制度、法规、政策和措施主要以达标为最终要求，在当今的社会经济发展条件下显然是不合适的。

4. *加强植树栽花，扩大绿化面积*

植物具有美化环境、调节气候、阻留粉尘、吸收有害物的功能。因此，根据城市环境规划，选择种植一些能较强吸收 SO_2 和粉尘的如石榴、菊花、桑树、银杉等花草树木，可以净化空气，改善城市环境，这也是防治酸雨的有效途径。

3.4　光化学烟雾

美国第三大城市——洛杉矶位于太平洋东部沿岸，风光优美，常年阳光明媚，气候温和。第二次世界大战后，随着美国工业迅猛发展和人口剧增，洛杉矶在 20 世纪 40 年代初就已拥有 250 万辆汽车，每天消耗汽油约 1600 万升。1943 年，洛杉矶上空出现了一种含有臭氧、氧化氮、乙醛和其他氧化剂的淡蓝色的烟雾，持续几天不散，当地居民随即出现了眼睛红肿、流泪等症状，与此同时这种烟雾还诱发了其他疾病，严重的甚至造成了死亡。经过科学家十几年的反复研究，直到 1958 年才发现，这种淡蓝色烟雾是由汽车漏油、汽油挥发、不完全燃烧和汽车尾气排放出的石油烃类废气、一氧化碳、氮氧化物，排放物在阳光的作用下，发生光化学反应，进而生成淡蓝色光化学烟雾。形成的污染使洛杉矶失去了它原本美丽舒适的环境，反而被冠上了“美国的烟雾城”这一称号。此后，光化学烟雾在世界各地不断出现，如日本、英国、德国、澳大利亚和中国先后出现光化学烟雾污染事件，其至今仍是欧洲、美国和日本等发达国家和地区的主要环境问题。

由此可知，光化学烟雾是由一次污染物和二次污染物所形成的混合烟雾污染现象，即含有氮氧化物（NO_x）（主要包括 NO 和 NO_2，NO 和 NO_2 都是对人体有害的气体）和碳氢化合物（HC）等一次污染物，以及在强光照射下发生系列光化学反应，生成臭氧（O_3，占反应产物的 90%以上）、过氧乙酰硝酸酯（PAN，约占反应产物的 9%）、过氧化氢（H_2O_2）、醛（RCHO）、高活性自由基［$O(^1D)$、RO_2 ·、HO_2 ·、RCO · 等］、有机酸和无机酸（HNO_3）等二次污染物。

3.4.1　光化学烟雾的形成条件及判定

1. 城市光化学烟雾的形成条件

由于光化学烟雾污染受气象条件、物理过程、化学过程和污染物排放量的影响，因此，光化学烟雾的形成必须具备以下条件。

1）前体污染物

城市光化学烟雾污染的前体污染物主要包括 CO、NMHC 和 NO_x 等，而这些污染物也是机动车排放的主要污染物。这些光化学烟雾的前体污染物在城市大气中的含量随着城市机动车保有量的逐年增加而迅速增长。根据北京、上海和广州 1995 年以来的环境质量通报中的相关监测数据，北京市近 8 年的 NO_x 日均值为 0.133～0.156 mg/m^3，CO 日均值为 2.5～3.4 mg/m^3；上海市近 9 年的 NO_x 日均值为 0.073～0.105 mg/m^3；广州市近 8 年的 NO_x 日均值为 0.101～0.139 mg/m^3，CO 日均值为 1.8～2.4 mg/m^3。从以上数据可以看出，我国城市光化学烟雾主要前体污染物 NO_x 浓度普遍较高，多数超过《环境空气质量标准》二级浓度标准限值 0.12 mg/m^3。

2）城市建筑结构

当前我国大中城市大部分道路狭窄，而且道路旁高大建筑物耸立，建筑物群的中心容易发展为特殊的空气环流，不利于城市机动车排放尾气的扩散和稀释，导致机动车排放的有害物质积累，形成以城市主要交通干道为主要污染源的城市街道峡谷光化学烟雾污染现象。城市周边地区高楼林立，降低了城市环境风速，从而使城市环境中的一次污染物和二次污染物的稀释扩散减弱，易造成整个城市大气中臭氧等光化学污染物的积累。

3）气象条件

气象因素对促进或抑制光化学烟雾的形成是很重要的。光化学烟雾发生的有利条件是太阳辐射强度大、风速低、大气扩散条件差、存在逆温现象等。有研究表明，光化学烟雾形成反应中，NO_2、HCHO 等物质的光解率随太阳天顶角余弦的增加而增加。因此，可以认为在非甲烷总烃 NMHC/NO_x 比值较高时（约 30.5/1），较强的太阳辐射有利于加速光化学烟雾形成。城市大气环境中高浓度的颗粒污染物能够增加环境大气对太阳光的散射和反射作用，从而增加了太阳辐射强度，使城市光化学烟雾形成污染物的光解反应加强。因此，在太阳辐射较强的夏季午后，城市环境中太阳辐射的进一步增强，有利于城市光化学烟雾主要成分臭氧的形成。

4）时间

时间也是决定大气中光化学烟雾强度的重要因子，NO_x 和 NMHC 的浓度及产生 O_3 的反应过程均与时间有关。

5）季节

光化学烟雾的发生也受季节限制，夏季阳光充足，更易形成光化学烟雾。我国城市光化学烟雾主要发生在夏、秋季的中午前后，气温 20℃以上，风速低于 3 m/s 的地区。由于我国城市大气中光化学烟雾的前体物充足，因此只要气象条件适宜便可产生光化学烟雾。在有强烈日照的晴日、微风、接地逆温层存在时容易形成光化学烟雾，且温度越高、湿度越小，光化学反应越容易发生。

污染物的扩散传输过程与光化学反应过程同步进行，这两个过程结合的结果使得光化学污染最严重的地区不是一次污染物浓度最高的城区，而是城市郊区，即城市中心区域下风向污染物浓度会越来越大，使得下风向郊区 O_3 污染比市区严重，下风向城市边缘区 O_3 污染也比市中心严重。

图 3.5 简要描述了光化学烟雾的形成过程。光化学烟雾中最重要最危险的组分是对流层中的 O_3，因此光化学烟雾也称为 O_3 污染，其表现为大气呈白色雾状（有时带紫色或黄褐色），能见度低，并具有特殊的刺激性气味，刺激眼睛和喉咙。

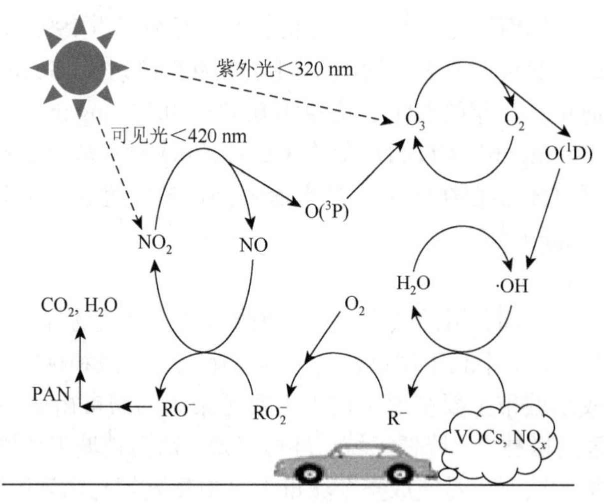

图 3.5　光化学烟雾示意图

2. 光化学烟雾生成的判定

判定一个地区是否有光化学烟雾，大致有以下几种方法。

1）实测大气中 O_3 的浓度

光化学烟雾是一种通过化学转换形成的二次污染物。这种污染事件发生时，由于强氧化性的化学物质直接与人体的黏膜系统接触，因此往往会造成头晕、咳嗽、刺眼和流泪，长期接触会引起呼吸系统的病变。但是城市的空气污染物组成比较复杂，一些其他的挥发性有机污染物如甲醛、芳香烃类物质和细颗粒物等也会造成类似的不良反应。因此，这些症状可以作为光化学烟雾存在的可能性征兆，而不是科学的依据。因此要诊断是否发生光化学污染，需要进行大气中 O_3 浓度的实测，在掌握大气 O_3 浓度水平和超标频率的信息的基础上，并比较同期其他污染物如 SO_2、PM_{10} 的污染状况，才可以对是否发生光化学烟雾有一个初步的判断。

2）大气中光化学烟雾的生成过程

因为经历前述的化学转化，所以光化学烟雾一般具有明显的日变化规律。主要由当地污染源排放生成的光化学烟雾，大气中的 NO、NO_2、O_3 浓度先后达到高峰，NO 的峰值一般由污染源的排放造成，而 NO_2 和 O_3 的高峰则与光化学的过程有关。

3）PAN 的监测

PAN 具有 $RC(O)OONO_2$ 结构，这种化合物最早就是在光化学烟雾中检测发现的，是光化学烟雾的特征污染物。如果监测到 PAN 存在于大气中，可以认定该地区发生了光化学烟雾现象。

3.4.2　光化学烟雾的危害

1. 对人体和动物的危害

在不利于扩散的气象条件下，光化学烟雾会积聚不散，其主要成分中 O_3 约占 85%，PAN 约占 10%。这些物质都会对人体造成很大的危害。O_3 是一种强氧化剂，在 0.1 ppm 浓度时具有特殊的臭味，并可到达呼吸系统的深层，刺激下呼吸道黏膜，引起化学变化，其作用相当于放射线，使染色体异常，使红细胞老化。表 3.2 总结了 O_3 的存在对人体危害的主要表现。

表 3.2　光化学烟雾中 O_3 浓度与相应的烟雾效应汇总

烟雾中 O_3 浓度/ppm	烟雾效应
0.02	5 min 内多数人能感觉，1 h 内胶片脆化
0.2	人肺机能减弱，胸部有紧缩感，眼睛红痛
0.2～0.5	3～6 h 内人视力减弱
0.5～1.0	1 h 内呼吸紧张，气喘，动物 4 h 轻度肺气肿
1～2	2 h 内头痛、胸痛，肺活量减少，人慢性中毒
5～10	全身疼痛、麻痹、肺气肿
15～20	小动物 2 h 内死亡
50 以上	人在 1 h 内死亡

光化学烟雾中的 PAN 是一种极强的催泪剂，其催泪作用是甲醛的 200 倍。在美国加利福尼亚州，光化学烟雾的作用曾使该州 3/4 的人发生红眼病。日本东京 1970 年发生光化学烟雾时期，约有 2 万人患了红眼病。与此同时 PAN 还会导致皮肤癌的发生。

2. 对植物及农作物的危害

1944 年在洛杉矶发生烟雾事件期间，生长在郊区的蔬菜全部由绿色变成褐色，无人敢吃，水果和农作物减产，大批树木发黄落叶，几万公顷的森林有 1/4 以上干枯。在美国，光化学烟雾影响农作物减产已遍及 27 个州。植物因光化学烟雾污染，每一年减产达 12%～13%，造成近 1973 亿美元的损失。1952 年的烟草叶斑病于 1959 年被确定是由 O_3 导致的。1987 年美国国家谷物减产评估计划研究结果显示，O_3 对很多植物的产量造成影响，不同农作物所受的影响有所不同，同时 1988 年美国的研究显示，由城市传输到小区和森林的 O_3 会导致森林的生产力降低，树木对各种病虫害的抵抗力降低，抵抗各种生物性和非生物性环境的压力降低。

植物是判断光化学烟雾污染程度最敏感的指标之一。在许多空气污染物中，O_3 被认为是植物最重要的污染物，植物受到 O_3 的损害，最初出现表皮褪色，呈蜡质状，一段时间后植物色素发生变化，植物叶片出现红褐色斑点。

3. 降低大气的能见度

光化学烟雾的另一重要特征是降低大气的能见度、视程缩短。这主要是由污染物质在大气中形成的光化学烟雾气溶胶所引起的。这种气溶胶颗粒大小多为 0.3～1.0 μm，不易受重力作用而沉降，能较长时间悬浮于空气中并发生长距离迁移。它们与人视觉能力的光波波长一致，能散射太阳光，从而降低大气的能见度，不利于汽车、飞机等交通工具的安全运行。

4. 其他影响

光化学烟雾中的 O_3 具有很强的氧化性，能够与有机物发生反应，加速橡胶制品的老化和龟裂，促进纤维、塑料、涂料的降解，使染料、绘画喷涂褪色等。除此之外，光化学烟雾的产物中还含有一定量的硝酸，能够腐蚀建筑材料、设备器材、电线电缆和衣物，由这一破坏作用而造成的损失，全球每年保守估计达到数十亿美元。光化学烟雾还会促成酸雨的形成，破坏生态系统。

3.4.3 光化学烟雾的防治对策

由于 O_3 的生成是受氮氧化物和挥发性有机物制约的，因此光化学烟雾污染的控制必须从控制氮氧化物和挥发性有机物入手。可以从以下几方面来改善和解决这个问题。

1. 控制机动车尾气排放——控制氮氧化物、碳氢化物、一氧化碳的排放

机动车的尾气控制是关键，光化学烟雾的产生主要是由机动车尾气的排放造成的，当燃料在发动机汽缸内进行燃烧时，内燃机所用的燃料中含有除碳、氢、氧之外的杂质，使内燃机的燃烧不完全，产生废气，其中一些还具有致癌性。

其主要措施有以下几点。

1）汽车尾气控制技术

（1）改进发动机技术。

在汽车的设计和生产过程中，通过改进发动机结构和燃烧方式，提高生产工艺和生产水平，可以有效地减少污染物的排放。现阶段常用的改进手段包括以下几种。

（a）汽油发动机改进技术。

汽油发动机的改进技术主要包括：汽油直接喷射技术、使用催化剂、二次空气喷射技术（表 3.3）。

表 3.3　不同排放控制系统下汽油发动机 NO_x 的削减率

序号	排放控制系统	削减率/%	
		NO_x	HC
1	仅使用化油器（基准）	0	0
2	化油器＋无控制三效催化剂	15	45.6
3	化油器＋控制型三效催化剂	65	80.1
4	汽油喷射＋空气喷射	10	41.1
5	汽油喷射＋无控制三效催化剂	55	76.8
6	汽油喷射＋控制型三效催化剂	85	85.4
7	汽油喷射＋控制型三效催化剂＋空气喷射	85	90.7

汽油发动机改进其排放控制系统以后，能有效削减 NO_x 和 HC 的排放量，能够抑制光化学烟雾的形成并降低 O_3 的量。

（b）柴油发动机改进技术。

柴油发动机的改进技术主要包括：采用可变定时的高效燃油喷射系统、低涡流燃烧过程、可变涡流的四气门机构、优化喷油规律、使用排气再循环系统等几种措施的组合，使柴油发动机的燃烧过程和工作条件处于最优状况，从而有效减少 NO_x 的排放。

（2）加装尾气催化净化装置。

目前一般采用安装三元催化转化器来减少尾气污染物的排放。选择合适的催化剂，使废气中 NO、CO 及 HC 经催化反应生成无害的 N_2、CO_2 及 H_2O 排出。催化还原常用的催化剂有贵金属 Pt、Pd、Ru 等和某些金属氧化物 Fe_2O_3、Cr_2O_3（经高温处理）等。催化氧化常用催化剂有 Pd、Pt、Co、Ni 等。表 3.4 给出了催化转化装置对污染物排放因子的影响。

表 3.4　催化转化装置对污染物排放因子的影响

发动机机型	项目	污染物排放量		
		CO	HC	NO_x
汽油发动机（1.8 L）	无催化剂/(g/km)	5.59	1.67	1.04
	有催化剂/(g/km)	0.61	0.07	0.04
	衰减量/(g/km)	4.98	1.60	1.00
	衰减率/%	89.09	95.81	96.15

续表

发动机机型	项目	污染物排放量		
		CO	HC	NO_x
柴油发电机（1.8 L）	无催化剂/(g/km)	1.20	0.38	0.54
	有催化剂/(g/km)	0.17	0.05	0.42
	衰减量/(g/km)	1.03	0.33	0.12
	衰减率/%	85.83	86.84	22.22

2）改善城市交通结构，改进汽车燃料

以地下铁路、有轨电车、无轨电车、电瓶车和自行车替代机动车，重型运输车尽量不进市区，住宅区严禁汽车行驶，推广使用清洁燃料液化石油气、天然气、甲醇等。对于不得不使用汽油的车辆，所用汽油应符合要求并严格遵守排放标准。

3）大力发展公共交通，适当限制私车拥有

建立臭氧超标预警系统，当臭氧浓度达到预警浓度时，建议公众尽量少出门，减少私车使用。

2. 加强对化工厂的废气排放管理

要对石油、氮肥、硝酸等化工厂的排废严加管理，严禁飞机在航行途中排放燃料等，以减少氮氧化物和烃类的排放。现在已研制开发成功的催化转化器，就是一种与排气管相连的反应器，排放的废气和外界空气通过催化剂处理后，使氮氧化物转化成无毒的氮气，烃可转化成二氧化碳和水。

3. 改善能源结构

推广使用天然气和二次能源，如煤气、液化石油气、电等，加强对太阳能、风能、地热等清洁能源的利用。

4. 区域集中供热

发展区域集中供暖供热，设立规模较大的热电厂和供热站，取缔市区矮小烟囱。

5. 推广燃煤电厂烟气脱氮技术

烟气脱氮技术有选择性催化还原法（SCR）、非选择性催化还原法（SNCR）和吸收法。选择性催化还原法是以金属铂的氧化物作为催化剂，以氨、硫化氢和一氧化碳等作为还原剂，选择最佳脱硝反应温度，将烟气中的氮氧化物还原为 N_2。非选择性催化还原法与选择性催化还原法不同的是非选择性控制一定的反应温度，在将烟气中的氮氧化物还原为 N_2 的同时，一定量的还原剂还与烟气中的过剩氧发生反应。吸收法是利用特定的吸收剂吸收烟气中的 NO_x。根据所使用的吸收剂，可分为碱吸收法、熔融盐吸收法和稀硝酸吸收法。

6. 使用化学剂抑制

根据光化学烟雾形成机制，通过使用控制消除 OH· 的化学抑制剂使反应链受到抑制，从而抑制光化学烟雾的生成。不仅要控制反应活性高的有机物的排放，还要使用化学抑制剂，以二乙基羟胺[$(C_2H_5)_2NOH$]效果最好。此外，苯酚、二苯胺、苯甲醛、三苯基甲烷等对各类自由基产生不同程度的抑制作用，从而终止链反应，达到控制烟雾的目的。但在使用前要慎重考虑抑制剂的二次污染问题，并避免其对人体和动植物的毒害作用。

7. 设立检测点

及时了解光化学烟雾的情况，重视监测工作。例如，洛杉矶设有 10 个监测站，经常监测光化学烟雾的污染状况。同时该市还制定了光化学烟雾的三级警报标准，以便及时采取有效的防止措施。目前，由于我国内地汽车油耗量高，污染控制水平低，造成汽车污染日益严重。部分大城市交通干道的 NO_x 和 CO 严重超过国家标准，汽车污染已成为主要的空气污染物，一些城市臭氧浓度严重超标。据国家环境保护部《环境质量通报》：我国大城市氮氧化物污染逐渐加重，虽然只在少数城市发现过光化学烟雾污染，但随着城市汽车的急剧增加，很多城市已具有发生光化学烟雾污染的潜在危险，这应该引起我们充分的重视。

课外阅读：大气污染物处理技术

1. 除尘技术

从废气中回收颗粒污染物的过程称为除尘。实现上述过程的设备装置称为除尘器。颗粒污染物主要通过各式除尘器去除。依照除尘器除尘的主要机制可将其分为机械式除尘器、过滤式除尘器、湿式除尘器、静电除尘器四类。图 3.6 为部分除尘装置构造。

(a) 过滤式除尘器

(b) 静电除尘器

图 3.6　除尘装置

机械式除尘器是通过重力、惯性力和离心力等质量力的作用达到除尘目的，主要形式有重力沉降室、惯性除尘器和旋风除尘器等。其中重力沉降室是利用粉尘与气体的密度不同，使含尘气体中的尘粒依靠自身的重力从气流中自然沉降下来，达到净化目的，对 50 μm 以上的尘粒具有较好的捕集作用。而惯性除尘器是利用粉尘与气体在运动中的惯性力不同，使粉尘从气流中分离出来，如折板式，适于非黏性、非纤维性粉尘的去除，设备结构简单，阻力较小，但其分离效率较低，为 50%～70%，只能捕集 10～20 μm 及以上的粗尘粒，故只能用于多级除尘中的第一级除尘。旋风除尘器是使旋转运动的含尘气流中的粒子借助离心力，从气流中分离出来的装置，适用于非黏性及非纤维性粉尘的去除，对大于 5 μm 的颗粒具有较高的去除效率，属中效除尘器；多应用于锅炉烟气除尘、多级除尘及预除尘；主要缺点是对细小尘粒（＜5 μm）的去除效率较低。

过滤式除尘器的作用方法是使含尘气体通过多孔滤料，截留气流中的尘粒，净化气体；应用于各种工业废气除尘中，属高效除尘器，效率大于 99%，对细粉具有强捕集作用。

湿式除尘又称洗涤除尘，即用液体洗涤含尘气体，使尘粒与液膜、液滴或雾沫碰撞而被吸收，并随液体排出，气体得到净化。既能净化颗粒污染物，也能同时脱除气体中的气态污染物质。

静电除尘是利用高压电场产生的静电力的作用实现固体颗粒或液体粒子与气流的分离，是一种高效除尘器，对细微粉尘及雾状液滴捕集性能优异，效率达 99%以上，对于＜0.1 μm 的粉尘粒子，仍有较高的去除效率。能耗低、处理气量大，可应用于高温、高压场合，广泛用于工业除尘；缺点是设备庞大，一次性投资费用高。

2. 废气处理技术

依据物质的化学和物理性质，采用不同的方法治理，主要方法包括吸收法、吸附法、催化法、燃烧法和冷凝法。

1）二氧化硫（SO_2）的控制技术

包括抛弃法、回收法、湿法脱除 SO_2 技术、干法脱除 SO_2 技术。

抛弃法是将脱硫的生成物作为固体废弃物抛掉。回收法是将 SO_2 转变成有用的物质加以回收。

湿法脱除 SO_2 技术包括以下几种。①石灰石-石膏法脱硫技术是烟气经热交换器处理后，进入吸收塔，在吸收塔里 SO_2 直接与石灰浆液接触并被吸收去除。治理后烟气通过除雾器及热交换器处理后经烟囱排放。吸收产生的反应液一部分循环使用，另一部分进行脱水及进一步处理后制成石膏。②旋流板脱硫除尘技术是针对烟气成分组成的特点，采用碱液吸收法，经过旋流、喷淋、吸收、吸附、氧化、中和、还原等物理、化学过程，经过脱水、除雾，达到脱硫、除尘、除湿、净化烟气的目的。③半干法脱除 SO_2 技术即喷雾干燥脱硫技术，利用喷雾干燥的原理，在吸收剂（氧化钙或氢氧化钙）用固定喷头喷入吸收塔后，一方面吸收剂与烟气发生化学反应，生成固体产物；另一方面烟气将热量传递给吸收剂，使脱硫反应产物形成干粉，反应产物在布袋除尘器（或电除尘器）处被分离，同时进一步去除 SO_2。④循环流化床烟气脱硫技术利用流化床原理，将脱硫剂流态化，烟气与脱硫剂在悬浮状态下进行脱硫反应。

干法脱除 SO_2 技术包括以下几种。①活性炭吸附法是在有氧及水蒸气存在的条件下，用活性炭吸附 SO_2。活性炭表面具有催化作用，使吸附的 SO_2 被烟气中的氧气氧化为 SO_3，SO_3 再和水反应吸收生成硫酸；或用加热的方法使其分解，生成浓度高的 SO_2，此 SO_2 可用来制酸。②催化氧化法是在催化剂的作用下可将 SO_2 氧化为 SO_3 后进行利用。可用来处理硫酸尾气及有色金属冶炼尾气，技术成熟，已成为制酸工艺的一部分。但用此法处理电厂锅炉烟气及炼油尾气，在技术上、经济上还存在一些问题需要解决。

2）氮氧化物处理技术

吸附法是利用吸附剂对 NO_x 的吸附量随温度或压力的变化而变化的原理，通过周期性地改变反应器内的温度或压力，来控制 NO_x 的吸附和解吸反应，以达到将 NO_x 从气源中分离出来的目的。常用的吸附剂为分子筛、硅胶、活性炭和含氨洗煤。

光催化氧化法是利用 TiO_2 半导体的光催化效应，脱除 NO_x 的机理是 TiO_2 受到超过其带隙能以上的光辐射照射时，价带上的电子被激发，超过禁带进入导带，同时在价带上产生相应的空穴。电子与空穴迁移到粒子表面的不同位置，空穴本身具有很强的得电子能力，可夺取 NO_x 体系中的电子，使其被活化而氧化。电子与水及空气中的氧反应生成氧化能力更强的 ·OH 及 O_2^- 等，是将 NO_x 最终氧化生成 NO_3 的最主要氧化剂。

液体吸收法主要有水吸收、酸吸收（如浓硫酸、稀硝酸）、碱液吸收（如氢氧化钠、氢氧化钾、氢氧化镁）和熔融金属盐吸收。

吸收还原法是用亚硫酸盐、硫化物、硫代硫酸盐、尿素等水溶液吸收氮氧化物，并使其还原为 N_2。亚硫酸铵具有较强的还原能力，可将 NO_x 还原为无害的氮气，而亚硫酸铵则被氧化成硫酸铵，可作化肥使用。

生物法主要通过微生物作用。微生物净化氮氧化物有硝化和反硝化两种机理，适宜的脱氮菌在有外加碳源的情况下，利用氮氧化物为氮源，将氮氧化物化合成为有机氮化合物，成为菌体的一部分（合成代谢），脱氮菌本身获得生长繁殖；而异化反硝化作用（分解代谢）则将 NO_x 最终还原成氮。

3）挥发性有机污染物（VOCs）控制技术

吸收法是利用某一 VOCs 易溶于特殊的溶剂（或添加化学药剂的溶液）的特性进行处理，这个过程通常都在装有填料的吸收塔中完成。冷凝法对于高浓度 VOCs，可以使其通过冷凝器，气态的 VOCs 降低到沸点以下后凝结成液滴，再靠重力作用落到凝结区下部的储罐中，从储罐中抽出液态 VOCs，就可以回收再利用。

吸附法是利用某些具有从气相混合物中有选择地吸附某些组分能力的多孔性固体（吸附剂）来去除 VOCs 的一种方法。目前用以处理 VOCs 最常用的吸附剂有活性炭和活性炭纤维，所用的装置为阀门切换式两床（或多床）吸附器。

生物法主要利用微生物分解 VOCs，一般用于处理低浓度 VOCs。等离子体法是通过高压脉冲电晕放电，在常温常压下获得非平衡等离子体，即产生大量的高能电子和 ·O、·OH 等活性粒子，对 VOCs 分子进行氧化、降解反应，使 VOCs 最终转化为无害物。对于有毒、有害、不需回收的 VOCs，热氧化法是一种较彻底的处理方法。它的基本原理是 VOCs 与 O_2 发生氧化反应，生成 CO_2 和 H_2O。一般通过以下两种方法使氧化反应能够顺利进行：一是加热，使含 VOCs 的废气达到氧化反应所需的温度；二是使用催化剂，氧化反应在较低的温度下在催化剂表面进行。

3.5　“气十条”解读

我国的大气污染问题是长期积累形成的。治理大气污染任务重、难度大，必须付出长期艰苦的努力；必须坚持防治大气污染人人有责，在全社会树立“同呼吸、共奋斗”的行为准则；必须坚持在保护中发展、在发展中保护，实现环境效益、经济效益和社会效益的多赢。党中央、国务院高度重视大气污染防治工作，将其作为改善民生的重要着力点，作为生态文明建设的具体行动，作为统筹稳增长、调结构、促改革，打造中国经济升级版的重要抓手。2013 年，国务院发布了《大气污染防治行动计划》(简称“气十条”)。

3.5.1　总体要求

以邓小平理论、“三个代表”重要思想、科学发展观为指导，以保障人民群众身体健康为出发点，大力推进生态文明建设，坚持政府调控与市场调节相结合、全面推进与重点突破相配合、区域协作与属地管理相协调、总量减排与质量改善相同步，形成政府统领、企业施治、市场驱动、公众参与的大气污染防治新机制，实施分区域、分阶段治理，推动产业结构优化、科技创新能力增强、经济增长质量提高，实现环境效益、经济效益与社会效益多赢，为建设美丽中国而奋斗。

3.5.2 工作目标

经过五年努力，全国空气质量总体得到了改善，重污染天气有较大幅度的减少。京津冀、长三角、珠三角等区域空气质量明显好转。力争再用五年或更长的时间，逐步消除重污染天气，使全国空气质量明显改善。

3.5.3 主要指标

到 2017 年，全国地级及以上城市可吸入颗粒物浓度比 2012 年下降 10%以上，优良天数逐年提高，京津冀、长三角、珠三角等区域细颗粒物浓度分别下降 25%、20%、15%左右，其中北京市细颗粒物年均浓度控制在 60 μg/m^3 左右。

3.5.4 具体要求

1. 加大综合治理力度，减少多污染物排放

加强工业企业大气污染综合治理：全面整治燃煤小锅炉，加快推进集中供热、“煤改气”、“煤改电”工程建设，到 2017 年，除必要保留的以外，地级及以上城市建成区基本淘汰 10 蒸吨/h 及以下的燃煤锅炉，禁止新建 20 蒸吨/h 以下的燃煤锅炉；其他地区原则上不再新建 10 蒸吨/h 以下的燃煤锅炉。

深化面源污染治理：综合整治城市扬尘，加强施工扬尘监管，积极推进绿色施工，施工现场应全封闭设置围挡墙，严禁敞开式作业，施工现场道路应进行地面硬化。渣土运输车辆应采取密闭措施，并逐步安装卫星定位系统。推行道路机械化清扫等低尘作业方式。大型煤堆、料堆要实现封闭储存或建设防风抑尘设施。推进城市及周边绿化和防风防沙林建设，扩大城市建成区绿地规模。

2. 调整优化产业结构，推动产业转型升级

严控“两高”行业新增产能，修订高耗能、高污染和资源性行业准入条件，明确资源能源节约和污染物排放等指标。加快淘汰落后产能、压缩过剩产能、坚决停建产能严重过剩行业违规在建项目。认真清理产能严重过剩行业违规在建项目。

3. 加快企业技术改造，提高科技创新能力

强化科技研发和推广。加强灰霾、臭氧的形成机理、来源解析、迁移规律和监测预警等研究，全面推行清洁生产。到 2017 年，重点行业排污强度比 2012 年下降 30%以上。大力发展循环经济、大力培育节能环保产业。着力把大气污染治理的政策要求有效转化为节能环保产业发展的市场需求，促进重大环保技术装备、产品的创新开发与产业化应用。

4. 加快调整能源结构，增加清洁能源供应

控制煤炭消费总量、推进煤炭清洁利用。提高煤炭洗选比例、提高能源使用效率。严

格落实节能评估审查制度，新建高耗能项目单位产品（产值）能耗要达到国内先进水平，用能设备达到一级能效标准。

5. 严格节能环保准入，优化产业空间布局

强化节能环保指标约束。提高节能环保准入门槛，健全重点行业准入条件，公布符合准入条件的企业名单并实施动态管理。严格实施污染物排放总量控制，将二氧化硫、氮氧化物、烟粉尘和挥发性有机物排放是否符合总量控制要求作为建设项目环境影响评价审批的前置条件。对未通过能评、环评审查的项目，有关部门不得审批、核准、备案，不得提供土地，不得批准开工建设，不得发放生产许可证、安全生产许可证、排污许可证，金融机构不得提供任何形式的新增授信支持，有关单位不得供电、供水。

6. 发挥市场机制作用，完善环境经济政策

发挥市场机制调节作用。本着“谁污染、谁负责，多排放、多负担，节能减排得收益、获补偿”的原则，积极推行激励与约束并举的节能减排新机制。

7. 健全法律法规体系，严格依法监督管理

完善法律法规标准。加快大气污染防治法修订步伐；加大环保执法力度；推进联合执法、区域执法、交叉执法等执法机制创新。对偷排偷放、屡查屡犯的违法企业，要依法停产关闭。对涉嫌环境犯罪的，要依法追究刑事责任。落实执法责任，对监督缺位、执法不力、徇私枉法等行为，监察机关要依法追究有关部门和人员的责任。实行环境信息公开。各级环保部门和企业要主动公开新建项目环境影响评价、企业污染物排放、治污设施运行情况等环境信息，接受社会监督。涉及群众利益的建设项目，应充分听取公众意见。建立重污染行业企业环境信息强制公开制度。

8. 建立区域协作机制，统筹区域环境治理

建立区域协作机制，分解目标任务。国务院与各省（区、市）人民政府签订大气污染防治目标责任书，将目标任务分解落实到地方人民政府和企业。实行严格责任追究。对未通过年度考核的，由环保部门会同组织部门、监察机关等部门约谈省级人民政府及其相关部门有关负责人，提出整改意见，予以督促。

9. 建立监测预警应急体系，妥善应对重污染天气

建立监测预警体系。环保部门要加强与气象部门的合作，建立重污染天气监测预警体系，制定完善应急预案。空气质量未达到规定标准的城市应制定和完善重污染天气应急预案并向社会公布；要落实责任主体，明确应急组织机构及其职责、预警预报及响应程序、应急处置及保障措施等内容，按不同污染等级确定企业限产停产、机动车和扬尘管控、中小学校停课及可行的气象干预等应对措施。开展重污染天气应急演练。及时采取应急措施。将重污染天气应急响应纳入地方人民政府突发事件应急管理体系，实行政府主要负责人负责制。要依据重污染天气的预警等级，迅速启动应急预案，引导公众做好卫生防护。

10. 明确政府、企业和社会的责任，动员全民参与环境保护

明确地方政府统领责任。地方各级人民政府对本行政区域内的大气环境质量负总责，要根据国家的总体部署及控制目标，制定本地区的实施细则，确定工作重点任务和年度控制指标，完善政策措施，并向社会公开、加强部门协调联动、强化企业施治、广泛动员社会参与。环境治理，人人有责。

我国仍然处于社会主义初级阶段，大气污染防治任务繁重艰巨，要坚定信心、综合治理，突出重点、逐步推进，重在落实、务求实效。各地区、各有关部门和企业要按照本行动计划的要求，紧密结合实际，狠抓贯彻落实，确保空气质量改善目标如期实现。

3.6 双语助力站

3.6.1 烟雾事件

在 1930 年 12 月 1 日夜晚，一场浓雾漂移到比利时的默兹山谷地区。在这样的大雾天，山谷中的许多工厂仍然排放了大量的烟尘和各种有害的微粒，于是形成了烟与雾结合的一大片浓黑的烟雾。山谷里的人们开始咳嗽、呼吸困难。这场烟雾在山谷里足足持续了四天，在这四天里成千上万的人病倒了，各家医院里挤满了病人。结果导致 60 人死亡。死者中绝大多数是患有心脏病和肺病的老人。最后，是一场大雨把这场烟雾冲洗掉了。科学家在研究了这场灾难之后得出结论，是这场烟雾中的有害化学物质导致了人们生病和死亡。

On the night of December 1 in 1930，a dense fog moved over the Meuse Valley，in Belgium. Many factories in the valley poured smoke and fumes into the foggy air. This created dark smog combined with smoke and fog. People in the valley began to cough and train for breath. The smog remained for four days. During that time，thousands of people became ill. The hospitals were filled with patients. Sixty people died. Most of them were older persons with heart and lung problems. Finally，a heavy rain washed away the smog. Scientists studied the causes of the disaster. They concluded that the illnesses and deaths were caused by chemicals in the smog.

据报道，在美国的第一起这类事件发生在靠近匹兹堡的多诺拉。多诺拉是一个到处是工厂的城镇。在 1948 年，一场烟雾导致该镇半数人生病，17 人死亡。同样，患有肺病或心脏病的老年人受害最重。

The first reported event of this kind in the United States happened in Donora，a factory town in a valley near Pittsburgh. In 1948，smog named a killer made half of the population sick，there were 17 deaths. Again，older people with lung or heart diseases were hit hardest.

英国伦敦一向以其“黑雾”著称于世。在 1952 年冬季，一厚层奶白色的雾飘进伦敦的上空。这场雾能见度极低，人们不得不步行在公共汽车的前面引导着司机慢慢开车前进。就这样，带来了历史上最严重的一场空气污染所造成的灾难。灾难结束时有四千多人被这场浓黑的烟雾夺去了生命。

London，England，has always been known for its “black fogs.” In the winter of 1952，a milky white fog rolled into the city. It soon turned into black smog as the smoke of the city poured into the air. It was so hard to see that people had to walk in front of the buses to guide them. In this way，the most serious air pollution disaster in history began. When it was over，more than 4000 people had been killed by the thick black smog.

自从 1950 年以来，美国纽约市发生了数起类似伦敦型的烟雾杀人事件。每次都因为有毒烟雾而导致一百到四百人的死亡。虽然这些烟雾致人死亡的程度没有伦敦烟雾那样厉害，但是纽约市的空气污染问题在全美国是最最严重的。

Several similar smog had happened in New York City since 1950. Each time，there were from 100 to 400 deaths caused by the smog. Although these smog were not as deadly as London’s，New York City has the worst air pollution problem in the United States.

所有烟雾杀人的事件，都是由各大小工厂和各个家庭炉火中的烟尘和微粒排放到空气中所造成的。这些化学微粒同雾中的极微小的水珠结合起来就形成了各种有害的物质，这些有害物质是那些呼吸这些被污染了的空气的人致病的原因。

In all the killer smog，factories and homes poured smoke and fumes into the air from the furnaces. The chemical fumes combined with the water droplets in the fog to form harmful substances. These substances caused the illness of those who breathed the polluted air.

一般情况下，这些有害的微粒漂浮到空气的上层以后，会被风吹走。但有时会有一种称为“温度逆增”的不平常的天气状态。当烟尘和微粒排放到空气以后，有一层冷空气仍然贴近地面。这层冷空气阻挡了这些被污染的冷空气，使之不能上升到高空中。有害的微粒越聚越多，于是使人致病。这些浓雾很浓，导致各个机场被迫关闭，公路上发生一串一串的汽车相撞的事件。

Usually，such harmful fumes rise into the upper air and are blown away by the wind. But sometimes there is an unusual weather condition called a temperature inversion. A layer of cold air remains near the ground as smoke and fumes pour into it. This is covered by an upper layer of warm air that acts like a lid. It prevents the polluted cooler air from rising. The harmful fumes pile up and make people ill. The smog may be so thick that airports are closed and chains of collisions occur on the highways.

在美国洛杉矶出现过另一种烟雾。虽然这里天气晴朗、阳光灿烂，但是人们感到眼睛刺痛，出现干咳。这些症状表明空气中充满了有害的化学物质。这种烟雾由看不见的无色气体组成，这种气体主要是汽车尾气中的微粒和被阳光照射后起了化学变化的氮氧化物，此外还有从工厂和炼油厂排放出来的二氧化碳和其他悬浮微粒。在全世界很多大城市中都出现了光化学烟雾。

Another type of smog occurs in Los Angeles. Here the weather may be clear and sunny. But stinging eyes and dry coughs show that harmful chemicals fill the air. The smog is due to invisible gases，mostly from automobile exhaust. Because these chemicals are changed by the sun high up in the air，Los Angeles smog is called photochemical smog. It contains automobile exhaust fumes and nitrogen oxides changed by the sun’s rays. Added to these are sulfur dioxide and other fumes from factories and oil refineries. Photochemical smog is found in many large cities all over the world.

幸好，这种烟雾杀人事件并不是经常发生。但在许多大城市中，汽车尾气中的微粒、家庭火炉排出来的烟尘及工厂的废气都被汇合在一起排放到空气中。这种现象也会出现在郊区或城市外围的农村，因为这些地方有各类大型的工厂。在这些空气中发现了很多有害化学物质，人们日复一日地呼吸这些有害物质，身体健康便大受影响。

Killer smog don't happen very often，fortunately. But in many large cities，a combination of automobile exhaust fumes，home furnace smoke，and factory waste gases pours into the air. This may also happen in the suburbs，or out in the country，where large factories have been built. A number of harmful substances have been found in the air there. When these substances are breathed in day after day，the health of the population is affected.

3.6.2 APEC 蓝

亚太经合组织会议期间，北京出现了在此烟雾季节很少见的好空气和畅通的交通。有些人把这些现象称为“APEC 蓝”。

In the days of the Asia-Pacific Economic Cooperation meeting，Beijing experienced good air quality and smooth traffic，a rare sight during the smog season. Some people have dubbed these phenomena APEC Blue.

亚太经合组织会议期间，北京采取了一系列环保措施，将排放量减少了 30%～40%，以减少雾霾污染，其中包括限制机动车数量、允许污染机构员工休假和污染企业停工等。最终，北京的天空在 APEC 会议期间保持蓝色，这超出了人们的预期，日均 $PM_{2.5}$ 的密度下降到 43 $\mu g/m^3$，中国网民用“APEC 蓝”来形容晴朗的天空。这些措施是否会长期执行还有待观察。

A series of environmentally friendly measures have been taken to reduce the Beijing smog by cutting emissions by 30%-40% percent during the APEC meeting，including limiting the number of cars on the road，granting leave to people working in certain types of institutions and suspending production in factories. As a result，the Beijing sky remained blue during APEC despite predictions otherwise，with daily $PM_{2.5}$ density in the period falling to 43 micrograms per cubic meter，prompting Chinese netizen to coin the phrase APEC Blue to describe the clear sky. However，whether these measures will be implemented in the long term remains to be seen.

或许我们可以从伦敦的经验中得到一些经验，在那里，1952 年的大烟雾造成 4000 人死亡。之后英国通过了第一个空气污染法案，规定关闭伦敦所有的电厂，工厂建立更高的烟囱和改进加热系统。只有通过多方面的共同努力，才能将“APEC 蓝”转变为永久的“北京蓝”。

Perhaps we can learn something from London，where the Great Smog killed 4000 people in four days in 1952. Britain then passed its first air pollution act，which stipulated that all power plants in London should be shut down，factories must build taller chimneys，and the heating system must be improved. Only with the integrated efforts of multiple sectors can the APEC Blue be transformed in a permanent Beijing Blue.

我们不能控制气象条件，但我们可以减少排放。“APEC 蓝”给国家注入了信心，我们确信可以赢得胜利。但仅靠行政命令是不够的，今后需要更严格的监督。

We cannot control meteorological conditions，but we can reduce emissions.“APEC Blue” injected the country with confidence to win the battle. But administrative order alone is not enough，stricter supervision is needed in the future.

第 4 章　水环境问题

水是人类和一切生物赖以生存的物质基础，水环境是人类和其他生物生存和发展的周围空间及空间中水的条件和状况。人类和生物的生存和发展对水环境的需要，集中表现在对水的数量、水的质量、水的功能等方面。随着生产力的发展和人类文明的提高，环境问题相伴而生，并从程度和范围上不断发展。早期阶段由于生产力水平低，人类仅是被动地利用水资源，很少有意识地去改善水环境，虽产生了水环境问题，但并不突出。随着人类利用和改造水体环境的规模增大，各种问题相继出现。本章通过分析水体富营养化、水中有毒有害物质的污染、海洋污染等问题，结合水资源合理开发与利用的对策及“水十条”政策来进行分析，逐步深化对水环境问题的认识。

4.1　水环境概述

4.1.1　水体的多介质组成

地球表面不存在完全的单介质环境，但通常将大气、水体、土壤、岩石和生物体分别作为单介质环境来处理，而把具有其中两种或两种以上介质的系统称为多介质环境系统。组成多介质环境的基础是环境介质或环境相，水、空气、土壤和底泥都是基础的环境相。由连续的某种物质可以构成一个环境相，如一个湖泊可以构成一个水相；在同一相中互不接触的许多微粒子也可以构成一个环境相，如水体中的微生物构成了水生微生物相。同一个环境相可以包含几个子相，不同的环境相可能化学性质相同而物理性质不同。有些环境相是相连的，化合物可以从一相直接迁移到另一相；而有些环境相间则并不相连，化合物不能在这样的两相发生直接迁移，如大气相和底泥相。如图 4.1 所示，水体也由多介质组成。

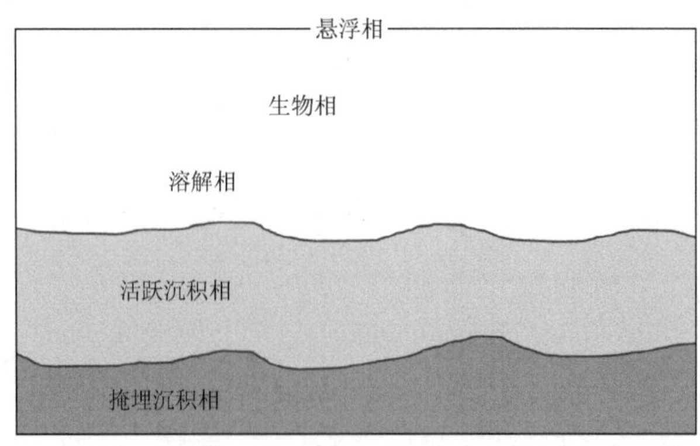

图 4.1　水体的多介质组成图

水环境是指液态和固态水体所覆盖的地球空间，是地球表层水体的总称。水环境中水的上界可达大气对流层顶部，下界至深层地下水的下限。

表 4.1 列举了水中的主要成分，天然水体中存在许多盐类物质，包括钠、镁、铁等的硫酸盐、硝酸盐、碳酸盐和卤化物等可溶性盐类和一些不溶盐类。天然水中常见的八大离子为 K^+、Na^+、Ca^{2+}、Mg^{2+}、HCO_3^-、NO_3^-、Cl^-、SO_4^{2-}，占天然水离子总量的 95%～99%。水中的金属离子常以多种形态存在，可以通过酸碱解离、溶解-沉淀、配位及氧化还原等作用达到最稳定的状态。

表 4.1　水中的主要成分

溶解气体	主要气体	N_2、O_2、CO_2、H_2S
	微量气体	CH_4、H_2、He
主要离子	阴离子	Cl^-、SO_4^{2-}、HCO_3^-、CO_3^{2-}
	阳离子	K^+、Na^+、Ca^{2+}、Mg^{2+}
微量粒子	I^-、Br^-、F^-、BO_2^-、Fe、Cu、Ni、Ti、Pb、Zn、Mn	
生源物质	NH_4^+、NO_2^-、NO_3^-、PO_4^{3-}、HPO_4^{2-}、$H_2PO_4^-$	
胶体	有机胶体、无机胶体	
固体悬浮物	硅铝酸盐颗粒、砂粒、黏土	

4.1.2　主要水体污染物类型

当污染物进入河流、湖泊、海洋或地下水等水体后，其含量超过了水体的自然净化能力，使水体的水质和水体底质的物理、化学性质或生物群落组成发生变化，从而降低了水体的使用价值和使用功能的现象，称为水体污染。水体污染源可分为自然污染源和人为污染源两大类。自然污染源是指自然界自发向环境排放有害物质、造成有害影响的场所，人为污染源则是指人类社会经济活动所形成的污染源。按污染物进入水环境的空间分布方式，人为污染源又可分为点污染源和面污染源。

水体污染物质的来源可分为工业废水、生活污水和农业退水。工业废水是指各种工矿企业在生产过程中排出的废水。生活污水是指人类生命活动过程中产生的污水。农业退水是指农作物栽培、牲畜饲养、食品加工等过程排出的污水和液态废物。

水体污染的主要污染物有很多，在物理方面主要是影响水体的颜色、浊度、温度、悬浮固体和放射性等物理因素。在化学方面主要是一些无机无毒物质、无机有毒物质、耗氧有机物、有机有毒物质、洗涤剂、生物污染物、酸碱、热污染和放射性物质等。下面介绍几类主要的水体污染物。

1. 无机无毒物质

无机无毒物质通常指排入水体中的酸、碱及一般的无机盐类。

2. 无机有毒物质

无机有毒物质包括重金属、氟化物、氰化物等。重金属物质的特点是不易消失，通过食物链进入人体富集，经较长时间积累可促进慢性疾病发作，如 Hg、Cd、Cr、As、Pb 等。氟化物会使动物体产生氟斑牙、骨骼变形、肾脏受损。氰化物是剧毒物质，氰化物经口、呼吸道或皮肤进入人体，极易被人体吸收。细胞色素氧化酶的 Fe^{3+} 与血液中的氰基（CN^-）结合，生成氧化高铁细胞色素氧化酶，使 Fe^{3+} 丧失传递电子的能力，造成呼吸链中断，细胞窒息死亡。

3. 耗氧有机物

耗氧有机物通过微生物的生物化学作用而分解为简单无机物（CO_2 和 H_2O）。此过程需要消耗水中的溶解氧，导致水中的溶解氧降低，从而对水生生物造成很大影响，如鱼类死亡、水体发臭、藻类繁殖过剩等。耗氧有机物广泛存在于生活污水及部分工业废水中，包括有机合成原料、有机酸碱、油脂类、高分子化合物、表面活性剂等。

4. 有机有毒物质

有机有毒物质包括酚类化合物、有机农药、多环芳烃、多氯联苯等。酚类化合物包括挥发酚和不挥发酚两种，在饮用水中酚的最高允许浓度为 0.002 mg/L，微量酚会在水厂消毒氯化时与氯元素结合生成氯酚，使饮用水产生恶臭。有机农药包括有机氯、有机磷和有机硫等。多环芳烃是环境中重要的致癌物质。多氯联苯是脂溶性化合物，在生物脂肪组织中富集倍数很高，损害人体肝脏、神经、骨骼等，有致癌作用，可促成遗传变异。

5. 洗涤剂

洗涤剂进入水体时，对水体也有较大影响。合成洗涤剂在分解过程中会消耗水中的溶解氧，阴离子洗涤剂和非离子洗涤剂会在水面上出现永久性泡沫，降低水的复氧速度和程度，同时，洗涤剂含有的磷酸盐也会造成水体富营养化。

6. 生物污染物

生物污染物主要是城市生活污水、医院污水或污水处理厂排水排入地表水后，造成源微生物的污染，如病毒、病菌、寄生虫等，从而引起多种病毒传染疾病和寄生虫病。1848 年、1854 年英国两次霍乱流行，各死亡万余人，1892 年德国汉堡霍乱流行，死亡 750 余人，这都是由水中病原体引起的。此外，微生物在污水中繁殖，也会对污水处理造成影响。

7. 酸碱

水中酸碱的主要来源是矿山排水、多种工业废水或酸雨。酸碱污染会使水体 pH 发生变化，破坏水体的自然缓冲作用和水生生态系统的平衡。例如，当 pH 小于 6.5 或大于 8.5 时，水中微生物的生长就会受到抑制。酸碱污染会使水的含盐量增加，对工业、农业、渔业和生活用水都会产生不良的影响，严重的酸碱污染还会腐蚀船只、桥梁及其他水上建筑。

8. 放射性物质

放射性物质主要来自核工业部门。放射性物质会污染地表水和地下水，影响饮水水质，并且通过食物链对人体产生内照射，超剂量的长期作用可导致肿瘤、白血病和遗传障碍等。

4.1.3　主要水污染指标

1. 化学耗氧量（COD）

COD 指在规定条件下，使水样中还原性物质氧化所消耗氧化剂的量，以每升水消耗氧的毫克数表示。检测水中 COD 的方法主要有高锰酸钾（$KMnO_4$）法和重铬酸钾（$K_2Cr_2O_7$）法。高锰酸钾法是使用高锰酸钾氧化废水中的可氧化物质（有机物质、亚硝酸盐、亚铁盐、硫化物等），此时高锰酸钾过量，再使用草酸钠滴定第一步中过量的高锰酸钾，可求得与可氧化物质反应的高锰酸钾量。重铬酸钾法是以重铬酸钾为氧化剂，硫酸银为催化剂，以试亚铁灵为指示剂，以硫酸亚铁铵溶液滴定剩余的重铬酸钾，根据硫酸亚铁铵溶液的消耗量计算水样的 COD。

2. 生化需氧量（BOD）

BOD 指在好氧条件下，微生物分解水体中有机物质的生物化学过程中所需溶解氧的量。其中 BOD_5 表示在 20℃条件下，培养 5 天的生物化学过程需要氧的量。如果 BOD_5<1 mg/L，则水体清洁；BOD_5 达 3～4 mg/L 及以上，则表明水体已受污染。

3. 总需氧量（TOD）

TOD 指有机物完全被氧化的需氧量。由 TOD 和 TOC（总有机碳）的比例关系可粗略判断有机物的种类。对于含碳化合物，一个碳原子消耗两个氧原子，即 $O_2/C = 2.67$，因此从理论上说，TOD = 2.67TOC。若某水样的 TOD/TOC≈2.6，可认为水中有机物主要是含碳有机物；若 TOD/TOC＞4.0，则应考虑水中有较大量含硫、磷的有机物存在；若 TOD/TOC＜2.6，则水样中硝酸盐和亚硝酸盐含量可能较大，因为它们在高温和催化条件下分解放出氧，使 TOD 测定呈现负误差。

4. 溶解氧（DO）

空气中的分子态氧溶解在水中称为溶解氧。溶解氧下垂曲线表示有机物的生物化学氧化率与剩下的尚未被氧化的有机物浓度成正比。在未污染前，河水中的氧一般是饱和的。污染之后，先是河水的耗氧速率大于复氧速率，溶解氧不断下降。随着有机物的减少，耗氧速率逐渐下降；而随着氧不饱和程度的增大，复氧速率逐渐上升。当两者速率相等时，溶解氧到达最低值。随后，复氧速率大于耗氧速率，溶解氧不断回升，最后又出现氧饱和状态，污染河段完成自净过程。图 4.2 中曲线可描述如下：当耗氧速率＞复氧速率时，溶解氧曲线呈下降趋势；当耗氧速率 = 复氧速率时，为溶解氧曲线最低点，即最缺氧点；当耗氧速率＜复氧速率时，溶解氧曲线呈上升趋势。

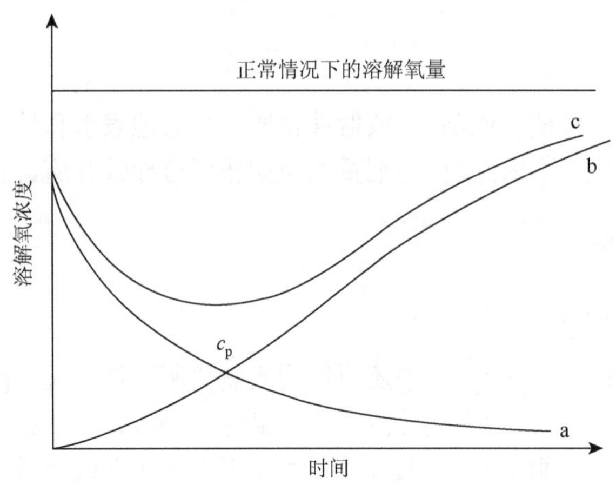

图 4.2 溶解氧下垂曲线

a. 耗氧曲线；b. 复氧曲线；c. 氧垂曲线

5. 总有机碳（TOC）

TOC 表示污水中溶解性和悬浮性有机物中存在的总含碳量，通常作为评价水体有机物污染程度的重要依据。

6. 悬浮物

悬浮物指通过过滤法过滤后在滤膜或滤纸上能够被截留下来的物质。水中的悬浮物质是直径在 10^{-4} mm 以上的微粒，肉眼可见。这些微粒主要是由泥沙、黏土、原生动物、藻类、细菌、病毒及高分子有机物等组成，常悬浮在水流之中，是造成混浊度、色度和气味改变的主要因素。

7. 有毒物质

有毒物质指达到一定浓度后，对人体健康、水生生物的生长造成危害的物质，其中非重金属的氰化物和砷化物及重金属中的汞、镉、铬、铅，是国际上公认的六大毒物。

8. pH

pH 是 H^+浓度的负对数值，是反映水的酸碱性强弱的重要指标。在一般情况下，水可以发生微弱的电离，即产生 H^+和 OH^-，因此在中性溶液中 $pH = -lg10^{-7} = 7$。pH 大于 7，溶液呈碱性；pH 小于 7，溶液呈酸性。

9. 大肠菌群数

大肠菌群数指单位体积水中所含的大肠菌群的数目。

10. 水的电阻值

水的导电性能与水的电阻值大小有关。根据欧姆定律，在水温一定的情况下，水的电阻值 R 的大小与电极的垂直截面积 F 成反比，与电极之间的距离 L 成正比。水的电阻率的大小，与水中含盐量的多少、水中离子浓度、离子的电荷数及离子的运动速度有关。因此，纯净的水电阻率很大，超纯水电阻率就更大。水越纯，电阻率越大。

11. 水的硬度

水中的金属阳离子同阴离子结合在一起，水在被加热的过程中，由于蒸发浓缩，容易形成水垢，我们把水中这些金属离子的总浓度称为水的硬度。例如，在天然水中最常见的钙离子（Ca^{2+}）和镁离子（Mg^{2+}），与水中的阴离子如碳酸根离子（CO_3^{2-}）、碳酸氢根离子（HCO_3^-）、硫酸根离子（SO_4^{2-}）、氯离子（Cl^-），以及硝酸根离子（NO_3^-）等结合在一起，形成钙镁的碳酸盐、碳酸氢盐、硫酸盐、氯化物，以及硝酸盐等硬度；水中的铁、锰、锌等金属离子也会形成硬度，但由于它们在天然水中的含量很少，可以略去不计。因此，通常就把 Ca^{2+}、Mg^{2+}的总浓度看作水的硬度。水的硬度对锅炉用水的影响很大，因此应根据各种不同参数锅炉对水质的要求对水进行软化或除盐处理。

课外阅读：他山之石——国外跨界水体治理

1. 莱茵河跨界水污染治理

20 世纪 50 年代末，莱茵河的水质开始恶化。而德国境内的河流污染直接影响到下游的荷兰。所以在 1950 年 7 月，由荷兰提议成立了保护莱茵河国际委员会。该委员会中不仅设有由政府组织和非政府组织组成立的监督各国计划实施的观察员小组，还有许多技术和专业协调工作组，如水质工作组、生态工作组、排放标准工作组、防洪工作组、可持续发展规划工作组等。多年来，保护莱茵河国际委员会根据预定目标制定跨国流域水污染治理行动计划，同时对河流生态系统进行调查和研究，协调流域各国水污染预警计划的制定。莱茵河水污染治理的行动计划中，最为突出的是 2000 年行动计划。该计划内容有：确定需优先治理水污染的企业名单，要求工业生产企业和城市污水处理厂采用新技术减少污染排放，并采取措施减少事故所造成的水污染；到 1995 年水污染削减率达到 50%；到 2000 年，通过采取必要的措施，全面实现莱茵河流域生态系统管理目标。经过数十年的治理，莱茵河恢复了原有的清澈。

2. 五大湖跨界水污染治理

五大湖跨越美国和加拿大两国边境，其生态环境与两国约 10 个州的经济发展与当地人们生活环境息息相关，但五大湖流域的传统制造业造成的工业污染破坏了五大湖的水资源环境。1909 年，美国和加拿大签署了《1909 年边界水域条约》。这份条约涉及水资源保护、水质恢复、水量储存利用及与此相关的五大湖生态系统保护等，目的主要是解决有关边界水域利用争论的问题。在两国政府的共同努力下，五大湖的环境得到很大改善。条约强调各州、省有义务保护管理好五大湖水资源；水资源的管理必须符合各州、省相关法律法规；各州、省都应积极投入五大湖的水污染治理中；建立大湖区保护基金会。这是美国第一个跨州界的环保基金会。在美国和加拿大两国政府的共同努力下，五大湖的生态环境得到很大改善。

3. 田纳西河跨界水污染治理

田纳西河位于美国东南部，是密西西比河的二级支流。20 世纪 30 年代，田纳西河流域经常洪水为患，污染尤为严重。1933 年，美国国会通过《田纳西河流域管理法》，并依法成立田纳西河流域管理委员会。根据流域开发的变化和需要，凡涉及流域开发和管理的重大举措都能得到相应的法律支撑，并以改善河流污染状况为管理目标，制定针对性措施，以实现田纳西河流域的可持续发展。

4. 泰晤士河跨界水污染治理

泰晤士河流域跨伦敦及温莎等地，也是多家污水处理厂的污水处理线路。20 世纪，泰晤士河下游河水污染严重，甚至引发了严重瘟疫。1974 年，包括泰晤士水务局在内的 10 个流域水务局建立。同时，英政府加强了环境署对流域水质污染情况的监督管理，并设立水务署，负责用户投诉，监控水务公司的财务运作及执行服务标准情况。

5. 国外跨界水污染治理的经验借鉴

从田纳西河等流域水污染治理，可以看出水污染治理机构组成的多元化。田纳西河流域管理委员会的决策不仅由具有政府职能的董事会主导，还由具有咨询性质的地区资源管理理事会进行协调。地区资源管理理事会不仅包括流域内的州长代表，也包括其配电、航运和环境保护等各方代表，为田纳西河流域管理委员会与流域内各地区提供了交流协商渠道，对田纳西河流域管理委员会的行政决策起到了重要参考作用。

从莱茵河等流域水污染治理，可以看出水资源管理体制的多层次性。欧洲大陆各国都设立了多层次水管理体制。以法国为例，国家水资源委员会、流域委员会、流域水务局等机构，包括用水户协会、专业协会等，分别与国家、流域、地区、地方等 4 个层次相对应。

从泰晤士河等流域水污染治理，可以看出消费者协会参与水资源管理。英国采用中央对水资源按流域进行统一管理与私有化的水务公司进行水资源管理相结合的管理体制，注重建立公众参与管理的机制，使每个区域都有消费者协会参与水资源管理。消费者协会对供水公司提供的服务进行监督，并提出意见和建议。

从五大湖流域水污染治理，可以看出公众参与水资源保护。五大湖流域的水污染治理有赖于民众自觉参与管理。大湖区保护基金会利用市场手段和基金杠杆充分调动了公众积极性，将公众吸引到水资源保护工作中。

4.2 水资源合理开发与利用

水是生命之源，是一切物种赖以生存和人类社会发展不可或缺的条件。在当今世界现代化进程中，水已成为可持续发展最宝贵、最重要的资源。然而我国 669 座大中城市中，400 多座城市缺水，约 110 座城市严重缺水。加上工业污染、水质恶化，许多沿江靠湖的城市也面临无水可用的情况。缺水、干旱、生态恶化、丰枯变化，逐渐成为我国社会发展的显性危机和制约经济增长的“瓶颈”。在今天，缺水、与水争地、浪费和水体污染相互作用，即将形成影响我国经济持续发展和社会政治稳定的重大问题，水资源的合理开发与利用已经刻不容缓。

4.2.1 我国水资源的现状及主要问题

我国是一个干旱缺水的国家。我国的淡水资源总量大，位列世界第四位。但我国的人均水资源量仅为世界平均水平的 1/4。然而，中国又是世界上用水量最多的国家，且水资源使用过程中存在浪费与污染的问题。

1. 人均占有水资源量贫乏

我国水资源总量不算少，居世界第四，但人均占有量仅 2300 m^3，只有世界平均水平的 1/4，在世界上名列 121 位。全国一半以上城市存在不同程度缺水现象，是全球人均水资源最贫乏的 13 个国家之一。自然资源部预测，我国人口将在 2030 年左右达到峰值，届时人均水资源占有量只有 1750 m^3，将被列入严重缺水的国家。如果不采取有力措施，在未来我国有可能出现严重的水危机。

2. 水体污染严重，存在污染性缺水现象

我国经济飞速发展，但环境和水污染问题却到了迫在眉睫的关头。《2014 年中国水资源公报》表明，全国各类水资源普遍受到了不同程度的污染，且有逐年加重的趋势。其中一半以上河流受到污染；湖泊大部分处于富营养状态；水库也几乎 100%处于中营养和富营养状态。在有些地区，不是资源性缺水，而是水质性缺水。

3. 缺乏有效管理，用水效率低，水浪费严重

在农业生产方面，我国大部分还是采用“满灌”的方式，而发达国家则采用“喷灌”“滴灌”等新技术。全国农田灌溉水有效利用系数为 0.53，也就是使用 1 m^3 水仅有 0.53 m^3 被农作物吸收利用，与发达国家 0.7～0.8 的利用系数差距很大。

工业生产方面，中国工业水资源重复利用率仅为 25%，与世界先进水平 90%差距较大。

在生活用水方面，国际平均水平为 80 L/d，而我国为 150～200 L/d，我国是国际平均水平的 2～3 倍。我国的生活用水循环利用率低，同时节水产品的使用率低。

4. 缺水地区过量开采地下水，造成地下水枯竭

我国地下水严重超采区主要为华北地区与黄河流域人口稠密的城市化区。地下水超采形成巨大的漏斗，导致地面沉降、道路断裂、房屋倒塌、海水入侵等一系列由人类活动引起的非自然灾害。

4.2.2　水资源合理开发与利用综合策略

针对我国水资源开发利用中存在的问题，参照国际上先进国家的做法，我国可以采取以下的措施，促进水资源可持续开发利用。

1. 健全和完善水资源法律法规和各项规章制度

我国水法制度与目前水资源面临的严重情况相比，还显得相对薄弱与落后。在制定、修改和完善水资源相关法律过程中，要摒弃传统的经济发展优先理念，坚持以可持续发展观为指导，兼顾科学性、严密性和可操作性，才能有效地治理、开发、利用和保护好水资源。

2. 加强宣传教育力度，提高全社会节水意识

针对长期以来人们节水意识不强的问题，建议学习日本的经验，从各个细微的方面向周围群众宣传。通过建立与节水型社会相符合的节水文化，不断增强全民节水意识。

3. 大力推广节水技术

推广农业节水技术。农业用水中灌溉用水约占 70%，灌溉过程中有一半以上在中途

渗漏，而采用漫灌大概又要浪费 30%～35%。在这一方面我们可以借鉴以色列的先进经验，大力发展节水灌溉技术。另外还可以根据作物的不同需水特征和当地水资源条件，优化种植结构。

推广工业节水技术。首先可以改革生产用水工艺，其次可以大力发展清洁生产模式，使污染物产生量、治理量和流失量都达到最小。近年来世界各国都争相推广清洁生产技术，广泛重复利用经过处理的工业废水。

推广生活用水节水技术。我国城市生活用水跑、冒、滴、漏现象严重，在供给和使用过程中会造成约 1/3 的水资源流失。对此，我国可借鉴日本的经验，更换老化的自来水管道，同时大力开发与推广节水器具，如节水龙头和节水马桶等。

4. 加强水资源污染防治，提高水资源重复利用率

目前全国单个城市每年污水排放量达 1000 亿 m^3，它的不合理排放既浪费水源又污染环境。因此，要逐步研究开发污水处理回收的新技术，回收利用城市污水，开辟第二水源；还要严格规定污水回收与利用的比例，并采取相关处罚措施。

5. 努力开发水资源

要加强雨水的收集利用，解决旱涝灾害交替造成的用水问题。针对我国目前的情况，应增加可靠供水建造水库，还应该增加下水道建设，发展城市污水处理厂雨污分流。要开发利用海水。沿海城市可利用海水作工业冷却水和生活冲厕水，同时研究海水淡化技术。同时进行植树造林，涵养水源。森林区域可增加降雨量，具有开源的意义，同时森林还有减少蒸发和节流的作用。

此外，各类调水工程能够有针对性地解决我国水资源存在的问题。把丰水区的水调至缺水区，是解决水源不足既可行又有效的手段。我国有两个著名工程，一个是南水北调工程，如图 4.3 所示，工程将南部充足的水资源通过西、中、东三条调水线路，运送到北京一带，以改善黄淮海地区的生态环境状况。另一个是三峡工程（图 4.4）。三峡水电站大坝高程 185 m，蓄水高程 175 m，水库长 2335 m，有防洪、发电和航运三大效益。

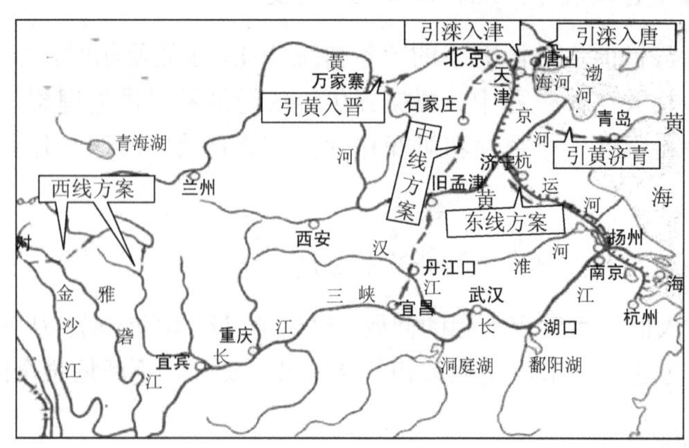

图 4.3　南水北调工程

图 4.4　三峡工程全景简图

4.2.3　国外水资源开发利用的先进经验

在水资源开发利用方面，世界上有不少国家积累了许多成功的经验。他山之石，可以攻玉，下面列举日本、加拿大、以色列 3 个国家的一些先进做法，为我们在制定节水政策和开发节水技术方面提供参考和借鉴。

1. 日本在水资源管理方面的经验

日本是一个降雨量充沛但人均水资源稀缺的国家，日本水资源利用效率比我国高得多，在水资源管理方面有一整套经验值得我国借鉴。

日本重立法与管理。日本有一系列包括《水污染防治法》《工业用水法》《水资源开发促进法》的治水法律，相应的法律、法规相当完善，立法、执法的经验十分丰富。

为解决水资源问题，日本政府在工农业生产和生活方面采取了许多行之有效的措施。在农田灌溉方面，为防止渗水、漏水，用管道代替明渠，并且推广喷灌、微灌，尽量减少漫灌；工业用水的重复利用率达 80%；生活用水方面，通过更换老化的管道，自来水利用率提高了 10%。政府采取减免税赋、进行补贴或提供政策性贷款等措施，开发、推广节水设备。

日本中水回用程度高。日本政府通过减免税赋、提供融资和补贴等手段鼓励设置中水道。日本政府近年来还积极推行雨水利用，用导管将雨水引入地下沉淀后再由水泵提升到中水道，供冲洗厕所等使用。同时日本宣传节水到位。通过电视宣传节水意识，还将 6 月 1 日国际儿童节定为“节水日”。

2. 加拿大在水资源管理方面的经验

加拿大拥有丰富的水资源，其水资源总量位居世界第 3 位。为实现水资源的可持续利用，在努力做好生态环境保护的同时，加拿大十分重视水管理工作。下面介绍加拿大草原水量的分配与监督管理。

在草原范围内建立了完善的水量水质监测网，分工负责、信息共享。各省境内的水量水质监测由各省负责。省际边界河段的水量水质监测由草原诸省水利委员会负责。水量分配方案经联邦政府和三省政府充分讨论、协商确定后，由四方共同签订协议，其具有法律效力，各方必须服从此协议。草原诸省水利委员会由 5 位指定委员组成。联邦政府总理指定 2 名，其中 1 名为委员会的主席。三省省长各指定 1 名。该委员会为决策和协调机构，每年定期或不定期召开全体会议，对重大问题做出决策。

3. 以色列在水资源管理方面的经验

以色列是一个极度缺水、荒漠化严重的国家，人均淡水资源占有量仅为 400 m^3/a。然而以色列人通过发展节水、高效的现代农业，不仅供给本国农林产品，还大量出口欧洲。

以色列人研制出了世界上最先进的滴灌技术，滴灌用水效率可达 95%。滴灌系统随处可见。此外政府积极调整农业种植结构，要求市民种植耐旱植物，减少种植对土地资源要求较高的粮食作物。以色列也有着严格的水资源管理体系，政府通过用水配额制，对工农业生产的用水量进行严格控制；政府还利用经济杠杆来奖励节约用水，惩罚浪费；并将节约用水作为一项基本国策。

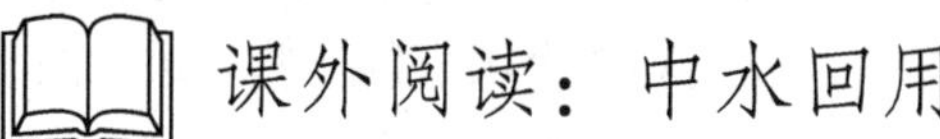

课外阅读：中水回用

中水回用是提高水资源利用率的有效措施。中水可以被用于城市道路清洁、园林绿化用水及农田灌溉等。它不仅可以减少污水排放量，而且可以提高水资源的重复利用率，具有明显的经济效益、环境效益和社会效益。

“中水”一词是相对于上水（给水）、下水（排水）而言的。中水回用技术是指将生活污水在污水处理厂经如图 4.5 的集中处理后，达到了一定的标准，继而回用，从而达到节约水资源的目的。

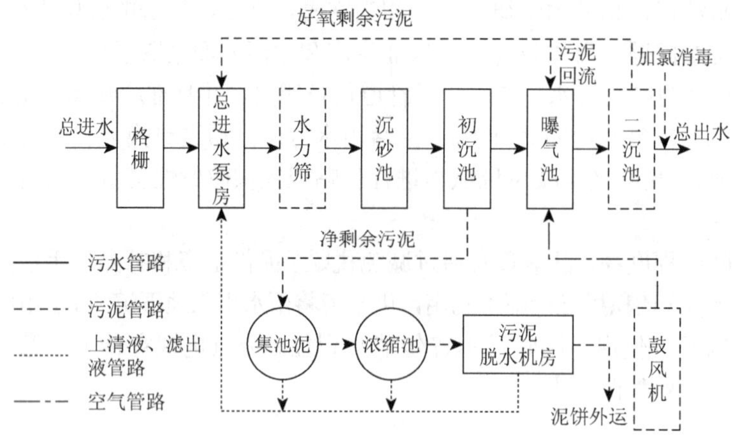

图 4.5　污水处理厂工艺流程示意图

生活污水在污水处理厂需要经历三级处理过程以达到回用的标准。一级处理是通过机械处理，如格栅、沉淀或气浮，去除污水中所含的石块、砂石和脂肪、油脂等，处理可由筛选、重力沉淀和浮选等方法串联组成。一级处理主要去除污水中粒径在 100 μm 以上的悬浮颗粒。二级处理是生物处理，经过一级处理的污水再经过具有活性污泥的曝气池及沉淀池的处理，在微生物的作用下，污染物被降解和转化，主要去除水中无机悬浮物或低浓度有机物，经过二级处理的污水一般可达到废水排放标准。三级处理是污水的深度处理，它包括营养物的去除和通过加氯、紫外辐射或臭氧技术对污水进行消毒。

4.3　水体富营养化

大量的含氮、含磷的物质进入水体，并随着水体的流动，在海洋、湖泊中富集，导致富营养化现象大面积出现。水体的富营养化是当今社会面临的重大环境问题之一，已成为经济社会发展的重要影响因素，经济而有效地控制水体富营养化已经成为亟待解决的环境问题。水体发生富营养化时，因占优势的浮游生物颜色不同，水面往往呈现蓝色、红色、棕色、乳白色等。在近海中，夜光藻、无纹多藻等占优势，藻层呈红色，称为“赤潮”；而在江河湖泊中，则称为藻花，又称为“水花”或“水华”。

4.3.1　水体富营养化的成因

1. 营养元素的作用及来源

水体富营养化的主要成因是氮、磷等营养物质的过量排放。水体中过量的氮、磷主要来自未加处理或处理不完全的工业废水和生活污水、有机垃圾和家畜家禽粪便及农施化肥，其中最大的来源是农田上施用的大量化肥。图 4.6 简要描述了营养盐输入导致水体富营养化的主要过程。

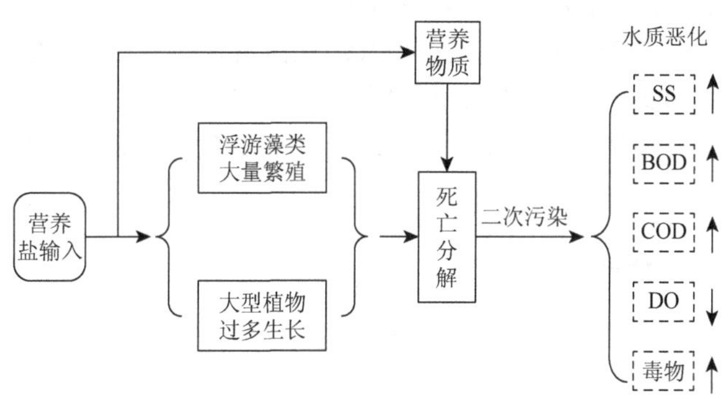

图 4.6　水体富营养化过程

其中农田径流挟带的大量氨氮和硝酸盐氮进入水体后，改变了其中原有的氮平衡，促进某些适应新条件的藻类种属迅速增殖，覆盖了大面积水面。例如，我国南方水网地区一些湖汊河道中从农田流入的大量的氮促进了水花生、水葫芦等浮游植物的大量繁殖，致使有些河段航运受到影响。在这些水生植物死亡后，细菌将其分解，从而使其所在水体中有机物增加，导致其进一步耗氧，使大批鱼类死亡。同时以尿素、氨氮为主要氮形态的生活污水和人畜粪便，排入水体后会使正常的氮循环变成“短路循环”，即尿素和氨氮的大量排入，破坏了正常的氮、磷比例，并且导致在这一水域生存的浮游植物群落完全改变，原来正常的浮游植物群落几乎完全被蓝藻、红藻和小的鞭毛虫类所取代。

水体中的过量磷一方面来源于农业污染和城市污水，如在美国进入水体的磷酸盐有60%是来自城市污水。在城市污水中磷酸盐的主要来源是洗涤剂，它除了引起水体富营养化以外，还使许多水体产生大量泡沫。水体中过量的磷另一方面来自外来的工业废水和生活污水。同时水体中的底泥在还原状态下会释放磷酸盐，从而增加磷的含量，特别是在一些由硝酸盐引起的富营养化的湖泊中，由于城市污水的排入使之更加复杂化，会使该系统迅速恶化，即使停止加入磷酸盐，问题也得不到解决。

2. 溶解氧对富营养化的影响

水体中溶解氧含量降低，水生浮游动物呼吸作用所需要的氧量减少，水生浮游动物因缺氧而死亡。而浮游动物数量减少，其所食的营养盐类将会增加，水体生态平衡遭到破坏，水质恶化。

3. 水体动力学和更新周期对富营养化的影响

我国大部分地区属大陆性季风气候，风力对水体的流动有很大的影响。在风力较适中的季节，由于受风力的作用，水流将从水体下部向上流动。在水体流动的过程中，底泥中的营养盐被水流搅起随水流进入水体，水体中营养盐含量增加。在其他条件都适宜的情况下，藻类会大量生长，水体可能发生富营养化。

水体的流态和水体更新周期与富营养化有着密切的关系。例如，在长江中上游的三峡库区江段及其重要支流嘉陵江和乌江，总体水质良好。但断面平均总磷浓度普遍在 0.1～0.2 mg/L，总氮在 3 mg/L 左右，接近湖泊和水库Ⅴ类水质标准，水体中的营养盐浓度水平已经达到了水体发生富营养化的条件。但长江水流流速较快，水体更新周期短，某些藻类在生长尚未达到高峰时，可能被流速较急的水流带到下游，藻类生长的条件遭到破坏；与此相反，滇池流域内水体流动速度及其他动力学条件都适合藻类的大量生长繁殖，使水体产生富营养化。

4.3.2　水体富营养化的危害

富营养化对水体功能和水质影响主要表现在以下几个方面。

1. 影响水体的水质

在富营养化水体中，蓝绿藻大量繁殖，在水面形成绿色浮渣，水体色度增加，水体变得混浊，透明度降低。同时，藻类的大量繁殖死亡，会使水体散发出腥臭味。

2. 破坏水生生态

富营养化的水体中，正常的生态平衡被破坏，导致水生生物的稳定性和多样性降低，由于大量藻类植物对水体的覆盖和对阳光的吸收，深层水体的光合作用明显减弱，溶解氧的来源减少，大型水生植物群落逐渐消失。同时，死亡的藻类沉积腐烂分解也会大量消耗溶解氧，从而使深层水体处于厌氧状态，湖泊及海洋生物不能正常生长、发育、繁殖，一部分生物逃离甚至死亡。水体原有的生态系统平衡被打破，水体的稳定性和多样性降低。

3. 威胁人类健康

富营养化水体的水质下降有时只表现为气味和口味的变化，有时可能却含有致病毒素。例如，在富营养化水体中容易生长的铜绿微藻，含有肝毒素，可以在鱼体内富集，人食用鱼后该毒素可转移至人体内，危害人体健康；赤潮水体使人不舒服，与皮肤接触后，可使皮肤出现瘙痒、刺痛、红疹等现象。

4. 加速湖泊的消亡

自然的湖泊从形成到消亡是一个极其漫长的演化过程，而人为排放含营养物质的工业废水和生活污水所引起的水体富营养化促使大量的富营养化生物沉积水底，水的深度、面积和蓄水量会随着水体富营养化的加深而减小，降低江河湖泊蓄水能力，导致洪涝灾害。

5. 危害水产养殖和捕捞业

有些藻类的分泌液或死亡分解后产生的黏液，可以附着在鱼虾贝类的鳃上，使它们窒息死亡；鱼虾贝类吃了含有毒素的藻类后，直接或间接中毒死亡；藻类死亡后，其分解过程消耗水体中的溶解氧，鱼虾贝类由于缺少氧气而窒息死亡。

4.3.3　水体富营养化的防治

从长期的环保实践来看，防治水体富营养化是一个复杂的系统工程，涉及社会、经济、人文、地理、气象、环境、生物、物理、化学等多学科，是水污染治理中最为棘手而又代价昂贵的难题。一方面，导致水体富营养化的氮、磷营养物质的来源非常复杂，既有天然源，又有人为源；既有外源，又有内源；既有点源，又有非点源，给污染源控制带来了极大的困难。另一方面，处理工艺陈旧，发展较慢，营养物质去除难度高。

1. 控制外源性营养物质的输入

绝大多数水体富营养化都是由外界输入的营养物质富集造成的。如果减少或截断外部输入的营养物质，将使水体失去营养物质富集的可能性，从长远来看，这也是从根本上控制水体富营养化的有效途径。控制外源性营养物质可以采取以下措施。

1）制定营养物质排放标准和水质标准

制定向水体排放营养物质的标准，是为了达到符合规定的水体营养物质浓度的水质标准。当确定某水体的主要功能后，可根据水体功能要求制定相应的水质氮、磷浓度的允许标准。

2）根据水体环境容量，实施总量控制

对水体环境容量，尤其是氮、磷容量进行测算评估，据此制定氮磷排放的逐年削减和分配的总量控制办法。同时，应配套有严格的行政管理措施，以保证控制办法的实施。

3）合成洗涤剂禁磷和限磷

磷对水体富营养化的影响程度超过氮，是导致富营养化的关键因子。目前普遍使用的合成洗涤剂，一般均含有 52.2%的磷酸盐成分，而且这些磷酸盐占水体磷污染的 20%，因此合成洗涤剂禁磷与限磷是减少磷排放、降低富营养化水体总磷含量的重要措施，也是成本最低，最简单直接的措施。

4）实施截污工程或引排污染源

截断向水体排放营养物质的污染源，是控制某些水体富营养化的关键性措施，可从根本上消除水体富营养化的人为外源性污染源。

5）在农业区大力发展生态农业

逐步增加的化肥施用量和肥料流失量是造成水体富营养化日趋严重的直接原因。通过实施生态农业工程，大力推广农业新技术，改进施肥方式和灌溉制度，合理种植农作物，推广新型复合肥，控制氮、磷肥的使用量，以减少农业面源污染。同时，合理使用土地，最大限度地减少土壤侵蚀、水土流失与肥料流失。例如，在农田安排自然排泄系统，防止地表径流漫流，减少由此引起的肥料损失；保护绿化带、集中收集饲养场的家禽粪便等。

2. 降低内源性营养物质的负荷

降低内源性营养物质负荷，有效控制水体内部氮、磷的富集，应根据不同的污染情况，采用不同的方法和措施。目前主要有以下三类。

1）生物-生态性措施

生物-生态性措施是利用水生生物的生命活动，对水中氮磷营养物及其他污染物进行迁移、转化、降解和代谢，从而使水体得到净化的方法。主要通过放养控藻型生物、构建人工湿地、恢复高等水生陆生植物等重建水生生态环境，使水体恢复其应有的功能。其实质是按照仿生学原理和自然规律，强化自然界本身的恢复与自净能力，达到去污目的，是人与自然可持续发展的治污思路和技术路线的一大创新，也是当前水环境技术研发的热点和重点。其最大特点是节省投资，且能耗低甚至无能耗，有利于建立合理的水生生态循环。而且，用生物-生态方法治污，还可与环境绿化及景观改善相结合，在治理区建设休闲、娱乐、体育等设施，创造人与自然和谐相处的优美环境。

2）物理工程性措施

这类措施主要有底泥疏浚、水体深层曝气、机械除藻、引水冲淤、注水稀释及在底泥表面敷设塑料等。对于已经发生了富营养化的湖泊，底泥释放磷是重要的内源性污染源。目前最直接和有效的处理方法是底泥疏浚，我国的滇池就采用这一方法，但成本很高。采用深层曝气的处理方法，要定期或不定期地采取人工湖底深层曝气来补充氧，使水与底泥界面之间不出现厌氧层，经常保持有氧状态，有利于抑制底泥磷的释放，并改善水质。此外，可以使含氮、磷浓度低的水注入湖泊，起到稀释营养物质浓度的作用，这对控制水华现象，提高水体透明度有一定作用，但营养物绝对量并未减少，不能从根本上解决问题。

3）化学方法

这类方法包括凝聚沉降和化学药剂杀藻等。投加化学试剂可使营养物质生成沉淀而沉降，如加入石灰脱氮、加入铁盐促进磷的沉淀等。使用化学杀藻剂杀藻效果较好，但会受时效、大水域、水体流动性的限制，而且藻类被杀死后，水藻腐烂分解仍旧会释放出磷，易造成二次污染，应慎重使用。总之，目前的杀藻剂，存在着广谱与专一、长效与残留的矛盾，如何解决这些矛盾，研制高效、广谱、持久、低毒的杀藻剂是富营养化治理工作的主要课题之一。

3. 去除污、废水中的营养物质

城市生活污水及某些工业废水中含有较高浓度的氮、磷营养物质是导致水体富营养化的主要原因。因此，在污、废水排入水体之前，进行脱氮除磷处理，去除其中的营养物质，对防治水体富营养化具有重要意义。目前较常用的方法有以下两种。

1）物理化学方法

脱氮的化学方法有汽提法、沸石法和折点氯处理法等。但这些方法只能去除铵态氮，在二级处理中如果发生亚硝酸化和硝酸化反应，这些处理方法将不起作用。物理除磷的方法有电渗析、反渗透等，但价格较昂贵，而且磷的去除率较低，仅有 10%。目前，有效的除磷方法是各种混凝沉淀法，如铁盐凝聚沉降法等，效果稳定可靠，但需添加大量的混凝剂，同时产生大量难脱水的化学污泥，不但难以处理，还可能具有毒性，易造成二次污染。针对这一弊端，人们进行了深入的研究，并研制新型化学药剂和反应器，以减少药剂的使用量。

2）生物生态方法

生物脱氮法可分为活性污泥法、固定池（生物滤池、浸没滤池等）法、流化床法、生物转盘法等，较成熟的除磷工艺有厌氧-好氧法（A/O）和厌氧-缺氧-好氧法（A^2O）。传统的城市二级污水处理对氮、磷的去除率较低，但污水的深度处理运行成本又较高。近十年逐渐兴起的人工湿地污水处理系统，利用基质和湿地植物根系的吸附、过滤、氧化还原及微生物分解作用等，使污水中的多数污染物质分解成为无害的或可被植物吸收的物质，在维持湿地生物正常生长的过程中，使水得到净化，是污水处理的生态工程方法。这种工艺与传统的二级生化处理相比，具有投资低、能耗低、运行费用低、生态环境效益高、污染物去除率高、出水水质好等特点。目前，由于人工湿地占地面积较大，开发时间较短，还处于研究试验阶段，但随着研究的深入，人工湿地系统处理污水的许多优点必将为人们所认识，其应用前景也被普遍看好。

4.4　水中有毒有害物质污染

19 世纪以前，水主要受到病原微生物的污染而引起霍乱、伤寒、脊髓灰质炎、甲型病毒性肝炎等传染病。到了 20 世纪中叶，随着工业发展，水体受到重金属的污染而引起的水俣病和骨痛病震惊了世界。

有毒有机污染物在水体中虽然含量甚微，但生态毒理学研究的结果证明，它们中有些极难被生物分解，对化学氧化和吸附也有阻抗作用，在急性及慢性毒性实验中往往并不表现出毒性效应，但可以在水生生物、农作物和其他生物体中迁移、转化和富集，并具有“三致”（致癌、致崎、致突变）作用，在长周期、低剂量条件下，往往可以对生态环境和人体健康造成严重的甚至是不可逆的影响。近年来科学研究还发现，很多合成有机物具有酷似天然激素的功能，它们可能是内分泌系统的破坏者，从而阻碍野生生物和人类自然的生长，使人类和动物的生殖健康和生殖能力产生逆向改变。当今全球高度关注的水中污染物主要包括持久性有机污染物、重金属及其金属有机化合物和新型污染物。

4.4.1 水体优先污染物的确定

由于水中有毒污染物品种繁多，不可能对其每一种都制定控制标准，而只能有针对性地从中选出一些重点污染物予以控制，这些优先选择的有毒污染物称为环境优先控制污染物，简称优先污染物（priority pollutants）。美国是最早开展优先污染物监测的国家，早在20世纪70年代中期制定的《清洁水法》中就明确规定了129种优先污染物，其中114种是有毒有机污染物。1991年美国国家环境保护局又颁布了饮用水中33种污染物的正式控制标准，其中包括17种农药和13种具有致癌可能性的污染物质。迄今其列入饮用水污染物控制清单中的污染物已达60多种，在已实施控制标准的27种污染物中包括甲苯、多氯联苯及杀虫剂等痕量污染物。日本环境厅于1986年年底公布了对1974～1985年间600种优先有毒化学品环境安全性的综合调查，并于1993年3月颁布了新的饮用水标准。苏联1975年公布了496种有机污染物在综合用水中的极限容许浓度。联邦德国于1980年公布了120种水中有毒污染物名单，并按毒性大小分类。欧洲共同体在“关于水质项目的排放标准”的技术报告中也列出了“黑名单”和“灰名单”。

我国为了更好地控制有毒污染物的排放，也于20世纪80年代末开展了水中优先污染物的筛选工作。这项工作立足于我国的水污染实际，从工业污染源调查和环境监测着手，汇总了约10万个数据，并在此基础上整理成初始名单，共计2347种有毒化学物。表4.2列举了我国水中优先控制污染物黑名单。我国水中优先控制污染物黑名单具有如下特点：它们都具有毒性，特别是“三致”毒性与人体健康关系非常密切；这些有毒污染物在环境中往往具有长效性，而且对环境的破坏和人体健康的危害又都具有不可逆性，对人类的生存具有潜在威胁；黑名单以有毒有机污染物为主。在68种优先控制污染物中，有毒有机污染物58个，无机污染物10个。监测结果表明，我国的水污染主要是有机污染，该名单从根本上反映了这一污染事实。同时，从对人体健康的危害和对生态平衡的破坏性来看，有毒有机污染物可谓最严重。从我国的工业污染源实际看，多数行业排放的废水成分也主要是有机物。因此，这是一份符合国情的名单；有毒有机污染物的控制以有机氯为主。在58个优先控制的有毒有机污染物中，包括农药在内的有机氯化合物占25个。

表4.2 我国水中优先控制污染物黑名单

类别	优先控制污染物名称
1. 挥发性卤代烃	二氯甲烷；三氯甲烷；四氯化碳；1，12-二氯乙烷；1，1，1-三氯乙烷；1，1，2-三氯乙烷；1，1，2，2-四氯乙烷；三氯乙烯；四氯乙烯；三溴甲烷（溴仿），计10种
2. 苯系物	苯；甲苯；乙苯；邻二甲苯；间二甲苯；对二甲苯，计6个
3. 氯代苯类	氯苯；邻二氯苯；对二氯苯；六氯苯，计4个
4. 多氯联苯类	1个

续表

类别	优先控制污染物名称
5. 酚类	苯酚；间甲酚；2，4-二氯酚；2，4，6-三氯酚；五氯酚；对硝基酚，计 6 个
6. 硝基苯类	硝基苯；对硝基甲酚；2，4-二硝基甲苯；三硝基甲苯；对硝基氯苯；2，4-二硝基氯苯，计 6 个
7. 苯胺类	苯胺；二硝基苯胺；对硝基苯胺；2，6-二氯硝基苯胺，计 4 个
8. 多环芳烃类	萘；荧蒽；苯并[b]荧蒽；苯并[k]荧蒽；苯并[a]芘；茚并[1，2，3-c，d]芘；苯并[g，h，i]芘，计 7 个
9. 酞酸酯类	酞酸二甲酯；酞酸二丁酯；酞酸二辛酯，计 3 个
10. 农药	六六六；滴滴涕；敌敌畏；乐果；对硫磷；甲基对硫磷；除草醚，敌百虫，计 8 个
11. 丙烯腈	1 个
12. 亚硝胺类	*N*-亚硝基二乙胺；*N*-亚硝基二正丙胺，计 2 个
13. 氰化物	1 个
14. 重金属及其化合物	砷及其化合物；铍及其化合物；镉及其化合物；铬及其化合物；铜及其化合物；铅及其化合物；汞及其化合物；镍及其化合物；铊及其化合物，计 9 个

4.4.2 持久性有机污染物

1962 年，美国科学家卡逊女士发表《寂静的春天》，以通俗的笔触，详尽细致地讲述了以 DDT 为代表的杀虫剂的广泛使用给环境所造成的巨大与难以逆转的危害，提醒世人警惕过度使用农药的恶果。此后，发达国家开始禁用 DDT，到 70 年代，在世界范围内宣布停止使用 DDT，到 20 世纪末，科学家在南极企鹅和北极爱斯基摩人的血液中仍然可检验出 DDT 的存在，说明此类有机物的持久性。

1. POPs 特性和开放名单

具有低水溶性、高脂溶性、半挥发性和难降解性的有机毒物统称为持久性有机污染物（POPs）。POPs 可以在环境介质之间跨界面迁移，具有污染范围大、持续时间长的特点。

POPs 物质主要是指《关于持久性有机污染物的斯德哥尔摩公约》中的禁用物质。

第一批列入《关于持久性有机污染物的斯德哥尔摩公约》受控名单的 12 种 POPs 如下。

（1）有意生产——有机氯杀虫剂（OCPs）：滴滴涕、氯丹、灭蚁灵、艾氏剂、狄氏剂、异狄氏剂、七氯、毒杀酚。

（2）有意生产——工业化学品：六氯苯和多氯联苯（PCBs，209 种）。

（3）无意排放——工业生产过程或燃烧产生的副产品：二噁英（多氯二苯并-*p*-二噁英，多氯代二噁英 PCDD）、呋喃（多氯二苯并呋喃 PCDF）2378 位取代 PCDD 和 PCDF 17 种。

第二批新增物质包括：3 种杀虫剂副产物（α-六氯环己烷、β-六氯环己烷、林丹）、3 种阻燃剂（六溴联苯醚和七溴联苯醚、四溴联苯醚和五溴联苯醚、六溴联苯）、十氯酮、五氯苯及全氟辛烷磺酸盐类物质（全氟辛磺酸、全氟辛磺酸盐和全氟辛基磺酰氟）。

第三批增列（第五次缔约方大会）：硫丹。

2. POPs在环境介质中的迁移

POPs在其迁移的过程中也会受到环境中各种因素的影响，所以这种有毒物质在迁移的过程中不可能是固定不变的，它将通过一定的环境介质影响更广泛的区域。图4.7描述了POPs在环境中的迁移转化过程。

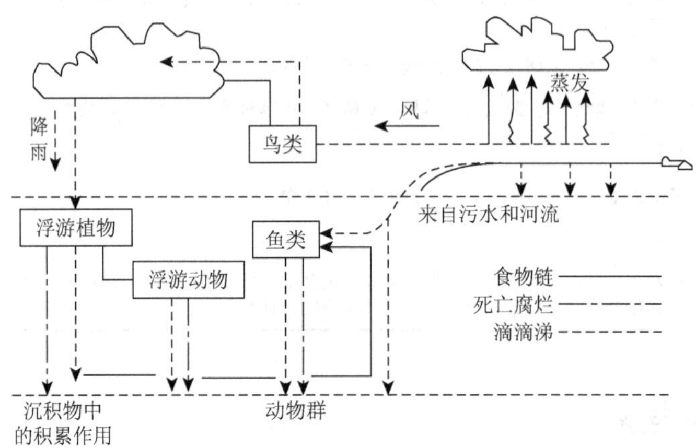

图4.7　POPs迁移转化过程

1）水相

POPs这种有毒物质在一定程度上会溶于水，所以在水体中也存在POPs，同时POPs也会吸附在一些颗粒物质上，这样就加大了处理POPs的难度。

2）土壤和生物相

土壤中的POPs并不是一直固定不变的，在一定条件下，POPs会挥发到空气中，随空气流动扩大影响范围。POPs也可能会被植物的种子吸收，进而影响食物链。土壤中含有一定成分的有机物，这些有机物促使POPs溶入土壤，随着时间的推移，POPs会不断地积累，加大了其对土壤的影响。

3）气相

POPs由于自身的挥发性，会在大气中以两种形式存在，分别是气态和颗粒态，所以POPs也会对大气产生严重的影响。大气中的POPs随着雨水会转移到土壤中，从而影响土壤的质量，这是POPs在大气和土壤之间的转变方式。POPs在大气中的存在方式对人们的健康会产生较大的威胁，主要是因为其影响范围较广，并且随着温度的上升，这种物质会不断地挥发，从而不断增加其影响范围，所以人们应当重视POPs在大气中的迁移，因为POPs在大气中的危害程度远远大于在土壤、水中的影响程度。

3. 迁移转化行为

1）吸附分配

（1）分配理论。

研究表明，颗粒物从水中吸着有机物的量与颗粒物中有机质含量密切相关。而且发现土壤-水分配系数与水中这些溶质的溶解度成反比，并提出在土壤-水体系中，土壤对非离子性有机化合物的吸着主要是溶质的分配过程，即非离子型有机化合物可通过溶解作用分配到土壤有机质中，并经一定时间达到分配平衡，此时有机化合物在土壤有机质和水中含量的比值称为分配系数。

分配作用是溶解作用，其吸附等温线是线性的；吸附作用是范德华力及各种化学键如氢键、离子偶极键、配位键等的作用，其吸附等温线是非线性的。

（2）标化分配系数。

有机毒物在沉积物（或土壤）与水之间的分配，往往可用分配系数（K_p）表示：

$$K_p = \rho_s / \rho_w$$

式中，ρ_s、ρ_w 分别为有机毒物在沉积物中和水中的平衡浓度。

为了引入悬浮颗粒物的浓度，有机物在水与颗粒物之间平衡时总浓度可表示为

$$\rho_T = \rho_s \cdot \rho_p + \rho_w$$

式中，ρ_T 为单位溶液体积内颗粒物中和水中有机毒物质量的总和，μg/L；ρ_s 为有机毒物在颗粒物中的平衡浓度，μg/kg；ρ_p 为单位溶液体积中颗粒物的浓度，kg/L；ρ_w 为有机毒物在水中的平衡浓度，μg/L。

此时水中有机物的浓度（ρ_w）为

$$\rho_w = \rho T / (K_p \rho_p + 1)$$

2）挥发

许多有机物，特别是卤代脂肪烃和芳香烃，都具有挥发性。挥发作用是有机物从溶解态转入气相的一种重要迁移过程。

双膜理论是基于化学物质从水中挥发时必须克服来自近水表层和空气层的阻力而提出的。这种阻力控制着化学物质由水向空气迁移的速率。化学物质在挥发过程中要分别通过一个薄的“液膜”和一个薄的“气膜”。

在气膜和液膜的界面，液相浓度为 c_i，气相分压则用 p_{ci} 表示，假设化学物质在气液界面上达到平衡并且遵循亨利定律：

$$p_{ci} = K_H c_i$$

经过一定的转化：

$$\frac{1}{K_v} = \frac{1}{K_l} + \frac{RT}{K_g K_H} \quad 或 \quad \frac{1}{K_v} = \frac{1}{K_l} + \frac{1}{K_g K'_H}$$

式中，K_v 为挥发速率常数；K_H 为亨利常数；K_l 为在液相通过液膜的传质系数；K_g 为在气相通过气膜的传质系数。

由此可以看出，挥发速率常数依赖于 K_l、K'_H 和 K_g。当亨利定律常数大于 1.0130×10^2 Pa·m^3/mol 时，挥发作用主要受液膜控制，此时可用 $K_v = K_l$。当亨利定律常数小于 1.0130 Pa·m^3/mol 时，挥发作用主要受气膜控制，此时可用 $K_v = K'_H K_g$ 这个简化方程。如果亨利定律常数介于二者之间，则式中两项都是重要的。

3）生物富集

环境中经常出现生物体中某一有机化合物的浓度高于其所在环境中该化合物的浓度，这种现象称为生物富集、生物放大或生物累积，三者关系如图 4.8 所示。

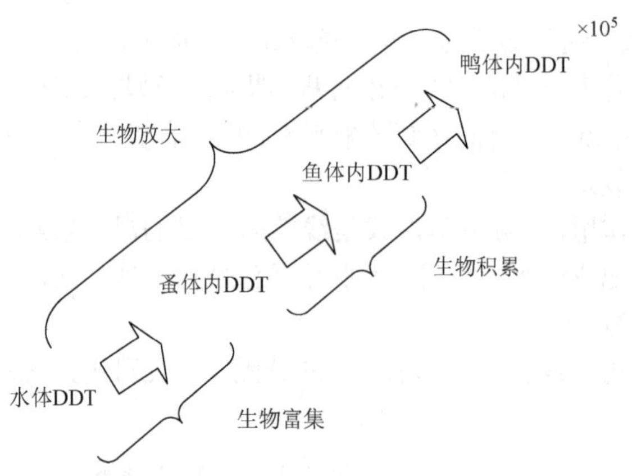

图 4.8　生物积累、生物富集、生物放大的关系

生物富集也称生物浓缩，是生物体通过呼吸摄入、皮肤吸收周围环境中的化学物质从而导致其浓度在体内升高的过程，而不包括消化道吸收即摄食这一途径，也是通常所理解的最基本的生物富集过程。生物富集的最终结果是生物体内的污染物，特别是难降解、正辛醇-水分配系数较高的有机污染物，从水体向生物体迁移。有机物通过体表黏膜从周围水环境被吸收进入体内，并难以转化排出体外，在体内蓄积，保持较高浓度。生物富集程度常用生物富集因子（BCF）表示，又称为生物富集系数，它被定义为达到富集平衡时，有机物生物体内浓度与水中浓度之比，它反映水生生物对水体中有机物的吸收能力。

生物放大是指同一食物链上的高营养级生物，通过吞食低营养级生物蓄积某种元素或难降解物质，使其在机体内的浓度随营养级数提高而增大的现象。生物放大可使食物链上高营养级生物体内的某种元素或物质的浓度超过周围环境的浓度。

生物累积是指生物体通过接触、呼吸和吞咽等途径，从周围环境吸收并逐渐蓄积某种元素或难降解物质，使其在机体中的浓度超过周围环境中浓度的现象。生物累积可以认为是生物富集和生物放大的结合。

4）转化

（1）光解作用是真正分解有机污染物的过程，因为它不可逆地改变了反应分子，强烈地影响水环境中某些污染物的归趋。

许多 POPs 在天然环境介质中发生的降解过程是光解过程。光化学反应主要是指在光的照射下，通过化合物的异构化、化学键的断裂、重排或分子间的化学反应产生新的化合物，从而达到降低或消除有机物在环境中的污染。大气光化学反应对于大气环境中 POPs 的转化起着重要的作用，而大部分天然水环境也暴露在太阳光的照射之下，光解反应对于水体中 POPs 的转化也具有一定的作用。

（2）水环境中化合物的生物降解依赖于微生物通过酶催化反应分解有机物。

生长代谢：微生物代谢时，污染物为其提供能量与碳源。

共代谢：有些有机物不能作为微生物的唯一碳源与能源，需要其他化合物提供。

环境中污染物的生物转化多指水体、土壤等环境介质内的微生物降解作用。环境中微生物的数量和种群丰富，是引起环境中污染生物降解的最重要生物。虽然一些高级生物，如植物和动物也能代谢某些化合物，但微生物却能将许多高级生物所不能代谢的复杂有机化合物分子转化成无机物质。所谓生物降解是指有机污染物在生物所分泌的各种酶的催化作用下，通过氧化、还原、水解、脱氧、脱卤等一系列的生物化学反应，使复杂的有机污染物转化成简单化合物或无机化合物的过程。

（3）水解。

水解作用是有机化合物与水之间最重要的反应：

$$RX + H_2O \rightleftharpoons ROH + HX$$

有机化合物通过水解反应改变了原化合物的化学结构，但并不总是生成低毒产物。在环境条件下，一般酯类和饱和卤代烃类容易水解，不饱和卤代烃和芳香烃则不易发生水解。如图 4.9 所示，水解速率与 pH 有关。水解速率可归纳为酸性催化过程、碱性催化过程、中性催化过程水解速率之和。

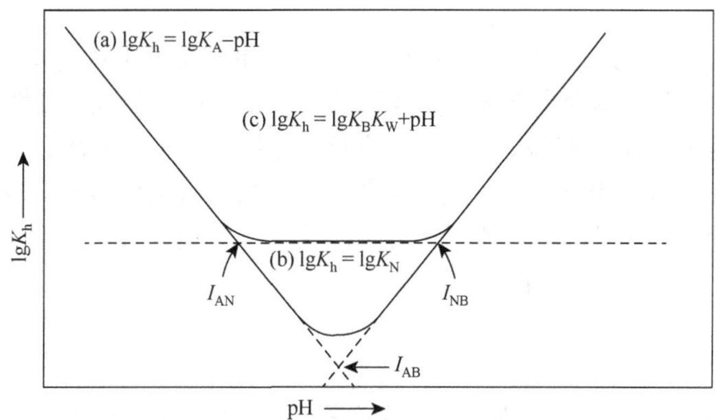

图 4.9　水解速率常数与 pH 的关系

水解速率可表示为：

$$K_h = K_A[H^+] + K_N + K_B[OH^-] = K_A[H^+] + K_N + K_B K_W/[H^+]$$

式中，K_A 为酸性催化二级反应水解速率常数；K_B 为碱性催化二级反应水解速率常数；K_N 为中性催化二级反应水解速率常数；K_h 为在某一 pH 下总水解速率常数。

当 K_N 较大时，pH-水解速率常数曲线为 U 形；当 K_N 较小时，pH-水解速率常数曲线为 V 形；对具有 V 形曲线的有机物，酸碱催化作用非常重要。

4. 水中 POPs 控制技术

1）减排技术

通过清洁生产技术和开发 POPs 替代品等方式控制 POPs 的排放。

2）源处理技术

该技术包括高温焚烧技术、原位玻璃化技术、热脱附技术、碱催化脱氯和等离子体-电弧法等技术。

3）污染水环境的修复技术

主要是通过生物修复技术，利用生物特别是微生物催化降解有机物从而去除或消除环境污染，包括原位生物修复技术和异位生物修复技术。

生物修复方法指依靠细菌、真菌甚至高等植物及细胞游离酶的自然代谢过程，降解并且去除环境中有毒、有害的污染物，从而将污染生态环境修复为正常生态环境的工程技术体系。广义上的生物修复包括微生物修复、植物修复、动物修复和细胞游离酶生物修复四大主要类型。现代生物修复技术主要包括基因工程、酶工程、细胞工程和发酵工程。这些技术以基因工程为核心，相互联系，相互渗透，基因工程技术的发展将会带动酶工程、细胞工程、发酵工程的发展。现代环境生物技术在 POPs 的控制和治理方面具有不可替代的优势，得到了广泛的应用。而酶工程处理费用高，若使用不当，可能产生有毒物质，比较适合低浓度、高毒性有机污染物的处理，但反应副产物的稳定化、反应残余物的处理还有待研究。

4.4.3　重金属

重金属原义是指相对密度大于 5 的金属（一般来讲密度大于 4.5 g/cm^3 的金属），包括金、银、铜、铁、铅等，重金属在人体中累积达到一定程度，会造成慢性中毒。在环境污染方面所说的重金属主要是指汞、镉、铅、铬及类金属砷等生物毒性显著的元素。重金属难以被生物降解，却能在食物链的生物放大作用下，成千百倍地富集，最后进入人体。重金属在人体内能和蛋白质及酶等发生强烈的相互作用，使它们失去活性，也可能在人体的某些器官中累积，造成慢性中毒。

1. 重金属特性

大多数重金属属于过渡性元素，而这类元素有一系列的共同特征，其中突出的就是价态变化较多，配位能力较强。配位是重金属最基本的化学特性，它与在环境污染中各方面的表现行为密切相关，也是促成毒性效应的重要因素。

重金属主要有以下特点。

（1）在各相和界面上存在，形态多变。重金属各种形态和结构的化合物，以溶解、胶体、悬浮等状态出现于气、液、固相及相间界面。

（2）氧化还原反应可逆，参与不同环境。重金属在较宽幅度内发生电子得失的价态变化，在氧化性或还原性环境区域中均可参与反应。

（3）易于生成沉淀物转入固相。重金属氢氧化物、硫化物、碳酸盐等的溶度积都较小，以离子状态存在于水溶液中时都是微量。

（4）配位能力较强，可增大溶解度。重金属与多种无机和有机配位体生成配合物及螯合物，使重金属在溶液中的含量增大。

（5）参与各种胶体化学和界面作用。重金属同水中各种无机、有机、生物胶体发生吸附、离子交换、凝聚、絮凝等胶体化学过程，对迁移转化有重要影响。

（6）微量浓度即可造成毒性效应。重金属在天然水体中的较低浓度往往就可对生物促成毒性影响，毒性较强者，其毒性范围更低。

（7）不能降解，但可转化为有机物。重金属不会通过逐级降解而消除其毒性效应，而在微生物作用下，一些重金属会转化为毒性更强的有机化合物。

（8）生物可高倍富集、构成食物链。水生动植物和陆生农作物等可在体内富集数百倍甚至上万倍，不同营养级别按食物链逐级富集可达更高倍数。

（9）经由多种途径进入人体。重金属通过粮食、肉类、蔬菜、母乳等各类食物及饮水、呼吸空气等各种途径都可摄入人体。

（10）在人体中强烈作用，具有蓄积毒性。重金属与人体内生理高分子物质可强烈作用，成为不可逆的结合而表现毒性，并可在体内长期蓄积。

2. 迁移转化行为

物理迁移：溶解态随水进入水体，吸附态随水机械搬移。

物理和化学迁移：离子交换吸附于土壤胶体，配合物及螯合物与土壤胶体结合、溶解、沉淀。

生物迁移：物质通过生物的吸收、代谢、生长、死亡等过程所实现的迁移。

（1）土壤胶体对重金属的吸附作用：土壤胶体吸附重金属离子，是重金属离子从不饱和溶液转入固相的重要途径。重金属在土壤中的活动、分布和富集取决于其是否被土壤胶体所吸附及吸附的牢固程度。非专性吸附又称极性吸附，是由静电引力产生，与土壤胶体微粒带电荷有关。专性吸附是在有常量浓度的碱土金属或碱金属阳离子存在时，土壤对痕量浓度重金属阳离子的吸附作用。专性吸附是由土壤胶体表面与被吸附离子间通过共价键、配位键而产生的吸附，也称选择吸附。

（2）重金属的配位作用：土壤中重金属与各种无机配体或有机配体发生的配位作用。无机配体有 OH^-、Cl^-、SO_4^{2-}、HCO_3^-、F^-、硫化物、磷酸盐等；有机配体有腐殖质、蛋白质、多糖类、木质素、多酶类、有机酸等。腐殖质对重金属离子的吸附作用和配位作用是同时存在的。重金属离子浓度高时，以吸附作用为主，重金属多集中在表层；重金属离子浓度低时，以配位作用为主，若形成的配合物是可溶的，则可能渗入地下水。

3. 处理方法

传统的重金属处理方法有：离子交换法、化学沉淀法、电解法和生物吸附法等。不同的处理方法优缺点如表 4.3 所示。其中吸附法是通过投加吸附剂去除水体重金属的水处理方法，价廉高效。

表 4.3　重金属废水处理方法优缺点比较

处理方法	出水水质	耗酸碱	处理多种金属离子	成本	其他
化学沉淀法	差	耗	难	低	再生困难
离子交换法	好	耗	难	高	可再生与回收
电解法	差	耗	可	高	耗电大
生物吸附法	好	不	可	低	可金属回收

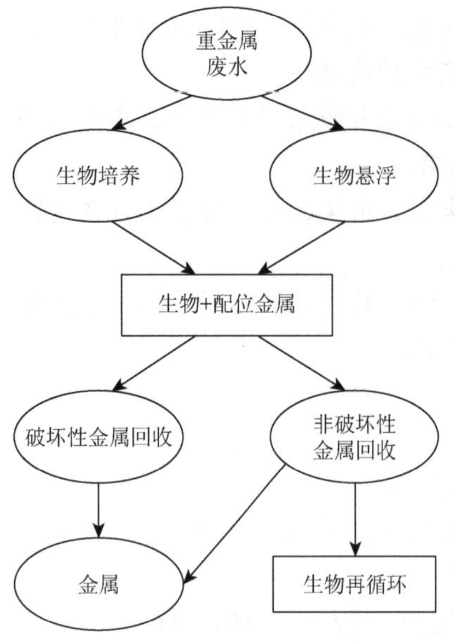

图 4.10　生物吸附流程图

其中生物吸附的机理是生物体借助化学作用吸附金属离子，流程如图 4.10 所示。机理十分复杂，主要是细胞壁上的官能团—COOH、—NH_2、—SH、—OH 等与重金属离子配位或以其他的方式相配位。按是否消耗能量，生物吸附可以分为活细胞吸附和死细胞吸附。

4. 典型重金属物质——汞

1）危害

汞是环境中毒性最强的重金属元素之一。水体中的元素汞和无机汞可被微生物转化为甲基汞，水生生物摄入甲基汞，可以在体内积累，并通过食物链不断富集。受水体中汞污染的鱼，体内甲基汞浓度可比水中高上万倍，通过食物链使人体暴露量增加，毒性效应增强。因此，处于食物链顶端的人类，是汞污染最大的受害者。微量的汞在人体内不会引起危害，可经尿、粪和汗液等途径排出体外，若数量过多，则会损害人体健康。汞和汞盐都是危险的有毒物质，严重的汞盐中毒可以破坏人体内脏的机能，常表现为呕吐、牙床肿胀、齿龈炎症、心脏机能衰退。

汞有金属汞、无机汞和有机汞三种形态。金属汞和无机汞损伤肝脏和肾脏，但一般不在身体内长时间停留而形成积累性中毒。有机汞不仅毒性高，能伤害大脑，而且比较稳定，在人体内停留的时间长达 70 天之久，所以即使剂量很少也可累积致毒。大多数汞化合物可在污泥中相关微生物的作用下转化成甲基汞，引起慢性中枢神经系统损害及生殖发育毒性。经典例子就是日本水俣病，患者表现为知觉障碍、运动失调、视力和听力障碍。

2）来源

（1）天然来源。

岩石和含汞矿物的风化分解，可将汞带入环境中，这是汞的天然来源。释放出来的汞呈游离原子和化合物的形式，而且一般生成很难溶解的硫化汞，也可经水中强氧化剂作用，逐渐形成氯化汞、硫酸汞和自然汞等。

（2）环境汞污染。

从各种污染源进入环境的汞，虽然数量不是很大，但总量可观，而且对环境总的毒性效应也是很大的。这些污染源包括实验室的废弃化学品、蓄电池、破碎温度计、杀菌剂、汞剂牙齿填料及药品等。

3）汞在水中的特性

（1）水环境因子对汞的影响：汞的存在形式主要是元素汞和二价汞。在正常的地表温度下，元素汞是液体，且较易挥发。在多数天然水系统中，其稳定的形式是游离的金属汞。在含硫的环境中，汞主要是以难溶解的 HgS 存在。水中铁和锰的水合氧化物能吸附汞，因而可有效地控制水中汞的浓度。但当水中存在氯离子时，却能显著削弱无机胶体对汞的吸附作用。因为水中的 Cl^-和 OH^-对汞有配位作用，可提高汞的溶解度，从而大大提高汞在水中的迁移能力。

（2）淡水和海水中的汞：淡水中溶解汞的含量为 0.02～0.06 μg/dm³，而海洋中平均值为 0.01～0.03 μg/dm³。二价汞在厌氧微生物条件下还原为硫化汞、汞，继而发生气化，并转化为烷基汞的衍生物。由于絮凝作用，大部分汞在淡水和海水之间的过渡地带沉积。

（3）甲基汞：引起中枢神经中毒症的主要是甲基汞。

最早研究证实的是以下两种汞的甲基化反应：

$$Hg^{2+} + 2R—CH_3 \longrightarrow (CH_3)_2Hg \longrightarrow CH_3Hg^+$$

$$Hg^{2+} + R—CH_3 \longrightarrow CH_3Hg + R—CH_3 \longrightarrow (CH_3)_2Hg$$

以后又发现甲基汞可因微生物或生物体内酶系统作用而降解：

$$CH_3Hg^+ \xrightarrow{\text{微生物或酶系统}} Hg + CH_4$$

并且还发现通过光化学降解反应，也可使甲基汞脱甲基化。

通过大量研究，发现无机汞和甲基汞之间在一定的环境单元，如在沉积物中，可以互相转化，并建立一种动态平衡体系：

$$Hg^{2+} \underset{\text{脱甲基化}}{\overset{\text{甲基化}}{\rightleftharpoons}} CH_3Hg^+$$

因而其中的甲基汞始终处于一种相对稳定的状态。在这样一个动态平衡中，环境单元中的总汞浓度、水生生物对甲基汞的吸收、甲基汞被水流带走的程度，以及其他对甲基化和脱甲基化作用有影响的因子，都会影响这一平衡体系。在充分了解这一平衡体系各种影响甲基化和脱甲基化的影响因子后，才能综合评价各种因子对汞污染加剧的作用。

（4）甲基钴氨素在汞甲基化中的作用。

鱼体内的汞大部分或者全部是以甲基汞形式存在的，而且还发现在未灭菌的养鱼池沉积物中加入无机汞，沉积物中的甲基钴氨素中含有甲烷产生菌，可使无机汞甲基化。在三种已知的生物甲基化形态中，只有甲基钴氨素能转移它的甲基官能团 CH_3^+。钴氨素作为对汞的某种氧化状态的甲基阴碳离子供体的作用已经得到证实，这是在非生物条件下的水溶液中通过 CH_3B_{12} 进行的。产生甲基化的条件是 Hg^{2+}的亲电子作用，进而发生 CH_3^+ 脱离 CH_3B_{12} 的形态转移。

4）迁移转化行为

汞从污染源排入天然水体，可立即与水体中的各种物质发生相互作用，这些物质包括溶解在水中的各种离子、分子和配合物，悬浮在水中的有机物与无机颗粒物，水底沉积物及水生生物。以上物质对汞表现出一定的亲和力，因而它们的相互作用决定了汞在水体中迁移转化的最终归属。

天然水体是由固相、水相、生物相组成的复杂体系。汞在这些相中，具有多种存在形态。在水相中，汞以 Hg^{2+}、$Hg(OH)_m^{2-m}$、CH_3Hg^+、$CH_3Hg(OH)$、CH_3HgCl、$C_6H_5Hg^+$为主要形态；在固相中，以 Hg^{+}、HgS、$CH_3Hg(SR)$、$(CH_3Hg)_2S$ 为主要形态；在生物相中以 Hg^{2+}、CH_3Hg^{+}、CH_3HgCH_3 为主要形态。它们随着水环境形态的变化而变化。在天然水体中，不同形态的汞具有各自的化学反应特征，影响着汞的化学行为，决定着汞的迁移过程，其过程包括以下几方面。

（1）水中汞的气态迁移。

汞在水中的气态迁移涉及汞的气化作用以及二甲基化作用，此时汞转变为挥发态的汞进入大气。

当天然水体中含氧量减少时，水体氧化还原电位可降至 50～200 mV，Hg^{2+}/Hg^{0} 的氧化还原电位 $E_h = 860$ mV，因而汞易被水中有机质、微生物或其他还原剂还原为汞，即以汞的气态由水体逸散到大气中。当天然水体中含汞量稍高，pH≥7 时，水中汞可在厌氧微生物的作用下生成$(CH_3)_2Hg$。$(CH_3)_2Hg$ 在水中溶解度很小，所以很容易逸散到大气中。

（2）水中汞的络合态迁移。

天然水体中除了溶解态离子汞外，还存在着络合态汞，天然水体中常见的无机态配位体 Cl^-、OH^-对汞有配位作用，配合物的形成成为汞能随水流动的主要因素之一。

天然水体中还存在或多或少的有机物，它们包含的氨基、羧基等官能团都能与汞结合，形成稳定的有机配合物。水体中的悬浮物和地质因素对汞也有强烈的吸附作用，水中的悬浮物能大量摄取溶解性汞，从而束缚了汞的自由活动能力，当地质因素或者环境化学因素改变而导致悬浮物沉积时，汞也随之沉淀下来。

（3）水中汞的生物态迁移。

水中汞的生物态迁移的量是有限的，但在微生物的参与下，沉积在水中的无机汞能转变成剧毒的甲基汞，并且沉积物中生物合成的甲基汞能连续不断地释放到水体中。由于甲基汞具有很强的亲脂力，水中低量的甲基汞能被水生生物吸收，通过生物的放大作用威胁人类的健康与安全。因此，汞的生物态迁移过程，实际上主要是甲基汞的迁移与累积过程，这与无机汞在气、水中的迁移完全不同，它是一种危害人体健康与人类安全的生物地球化学流迁移。

5）水中汞污染治理技术

（1）硫化物沉淀法。

含汞废水通常采用硫化物沉淀法处理。将硫化物加入含汞废水中，生成 HgS 和 Hg 沉淀去除：

$$2Hg^{2+} + S^{2+} \rightleftharpoons Hg_2S \rightleftharpoons HgS\downarrow + Hg\downarrow$$

该过程首先要将 pH 调至 9 左右，过量 S^{2+}可用硫酸亚铁生成硫化铁沉淀去除，一部分 Fe^{2+}还能与废水中的 OH^-结合生成 $Fe(OH)_2$ 和 $Fe(OH)_3$，对 HgS 悬浮微粒起共同沉淀和凝聚沉降作用。对于有机汞可先氧化成无机汞再按上述方法处理。这种方法设备费用低，过程简单，不受废水中 Hg^{2+}浓度限制，因而被广泛采用。

（2）金属还原法。

偏酸性的含汞废水可以用金属还原法，还原剂可以用铁、锌或者铜，让废水通过其粉粒填充层，废水中的汞离子被还原析出。以 Fe 为例，反应方程如下：

$$Hg^{2+} + Fe \longrightarrow Hg + Fe^{2+}$$

最后还需要调节 pH，将生成的金属离子去除，否则会造成二次污染。

（3）生物修复法。

生物修复包括微生物和植物修复。一些微生物，如假单胞菌、变形杆菌，虽然可将甲基汞还原为元素汞，但还是无法将汞从污染相中取出，该方面研究也很少。所以，汞的生物修复主要利用一些金属超积累植物（如柳树、白杨、豆科类等）生长过程中对汞有很强的耐受性，经过转基因或人工诱导，都能从根系吸收汞而不受其毒害，再将其储存汞的部位（茎或叶）收割，达到减轻汞污染的目的。

4.4.4　新型污染物

新型污染物（emerging contaminants，ECs）在环境中的存在浓度虽低，但对生态和人类健康仍能够造成很大的负面影响，包括抗药微生物种类和数量的增加、干扰生物体的生殖发育和荷尔蒙的合成、破坏动物的免疫系统等，严重时还会有致癌危险。

1. 定义

新型污染物是指“新认定或之前未确认”、“未受法规规范”且“对人体健康及生态环境具有潜在或实质威胁”的化学污染物。新型污染物是由于分析检测技术的提升改良，或发现了新的生物毒性，才在近期被检出而得到重视。其种类主要包括药物和个人护理用品、内分泌干扰物、持久性污染物、全氟化合物、饮用水消毒副产物及其他工业化学物质等。

2. 常用处理工艺比较

目前，常用的新型污染物处理工艺有化学混凝、活性炭吸附、纳滤/反渗透和高级氧化等。表 4.4 中列举了这些工艺对新型污染物的去除效果，并总结出了不同工艺在用于去除新型污染物时的优缺点。总的来说，传统水处理工艺通常仅对浊度、色度及 COD 等有比较明显的去除效果，但是对于新型污染物的去除效果较差，在某些情况下甚至没有去除效果。高级氧化、纳滤/反渗透等深度处理工艺虽然对新型污染物的处理效果较好，但是其能耗和成本都相对较高。混凝作为最常用的水处理工艺，对部分相对分子质量较大的疏水性污染物有良好的处理效果，而且混凝过程不会产生有毒的中间产物，因此具有很大的发展潜力。在针对新型污染物的去除上，可以通过优化工艺参数、开发新型多功能高效混凝剂，以及与其他工艺结合的组合处理工艺，从而实现对新型污染物的高效去除。

表 4.4　常见新型污染物处理工艺效果及优缺点比较

工艺	处理效果	优点	缺点
混凝	对分子质量较大（>30 kDa①）的疏水性（$\lg K_{ow}$>4.5）污染物有较好的去除效果，但是对某些污染物的去除效果很差	费用低，设计简单，运行方便，对特定的新型污染物有较好的去除效果	受新型污染物性质和水质的影响较大，对某些污染物去除效果差
粉末活性炭 PAC 吸附	对多数新型污染物的去除效果均大于 90%，但是对部分新型污染物如布洛芬、新诺明、甲丙氨酯等去除效果较差（40%～60%）	操作简便，是较为成熟的三级处理工艺；可以高效去除多数新型污染物	复杂水体中吸附时存在竞争作用，导致处理效果降低；再生困难；部分污泥可能是危险废物，处理困难

① 1 kDa = 1.66054×10^{-24} kg。

续表

工艺	处理效果	优点	缺点
纳滤/反渗透	对各种抗生素截留率可达97%以上，受原水水质、污染物性质及膜本身性质影响	高效去除多种新型污染物，特别是带负电的新型污染物	操作复杂；产生浓缩污泥；容易造成膜污染；需要预处理
高级氧化	O_3/H_2O_2 对布洛芬和双氯芬酸等的去除率达到90%，UV/H_2O_2 技术可以去除超过90%的雌激素物质	产生大量自由基来降解，比传统氧化工艺效率更高	需要预处理来去除悬浮颗粒和游离基；产生有毒副产物；费用高，很少有工业化应用

3. 典型新型污染物——药物和个人护理用品

近年来药物大量频繁的使用、人或动物的排泄、废弃药物的不合理处置、污水处理技术的不完善等导致水环境出现了药物污染现象。1999 年 USEPA 正式将这类化学品命名为“PPCPs”，即药物和个人护理用品（pharmaceutical and personal care products），并在其官方网站上开设了专门介绍 PPCPs 研究进展的主页。目前，PPCPs 作为一大类新型的环境污染物被很多学者广泛研究。

1）危害

（1）对人与动物的危害。

绝大部分 PPCPs 到达人和家禽体内或体表靶器官的代谢途径是被精心设计好的，但是它们对非靶生物体也会有很大的影响，而这些影响常被人们所忽视。环境中的 PPCPs 浓度很低，通常不易引起急性毒性，但由于长期存在于环境中，它们对非靶生物存在着慢性毒性的潜在可能。这些毒理效应不断累积，最终产生不可逆转的改变。

（2）PPCPs 对微生物的生态毒性。

四环素类抗生素药物对微藻的毒性主要体现在抑制微藻蛋白质合成和叶绿体的生成，最终造成对微藻生长的抑制。叶绿素含量减少会导致藻细胞的光合作用能力下降，减弱新陈代谢强度，从而使细胞的繁殖能力下降。土壤中残留的抗生素类药物也会对土壤微生物的多样性有影响，但对不同种类微生物产生的影响大小有差异，影响顺序一般为细菌＞放线菌＞真菌。

（3）PPCPs 对植物的生态毒性。

多项研究表明，抗生素可通过抑制叶绿体及酶的活性，从而对植物生长产生抑制作用，影响植物发芽率及根伸长率。

2）概述

（1）PPCPs 主要包括两大类。

一类是药物（包括消炎止痛药、抗生素、抗菌药、降血脂药、β-阻滞剂、激素、类固醇、抗癌药、镇静剂、抗癫痫药、利尿剂、X 射线显影剂、咖啡因等）。另一类是个人护理用品（包括香料、化妆品、遮光剂、染发剂、发胶、香皂、洗发水等）。

（2）几种典型的 PPCPs。

（a）抗生素。

抗生素是指由细菌、霉菌或其他微生物在繁殖过程中产生的，能够杀灭或抑制其他微生物的一类物质及其衍生物，用于治疗敏感微生物所致的感染。

据忧思科学家联盟（UCS）2001 年报道，美国 2000 年抗生素的消耗量为 16200 t；1999 年欧盟和瑞士消耗抗生素的总量为 13288 t。2003 年，仅中国生产的青霉素和土霉素已分别达到 2.8 万 t 和 1 万 t。在奥地利、德国、英国、意大利、西班牙、瑞士、荷兰、美国和日本等国家的水体中相继检测到 80 多种抗生素药品。在土壤及沉积物、污泥甚至是肥料中也检测到了抗生素的残留。

（b）雌激素。

雌激素是一类有广泛生物活性的类固醇化合物，它不仅有促进和维护雌性动物生殖器官和第二性征的生理作用，并对内分泌系统、心血管系统、肌体的代谢、骨骼的生长和成熟、皮肤等均有显著的影响。口服避孕药和一些用于家畜助长的同化激素含有大量的人工合成雌激素。人工合成的雌激素是脂溶性化合物，不易生物降解。普通的水处理方法不能有效地去除水中的雌激素，很容易造成它们在环境中的残留。

（c）消炎镇痛药。

消炎镇痛药是被人类使用最多的一大类药物，属于家庭常备药物。它们种类繁多，有些是处方药，而有些在普通药店即可购买。由于巨大的生产和使用量，消炎镇痛药在环境中残留的情况尤为突出，许多文献报道了它们在环境中残留的种类及浓度。

（d）人工合成麝香。

合成麝香作为人工合成的有机化合物，以其优雅的芳香气味、优良的定香能力及低廉的价格，取代了天然麝香。目前，作为工业香料添加剂，人工合成麝香已广泛应用于日用化工行业，如作为香料添加到化妆品（香水、洗发水、护肤霜、肥皂等）和洗涤剂（柔顺剂、沐浴露和洗洁精等）中。

（e）杀菌清洁剂及消毒剂。

杀菌消毒剂、清洁剂等产品能有效地杀灭病毒、去污、去油，被广泛添加于各类生活清洁用品中，随后又被排放到水体以及其他环境体系，这些物质可由环境进入食物链，蓄积在植物、动物和人体中。

3）来源

（1）药物间接或直接排放。

不被吸收和利用的部分：未代谢或未溶解的药物成分通过粪便和尿液等排泄物排入污水系统中。代谢的部分：经过转化后的代谢物和共轭物也一并加入了原本就很庞大且复杂的 PPCPs 大家族。未经使用部分：有大量的处方和非处方药物由于多种原因未经使用就直接通过家庭垃圾回收系统进入环境。其他途径：一些秘密的药物生产厂家将非法药物与合成的副产物直接排入城市排污系统；在非正规的实验室里将原料及中间品直接倒入下水道。

（2）污水处理厂的输出。

限制微生物去除效果的因素：药物残留浓度很低，可能很难与酶发生亲和反应。每年都有很多结构与理化性质全新的 PPCPs 进入市场，其中一些成分甚至是污水处理系统中微生物群落从未接触过的类型，这给生物降解 PPCPs 带来了新的挑战。

（3）污泥回用及垃圾填埋。

理论上，污水厂污泥中的 PPCPs 被农田回用后，PPCPs 可能被植物吸收。但是 PPCPs

及各种形态的代谢物及降解或螯合产物可以使环境中的生物面临着生态风险。一些降解产物可能比其原来母体的生物活性还要高。因此，共轭物实际是一个储备库，随着不同反应过程的进行，它们随时可能释放出活性物质，经过各种途径最终进入环境。垃圾填埋场是将 PPCPs 引入环境的另一个重要源头。由于土壤中微生物的衰减，它们也会在土壤中残留，甚至渗入地表下几十米处的土壤中。

（4）禽畜和水产养殖。

禽畜和水产养殖业是将 PPCPs 引入环境的一个重要源头。各种动物的饲养对 PPCPs 的需求量十分巨大，尤其是在大型的集中型饲养场，药物的使用种类和剂量都很大。这些 PPCPs 可以像人类使用的 PPCPs 通过一样的途径在环境中分散残留。此外动物直接排放在地表的粪便可以通过地表径流或渗滤进入水体和深层土壤。

4）迁移转化行为

（1）吸附。

由于各类药物的物化性质各异，底泥、黏土、土壤和活性污泥等对它们的吸附也各不相同。影响药物吸附性能的因素有药物的亲脂性、水-底泥分配系数 K_d（K_d 越大吸附越强烈）。

（2）光降解。

在天然水体中，由于污染物自身吸收太阳光，或由于腐殖质、悬浮颗粒和藻类的催化作用而发生光降解。光降解作用是污染物重要的分解过程，因为它不可逆地改变了反应分子，直接地影响其在环境中的归趋。水体中的药物及其代谢物可以通过光降解转化为其他物质，毒性也会发生相应变化。研究表明，不同药物的光降解在很大程度上受到水体组成、药物的初始浓度、同时存在的其他药物及有机化合物的影响。不同药物的光降解速度是不同的。

（3）生物降解。

恩诺沙星对小型水生态系统中微生物的影响实验表明，在水体中恩诺沙星消失的重要途径是生物降解。当药品进入水体 5 h 左右时，水体中恩诺沙星的浓度已经降至原浓度的 50%以下，表明进入水环境的恩诺沙星在尚未被淤泥大量吸附时，就已大部分被降解。但是，如前所述，底泥吸附对药物在水环境中消除的影响也不容忽视。不同药物的生物降解速度不同，主要与药物本身的理化性质、环境 pH、温度等有关。

（4）生物富集。

水环境中的药物可以通过食物链富集在生物体内，对人类造成潜在的危害。不同药物在不同生物体内具有不同的富集系数，即使在同一生物体不同器官中富集系数也有很大差别。

5）处理技术

（1）生物吸附——活性污泥。

活性污泥具有较大的比表面积，是一种有多孔结构和胞外聚合物的絮体，它对有机物有很好的表面吸附能力。在与活性污泥接触时，污水中呈悬浮状和胶体状的有机物被活性污泥凝聚、吸附而得到去除。

（2）膜处理工艺。

膜处理是降低水中 PPCPs 浓度的有效方法。常见的膜处理有：微滤、超滤、纳滤、反渗透。微滤和超滤常用于去除水中的悬浮固体和微生物，出水用于地下水回灌和农业灌溉。反渗透、纳滤常用于盐水软化、饮用水中溶解性污染物的去除，很多研究表明，纳滤和反渗透处理工艺能有效去除 PPCPs 等新型微污染物。纳滤膜相对反渗透来说是疏松膜，因此反渗透有相对较高的去除率，但同时也需要更高的能量。此外，多种膜工艺的组合应用能达到更好的截留率，有研究表明单独使用超滤膜处理二级出水时，大多数化合物没有被截留，而超滤膜后再加反渗透处理后，几乎所有药物都在检测限以下。

（3）碳吸附。

PPCPs 大多含有易于被吸附的苯环和氨基基团，因此用活性炭吸附能有效去除 PPCPs。去除效率取决于吸附物质的性质（电荷、疏水性、颗粒的大小）和吸附剂的性质（空间结构、表面化学特性），水体中的天然有机物也会影响活性炭对 PPCPs 的吸附。活性炭吸附的主要优点是没有副产物产生。活性炭再生和处理都在温度≥650℃的条件下进行，因此被活性炭吸附的 PPCPs 能被完全氧化。

（4）高级氧化技术。

氯化：副产物种类复杂多样，有较强毒性。

臭氧氧化：臭氧氧化法处理水中的 PPCPs 是有选择性的，通常对不饱和脂肪烃和芳香烃类化合物比较有效。

4.5　海洋污染

海洋面积辽阔，储水量巨大，是地球上最稳定的生态系统。由陆地流入海洋的各种物质被海洋接纳，而海洋本身却没有发生显著的变化。然而近几十年随着世界工业的发展，海洋污染也日趋严重，局部海域环境发生了很大变化，并有继续扩展的趋势。重金属和有毒有机化合物等物质在海域中累积并通过海洋生物的富集作用，对海洋动物和以此为食的其他动物造成毒害。石油污染在海洋表面形成面积广大的油膜，阻止空气中的氧气向海水中溶解，同时石油的分解也消耗水中的溶解氧，造成海水缺氧，对海洋生物产生危害并祸及海鸟和人类。好氧有机物污染引起的赤潮（海水富营养化的结果），也会造成海水缺氧，导致海洋生物死亡，还会破坏海滨旅游资源。因此，海洋污染已经引起国际社会越来越多的重视。现阶段海洋污染最严重的海域有波罗的海、地中海、东京湾、纽约湾、墨西哥湾等。就国家来说，沿海污染严重的有日本、美国、西欧诸国和俄罗斯。我国的渤海湾、黄海、东海和南海的污染状况也相当严重，虽然汞、镉、铅的浓度总体上尚在标准允许范围之内，但已有局部的超标区；石油和 COD 在各海域中也有超标现象。其中污染最严重的渤海，污染已造成渔场外迁、鱼群死亡、赤潮泛滥、部分滩涂养殖场荒废、一些珍贵的海洋资源正在丧失。

海洋污染通常指人类改变了海洋原来的状态，使海洋生态系统遭到破坏，有害物质进入海洋环境而造成的污染，能够损害生物资源，危害人类健康，妨碍捕鱼和人类在海上的其他活动，损坏海水质量和环境质量等。

由于海洋的特殊性，海洋污染与大气、陆地污染有很多不同，其突出的特点：一是污染源广。不仅人类在海洋的活动可以污染海洋，而且人类在陆地和其他活动方面所产生的污染物，也将通过江河径流、大气扩散和雨雪等降水形式最终汇入海洋。二是持续性强。海洋是地球上地势最低的区域，不可能像大气和江河那样，通过一次暴雨或一个汛期，使污染物转移或消除；一旦污染物进入海洋后，很难再转移出去，不能溶解和不易分解的物质在海洋中越积越多，往往通过生物的浓缩作用和食物链传递，对人类造成潜在威胁。三是扩散范围广。全球海洋是相互连通的一个整体，一个海域污染，往往会扩散到周边，甚至有的后期效应还会波及全球。四是防治难、危害大。海洋污染有很长的积累过程，不易及时发现，一旦形成污染，需要长期治理才能消除影响，而且治理费用大，造成的危害会影响到各方面，特别是对人体产生的毒害，更是难以彻底清除干净。

4.5.1 海洋污染来源

1. 陆源污染

通过河流等途径进入海洋。沿海农田施用化学农药，在岸滩弃置、堆放的塑料垃圾和其他废弃物，也可以对环境造成污染损害。

2. 船舶污染

船舶由于各种原因，向海洋排放油类或其他有害物质。船舶污染主要是指船舶在航行、停泊港口、装卸货物的过程中对周围水环境和大气环境产生的污染，主要污染物有含油污水、生活污水、船舶垃圾三类，另外也将产生粉尘、化学物品、废气等，但总的说来，对环境影响较小。

3. 海上事故

船舶搁浅、触礁、碰撞及石油井喷和石油管道泄漏等也是海洋污染来源之一。

4. 海洋倾废

向海洋倾泻废物以减轻陆地环境污染的处理方法。通过船舶、航空器、平台或其他载运工具向海洋倾倒废弃物或其他有害物质的行为；也包括弃置船舶、航空器、平台和其他浮动工具的行为。这是人类利用海洋环境处置废弃物的方法之一。

5. 海岸工程建设

一些海岸工程建设改变了海岸、滩涂和潮下带及其底土的自然性状，破坏了海洋的生态平衡和海岸景观。

4.5.2 海洋污染物类型

污染海洋的物质众多，从形态上分有废水、废渣和废气。根据污染物的性质和毒性，以及对海洋环境造成危害的方式，大致可以把污染物分为以下几类。

1. 石油及其产品

包括原油和从原油中分馏出来的溶剂油、汽油、煤油、柴油、润滑油、石蜡、沥青等，以及经过裂化、催化而成的各种产品。每年排入海洋的石油污染物约 1000 万 t，主要是由工业生产，包括海上油井管道泄漏、油轮事故、船舶排污等造成的，特别是一些突发性的事故，一次突发的石油泄漏所泄漏的石油量可达 10 万 t 以上，大片海水被油膜覆盖，导致海洋生物大量死亡，严重影响海产品的价值，以及其他海上活动。

2. 重金属

包括汞、砷、铜、锌、铅、镉、铬等重金属。由人类活动而进入海洋的汞，每年可达数万吨，已大大超过全世界每年生产约 9000 t 汞的记录，这是因为煤、石油等在燃烧过程中，会使其中含有的微量汞释放出来，逸散到大气中，最终归入海洋。镉的年产量约 1.5 万 t，据调查镉对海洋的污染量远大于汞。

3. 酸碱

各种酸和碱随着工农业的发展通过各种途径进入海洋的污染呈增长趋势，加剧了海洋污染。

4. 农药

农业上大量使用含有汞、铜及有机氯等成分的除草剂、灭虫剂，以及工业上应用的多氯酸苯等，这一类农药具有很强的毒性，进入海洋经海洋生物体富集，通过食物链进入人体，产生的危害性巨大，每年因此中毒的人数达 10 万人以上，人类所患的一些新型的癌症与此也有密切关系。

5. 放射性物质

由核武器试验、核工业和核动力设施释放出来的人工放射性物质，主要是 ^{90}Sr、^{137}Cs 等半衰期为 30 年左右的同位素。据估计进入海洋中的放射性物质总量为 2 亿～6 亿 Ci①，这个量的绝对值是相当大的，由于海洋水体庞大，在海水中的分布极不均匀，在较强放射性水域中，海洋生物通过体表吸附或通过食物进入消化系统，并逐渐积累在器官中，通过食物链传递给人类。

6. 有机物质和营养盐类

这类物质比较繁杂，包括工业排出的纤维素、糖醛、油脂；生活污水的粪便、洗涤剂和食物残渣，以及化肥的残液等。这些物质进入海洋，造成海水的富营养化，能促使某些生物急剧繁殖，大量消耗海水中的氧气，易形成赤潮，继而引起大批鱼虾贝类的死亡。

7. 热污染和固体废弃物

热污染主要是指工业冷却水引起的污染，固体废弃物则包括工程残土、塑料垃圾、冶

① $1\ Ci = 3.7\times10^{10}Bq$。

炼废渣等。前者入海后能提高局部海区的水温，使溶解氧的含量降低，影响生物的新陈代谢，甚至使生物群落发生改变；后者可破坏海滨环境和海洋生物的栖息环境。

4.5.3 海洋污染治理措施

加强执法力度，真正做到“执法必严，违法必究”，加强对政府环保职能部门的执法监督，克服地方保护主义，要求地方各级政府必须将环保工作提到议事日程上来。

加强对船舶及钻井、采油平台的防污管理。首先应对船舶及钻井、采油平台所有的管理者进行防污教育，增强其防污意识，提高除污救灾技能。作业者应严格遵守国家的法律法规，确保污水处理设备始终处于良好工作状态，严把除污化学试剂的质量关，严禁使用有毒的化学试剂除污。

各地渔政部门、港监防污部门应全面了解本辖区内的水域污染状况。对污染源、地理环境、水文状况、生物资源状况等了解清楚，根据所了解的情况作出防污规划，一旦发生污染事故可根据所了解的情况以最快的速度制定出最佳的减灾方案。

防止、减轻和控制海上养殖污染。我国海水养殖主要位于水交换能力较差的浅海滩涂和内湾水域，养殖自身污染已引起局部水域环境恶化。今后，应建立海上养殖区环境管理制度和标准，编制海域养殖区域规划，合理控制海域养殖密度和面积，建立各种清洁养殖模式，控制养殖业药物投放，通过实施各种养殖水域的生态修复工程和示范，改善被污染和正在被污染的水产养殖环境，减轻或控制海域养殖业引起的海域环境污染。

防止和控制海上倾废污染。严格管理和控制向海洋倾倒废弃物，禁止向海上倾倒放射性废物和有害物质。制定海上船舶溢油和有毒化学品泄漏应急计划，制定港口环境污染事故应急计划，建立应急响应系统，防止、减少突发性污染事故发生。政府部门要加大对重污染企业的打击力度，加强宣传科学的企业发展观，为推进海洋健康发展打下基础。

国家应积极引导地方政府、居民、企业和民间组织等社会各界力量积极参与和改变修复海洋环境，为我国海洋健康和谐发展提供良好的社会环境。在治理中鼓励大家在自家周围和工厂区种植植物，扩大绿化面积，保持良好的水土环境，建立人造海滩、人造海岸、人造海洋植物生长带，改善海洋生物的生存环境。

课外阅读：海洋微塑料污染现状

从 1907 年贝克兰发明酚醛树脂开始，人类使用塑料已有百余年的历史。塑料给人类生活带来了极大便利，但由于其难以分解处理也产生了严重的环境问题。不仅陆地上大量的废弃塑料污染了山川河流，海洋同样是塑料污染的重灾区。专家研究估计，每年约有 800 万 t 的塑料废物从陆地进入海洋，严重威胁海洋生态系统。这些塑料垃圾会分解成无数的微塑料颗粒（图 4.11）。有一项研究揭示了英国曼彻斯特的一条河流中记录到的微塑料污染水平，并显示在短短一年内，该地区河流中有数十亿粒子被淹入海洋中。2004 年，英国科学家在 *Science* 杂志上发表了关于海洋水体和沉积物中塑料碎片的论文，首次提出微塑料的概念。此后，许多科研人员都投入微塑料的研究中，并发表了许多重要的成果，使得微塑料污染引起全球的重视。2014 年，首届联合国环境大会上，海洋塑料垃圾污染被列为“十大紧迫环境问题之一”，并对微塑料进行特别关注。2015 年召开的第二届联合国环境大会上，微塑料污染被列入环境与生态科学研究领域的第二大科学问题，成为与全球气候变化、臭氧耗竭等并列的重大全球环境问题，由此也可见微塑料污染之严重。

图 4.11　微塑料颗粒

目前学术界对微塑料还没准确的定义，但通常认为粒径小于 5 mm 的塑料纤维、颗粒或者薄膜即为微塑料，实际上很多微塑料可达微米乃至纳米级，肉眼是不可见的，因此也被形象地比作海洋中的“$PM_{2.5}$”。微塑料通常存在于表层海水、沉积物和海滩，甚至出现在最偏远的极地冰川和深海沉积物中。日本东京农工大学教授高田秀重等研究发现东京湾沉积物中的微塑料浓度远高于海水。目前除南北太平洋、北大西洋、印度洋等大洋沿海大量分布外，南极和北极也都发现微塑料的踪迹。科学杂志《地球的未来》上曾刊登文章，研究发现每立方米的北极海冰中含有多达 240 个微塑料颗粒。可以说，微塑料已经遍布了整个海洋系统。

微塑料本身可能会释放有毒有害物质，对海洋环境造成直接危害。微塑料表面也容易吸附海洋中的重金属、持久性有机污染物，如农药、阻燃剂、多氯联苯等，随洋流运动对生态环境产生危害。微塑料容易被海洋生物吞噬，在海洋生物体内蓄积，危害海洋生物安全。科学研究已经证实，海洋中的微塑料污染对海洋生物的生长、发育、躲避天敌和繁殖的能力皆有不同程度的影响。此外，微塑料作为载体，可能携带外来物种及潜在病原菌危害海洋生态系统的稳定。微塑料通常通过摄入或呼吸而嵌入动物组织中。经研究表明各种环状动物物种，如沉积饲养蚯蚓（*Arenicola marina*）的胃肠道中含有微塑料。许多甲壳类动物，如岸蟹（*Carcinusmaenas*）已被发现其呼吸道和消化道中含有微塑料。不仅鱼和自由生物有机体可以摄取微塑料，在实验室条件下，已证实作为主要珊瑚礁建造者的石珊瑚也能摄取微塑料。由于鱼是人类近五分之一的蛋白质的主要来源，由鱼和甲壳类摄入的微塑料可以随后被人类消耗，作为食物链的终点。在纽约州立大学进行的一项研究中，对 18 种鱼类进行了采样，所有物种在其系统中都显示出一定含量的塑料。许多研究人员已经发现这些纤维在水中与金属、多氯联苯和其他有毒污染物发生化学结合的证据；微弹性金属复合物可以通过食物链进入人体。

4.6　“水十条”解读

目前我国水环境的形势非常严峻，这体现在三个方面：第一，地表水中受到严重污染的劣Ⅴ类水体所占比例较高，全国约 10%，有些流域甚至大大超过这个比例。例如，海河流域劣Ⅴ类水体的比例高达 39.1%。第二，流经城镇的一些河段，城乡接合部的一些沟渠塘坝污染普遍比较重，并且由于受到有机物污染，黑臭水体较多，受影响群众多，公众关注度高，不满意度高。第三，涉及饮水安全的水环境突发事件的数量依然不少。环保部门公布的调查数据显示，2012 年，全国十大水系、62 个主要湖泊分别有 31%和 39%的淡水水质达不到饮用水要求，严重影响人们的健康、生产和生活。

水环境保护事关人民群众切身利益，事关全面建成小康社会，事关实现中华民族伟大复兴中国梦。当前，我国一些地区水环境质量差、水生态受损重、环境隐患多等问题十分突出，影响和损害群众健康，不利于经济社会持续发展。为切实加大水污染防治力度，保障国家水安全，制定《水污染防治行动计划》，其最早称“水计划”，因为要与已经出台的“气十条”相对应，所以改称为“水十条”。

4.6.1　总体要求

全面贯彻党的“十八大”和十八届二中、三中、四中全会精神，大力推进生态文明建设，以改善水环境质量为核心，按照“节水优先、空间均衡、系统治理、两手发力”原则，贯彻“安全、清洁、健康”方针，强化源头控制，水陆统筹、河海兼顾，对江河湖海实施分流域、分区域、分阶段科学治理，系统推进水污染防治、水生态保护和水资源管理。坚持政府市场协同，注重改革创新；坚持全面依法推进，实行最严格环保制度；坚持落实各方责任，严格考核问责；坚持全民参与，推动节水洁水人人有责，形成“政府统领、企业施治、市场驱动、公众参与”的水污染防治新机制，实现环境效益、经济效益与社会效益多赢，为建设“蓝天常在、青山常在、绿水常在”的美丽中国而奋斗。图 4.12 通过十个关键字解读了“水十条”。

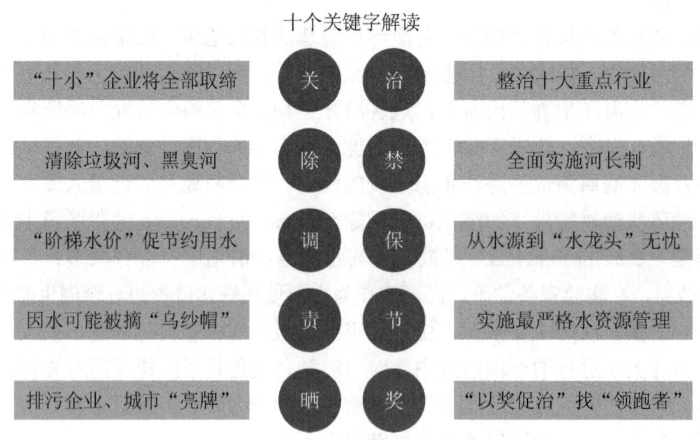

图 4.12　十个关键字解读“水十条”

4.6.2　工作目标

到 2020 年，全国水环境质量得到阶段性改善，污染严重水体较大幅度减少，饮用水安全保障水平持续提升，地下水超采得到严格控制，地下水污染加剧趋势得到初步遏制，近岸海域环境质量稳中趋好，京津冀、长三角、珠三角等区域水生态环境状况有所好转。

到 2030 年，力争全国水环境质量总体改善，水生态系统功能初步恢复。到 21 世纪中叶，生态环境质量全面改善，生态系统实现良性循环。

4.6.3　主要指标

到 2020 年，长江、黄河、珠江、松花江、淮河、海河、辽河等七大重点流域水质优良（达到或优于Ⅲ类）比例总体达到 70%以上，地级及以上城市建成区黑臭水体均控制在 10%以内，地级及以上城市集中式饮用水水源水质达到或优于Ⅲ类比例总体高于 93%，全国地下水质量极差的比例控制在 15%左右，近岸海域水质优良（Ⅰ、Ⅱ类）比例达到 70%左右。京津冀区域丧失使用功能（劣于Ⅴ类）的水体断面比例下降 15%左右，长三角、珠三角区域力争消除丧失使用功能的水体。

到 2030 年，全国七大重点流域水质优良比例总体达到 75%以上，城市建成区黑臭水体总体得到消除，城市集中式饮用水水源水质达到或优于Ⅲ类比例总体为 95%左右。

4.6.4　具体要求

1. 全面控制污染物排放

狠抓工业污染防治，取缔“十小”企业，全面排查装备水平低、环保设施差的小型工业企业；制定造纸、焦化、氮肥、有色金属、印染、农副食品加工、原料药制造、制革、农药、电镀等行业专项治理方案，实施清洁化改造。集中治理工业集聚区水污染，强化经济技术开发区、高新技术产业开发区、出口加工区等工业集聚区污染治理。

强化城镇生活污染治理，加快城镇污水处理设施建设与改造；新建污水处理设施的配套管网应同步设计、同步建设、同步投运。推进污泥处理处置，污水处理设施产生的污泥应进行稳定化、无害化和资源化处理处置，禁止处理处置不达标的污泥进入耕地；非法污泥堆放点一律予以取缔。

推进农业农村污染防治，防治畜禽养殖污染。制定实施全国农业面源污染综合防治方案，推广低毒、低残留农药使用补助试点经验，开展农作物病虫害绿色防控和统防统治。实行测土配方施肥，推广精准施肥技术和机具。完善高标准农田建设、土地开发整理等标准规范，明确环保要求，新建高标准农田要达到相关环保要求。在缺水地区试行退地减水。

加强船舶港口污染控制。积极治理船舶污染。依法强制报废超过使用年限的船舶。分类分级修订船舶及其设施、设备的相关环保标准。港口、码头、装卸站的经营人应制定防止船舶及其有关活动污染水环境的应急计划。

2. 推动经济结构转型升级

调整产业结构，依法淘汰落后产能；建立水资源、水环境承载能力监测评价体系，实行承载能力监测预警，已超过承载能力的地区要实施水污染物削减方案，加快调整发展规划和产业结构。优化空间布局，合理确定发展布局、结构和规模；充分考虑水资源、水环境承载能力，以水定城、以水定地、以水定人、以水定产。七大重点流域干流沿岸，要严格控制石油加工、化学原料和化学制品制造、医药制造、化学纤维制造、有色金属冶炼、纺织印染等项目环境风险，合理布局生产装置及危险化学品仓储等设施。城市建成区内现有钢铁、有色金属、造纸、印染、原料药制造、化工等污染较重的企业应有序搬迁改造或依法关闭。

严格城市规划蓝线管理，城市规划区范围内应保留一定比例的水域面积，新建项目一律不得违规占用水域。

推进循环发展，加强工业水循环利用；推进高速公路服务区污水处理和利用，推动海水利用。在沿海地区电力、化工、石化等行业，推行直接利用海水作为循环冷却等工业用水。在有条件的城市，加快推进淡化海水作为生活用水补充水源。

3. 着力节约保护水资源

控制用水总量，实施最严格水资源管理，健全取用水总量控制指标体系。对取用水总量已达到或超过控制指标的地区，暂停审批其建设项目新增取水许可。对纳入取水许可管理的单位和其他用水大户实行计划用水管理。

严控地下水超采，在地面沉降、地裂缝、岩溶塌陷等地质灾害易发区开发利用地下水，应进行地质灾害危险性评估。严格控制开采深层承压水，地热水、矿泉水开发应严格实行取水许可和采矿许可。依法规范机井建设管理，排查登记已建机井，未经批准的和公共供水管网覆盖范围内的自备水井，一律予以关闭。编制地面沉降区、海水入侵区等区域地下水压采方案。

提高用水效率，建立万元国内生产总值水耗指标等用水效率评估体系，把节水目标任务完成情况纳入地方政府政绩考核。将再生水、雨水和微咸水等非常规水源纳入水资源统一配置。制定国家鼓励和淘汰的用水技术、工艺、产品和设备目录，完善高耗水行业取用水定额标准。开展节水诊断、水平衡测试、用水效率评估，严格用水定额管理。加强城镇节水，禁止生产、销售不符合节水标准的产品、设备。公共建筑必须采用节水器具，限期淘汰公共建筑中不符合节水标准的水嘴、便器水箱等生活用水器具。鼓励居民家庭选用节水器具。推广渠道防渗、管道输水、喷灌、微灌等节水灌溉技术，完善灌溉用水计量设施。

科学保护水资源，完善水资源保护考核评价体系。加强水功能区监督管理，从严核定水域纳污能力。加强江河湖库水量调度管理，完善水量调度方案。加大水利工程建设力度，发挥好控制性水利工程在改善水质中的作用；科学确定生态流量。

4. 强化科技支撑

推广示范适用技术，加快技术成果推广应用，重点推广饮用水净化、节水、水污染治理及循环利用、城市雨水收集利用、再生水安全回用、水生态修复、畜禽养殖污染防治等适用技术。完善环保技术评价体系，加强国家环保科技成果共享平台建设，推动技术成果共享与转化。发挥企业的技术创新主体作用，推动水处理重点企业与科研院所、高等学校组建产学研技术创新战略联盟，示范推广控源减排和清洁生产先进技术。

攻关研发前瞻技术，整合科技资源，通过相关国家科技计划等，加快研发重点行业废水深度处理、生活污水低成本高标准处理、海水淡化和工业高盐废水脱盐、饮用水微量有毒污染物处理、地下水污染修复、危险化学品事故和水上溢油应急处置等技术。开展有机物和重金属等水环境基准、水污染对人体健康影响、新型污染物风险评价、水环境损害评估、高品质再生水补充饮用水水源等研究。加强水生态保护、农业面源污染防治、水环境监控预警、水处理工艺技术装备等领域的国际交流合作。

大力发展环保产业，规范环保产业市场。对涉及环保市场准入、经营行为规范的法规、规章和规定进行全面梳理，废止妨碍形成全国统一环保市场和公平竞争的规定和做法。健全环保工程设计、建设、运营等领域招投标管理办法和技术标准。推进先进适用的节水、治污、修复技术和装备产业化发展。

加快发展环保服务业，明确监管部门、排污企业和环保服务公司的责任和义务，完善风险分担、履约保障等机制。鼓励发展包括系统设计、设备成套、工程施工、调试运行、维护管理的环保服务总承包模式、政府和社会资本合作模式等。以污水、垃圾处理和工业园区为重点，推行环境污染第三方治理。

5. *充分发挥市场机制作用*

理顺价格税费，加快水价改革，深入推进农业水价综合改革。完善收费政策，修订城镇污水处理费、排污费、水资源费征收管理办法，合理提高征收标准，做到应收尽收。健全税收政策，依法落实环境保护、节能节水、资源综合利用等方面税收优惠政策。对国内企业为生产国家支持发展的大型环保设备，必须进口的关键零部件及原材料免征关税。加快推进环境保护税立法、资源税税费改革等工作。

促进多元融资，引导社会资本投入。积极推动设立融资担保基金，推进环保设备融资租赁业务发展。推广股权、项目收益权、特许经营权、排污权等质押融资担保。采取环境绩效合同服务、授予开发经营权益等方式，鼓励社会资本加大水环境保护投入。

增加政府资金投入，中央财政加大对属于中央事权的水环境保护项目支持力度，合理承担部分属于中央和地方共同事权的水环境保护项目，向欠发达地区和重点地区倾斜；研究采取专项转移支付等方式，实施“以奖代补”。地方各级人民政府要重点支持污水处理、污泥处理处置、河道整治、饮用水水源保护、畜禽养殖污染防治、水生态修复、应急清污等项目和工作。对环境监管能力建设及运行费用分级予以必要保障。

建立激励机制，鼓励节能减排先进企业、工业集聚区用水效率、排污强度等达到更高标准，支持开展清洁生产、节约用水和污染治理等示范工作。

推行绿色信贷，积极发挥政策性银行等金融机构在水环境保护中的作用，重点支持循环经济、污水处理、水资源节约、水生态环境保护、清洁及可再生能源利用等领域。严格限制环境违法企业贷款。加强环境信用体系建设，构建守信激励与失信惩戒机制，环保、银行、证券、保险等方面要加强协作联动，于 2017 年年底前分级建立企业环境信用评价体系。鼓励涉重金属、石油化工、危险化学品运输等高环境风险行业投保环境污染责任保险。

实施跨界水环境补偿，探索采取横向资金补助、对口援助、产业转移等方式，建立跨界水环境补偿机制，开展补偿试点，深化排污权有偿使用和交易试点。

6. *严格环境执法监管*

完善法规标准，健全法律法规。加快水污染防治、海洋环境保护、排污许可、化学品环境管理等法律法规制修订步伐，研究制定环境质量目标管理、环境功能区划、节水及循环利用、饮用水水源保护、污染责任保险、水功能区监督管理、地下水管理、环境监测、生态流量保障、船舶和陆源污染防治等法律法规。各地可结合实际，研究起草地方性水污染防治法规。完善标准体系，制修订地下水、地表水和海洋等环境质量标准，城镇污水处理、污泥处理处置、农田退水等污染物排放标准。健全重点行业水污染物特别排放限值、污染防治技术政策和清洁生产评价指标体系。

加大执法力度，所有排污单位必须依法实现全面达标排放。完善国家督查、省级巡查、地市检查的环境监督执法机制，强化环保、公安、监察等部门和单位协作，健全行政执法与刑事司法衔接配合机制，完善案件移送、受理、立案、通报等规定。加强对地方人民政府和有关部门环保工作的监督，研究建立国家环境监察专员制度。严厉打击环境违法行为，重点打击私设暗管或利用渗井、渗坑、溶洞排放、倾倒含有毒有害污染物废水、含病原体污水，监测数据弄虚作假，不正常使用水污染物处理设施，或者未经批准拆除、闲置水污染物处理设施等环境违法行为。对造成生态损害的责任者严格落实赔偿制度，严肃查处建设项目环境影响评价领域越权审批、未批先建、边批边建、久试不验等违法违规行为，对构成犯罪的，要依法追究刑事责任。

提升监管水平，完善流域协作机制。健全跨部门、区域、流域、海域水环境保护议事协调机制，发挥环境保护区域督查派出机构和流域水资源保护机构作用，探索建立陆海统筹的生态系统保护修复机制。完善水环境监测网络，统一规划设置监测断面（点位）。提升饮用水水源水质全指标监测、水生生物监测、地下水环境监测、化学物质监测及环境风险防控技术支撑能力。提高环境监管能力，加强环境监测、环境监察、环境应急等专业技术培训，严格落实执法、监测等人员持证上岗制度，加强基层环保执法力量，具备条件的乡镇（街道）及工业园区要配备必要的环境监管力量。

7. 切实加强水环境管理

强化环境质量目标管理，明确各类水体水质保护目标，逐一排查达标状况。未达到水质目标要求的地区要制定达标方案，将治污任务逐一落实到汇水范围内的排污单位，明确防治措施及达标时限。

深化污染物排放总量控制，完善污染物统计监测体系，将工业、城镇生活、农业、移动源等各类污染源纳入调查范围。选择对水环境质量有突出影响的总氮、总磷、重金属等污染物，研究纳入流域、区域污染物排放总量控制约束性指标体系。

严格环境风险控制，防范环境风险。定期评估沿江河湖库工业企业、工业集聚区环境和健康风险，落实防控措施。稳妥处置突发水环境污染事件，地方各级人民政府要制定和完善水污染事故处置应急预案，落实责任主体，明确预警预报与响应程序、应急处置及保障措施等内容，依法及时公布预警信息。

全面推行排污许可，依法核发排污许可证，加强许可证管理，以改善水质、防范环境风险为目标，将污染物排放种类、浓度、总量、排放去向等纳入许可证管理范围。禁止无证排污或不按许可证规定排污。强化海上排污监管，研究建立海上污染排放许可证制度。

8. 全力保障水生态环境安全

保障饮用水水源安全，水源到水龙头全过程监管饮用水安全；地方各级人民政府及供水单位应定期监测、检测和评估本行政区域内饮用水水源、供水厂出水和用户水龙头水质等饮水安全状况。强化饮用水水源环境保护，开展饮用水水源规范化建设，依法清理饮用水水源保护区内违法建筑和排污口。防治地下水污染，定期调查评估集中式地下水型饮用水水源补给区等区域环境状况。石化生产存贮销售企业和工业园区、矿山开采区、垃圾填埋场等区域应进行必要的防渗处理。

深化重点流域污染防治，编制实施七大重点流域水污染防治规划，研究建立流域水生态环境功能分区管理体系。对化学需氧量、氨氮、总磷、重金属及其他影响人体健康的污染物采取针对性措施，加大整治力度。汇入富营养化湖库的河流应实施总氮排放控制。环境容量较小、生态环境脆弱、环境风险高的地区，应执行水污染物特别排放限值。加强良好水体保护，对江河源头及现状水质达到或优于Ⅲ类的江河湖库开展生态环境安全评估，制定实施生态环境保护方案。

加强近岸海域环境保护，近岸海域污染防治方案。沿海地级及以上城市实施总氮排放总量控制。研究建立重点海域排污总量控制制度。推进生态健康养殖，在重点河湖及近岸海域划定限制养殖区。实施水产养殖池塘、近海养殖网箱标准化改造，鼓励有条件的渔业企业开展海洋离岸养殖和集约化养殖。积极推广人工配合饲料，逐步减少冰鲜杂鱼饲料使用。加强养殖投入品管理，依法规范、限制使用抗生素等化学药品，开展专项整治。严格控制环境激素类化学品污染，整治城市黑臭水体，采取控源截污、垃圾清理、清淤疏浚、生态修复等措施，加大黑臭水体治理力度。

保护水和湿地生态系统，加强河湖水生态保护，科学划定生态保护红线。禁止侵占自然湿地等水源涵养空间，已侵占的要限期予以恢复。强化水源涵养林建设与保护，开展湿地保护与修复，加大退耕还林、还草、还湿力度。加强滨河（湖）带生态建设，在河道两侧建设植被缓冲带和隔离带。加大水生野生动植物类自然保护区和水产种质资源保护区保护力度，开展珍稀濒危水生生物和重要水产种质资源的就地和迁地保护，提高水生生物多样性。

保护海洋生态，展开海洋生态补偿及赔偿等研究，实施海洋生态修复。认真执行围填海管制计划，严格围填海管理和监督，重点海湾、海洋自然保护区的核心区及缓冲区、海洋特别保护区的重点保护区及预留区、重点河口区域、重要滨海湿地区域、重要砂质岸线及沙源保护海域、特殊保护海岛及重要渔业海域禁止实施围填海，生态脆弱敏感区、自净能力差的海域严格限制围填海。严肃查处违法围填海行为，追究相关人员责任。将自然海岸线保护纳入沿海地方政府政绩考核。

9. 明确和落实各方责任

强化地方政府水环境保护责任，不断完善政策措施，加大资金投入，统筹城乡水污染治理，强化监管，确保各项任务全面完成。加强部门协调联动，建立全国水污染防治工作协作机制，定期研究解决重大问题。落实排污单位主体责任，各类排污单位要严格执行环保法律法规和制度，加强污染治理设施建设和运行管理，开展自行监测，落实治污减排、环境风险防范等责任。严格目标任务考核，国务院与各省（区、市）人民政府签订水污染防治目标责任书，分解落实目标任务，切实落实“一岗双责”。将考核结果作为水污染防治相关资金分配的参考依据。对未通过年度考核的，要约谈省级人民政府及其相关部门有关负责人，提出整改意见，予以督促；对有关地区和企业实施建设项目环评限批。对因工作不力、履职缺位等导致未能有效应对水环境污染事件的，以及干预、伪造数据和没有完成年度目标任务的，要依法依纪追究有关单位和人员责任。对不顾生态环境盲目决策，导致水环境质量恶化，造成严重后果的领导干部，要记录在案，视情节轻重，给予组织处理或党纪政纪处分，已经离任的也要终身追究责任。

10. 强化公众参与和社会监督

依法公开环境信息，综合考虑水环境质量及达标情况等因素，国家每年公布最差、最好的 10 个城市名单和各省（区、市）水环境状况。对水环境状况差的城市，经整改后仍达不到要求的，取消其环境保护模范城市、生态文明建设示范区、节水型城市、园林城市、卫生城市等荣誉称号，并向社会公告。各省（区、市）人民政府要定期公布本行政区域内各地级市（州、盟）水环境质量状况。国家确定的重点排污单位应依法向社会公开其产生的主要污染物名称、排放方式、排放浓度和总量、超标排放情况，以及污染防治设施的建设和运行情况，主动接受监督。研究发布工业集聚区环境友好指数、重点行业污染物排放强度、城市环境友好指数等信息。

加强社会监督，为公众、社会组织提供水污染防治法规培训和咨询，邀请其全程参与重要环保执法行动和重大水污染事件调查；公开曝光环境违法典型案件。健全举报制度，充分发挥“12369”环保举报热线和网络平台作用。限期办理群众举报投诉的环境问题，一经查实，可给予举报人奖励。通过公开听证、网络征集等形式，充分听取公众对重大决策和建设项目的意见。积极推行环境公益诉讼。

构建全民行动格局，立“节水洁水，人人有责”的行为准则；加强宣传教育，把水资源、水环境保护和水情知识纳入国民教育体系，提高公众对经济社会发展和环境保护客观规律的认识。

4.7　双语助力站

4.7.1　全球蒸馏

全球蒸馏或蚱蜢跳效应是指某些化合物的地球化学过程，特别是持久性有机污染物（POPs），已从地球的较暖地区迁移到了较低温地区，甚至到达了极地与高山。全球蒸馏解释了为什么在北极地区及居住在那里的动物和人们的体内发现了浓度相对较高的持久性有机污染物，而大多数化合物在当地并没有相应量的使用。

Global distillation or the grasshopper effect is the geochemical process by which certain chemicals，most notably persistent organic pollutants（POPs），are transported from warmer to colder regions of the Earth，particularly the poles and mountain tops. Global distillation explains why relatively high concentrations of POPs have been found in the Arctic environment and in the bodies of animals and people who live there，even though most of the chemicals have not been used in the region in appreciable amounts.

全球蒸馏过程的原理可以用在实验室制备液体或净化化学品的蒸馏原理来解释。在此过程中，物质在相对较高的温度下蒸发，之后蒸气在迁移到温度较低的地区时冷凝。某些化合物在全球范围内也出现了类似的现象。当这些化合物释放到环境中时，一些化合物在温度较高时蒸发，并随风迁移，之后在温度较低地区发生冷凝。化合物的沉降会在其从较暖地区被吹到较冷地区或季节变化等温度降幅足够大的情况下发生。最终造成低纬度到高纬度，低海拔到高海拔的大气运输。全球蒸馏是依赖于相对较慢的连续蒸发/冷凝循环的过程，因此它只对于环境中降解缓慢的半挥发性化合物有作用效果，如 DDT、多氯联苯和林丹。

The global distillation process can be understood using the same principles that explain distillations used to make liquor or purify chemicals in a laboratory. In these processes，a substance is vapoured at a relatively high temperature，and then the vapour travels to an area of lower temperature where it condenses. A similar phenomenon occurs on a global scale for certain chemicals. When these chemicals are released into the environment，some evaporates when ambient temperatures are warm，blows around on winds until temperatures are cooler，and then condensation occurs. Drops in temperature large enough to result in deposition can occur when chemicals are blown from warmer to cooler climates，or when seasons change. The net effect is atmospheric transport from low to high latitude and altitude. Since global distillation is a relatively slow process that relies on successive evaporation/condensation cycles，it is only effective for semi-volatile chemicals that break down very slowly in the environment，like DDT，polychlorinated biphenyls，and lindane.

研究此效应发现，它们常通过来自世界各地的空气、水或生物样品中的某种化学物质的浓度与收集样品的纬度关联，如在高纬度的水样、地衣和树皮中测量的 PCBs、六氯苯和林丹的浓度水平较高。

Several studies have measured the effect，usually by correlating the concentrations of a certain chemical in air，water，or biological specimens from various parts of the world with the latitude from which the samples were collected. For example，the levels of PCBs，hexachlorobenzene，and lindane measured in water，lichens and tree bark have been shown to be greater in higher latitudes.

这种效应也解释了为什么尽管在北极和高原地区并没有农业活动，但仍发现了某些农药，并且北极居民对某些持久性有机污染物有着最高的身体负荷。然而，新的研究表明，寒冷地区相对较高的污染水平是由于污染物在寒冷地区比温暖地区降解速率低造成的。

The effect is also used to explain why certain pesticides are found in Arctic and high altitude samples even though there is no agricultural activity in these areas，and why indigenous peoples of the Arctic have some of the highest body burdens of certain POPs ever measured. New studies，however，revealed that the relatively high levels in cold regions are determined by slower degradation compared to warm regions.

4.7.2　新型污染物

环境化学品对人类健康和可持续发展的威胁在近二十年一直在增加。随着新型精尖科学技术的出现，新型污染物（ECs）的全球威胁增加，造成了巨大的公共风险。

The threats of environmental chemicals to human health and a sustainable environment have been increasing over the past two decades. With the emergence of novel and complex scientific technologies，emerging contaminants（ECs）have become significant public risks and increasing global threats.

ECs 在环境中的存在仅在过去 20 年才被广泛研究，这是因为过去缺乏可以检测到环境样品中较低水平浓度（μg/L 水平）的足够灵敏的分析方法。这些污染物普遍存在于水生及陆地环境中，如 PPCPs。但这些污染物在浓度较低的情况下依然会造成不利于生态环境和人类健康的影响。

ECs are pollutants whose occurrence in the environment has been investigated widely only in the last 20 years due to lack of sensitive analytical methods that can detect their relatively low levels（typically in μg/L levels）in environmental samples. These contaminants are widespread in the aquatic and terrestrial environments，such as PPCPs. However，many of these contaminants have the potential to cause adverse ecological and human health effects even at low levels.

由于人类的大量使用和不当处理，药品和个人护理品（PPCPs）作为一种痕量的新型污染物不断地进入环境。PPCPs 浓度低、结构复杂、不易降解，会在环境中不断积累，造成严重的环境问题。

Due to the abundant usage and improper treatment，pharmaceuticals and personal care products（PPCPs），as emerging contaminants，are continuously increasing in the environment. PPCPs can be continuously a cumulated in the environment due to its trace concentration，complex chemical structure and degradation difficulties，which has caused serious environmental problems.

环境中 PPCPs 和 ECs 的来源主要是人类活动，并由市政污水处理厂（WWTP）排入环境。此外，动物农业和水产养殖也是重要来源，尤其是在其治疗过程中抗生素的使用，同时还有排泄的天然激素及用于调节生殖系统和动物生长的合成激素。这些物质已在世界范围的污水处理厂废水、地表水、饮用水和地下水中被检测到。

The sources of PPCPs and ECs in the environment are mostly from human related activities，coming from municipal wastewater treatment plant（WWTP）discharges. In addition，animal agriculture and aquaculture are also important sources，especially for antibiotics that are administered therapeutically，and for hormones that are excreted naturally or synthetic hormones that are used to regulate the reproductive system and animal growth. These compounds have been detected worldwide in WWTP effluents，surface water，drinking waterand groundwater.

大量文献报道，在世界各地最广泛使用的活性污泥废水处理过程不能有效地处理许多 PPCPs 类物质。活性污泥中 PPCPs 的生物降解受多种因素的影响，包括化合物的物理化学性质、原位碳负载、氧化还原条件、水力停留时间、污泥泥龄和微生物组成等。尽管常规活性污泥处理方法能够部分或完全去除一些 PPCPs，但是更多的 PPCPs 去除量很少甚至没有被去除。例如，卡马西平和双氯芬酸通常对降解过程有抗性。因此，替代的处理系统正在被探索，以提高废水中 ECs 的去除效率。ECs 更有效的处理系统是两种或多种处理技术的组合，如微滤法和反渗透膜处理组合，膜超滤、活性炭吸附和超声照射组合，电酶催化和电凝技术的组合，以及在膜生物过滤前用 UV/H_2O_2 高级氧化法进行预处理。

It is now well documented that many PPCPs escape the activated sludge wastewater treatment process，which is the most widely used treatment system in the world. The biodegradation of PPCPs in activated sludge depends on various factors including，but not limited to，the physico-chemical properties of the compounds，*in-situ* carbon loading，redox conditions，hydraulic retention times，sludge retention times，and microbial community composition among other things. While some PPCPs are removed partially or completely during conventional activated sludge treatment，a significant number of PPCPs have experienced very little to no removal. For example，carbamazepine and diclofenac are typically resistant to degradation. Therefore，alternative treatment systems are being explored to improve removal efficiencies of ECs in wastewater. Treatment systems that are suspected to be more efficient in removing ECs involve implementation of a combination of two or more treatment technologies such as membrane treatment with microfiltration and reverse osmosis，simultaneous application of membrane ultrafiltration，activated carbon adsorption and ultrasound irradiation，a combination of electro-enzymatic catalysis and electrocoagulation，and the use of UV/H_2O_2 during advanced oxidation prior to membrane biofiltration.

第 5 章　土壤环境问题

现代工农业生产的发展使进入土壤环境的污染物数量大大增加。伴随化肥和农药使用量增加、工业生产废水排入农田、城市污水及废物不断进入土壤，其中的环境污染物的数量和产生速度超过了土壤的承受容量和净化速度，从而破坏了土壤的自然动态平衡，使土壤质量下降，造成土壤的污染。土壤污染就其危害而言，比大气污染、水体污染更为持久，其影响更为深远。本章介绍了土壤环境并着重针对土壤环境出现的典型问题进行讨论。

5.1　土壤环境概述

5.1.1　土壤的结构和组成

1. 土壤的结构

土壤结构指土壤颗粒的排列与组合形式，是成土过程或利用过程中由物理的、化学的和生物的多种因素综合作用而形成，按形状可分为块状、片状和柱状三大类型；按大小、发育程度和稳定性等，可再分为团粒、团块、块状、棱块状、棱柱状、柱状和片状等结构。表 5.1 和表 5.2 描述了国际制土壤质地类别和性状。

表 5.1　国际制土壤质地分类

质地分类		各级土地质量分数/%		
类别	质地名称	黏粒（<0.002 mm）	粉砂粒（0.02～0.002 mm）	砂粒（2～0.02 mm）
砂土类	砂土及壤质砂土	0～15	0～15	85～100
壤土类	砂质壤土	0～15	0～45	55～85
	壤土	0～15	35～45	45～55
	粉砂质壤土	0～15	45～100	0～55
黏壤土类	砂质黏壤土	15～25	0～30	55～85
	黏壤土	15～25	20～45	30～55
	粉质黏壤土	15～25	45～85	0～40
黏土类	砂质黏土	25～45	0～20	55～75
	壤质黏土	25～45	0～45	10～55
	粉质黏土	25～45	45～75	0～30
	黏土	45～65	0～35	0～55
	重黏土	65～100	0～35	0～35

表 5.2　土壤性状

土壤性状	土壤质地		
	砂土	壤土	黏土
比表面积	小	中等	大
紧密性	小	中等	大
空隙状况	大孔隙多	中等	细孔隙多
通透性	大	中等	小
有效含水量	低	中等	高
保肥能力	小	中等	大
保水分能力	低	中等	高
在春季的土温	暖	凉	冷
触觉	砂	滑	黏

块状结构体近似立方体型，长、宽、高大体相等。1～3 cm 的称为核状结构体，外形不规则，多在黏重而乏有机质的土中生成，熟化程度低的死黄土常见此结构，由于相互支撑，会增大孔隙，造成水分快速蒸发，多有压苗作用，不利于植物生长繁育。片状结构体呈水平面排列，水平轴比垂直轴长，界面呈水平薄片状；农田犁耕层、森林的灰化层、园林压实的土壤均属此类；不利于通气透水，造成土壤干旱，水土流失。柱状结构体和棱状结构体沿垂直轴排列，垂直轴大于水平轴，土体直立，结构体大小不一，内部无效孔隙占优势，植物的根系难以介入，通气不良，结构体之间有形成的大裂隙，既漏水又漏肥。团粒结构体是最适宜植物生长的结构体土壤类型，它在一定程度上标志着土壤肥力的水平和利用价值；其能协调土壤水分和空气的矛盾；能协调土壤养分的消耗和累积的矛盾；能调节土壤温度并改善土壤的温度状况；能改良土壤的可耕性，改善植物根系的生长伸长条件。

土壤剖面指从地表垂直向下的土壤纵剖面，也就是完整的垂直土层序列，是由一系列不同性质和质地的层次构成的。这些土层大致呈现水平状，是土壤成土过程中物质发生淋溶、沉积、迁移和转化形成的。不同的土层，其组成和形态特征及性质也不同，因此土壤剖面是土壤分类的基本依据。典型的土壤剖面结构可分为五个主要层次。最上层为覆盖层，主要由地球表面的枯枝落叶构成。第二层为淋溶层，该层土壤富含腐殖质，是土壤中生物最活跃的一层，同时也是各种物质发生淋溶作用向下迁移最显著的一层。第三层为沉积层，主要是上一层淋溶出来的有机物、黏土颗粒和无机物在此积累而成的。第四层为母质层，由风化的成土母岩构成。第五层为母岩层，是未风化的基岩，严格来说，母质层和母岩层均不属于真正的土壤，土壤剖面图如图 5.1 所示。

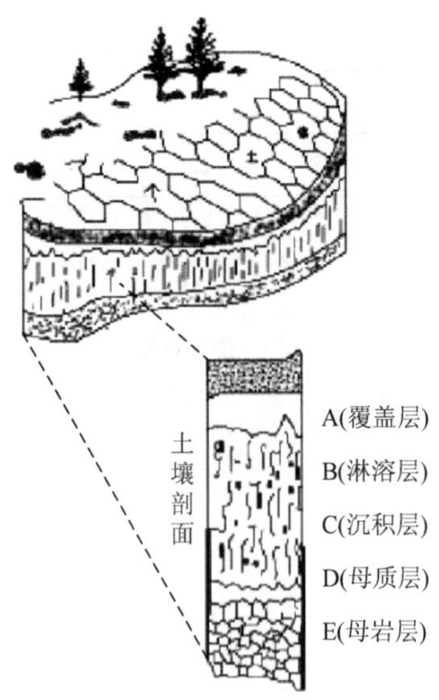

图 5.1　土壤剖面图

2. 土壤的组成

土壤是由固体、液体和气体三类物质组成的多相体系，土壤固相包括土壤矿物质（原生矿物和次生矿物）和有机质及微生物等，占土壤总质量的90%～95%。土壤液相主要指土壤水分及其可溶物，土壤水分及其可溶物质合称为土壤溶液。土壤气相是存在于土壤孔隙中的空气。土壤中这三类物质构成了一个矛盾的统一体。它们互相联系，互相制约，为作物提供必需的生活条件，是土壤肥力的物质基础。

1）土壤矿物质

土壤矿物质是土壤的主要组成物质，构成了土壤的“骨骼”，占土壤固体总质量的 90%以上。它来源于岩石的物理风化和化学风化作用，其大小和组成复杂多变。

土壤矿物质按其成因类型可分为原生矿物和次生矿物。在土壤形成过程中，原生矿物以不同数量与次生矿物混合成为土壤矿物质。原生矿物是各种岩石受到不同程度的物理风化而未经化学风化形成的碎屑物，在形态上它们是单独的矿物结晶，但在成分和结构上与原始母岩中的矿物一致，没有化学性质上的变化。土壤中 0.001～1 mm 粉砂粒和砂粒几乎全部是原生矿物。次生矿物是指原生矿物化学风化或蚀变后的新型产物，由不稳定的原生矿物形成，其化学组成和结构均发生改变。土壤次生矿物种类很多，不同的土壤所含的次生矿物的种类和数量也不尽相同。土壤中的许多物理、化学过程和性质都与土壤所含的黏土矿物有关。土壤中元素的平均含量与地壳中各元素的克拉克值（地壳元素丰度）相似。地壳中已知的 90 多种元素在土壤中都存在，包括含量较多的十余种元素，如氧、硅、铝、铁、钙、镁、钠、钾、磷、锰、硫等，以及一些微量元素，如锌、硼、铜、钼等。其中，氧和硅是地壳中含量最多的两种元素，分别占地壳质量的 47%和 29%，铝、铁次之。若以 SiO_2、Al_2O_3 和 Fe_2O_3 的形式计算四种元素的含量，则四种元素共占土壤矿物质总量的 75%。

2）有机质

有机质含量的多少是衡量土壤肥力高低的一个重要标志，它和矿物质紧密地结合在一起。在一般耕地耕层中有机质含量只占土壤干重的 0.5%～2.5%，耕层以下土壤有机质更少，但它的作用却很大，常把含有机质较多的土壤称为“油土”。土壤有机质主要来源于施用的有机肥料和残留的根茬，多采用柴草垫圈、秸秆还田、割青沤肥、草田轮作、扩种绿肥等措施，提高土壤有机质含量，使土壤越种越肥，产量越来越高。土壤中有机质按其分解程度分为新鲜有机质、半分解有机质和腐殖质。其中腐殖质是指新鲜有机质经过微生物分解转化所形成的黑色胶体物质，一般占土壤有机质总量的 85%～90%。腐殖质的作用主要有：一是可以作为作物养分的主要来源，腐殖质既含有氮、磷、钾、硫、钙等大量元素，还有微量元素，经微生物分解可以释放出来供作物吸收利用。二是能增强土壤的吸水、保肥能力，还可改良土壤物理性质，腐殖质是形成团粒结构的良好胶结剂，可以提高重黏土的疏松度和通气性，改变砂土的松散状态。同时，由于它的颜色较深，有利于吸收阳光，提高土壤温度。三是促进土壤微生物的活动，腐殖质为微生物活动提供了丰富的养分和能量，又能调节土壤酸碱反应，因而有利微生物活动，促进土壤养分的转化。

3）土壤生物

土壤生物是土壤中具有生命力的组成成分，它们不但参与岩石的风化作用，而且是参与成土作用的主要因素。土壤生物是栖居在土壤中的生物体的总称，主要包括土壤动物、土壤微生物和植物。土壤生物与其生活的土壤环境构成了生态系统，在系统中各种生物间有着复杂的食物链和食物网的关系，但生物群体的组成都处于相对稳定的平衡状态。在整个土壤生态系统中，微生物分布广、数量大、种类多，是土壤生物中最活跃的部分。1 g 土壤中的微生物的数量就有几亿到几百亿个。1 亩[①]地耕层土壤中，微生物的质量有几百斤到上千斤[②]。土壤越肥沃，微生物越多。土壤微生物的种类很多，有细菌、真菌、放线菌、藻类和原生动物等。

微生物在土壤中的主要作用有以下几方面：一是分解有机质，作物的残根败叶和施入土壤中的有机肥料，只有经过土壤微生物的作用，才能腐烂分解，释放出营养元素供作物利用。并且形成腐殖质，改善土壤的理化性质。二是分解矿物质，如磷细菌能分解出磷矿石中的磷，钾细菌能分解出钾矿石中的钾，以利作物吸收利用。三是可以固定氮素，氮气在空气的组成中占 4/5，数量很大，但植物不能直接利用。而土壤中的固氮菌能利用空气中的氮素作为营养物质，在它们死亡和分解后，这些氮素就能被作物吸收利用。固氮菌分两种，一种是生长在豆科植物根瘤内的，称为根瘤菌，种豆能够肥田，就是因为根瘤菌的固氮作用增加了土壤里的氮素。另一种固氮菌单独生活在土壤中，称为自生固氮菌。

4）土壤水分和土壤溶液

土壤水分是土壤的重要组成部分之一，主要来自大气降水、灌溉水和地下水。这些水充当土壤所发生各种化学反应的介质，对于岩石风化、土壤形成、植物生长有着决定性的意义。土壤水分的消耗形式主要有土壤蒸发、植物吸收和蒸腾、水分渗漏和径流损失等。按水分的存在形式和运动形式，土壤水分可划分为吸湿水、毛管水和重力水等。土壤水分并非纯水，事实上是土壤中各种成分和污染物溶解形成的溶液，即土壤溶液。因此，土壤水分既是植物养分的主要来源，也是进入土壤的各种污染物向其他环境圈层迁移的媒介。

土壤是一个疏松多孔体，其中有大大小小蜂窝状的孔隙。直径 0.001～0.1 mm 的土壤孔隙称为毛管孔隙。存在于土壤毛管孔隙中的水分能被作物直接吸收利用，同时还能溶解和输送土壤养分。毛管水可以上下左右移动，但移动的快慢取决于土壤的松紧程度。松紧适宜，移动速度快，过松或过紧，移动速度都较慢。降水或灌溉后，随着地面蒸发，下层水分沿着毛管迅速向地表上升。

5）土壤空气

土壤空气主要来源于大气，同时土壤内部进行的生物化学过程也能产生一些气体。土壤空气存在于未被水分占据的孔隙中，它对土壤微生物活动、营养物质转化及植物生长发育都有重要的作用。总体来看，土壤空气和大气的主要成分相似，都是氮气、氧气和二氧

① 1 亩≈666.67 m^2。

② 1 斤 = 0.5 kg。

化碳。但土壤生物生命活动和气体交换的影响，使得土壤空气中各气体组分有所变化。土壤生物的呼吸作用和有机质的分解等原因，使得土壤空气中 CO_2 的含量比大气高。土壤空气中 CO_2 的含量一般为 0.15%～0.65%，而大气中 CO_2 的含量为 0.02%～0.03%。同样由于生物消耗，土壤空气中的 O_2 的含量比大气低。一般情况下，土壤空气中的水汽含量一般大于 70%，远比大气高。在土壤中，由于有机质的缺氧分解，还可能产生甲烷、氢气等气体。土壤空气中还经常有氨气存在，但含量不高。土壤空气对作物种子发芽、根系发育、微生物活动及养分转化都有极大的影响，生产上应采用深耕松土、破除板结、排水、晒田等措施，以改善土壤通气状况，促进作物生长发育。

5.1.2　土壤的性质

土壤基本性质包括土壤的物理性质和化学性质。物理性质包括土壤质地、土壤孔隙性、土壤结构性、土壤热性质、土壤耕性等；土壤化学性质包括土壤酸碱性和土壤氧化还原性等。

1. 土壤胶体

土壤中两个最活跃的组分是土壤胶体和土壤微生物，它们对污染物在土壤中的迁移、转化有重要的作用。土壤胶体是土壤中高度分散的部分，指土壤中颗粒直径小于 2 μm 或小于 1 μm 具有胶体性质的微粒。胶体以其巨大的表面积和带电性，而使土壤具有吸附性。一般土壤的黏土矿物和腐殖质都具有胶体性质。常见的胶体物质主要有硅、铁、铝的含水氧化物、腐殖质、木质素和纤维素、阳离子与带负电荷的黏土矿物或腐殖质形成的复合物等。土壤的许多物理、化学现象，如土壤的分散与凝聚、离子的吸附与交换、酸碱性、缓冲性、黏结性、可塑性等都与胶体的性质有关。

土壤胶体具有巨大的比表面积和表面能，比表面积是单位质量（或体积）物质的表面积。由于胶体的比表面积和表面能都很大，为减小表面能，胶体具有相互吸引、凝聚的趋势，这就是胶体的凝聚性。土壤胶体发生凝聚的主要原因是带有负电荷的胶体被阳离子中和。但是在土壤溶液中，胶体常带负电荷，即具有负的电动电位，所以胶体微粒又因电荷相同而相互排斥，电动电位越高，相互排斥力越强，胶体微粒呈现出的分散性也越强。

土壤胶体的分散性和凝聚性，决定着土壤中胶体微粒与微量污染物结合的粒度分布，因而影响着污染物的行为和归宿。土壤凝聚性能受土壤胶体的电动电位和扩散层厚度因素影响。例如，当土壤溶液中阳离子增多时，由于土壤胶体表面负电荷被中和，从而加强土壤的凝聚。阳离子的凝聚能力与离子的种类和浓度有关。在土壤中具有凝聚能力的离子有 Na^+、NH_4^+、Ca^{2+}、Al^{3+}等，其凝聚能力大小为 $Na^+ < K^+ < NH_4^+ < H^+ < Mg^{2+} < Ca^{2+} < Al^{3+} < Fe^{3+}$。土壤胶体微粒具有双电层，微粒内部称为粒核，一般带负电荷，形成一个负离子层，其外部由于电性吸引，而形成一个正离子层，合称为双电层。在土壤胶体双电层的扩散层中，补偿离子与溶液中具有相同电荷的离子作等离子价交换，称为离子交换。离子从溶液中转移到胶体表面的过程称为离子交换吸附。离子交换吸附主要有阳离子交换吸附和阴离子交换吸附两种类型。

2. 土壤酸碱性

由于土壤是一个复杂的体系，存在各种化学和生物反应，因此在土壤物质的转化过程中会产生各种酸性和碱性物质，使土壤溶液总是含有一定数量的 H^+和 OH^-。两者的浓度比例决定着土壤的固相组成和吸附性能，是土壤的重要化学性质之一。根据酸碱度可将土壤划分为九个等级。我国土壤的 pH 大多在 4.5～8.5，并且有由南向北递增的规律，表 5.3 总结了土壤的酸碱度分级。

表 5.3　土壤酸碱度分级

酸碱度分级	pH	酸碱度分级	pH	酸碱度分级	pH
极强酸性	＜4.5	弱酸性	6.0～6.5	碱性	7.5～8.5
强酸性	4.5～5.5	中性	6.5～7.0	强碱性	8.5～9.5
酸性	5.5～6.0	弱碱性	7.0～7.5	极强碱性	＞9.5

1）土壤酸度

根据土壤溶液中 H^+存在方式，土壤酸度可分为活性酸度和潜性酸度两大类。土壤活性酸度是土壤溶液中 H^+浓度的直接反映，又称为有效酸度，通常用 pH 表示。土壤溶液中的 H^+主要来源于土壤空气中的二氧化碳溶于水形成的碳酸、有机质分解产生的有机酸，以及氧化作用产生的大量无机酸和无机肥料残留的残根等。此外，大气污染作用产生的酸雨所带来的大量的硫酸会使土壤酸化，也是土壤活性酸度的一个重要来源。土壤潜性酸度的来源是土壤胶体吸附的可代换性 H^+和 Al^{3+}。当这些离子通过离子交换作用进入土壤溶液中之后，能够增加土壤溶液的 H^+浓度，使土壤 pH 降低。只有盐基不饱和土壤才有潜性酸度，其大小与土壤代换量和盐基饱和度有关。

活性酸度与潜性酸度的关系：土壤的活性酸度与潜性酸度是同一平衡体系的两种酸度。二者可以互相转化，在一定条件下处于暂时平衡状态。土壤潜性酸度往往比活性酸度大得多。

2）土壤碱度

土壤碱度是在土壤溶液中 OH^-浓度超过 H^+浓度时反映出来的性质，和土壤酸度一样，也用 pH 表示。土壤溶液中 OH^-的主要来源是 CO_3^{2-} 和 HCO_3^- 的碱金属及碱土金属盐类。碳酸盐碱度和重碳酸盐的总和称为总碱度。不同溶解度的碳酸盐和重碳酸盐对土壤碱性的贡献不同。

3）土壤的缓冲性能

土壤缓冲性能是指土壤具有缓和其 pH 发生剧烈变化的能力，它可以保持土壤反应的相对稳定，为植物和土壤生物创造比较稳定的生长环境。土壤具有缓冲性，因而有助于缓和土壤酸碱变化。

土壤溶液缓冲作用是因土壤溶液中含有碳酸、硅酸、磷酸、腐殖酸和其他有机酸等弱酸及其盐类，构成了一个良好的缓冲体系，对酸碱具有缓冲作用。土壤缓冲作用的大小与土壤代换量有关，其随代换量的增大而增大。土壤胶体的数量和盐基代换量越大，土壤的缓冲性能越强；盐基饱和度越高，对酸的缓冲能力越强，盐基饱和度越低，对碱的缓冲能力越强。影响土壤缓冲性能的因素有以下几个方面：①黏粒矿物类型：含蒙脱石和伊利石多的土壤，其缓冲性能要大一些；②黏粒的含量：黏粒含量增加，缓冲性增强；③有机质含量：有机质多少与土壤缓冲性大小成正相关。一般来说，土壤缓冲性强弱的顺序是腐殖质土＞黏土＞砂土，故增加土壤有机质和黏粒，就可增加土壤的缓冲性。土壤缓冲性的意义是使土壤酸度保持在一定的范围内，避免因施肥、根的呼吸、微生物活动和湿度的变化等而使 pH 变化，为高等植物和微生物提供一个有利的环境条件。

3. 土壤的氧化还原性

氧化还原反应是土壤中无机物和有机物发生迁移转化并对土壤生态系统产生重要影响的化学过程。土壤氧化还原能力的大小可以用土壤的氧化还原电位来衡量，其值是以氧化态物质与还原态物质的相对浓度比为依据。土壤中主要的氧化还原体系有硫体系（SO_4^{2-}、H_2S）、氮体系（NO_3^-、NO_2^-、N_2、NH_4^+）、碳体系（CO_3^{2-}、CH_4）等。土壤中主要氧化剂有土壤中氧气、NO_3^-和高价金属离子。土壤中的主要还原剂有有机质和低价金属离子。此外，土壤中植物的根系和土壤生物也是土壤发生氧化还原反应的重要参与者。

5.1.3 土壤污染特点及污染类型

大气污染、水污染和废弃物污染等问题一般都比较直观，通过感官就能发现。而土壤污染则不同，土壤污染具有隐蔽性和滞后性，它往往要通过对土壤样品进行分析化验和农作物的残留检测，甚至通过研究对人畜健康状况的影响才能确定。因此，土壤污染从产生污染到出现问题通常会滞后较长的时间。土壤污染具有累积性，污染物质在大气和水体中，一般都比在土壤中更容易迁移。这使得污染物质在土壤中并不像在大气和水体中那样容易扩散和稀释，因此容易在土壤中不断积累而超标，同时也使土壤污染具有很强的地域性。土壤污染还有不可逆转性，重金属对土壤的污染基本上是一个不可逆转的过程，许多有机物质的污染也需要较长的时间才能降解，如被某些重金属污染的土壤可能要 100～200 年才能够恢复。土壤污染一旦发生，仅依靠切断污染源的方法往往很难恢复，有时要靠换土、淋洗土壤等方法才能解决问题，其他治理技术可能见效较慢。鉴于土壤污染难于治理，而土壤污染问题的产生又具有明显的隐蔽性和滞后性等特点，因此土壤污染问题一般都不太容易受到重视。土壤污染还有一个特点就是高辐射，大量的辐射污染了土地，使被污染的土地含有一种毒质，这种毒质会使植物停止生长。

土壤污染大致可分为无机污染物和有机污染物两大类。无机污染物主要包括酸、碱、重金属、盐类，放射性元素铯、锶的化合物，含砷、硒、氟的化合物等。有机污染物主要包括有机农药、酚类、氰化物、石油、合成洗涤剂，以及由城市污水、污泥及厩肥带来的有害微生物等。当土壤中含有害物质过多，超过土壤的自净能力时，就会引起土壤的组成、结构和功能发生变化，微生物活动受到抑制，有害物质或其分解产物在土壤中逐渐积累通过“土壤→植物→人体”或“土壤→水→人体”间接被人体吸收，危害人体健康，这就是土壤污染。

进入土壤的污染物，因其类型和性质的不同而主要有固定、挥发、降解、流散和淋溶等不同去向。重金属离子主要是能使土壤无机和有机胶体发生稳定吸附的离子，包括与氧化物专性吸附和与胡敏素紧密结合的离子，以及土壤溶液化学平衡中产生的难溶性金属氢氧化物、碳酸盐和硫化物等，其大部分被固定在土壤中而难以排除；虽然一些化学反应能缓和其毒害作用，但其仍是对土壤环境的潜在威胁。

化学农药主要是通过气态挥发、化学降解、光化学降解和生物降解而最终从土壤中消失，其挥发作用的强弱主要取决于自身的溶解度和蒸气压，以及土壤的温度、湿度和结构状况。例如，大部分除草剂均能发生光化学降解，一部分农药（有机磷等）能在土壤中产生化学降解，使用的农药多为有机化合物，故也可产生生物降解。土壤中的重金属和农药都可随地面径流或土壤侵蚀而部分流失，引起污染物的扩散；作物收获物中的重金属和农药残留物也会向外环境转移，即通过食物链进入家畜和人体等。施入土壤中过剩的氮肥，在土壤的氧化还原反应中分别形成 NO、NO_2 和 NH_3、N_2。前两者易于淋溶而污染地下水，后两者易于挥发而造成氮素损失并污染大气。图 5.2 是农药在土壤中的迁移过程。

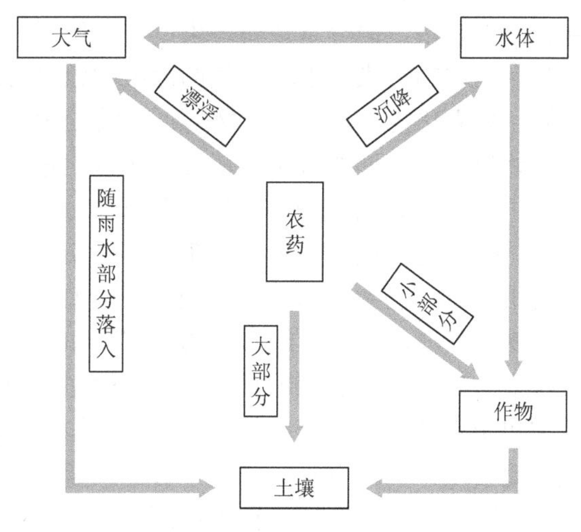

图 5.2　农药在土壤中的迁移

土壤污染物有下列 4 类。

化学污染物——包括无机污染物和有机污染物。前者有汞、镉、铅、砷等重金属，过量的氮、磷植物营养元素及氧化物和硫化物等；后者有各种化学农药、石油及其裂解产物，以及其他各类有机合成产物等。

物理污染物——指来自工厂、矿山的固体废弃物，如尾矿、废石、粉煤灰和工业垃圾等。

生物污染物——指带有各种病菌的城市垃圾和由卫生设施（包括医院）排出的废水、废物及厩肥等。

放射性污染物——存在于核原料开采和大气层核爆炸地区，以锶等在土壤中生存期长的放射性元素为主。

土壤污染的途径也有很多种，分为无机污染和有机污染。例如，工业废水的排放污染土壤，用未经处理或未达到排放标准的工业污水灌溉农田是污染物进入土壤的主要途径，其后果是在灌溉渠系两侧形成污染带，属封闭式局限性污染。酸雨也会污染土壤环境，工业排放的 SO_2、NO 等有害气体在大气中发生反应而形成酸雨，以自然降水形式进入土壤，引起土壤酸化。此外，堆积场所土壤直接受到污染，自然条件下的二次扩散会形成更大范围的污染。随着农业现代化，特别是农业化学水平的提高，大量化学肥料及农药散落到环境中，土壤遭受非点源污染的机会越来越多，其程度也越来越严重。在水土流失和风蚀作用等的影响下，污染面积不断地扩大。

根据污染物的性质不同，土壤污染物分为无机物和有机物两类。无机物主要有汞、铬、铅、铜、锌等重金属和砷、硒等非金属；有机物主要有酚、有机农药、油类和洗涤剂类等。以上这些化学污染物主要是由污水、废气、固体废弃物、农药和化肥带进土壤并积累起来的。污水排放造成土壤环境污染是由于生活污水和工业废水中，含有氮、磷、钾等许多植物所需要的养分，所以合理地使用污水灌溉农田，一般有增产效果。但污水中还含有重金属、氰化物等许多有毒有害的物质，如果污水没有经过必要的处理而直接用于农田灌溉，会将污水中有毒有害的物质带至农田，污染土壤。例如，冶炼、电镀、燃料等工业废水能引起镉、汞、铬、铜等重金属污染；石油化工、肥料等工业废水会引起酚、三氯乙醛、农药等有机物的污染。工业废气的污染大致分为两类：气体污染，如二氧化硫、氟化物、臭氧、氮氧化物、碳氢化合物等；气溶胶污染，如粉尘、烟尘等固体粒子及烟雾、雾气等液体粒子，它们通过沉降或降水进入土壤，造成污染。例如，有色金属冶炼厂排出的废气中含有铬、铅、铜、镉等重金属，对附近的土壤造成污染；生产磷肥、氟化物的工厂会对附近的土壤造成粉尘污染和氟污染。施用化肥是农业增产的重要措施，但不合理地使用化肥，也会引起土壤污染。长期大量使用氮肥，会破坏土壤结构，造成土壤板结，生物学性质恶化，影响农作物的产量和质量。过量地使用硝态氮肥，会使饲料作物含有过多的硝酸盐，妨碍牲畜体内氧的输送，使其患病，严重的导致死亡。固体工业污染废物和城市垃圾是土壤的固体污染物。例如，各种农用塑料薄膜作为大棚、地膜覆盖物被广泛使用，如果管理、回收不善，大量残膜碎片散落田间，会造成农田“白色污染”。这样的固体污染物既不易蒸发、挥发，也不易被土壤微生物分解，是一种长期滞留土壤的污染物。

5.2 农药污染问题

施用化学农药是保障农业丰收的重要手段，在农业生产中发挥着非常重要的作用。我国每年施用农药防治病虫草害 3 亿 hm^2，挽回粮食 4.3 亿 t、棉花 160 万 t、蔬菜 4.8 亿 t、水果 520 万 t，总价值 5 亿元左右。然而，长期地不科学用药，剧毒、高残留、难降解农药的大量使用，使土壤受到严重的污染，农药对土壤的污染问题也日益受到了人们的重视。

据统计，目前世界上生产和使用的农药有几千种，世界农药的施用量每年以 10%左右的速度递增。20 世纪 60 年代末，世界农药年产量在 400 万 t 左右，90 年代则超过 3 亿 t。我国是一个农业大国，农药使用量居世界第一，每年达 50 万～60 万 t，其中 80%～90%最终将进入土壤环境，造成有 87 万～107 万 hm^2 的农田土壤受到农药污染。我国农药使用量较大的地区有上海、浙江、山东、江苏和广东，其中以上海和浙江用药量最高，分别达到了 10.8 kg/hm^2 和 10.41 kg/hm^2。以小麦为主要农作物的北方干旱地区施药量小于南方水稻产区；蔬菜、水果的用药量明显高于其他农作物。目前，农药污染已成为我国影响范围最大的一类有机污染，且具有持久性和农产品富集性。随着使用量和使用年数的增加，农药残留逐渐增加，呈现“点—线—面”的立体式空间污染态势。

5.2.1　农药污染土壤的主要途径及原因

1. 农药污染土壤的主要途径

一是在病虫害的防治过程中有些农药直接撒入土壤中，用于消灭土壤中的病菌和害虫；二是施用于田间的各种农药大部分落入土壤中，附着于植物体上的农药因风吹雨淋落在土壤中；三是使用浸种、拌种等施药方式或播种带有病菌的种子，通过种子携带的方式进入土壤；四是近年来采用喷射方法如飞机喷射使用农药，约有 50%的农药从叶片落入土壤；五是大量散发或蒸发到空气中的农药，一旦降雨，随雨水降落到土壤中，污染了土壤。图 5.3 显示了农药迁移过程。

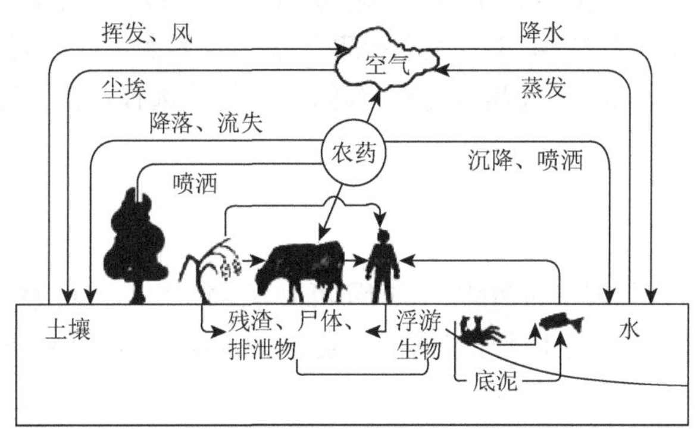

图 5.3　农药迁移过程简图

2. 农药污染土壤的主要原因

我国土壤农药污染除与不合理使用农药有关外，也与农药工业的发展历史密切相关。农药经历了植物性农药、无机化学农药及有机合成农药的发展过程。我国在 20 世纪 30～80 年代初大量使用的无机杀虫剂及有机氯农药仍是今天土壤污染的重要因素，这主要是由于该类农药毒性高，性质稳定，在土壤中残留时间长。例如，早期使用的砷、铅、汞制剂半衰期长达 10～30 年，后来广泛使用的有机氯农药半衰期为 1～4 年，有机磷农药的半衰期一般为几周至几个月，而氨基甲酸酯类农药的半衰期一般为 1～4 周。

5.2.2　主要的农药类型

1. 有机氯类农药

此类农药最主要的品种是 DDT 和六六六，其次是艾氏剂、狄氏剂和异狄氏剂等。其特点是：化学性质稳定，在环境中残留时间长，短期内不易分解，易溶于脂肪中，并在脂肪中蓄积，是造成环境污染的最主要农药类型。目前许多国家都已禁止使用，我国已于1985年全部禁止生产和使用。

2. 有机磷类农药

有机磷类农药是含磷的有机化合物，一般有剧烈毒性，但比较易于分解，在环境中残留时间短，因此常被认为是较安全的一种农药。有机磷农药对昆虫哺乳类动物均可呈现毒性，破坏神经细胞分泌乙酰胆碱，阻碍刺激的传送机能等，使之致死。

3. 氨基甲酸酯类农药

该类农药与有机磷农药一样，具有抗胆碱酯酶作用，中毒症状也相同，但中毒机理有差别。在环境中易分解，在动物体内也能迅速代谢，而代谢产物的毒性多数低于本身毒性，因此属于低残留的农药。

4. 除草剂

除草剂具有选择性，只能杀伤杂草，而不伤害作物。最常用的除草剂有2, 4-D（2, 4-二氯苯基乙酸）和2, 4, 5-T（2, 4, 5-三氯苯氧基乙酸）及其脂类，它们能除去许多阔叶草，但对许多狭叶草则无害，是一种调解物质。有的药剂是非选择性的，对接触到的植物都可杀死，如五氯酸钠。

5. 杀虫剂

杀虫剂是用来防治各种害虫的药剂，有的还可兼有杀螨作用，如敌敌畏、乐果、甲胺磷、杀虫脒、杀灭菊酯等农药。它们主要通过胃毒、触杀、熏蒸和内吸4种方式起到杀死害虫作用。

6. 杀螨剂

杀螨剂是专门防治螨类（红蜘蛛）的药剂，如三氯杀螨砜、三氯杀螨醇和克螨特农药。杀螨剂有一定的选择性，对不同发育阶段的螨防治效果不一样，有的对卵和幼虫或幼螨的触杀作用较好，但对成螨的效果较差。

7. 杀菌剂

杀菌剂是用来防治植物病害的药剂，如波尔多液、代森锌、多菌灵、粉锈宁、克瘟灵等农药。主要起抑制病菌生长、保护农作物不受侵害和渗进作物体内消灭入侵病菌的作用。大多数杀菌剂主要是起保护作用，预防病害的发生和传播。

8. 植物生长调节剂

植物生长调节剂是用来调节植物生长、发育的药剂，如赤霉素（九二零）、萘乙酸、矮壮素、乙烯剂等农药。这类农药具有与植物激素相类似的效应，可以促进或抵制植物的生长、发育，以满足生长的需要。

5.2.3　农药污染对土壤的影响

虽然土壤自身有一定的净化能力，但土壤对外来化学物质的环境容量有限，当进入土壤中的外来化学物质在数量和速度上超过土壤的环境容量时就会导致土壤污染的发生。农药污染对土壤的影响是多方面的。

1. 农药对土壤的污染引起土壤的结构和功能的改变

过多的外来化学物质会改变土壤的结构和功能，引起土壤理化性状，如 pH、Eh、CEC、土壤孔隙度的改变。同时，被农药长期污染的土壤将会出现明显的酸化，土壤全量养分也会随污染程度的加重而减少。

2. 农药对土壤的污染能直接危害生活在土壤中的有益动物

土壤中有一些大型土生动物如蚯蚓、鼠类和一些小型动物种群如线虫纲、弹尾类、稗螨属、蜈蚣目、蜘蛛目、土蜂科等。这些动物一方面对土壤中的污染农药有一定的吸收和富集作用，可以从土壤中带走部分农药，另一方面，土壤农药污染也会造成土壤生物的死亡。此外，一些害虫的天敌也因农药中毒而死亡。

3. 农药污染对土壤微生物的影响

农药污染对微生物群落结构和多样性往往产生不利的影响，这种影响与农药种类和浓度关系密切。在相同浓度下，百菌清对土壤微生物群落结构的影响比对嘧菌酯和戊唑醇两种农药的影响程度更大，时间更长；同样在相同浓度处理下，草甘膦和噻唑啉能提高土壤微生物的活性和生物量，而乐果则降低微生物的活性和生物量。研究表明乐果施用后 10 天能显著降低土壤微生物的呼吸作用。

4. 农药污染对土壤中酶类活性产生影响

土壤中能降解残留农药的酶类来源于植物和微生物，游离在土壤中的酶系会在不利环境条件下被摧毁或钝化。

5.2.4　农药污染土壤的修复及综合治理对策

1. 农药土壤污染的修复

1）物理-化学修复

土壤真空吸引法（SVE）是一种重要的物理-化学修复方法。它是利用真空泵产生负压，驱使空气流过受农药污染的不饱和土壤孔隙而解吸并夹带有机成分流向抽取井，最终于地上处理，对于受挥发性有机农药污染的土壤的净化来说，SVE 是一种有效的方法。在饱和层土壤受农药污染的情况下，可用空气注入地下水，空气上升后对地下水及饱和层土壤中有机农药产生挥发、解吸及生物降解后，空气流将携带这些有机组成继续上升至不饱和层土壤，并通过常规的 SVE 系统回收。

2）化学修复

土壤冲洗修复是一种重要的化学修复技术，即在现场利用冲洗液（水或表面活性物质和有机溶剂）将污染物从土壤中置换出来的技术。一般做法是将冲洗液渗入或注入土壤污染区，使之携带农药达到地下水，然后用泵抽取含有农药的地下水送到污水厂进行处理，如图 5.4 所示。

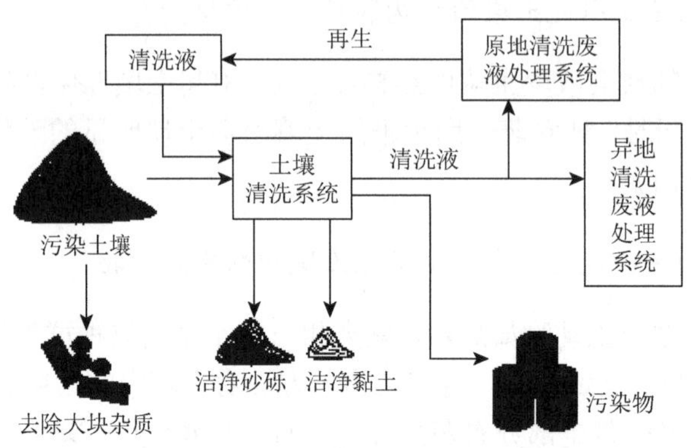

图 5.4　土壤淋洗简图

3）微生物修复

农药的微生物降解是能够彻底消除农药土壤污染的主要途径。微生物降解农药的作用方式可以分为两大类，一是微生物直接作用于农药，通过酶促反应降解农药，常说的微生物降解有机磷农药多属于此类；二是通过微生物的活动改变了化学和物理的环境而间接作用于农药，一般有矿化作用、共代谢作用、生物浓缩或累积作用及其他的间接作用等。

4）植物修复

利用植物能忍耐和超量积累环境中污染物的能力，通过植物的生长来清除环境中的污染物，是一种经济、有效的污染土壤修复方式。植物对土壤中农药的修复主要包括有 3 种机制。

（1）生长代谢活动中发生不同程度的转化或降解。

（2）植物释放到根际土壤中的酶可直接降解有关化合物，其中在农药类有机污染物的降解起着重要作用的植物酶是水解酶类和氧化还原酶类的降解酶，这些酶能通过氧化、还原、脱氢等方式将农药分解成结构简单的无毒小分子化合物。

（3）植物根际与微生物的联合代谢作用，根分泌物和分解物给微生物提供营养物质，而微生物活动也促进了根系分泌物的释放，两者互惠互利，共同加速根际区农药的降解。

5）菌根修复

菌根是土壤真菌菌丝与植物根系形成的共生体。据报道，外生菌丝一方面增加了根与土壤的接触，增强植物的吸收能力，改善植物的生长，提高植株的抗逆性和耐受能力；另一方面菌根化植物能为真菌提供养分，维持真菌代谢活性，并且菌根有着独特的酶途径，用以降解不能被细菌单独转化的有机物。

2. 农药土壤污染的综合治理对策

1）加强农田土壤农药残留的调查研究

加强土壤农药污染的监测，了解土壤农药污染的情况，是防治土壤农药污染的必要措施之一。然而我国有关不同区域、不同土壤利用方式下农田土壤农药污染残留累积情况的报道还很不足，对农产品中农药残留情况也缺乏常规化的监测数据。针对不同类型的农药在环境中的半衰期、毒性效应及环境行为差异较大的特点，有必要加强农田土壤的农药残留情况及不良后果的调查研究，为制定合理恰当的防治措施提供依据。

2）加大危害较大农药的替代技术研发力度

有些农药在中国使用较多，暂时还没有技术上和经济上都可行的替代品，短期内难以完全淘汰，对于此类农药应该加大力度进行替代技术的研究。对于那些危害较小、替代困难的农药，要加强管理，做到合理使用以减小用量，使危害最小化。还可实施有害生物综合治理技术和农田杂草综合治理技术，从而实现少用农药。同时，要通过现代生物技术，研发低毒高效农药，积极开展生物防治技术的研究。

3）调整农艺措施，增强土壤的自净能力

农药在土壤中可通过微生物分解、水解、光化学分解等作用而降解，因此可通过各种农业措施，调节土壤结构、黏粒含量、有机质含量、土壤 pH、微生物种类数量等，增强土壤对农药的降解能力。此外，通过翻土使除草剂、DDT 及某些有机磷农药暴露在太阳光下，以促进其光化学降解。

4）引导农民合理用药和安全施药技术，提高环保意识

造成我国农田土壤农药污染的最主要原因之一就是农药使用技术落后。对农药的具体施用方法、施用时间、所用器械，以及废药的处理、容器清洗等诸多方面进行严格规定和规范操作，以确保土壤环境及作物生长安全性最高，而完善的培训制度是规范执行的必要保障。因此，有必要加强农业技术推广网络和其他信息媒体的建设，及时发布农情、病虫害监测动态信息，通过广开宣传渠道，利用广播、影视、录像和印发或免费赠送防治手册、科普读物，向农民全面宣传讲授科学种田、科学施药的使用新知识与技术，提高农民的环保意识。

5）完善法律法规，建立与国际接轨的质量标准体系

针对当前农药生产和使用过程中的问题，首先要建立健全现行的农药管理法规体系，要加紧制定和出台农药污染防治和农药环境安全监督管理方面的条例。在有法可依的基础上，强化检测与执法工作，为消除农药危害创造条件。其次是借鉴别国的成功经验，建立起一个既符合我国国情，又与国际接轨的农药质量标准体系和检测检验体系，对现有生产企业的产品实施质量认证制度和市场准入制度，加强流通领域管理，促进农药市场的良性发展。

5.3　重金属污染问题

土壤不但为植物生长发育提供有力的机械支撑，而且为植物生长发育提供水、肥、气、

热等要素。重金属是指相对密度等于或大于 5.0 的金属，如 Fe、Zn、Cd、Hg、Ni、Co 等；重金属通过污水、大气沉降、固体废弃物和农用物资等人为活动或自然作用方式进入土壤，经过物理、化学或生物的过程，在土壤中逐渐积累，使土壤中重金属的含量明显高于其自然背景值，使生态破坏和环境质量恶化，造成了土壤的重金属污染。

土壤重金属污染是指由于人类活动，土壤中的微量金属元素在土壤中的含量超过背景值，过量沉积而引起的污染。As 是一种准金属，但由于其化学性质和环境行为与重金属多有相似之处，故在讨论重金属时往往包括砷，有的则直接将其包括在重金属范围内。由于土壤中铁和锰含量较高，因而一般认为它们不是土壤污染元素，但在强还原条件下，铁和锰所引起的毒害也需要人们重视。

5.3.1　土壤重金属污染的危害

1. 重金属对植物的危害

土壤中的重金属会对植物产生一定的毒害作用，引起株高、主根长度、叶面积等一系列生理特征的改变，高浓度的重金属会引起植物体营养不足、酶的有效性降低。实验表明较高浓度的重金属含量有抑制植物体对 Ca、Mg 等矿质元素的吸收和转运的能力。当含 Cd 废水进入土壤后，逐渐在土壤中累积，在较低浓度时即表现出对植物生长的明显抑制作用，使其生长矮小、根系发育生长不良、叶片失绿、穗小粒空、产量降低。

2. 重金属对人和动物的危害

外界环境条件的变化如酸雨、某些土壤添加剂等提高了土壤中重金属的生物可利用性，使得重金属较容易地被植物吸收利用而进入食物链，对食物链上的生物产生毒害。人在铅中毒后会出现高级神经机能障碍；严重时，引起血管管壁抗力减低，发生动脉内膜炎、血管痉挛和小动脉硬化。金属 Hg 进入人体后，会影响能量产生、蛋白质和核酸合成，从而影响细胞正常的功能和生长。在研究癌与土壤环境中 Sn 元素质量分数的关系时发现，居住在 Sn 元素质量分数高的地区的人群癌症死亡率较高。重金属污染对土壤动物群落多样性构成危害，土壤动物群落的组成与数量随着污染的加重而减少。重金属对土壤动物群落的多样性指数、均匀性指数、密度类群指数都有减少的作用。

3. 重金属对土壤环境的危害

研究发现，重金属的增加会影响微生物种类并导致微生物量下降。重金属污染能明显影响土壤微生物群落，降低土壤微生物量和活性细菌数量。重金属的胁迫有时会引起大量营养的缺乏和酶有效性的降低，较高浓度的重金属含量有抑制植物体对 Ca、Mg 等矿物质元素的吸收和转运的能力。Hg 对土壤中脲酶有着敏感的抑制作用，当土壤中脲酶明显减少时，可以说明土壤受到 Hg 的污染。通过室内盆栽实验，发现 Cu、Zn、Cd 元素都可降低土壤中脲酶、碱性磷酸酶和蔗糖酶的活性。研究发现 Hg、Cd 对土壤脲酶活性具有显著的抑制作用。

5.3.2　土壤重金属污染的来源及特性

1. 自然来源

（1）成土母质的风化对土壤重金属本底含量有显著影响。
（2）风力和水力搬运的自然物理和化学迁移。

2. 人为干扰输入

1）大气沉降

能源、运输、冶金和建筑材料生产等产生的含有重金属的气体和粉尘进入大气，通过自然沉降和降水进入土壤。据估计，全世界每年约有 1600 t 的汞通过化石燃料燃烧排放到大气中。含铅汽油的燃烧和汽车轮胎磨损产生的粉尘对大气和土壤造成 Pb、Zn、Cd、Cr、Cu 等污染。

2）污水

未经处理的工矿企业污水排入下水道与生活污水混合，造成污灌区土壤重金属 Hg、Cd、Cr、Pb 等的含量逐年增加。例如，淮阳污灌区土壤 Hg、Ca、Cr、Pb、As 等重金属 1995 年已超过警戒线，其他灌区部分重金属含量也远远超过当地背景值。

3）固体废弃物

工矿业固体废弃物堆放或处理过程中，由于日晒、雨淋、水洗，重金属极易移动，以辐射状、漏斗状向周围土壤、水体扩散。沈阳冶炼厂冶炼锌产生的矿渣主要含 Zn、Cd，1971 年开始堆放在一个洼地场所，目前已扩散到离堆放场 700 m 以外的范围。

有一些固体废弃物被作为肥料施入土壤，造成土壤重金属污染；磷石膏是化肥工业废物，含有一定量的正磷酸及不同形态的含磷化合物，并可改良酸性土壤，因而被大量施入土壤，造成了土壤中 Cr、Pb、Mn、As 含量增加。磷钢渣作为磷源施入土壤，造成土壤中 Cr 累积。

4）农用物资

农药、化肥和地膜长期不合理施用，导致土壤重金属污染。杀真菌农药含有 Cu 和 Zn，被大量地施用于果树和温室作物，造成土壤 Cu、Zn 累积达到有毒的浓度。例如，在莫尔达维亚，葡萄生长季节要喷 5～12 次波尔多液或类似的制剂，导致每年有 6000～8000 t 的铜被施入土壤。

近年来，地膜的大面积推广使用，不仅造成了土壤的白色污染，而且地膜生产过程中加入了含 Cd、Pb 的热稳定剂，增加了土壤重金属污染。

3. 土壤重金属污染的主要特征

（1）形态多变：随 Eh、pH、配位体不同，常有不同的价态、化合态和结合态。形态不同引起有效性和毒性的不同。
（2）很难降解：污染元素在土壤中一般只能发生形态的转变和迁移，难以降解。

4. 土壤重金属污染特点

（1）重金属不能被微生物降解，是环境长期、潜在的污染物。

（2）因土壤胶体和颗粒物的吸附作用，重金属长期存在于土壤中，浓度多呈垂直递减分布。

（3）与土壤中的配位体（氯离子、硫酸根离子、氢氧根离子、腐殖质等）作用，生成配合物或螯合物，导致重金属在土壤中有更大的溶解度和迁移活性。

（4）土壤重金属可以通过食物链被生物富集，产生生物放大作用。

（5）重金属的形态不同，其活性与毒性不同，土壤 pH、Eh、颗粒物及有机质含量等条件影响其在土壤中的迁移和转化。

5.3.3 土壤重金属污染的评价方法

1. 指数法

指数法是指将实际测得的污染物浓度值代入数学公式中，得到污染指数，然后与相应评价标准进行比较以确定污染等级的方法。它包括内梅罗综合指数法、富集因子（EF）法、地积累指数法及潜在生态危害指数法等主要方法，表 5.4 对几种方法进行了简要概括。

表 5.4 几种常用指数法及其优缺点

名称	内容	优越性	局限性
内梅罗综合指数法	$P_{综合}=\sqrt{\dfrac{(P_i)^2+(P_{i\max})^2}{2}}$	避免由于平均作用削弱污染金属的权值	可能会人为夸大或缩小某些因子的影响
富集因子法	$\mathrm{EF}=\dfrac{(C_{\mathrm{n}}/C_{\mathrm{ref}})_{\mathrm{sample}}}{(B_{\mathrm{n}}/B_{\mathrm{ref}})_{\mathrm{background}}}$	能够比较准确地判断人为污染状况	参比元素的选择有待规范
地积累指数法	$I_{\mathrm{geo}}=\log_2[C_{\mathrm{n}}/KB_{\mathrm{n}}]$	考虑了成岩作用对土壤背景值的影响	应注意 K 值的选择
潜在生态危害指数法	$\mathrm{RI}=\sum_{i=1}^{n}T_r^iC_r^i=\sum_{i=1}^{n}T_r^iC_{实测}^i/C_n^i$	将环境生态效应与毒理学联系起来	注意重金属间毒性加权或拮抗作用

1）综合指数法

综合指数法是一种通过单因子污染指数得出综合污染指数的方法，它能够较全面地评判重金属的污染程度。其中，内梅罗综合指数法是人们在评价土壤重金属污染时运用最为广泛的方法，其计算公式为

$$P_i=C_i/S_i$$

$$P_{综合}=\sqrt{\frac{(P_i)^2+(P_{i\max})^2}{2}}$$

式中，P_i 为单项污染指数；C_i 为污染物实测值；S_i 为根据需要选取的评价标准；$P_{i\max}$ 为最大单项污染指数。

内梅罗综合指数法可以全面反映各重金属对土壤的不同作用，突出高浓度重金属对环境质量的影响，可以避免由于平均作用削弱污染金属权值现象的发生。

2）富集因子法

富集因子法是分析表生环境中污染物来源和污染程度的有效手段，其是 Zoller 等为了研究南极上空大气颗粒物中的化学元素是源于地壳还是海洋而首次提出来的。它选择满足一定条件的元素作为参比元素（一般选择表生过程中地球化学性质稳定的元素），然后将样品中元素的浓度与基线中元素的浓度进行对比，以此来判断表生环境介质中元素的人为污染状况。富集因子的计算公式为

$$\mathrm{EF}=\frac{(C_{\mathrm{n}}/C_{\mathrm{ref}})_{\mathrm{sample}}}{(B_{\mathrm{n}}/B_{\mathrm{ref}})_{\mathrm{background}}}$$

式中，C_{n}为待测元素在所测环境中的浓度；C_{ref}为参比元素在所测环境中的浓度；B_{n}为待测元素在背景环境中的浓度；B_{ref}为参比元素在背景环境中的浓度。

由计算公式可以看出，富集因子法是建立在对待测元素与参比元素的浓度进行标准化基础上的。参比元素要具有不易变异的特性。

富集因子在应用过程中也存在一些问题。由于在不同地质作用和地质环境下，重金属元素与参比元素地壳平均质量分数的比率会发生变化，如果在大范围的区域内进行土壤质量评价，富集因子就会存在偏差。同时，由于参比元素的选择具有不规范性、微量元素与参比元素比率的稳定性难以保证以及背景值的不确定性，富集因子尚不能应用于区域规模的环境地球化学调查中。在具体的研究区域内，不同背景值对富集程度的判断会产生较大的差异，使得有些富集因子的判断结果不能真实地反映自然情况。

3）地积累指数法

评价重金属的污染，除必须考虑到人为污染因素、环境地球化学背景值外，还应考虑到自然成岩作用可能会引起背景值变动的因素。地积累指数法考虑了此因素，弥补了其他评价方法的不足。地积累指数法是德国海德堡大学沉积物研究所的科学家 Muller 在 1969 年提出的，用于定量评价沉积物中的重金属污染程度。其计算公式为

$$I_{\mathrm{geo}}=\log_2[C_{\mathrm{n}}/KB_{\mathrm{n}}]$$

式中，C_{n}为元素 n 在沉积物中的浓度；B_{n}为沉积物中该元素的地球化学背景值；K为考虑各地岩石差异可能会引起背景值的变动而取的系数（一般取值为$K=1.5$）。

在风化过程中，一些岩石矿物的主要结晶构造被完全破坏，相关的化学元素便会被土壤表土所吸收。在具有不同种类岩性的地区，土壤中重金属含量因母质和土壤性质的不同变化很大，考虑到沉积成岩作用等地球化学背景的影响，选择不同的地球化学背景对地积累指数的影响比较明显。同时，考虑到土壤物理化学性质与沉积物物理化学性质有一定差异，而土壤重金属的迁移能力与土壤物理化学性质相关，K值应做适当调整。因此，在运用该方法进行土壤重金属污染评价时，K值的选择应根据各地情况而定。在评价土壤重金属污染时，公式中C_{n}表示测定土壤中某一给定元素的含量，而B_{n}表示地壳中元素的含量。运用该方法进行评价时，通过地积累指数的变化可以反映出采样点土壤特性及污染来源的变化。但是，该方法只能给出各采样点某种重金属的污染指数，无法对元素间或区域间环境质量进行比较分析。因此，可以采用地积累指数与聚类分析相结合的方法进行评价。

4）潜在生态危害指数法

潜在生态危害指数法由瑞典科学家 Hakanson 提出，是根据重金属性质及其在环境中迁移转化沉积等行为特点，从沉积学的角度对土壤或者沉积物中的重金属进行评价。该方法首先要测得土壤中重金属的含量，通过与土壤中重金属元素背景值的比值得到单项污染系数，然后引入重金属毒性响应系数，得到潜在生态危害单项系数，最后加权得到此区域土壤中重金属的潜在生态危害指数。其计算公式为

$$\mathrm{RI}=\sum_{i=1}^{n}T_r^iC_r^i=\sum_{i=1}^{n}T_r^iC_{实测}^i/C_n^i$$

式中，RI 为采样点多种重金属综合潜在生态危害指数；T_r^i 为采样点某一重金属的毒性响应系数（根据 Hakanson 制定的标准化重金属毒性系数得到）；C_r^i 为该元素的污染系数；$C_{实测}^i$ 为该元素的实测含量；C_n^i 为该元素的评价标准。

潜在生态危害指数法引入毒性响应系数，将重金属的环境生态效应与毒理学联系起来，使评价更侧重于毒理方面，对其潜在的生态危害进行评价，不仅可以为环境的改善提供依据，还能够为人们的健康生活提供科学参照。

2. 模型指数法

模型指数法是在已有参数基础上，构建比较复杂的数学模型，借助计算软件，评价重金属污染的一种方法。所谓模型指数法其基础仍然是指数法，只不过是对评价方法的一种深化和探索，在模糊边界及土壤质量影响因素灰色性的处理上较上面提到的指数法有一定的优势。表 5.5 简要地介绍了几种模型方法的概况。

表 5.5 几种常用模型及其优缺点

名称	内容	优越性	局限性
模糊数学模型	通过隶属度函数建立关系模糊矩阵，通过权重因子建立权重模糊矩阵，最后通过总和评价模型得到评价结果	可以有效解决模糊边界问题	应注意评价因子权重的确定
灰色聚类模型	构造白化系数，引入修正因子，确定权重因子，计算聚类系数得到评价结果	相邻级别的边界问题解决得比较好	需要建立的白化函数比较多，计算过程烦琐
层次分析法	建立层次结构，构造判断矩阵，单因子排序，赋予权重后重新排序，得到结果	适合用于大规模、多因素、多指标的环境质量评价	实际检测数值的大小未能真正参与评价模式

3. 基于重金属有效态、形态和总量的评价

由于重金属—土壤—生物之间存在复杂动态的相互作用，只有部分土壤重金属能被生物吸收利用，因此基于有效态重金属含量对土壤质量进行评价能更加准确地反映其现实污染风险。但如果只考虑重金属有效态含量，只能表现出重金属的生物可吸收量和现实风险，而形态分析能够反映土壤重金属形态转化和对环境的潜在风险，所以要将重金属有效态含量、形态分析和总量结合起来评价土壤污染状况。土壤中有效态重金属采用浸提剂提取，

常用的浸提剂包括 0.1 mol/L HCl、$CaCl_2$、EDTA（乙二胺四乙酸）、NH_4OAc、DTPA（二乙烯三胺五乙酸）等，其中 DTPA 应用较为广泛。土壤中重金属形态分析多采用 Tessier 法，即将重金属赋存形态分为可交换态、碳酸盐结合态、铁锰氧化物结合态、有机结合态和残渣态五种形态。

土壤重金属总量测定多采用三酸（$HF\text{-}HNO_3\text{-}HClO_4$）进行消化。目前基于土壤重金属有效态含量和形态的相关研究比较多，但是基于三者的综合评价相对比较少。

4. 基于人体健康风险评价

健康风险评价是 20 世纪 80 年代以后兴起的，它以风险度作为评价指标，把环境污染与人体健康联系起来，定量描述污染物对人体产生健康危害的风险，针对环境中对人体有害的基因毒物质和躯体毒物质进行定量评价。基因毒物质是指放射性物质和化学致癌物，躯体毒物质是指非致癌物。USEPA 推荐的健康风险评价过程见图 5.5。

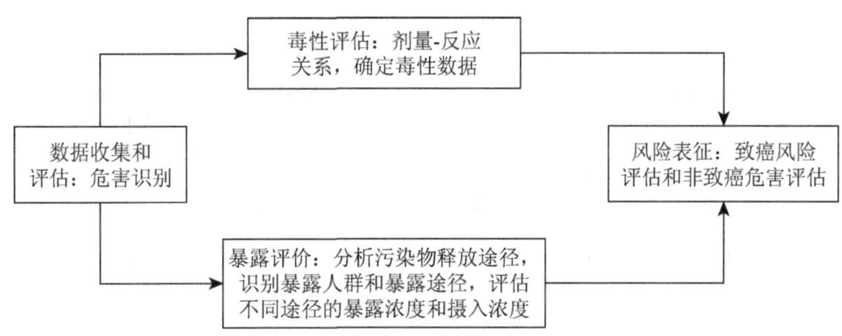

图 5.5　健康风险评价过程框图

健康风险评价能够估算有害因子对人体健康产生危害的概率，确定优先控制的污染物，为环境治理提供科学决策，该方法越来越多地应用于重金属污染评价中。人类对污染物的接触类型包括食物摄取、饮用水摄取、皮肤接触和呼吸道吸入，污染物迁移而发生人类接触的 14 条基本途径中，污染物—土壤—植物—人类的迁移途径最普遍。进行健康风险评价的过程中存在不确定性，要综合运用毒理学、环境化学、流行病学、统计学、生态学等学科对这些不确定性进行分析，为环境决策提供相对准确的信息。

5. 基于地理信息系统和地统计学的评价

由于土壤是一个不均匀、具有高度空间变异性的混合体，而监测点位只能代表监测点本身的土壤质量状况，以各监测点的平均值表示区域土壤污染的程度误差较大，无法从真正意义上表达区域土壤污染的分布情况。简单地利用采样数据进行整体评价，其结果难以准确反映该地区的土壤质量。而地理信息系统（GIS）空间分析技术在对与空间地理位置有关的信息操作方面有着非常强大的能力，地统计学也可以将空间变异性和土壤特性的变化很好地表现出来。同时，时间和成本因素会限制大范围尺度内的采样密度，因此怎样运用 GIS 来使采样强度尽量缩小逐渐成为研究者感兴趣的研究方向。

运用 GIS 获取数据相对容易、丰富而且分析快速，避免了花费大量人力和物力去获取环境背景数据，它还可以对评价结果进行可视化表达，直观显示区域污染情况的分布变化。除此之外，结合 GIS 在评价土壤污染状况的同时还可以对污染来源进行识别，而且可以降低传统评价方法中的主观性，提高评价结果的准确性。

5.3.4　重金属汞污染

1. 土壤汞的迁移转化

进入土壤中的汞除了同其他重金属污染物一样可通过土壤侵蚀和淋溶而迁移及供植物吸收外，元素汞很容易从土壤向大气释放。土壤汞的迁移转化过程如图 5.6 所示。

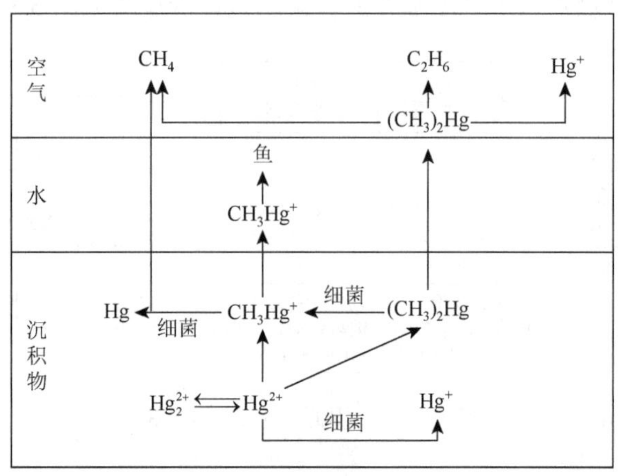

图 5.6　土壤汞的迁移转化示意图

1）土壤向大气的释放

污染土壤的汞释放是大气汞的一个潜在来源，而对土壤则是一个净化过程，不同来源的汞进入土壤后会通过微生物还原作用、有机质还原作用、化学还原作用及甲基汞的光致还原作用而生成单质汞；单质汞很容易从土壤中释放出来，是土壤向大气释放汞的主要形态。近些年国内外有不少学者用室内模拟及野外监测的方法研究了土壤甲基汞的释放。研究表明，影响土壤挥发性汞释放通量的主要因素有土壤温度、土壤总汞含量、阳光、微生物。

2）径流冲刷水迁移

径流流经土壤时对土壤的侵蚀作用可带走土壤中的汞，不同流域特征土壤性质、土地利用类型等对汞的迁移产生不同的影响，如森林土壤有一小部分汞（<0.02%）与甲基汞（<0.2%）可通过径流进入地表水，它主要受溶解有机碳 DOC 的影响。虽然土壤汞和甲基汞的流失只占土壤中总汞及甲基汞的一小部分，但却是偏远湖泊中总汞和甲基汞的一种重要来源。

3）植物吸收生物迁移

大量的研究证明，汞在作物体内的富集随土壤污染程度的增加而增加，植物可以吸收大气中的汞也可以吸收土壤中的汞；当其源于土壤汞时则植物根汞高于植物地上部汞。

2. 汞污染土壤的治理

1）施用抑制剂

土壤中可给态汞可以被作物吸收利用，而固定态汞则不能被作物吸收，但两者在一定条件下可互相转化。因此，对土壤中可给态汞含量进行调节和控制，使其转化成难溶性的汞化合物，固定于土壤中而不易被作物吸收。通常的调节方法是增加抑制剂，如有机肥料中添加过磷酸钙和碳酸钙。Meng 等报道了用旧轮胎橡胶可固化污染土壤中的二价汞，用乙酸浸提经旧轮胎橡胶固化的土壤沥滤液中，汞的浓度可从未处理的 3500 mg/kg 降至 3400 mg/kg，这可以抑制土壤汞进入植物。

2）生物修复

目前运用生物方法固定或消除汞污染的原位生物修复技术在发达国家已引起广泛的重视，研究表明纸皮桦、加拿大杨、红树等对土壤中汞的吸收及储存能力强，对 Hg 污染的稻田改种苎麻可使土壤中的汞年净化率较种植水稻提高 8 倍，而且当土壤汞含量小于 130 mg/kg 时，苎麻的产量和质量不会受到影响。这一技术不仅可以大量去除土壤汞，还可美化环境，并且能带来一定的经济效益。它将是今后治理土壤汞及其他重金属污染的最有前景的一种方法。

5.3.5　重金属砷污染

1. 日本第四公害病——慢性砷中毒

土吕久砷矿在日本宫崎县延冈市西面 70 km 的地方，于 1850 年后开始生产三氧化二砷，之后发生了矿毒事件。1961 年宫崎大学的齐藤文次在土吕久川下游延冈市船户地区的调查结果显示：水田土壤砷含量达 838.2 ppm，纹地地区土城的砷含量达 437.2 ppm，而未污染的对照区大淀区流域土壤砷含量仅为 5.7 ppm。

1966 年，春齐藤正健教师赴岩户小学任教，发现二年级学生中的三名土吕久走读生，体质明显比其他儿童差，其中一人常有胸痛，次年又发现另外的学生有类似情况，在进行家访过程中，看到土吕久废矿区草木不生，从而进一步对土吕久地区 53 户 260 人中的 46 户 222 人作了调查访问，并于 1971 年 10 月首先在一次集会上发表了土吕久矿毒事件报告，因而引起了社会的重视。宫崎县环境保健部会同流行病学、临床、环境监测等部门进行了砷污染调查，同年 11 月 28 日对土吕久地区 55 户 269 人中的 234 人（87%）进行了健康调查，根据体检综合判定结果，对 15 人作进一步详细检查（胸部 X 线摄影、心电图、肝肾功能试验、指甲毛发检查等），认为其中 8 人疑有砷中毒后遗症。1972 年 7 月 31 日调查专门委员会作出结论，确诊 8 人中的 7 人是慢性砷中毒症。1973 年 2 月，日本政府把土吕久慢性砷中毒症定为公害病。

2. 石门砷污染事件

1956年，湖南省常德市石门县鹤山村建矿，开始用土法人工烧制雄黄炼制砒霜，直到2011年企业关闭，砒灰漫天飞扬，矿渣直接流入河里，以致土壤砷超标19倍，水中砷含量超标上千倍。鹤山村全村700多人中，有近一半的人都是砷中毒患者，因砷中毒致癌死亡的已有157人。

3. 砷的危害

1）对人体的危害

砷中毒表现为口内有金属异味，恶心、呕吐、腹痛、腹泻，可致失水、电解质紊乱、肾前性肾功能不全甚至循环衰竭等。神经系统表现有头痛、头昏、乏力、口周围麻木、全身酸痛，重症患者烦躁不安、谵妄、妄想、四肢肌肉痉挛，垂足、垂腕，伴肌肉萎缩，跟腱反射消失，意识模糊以至昏迷、呼吸中枢麻痹死亡。其他器官损害包括中毒性肝炎、心肌损害、肾损害、贫血等。皮肤接触部位表现为多样性皮肤损害和多发性神经炎。砷化合物粉尘可引起刺激性皮炎，好发在胸背部、皮肤皱褶和湿润处，如口角、腋窝、阴囊、腹股沟等。皮肤干燥、粗糙处可见丘疹、疱疹、脓疱，少数人有剥脱性皮炎。毛发有脱落，手和脚掌有角化过度或蜕皮，典型的表现是手掌的尺侧缘、手指的根部有许多小的、角样或谷粒状角化隆起，俗称砒疔或砷疔，其可融合成疣状物或坏死，继发感染，形成经久不愈的溃疡，可转变为皮肤原位癌。黏膜受刺激可引起鼻咽部干燥、鼻炎、鼻出血，甚至鼻中隔穿孔。还可引起结膜炎、齿龈炎、口腔炎和结肠炎等。同时可发生中毒性肝炎，骨髓造血再生不良，四肢麻木、感觉减退等周围神经损害表现。

2）对环境的危害

土壤中的重金属污染致使许多地方的作物减产。砷在土壤中累积并由此进入农作物组织中，对农作物产生毒害作用，最低浓度为3 mg/L。

4. 土壤砷的来源

1）砷的天然来源

环境中存在的砷最初来源于天然富集，并在人为活动的参与下有所增加。天然环境中最普遍的砷来源是火山岩石、海洋沉积岩、热液矿床及相关的地热水体、化石燃料（包括煤和石油）。天然存在的砷以无机化合物的形式广泛分布在土壤矿物中。最常见的含砷矿物是毒砂、雄黄、雌黄、硫砷铜矿。这些矿物通常伴生于硫化物矿床或其他金属矿床，是砷进入环境的主要起始点。表5.6总结了环境介质中砷的含量水平。

表5.6　环境介质中砷含量水平

环境介质	砷含量范围	砷含量均值/(mg/kg)
天然水体	0.000 02～5 mg/L	
加拿大未污染的地表水及地下水	0.001～0.005 mg/L	

续表

环境介质	砷含量范围	砷含量均值/(mg/kg)
地壳	2～5 mg/kg	
全球未受污染的土壤	5～6 mg/kg	
世界土壤	1～40 mg/kg	6.0
中国土壤	1.1～25.8 mg/kg	9.5
土壤水田和旱田一级标准值	15 mg/kg	
中国粮食	0.07～0.83 mg/kg	
陆生植物	＜1 mg/kg	

2）人为活动带来的砷

土壤中砷浓度偏高一般出现在局部地区，早先是工业区，此外许多矿物包含含砷化合物，过去每年世界范围内人为活动导致 82000 t 砷进入环境。无机砷化合物（如砷酸钙、砷酸铅、砷酸钠及其他药剂）被用作杀虫剂和去树皮的药剂，用在牛、羊的食槽中以控制虱子、流感、跳蚤，以及用来除草。过去水溶性制剂，如砷酸铬铜及其他含砷化学药品被用作木材防腐剂，导致木材保存设施周围大范围的土壤重金属污染。此外，在制造含砷农药和除草剂的过程中，生产车间附近废物和含砷的流体可能会对水体和土壤造成污染。直到 20 世纪 60 年代，因为进一步了解到砷的毒性并考虑到环境污染和食品安全，农业中无机砷化合物逐渐消失。世界上有几个因天然地球化学富集和长期矿山开采及加工共同作用造成的土壤砷含量高的地区。例如，波兰砷矿开采和工业加工地区的矸子山，废渣、尾矿砷含量很高。

5. 砷污染土壤治理

砷污染治理的方法主要有生物方法、化学方法、物理方法。

（1）生物方法：主要是指在砷污染的土壤或水体中种植能吸收砷的植物，以达到吸收砷的目的，如美国科学家发现了一种蕨类植物可吸收污染土壤中的砷。

（2）化学方法：是指用化学试剂使砷变为人体难以吸收的砷化合物，如在含砷废水中投加石灰、硫酸亚铁和液氯（或漂白粉），将砷沉淀，然后对废渣进行处理，也可以让含砷废水通过硫化铁滤床或用硫酸铁、氯化铁、氢氧化铁凝结沉淀等。

（3）物理方法：主要是让含砷污水通过特殊的过滤器，使砷富集起来变废为宝，如活性炭过滤法等。

5.3.6　重金属镉污染

1. 镉大米超标事件

镉（Cd）常通过植物吸收、富集而转移进入食物链危害人类的生命和健康。在我国的重金属土壤污染中，镉污染是危害性最大的。2013 年 5 月，中国广东发现大量湖南产的含镉毒大米一度引起轰动，这种镉大米主要产自湖南、湖北。2007 年，南京农业大学农业资源与生态环境研究所教授潘根兴和他的研究团队，在全国六个地区（华东、东北、华中、西南、华南和华北）县级以上市场随机采购大米样品 91 个，结果同样表明，10%左右的市售大米镉超标。

针对大米镉污染，多位专家表示，土壤镉污染主要来自采矿、冶炼行业，工厂排放废气中含有镉，可能会通过大气沉降影响较远的地方。2013 年 5 月，广州市食品药品监督管理局抽检结果显示，在对 18 个批次的大米及米制品抽检后，监管部门发现有 8 个批次镉含量超标，比例高达 44.4%。而在以种植水稻为主的广西思的村，不少村民已具有疑似“骨痛病”初期症状。2013 年 5 月 16 日，广州市食品药品监督管理局在其网站公布了 2013 年第一季度抽检结果。此次抽检大米及米制品的合格率最低，抽检的 18 批次中只有 10 批次合格，合格率为 55.56%。不合格的 8 批次原因都是镉含量超标。

据估算，我国镉污染的耕地有 8000 万亩左右，被镉、砷等污染的耕地近 1.8 亿亩。我国每年由工业废弃物排放到环境中的镉总量为 680 余吨。在一些重金属污染严重的地区，稻田有效镉含量甚至是国家允许值的 26 倍。

2. 镉污染的危害

由水源或食物等引起的镉中毒多为慢性发作，短期摄入镉超标食品伤害并不会立即显现；镉在人体内潜伏期达 10～30 年，在这期间，摄入的镉主要在肝、肾部积累，其隐蔽性和滞后性往往容易被人忽视，期间会引起消化道黏膜的刺激，出现恶心、呕吐、腹泻、腹痛、抽搐等症状，这种经消化道吸收引起的镉慢性中毒容易损伤人的肾、脾、肝脏等器官，还会引发贫血、生殖功能下降等问题。长期摄入受到镉污染的食品，会造成镉在体内的蓄积，导致骨软化症，周身疼痛，被称为“痛痛病”。镉本身也是致癌物之一，能引起肺、前列腺和睾丸的恶性肿瘤。1997 年以来，美国国家毒物管理局一直将镉列为第 6 位危害人体健康的有毒物质。

镉污染不仅会引起土壤功能的失调、土质的下降，还会不同程度地损害植物的生理发育，影响植株的生长代谢，现已被联合国环境规划署列为全球性意义危害化学物质之首。

3. 镉污染土壤特点

有色金属矿产开发、冶炼及其他工业生产排出的废气、废水和废渣都会造成镉污染。而我国的耕地大量使用的磷肥中也有相当高的镉含量，因此当这些磷肥进入土壤时，也加重了土壤中的镉浓度。此外，城市污泥和垃圾的焚烧也可导致土壤中镉含量增高。

大气污染、水污染和废弃物污染等问题一般比较直观，而土壤污染往往要通过对土壤样品进行分析化验和农作物的残留检测，甚至通过研究对人畜健康状况的影响才能确定。镉污染具有相当大的不可逆性，土壤一旦被污染，对农作物的影响将持续很长时间。此外，这种重金属迁移性强，极易进入土壤被植物富集再经食物链进入人体。

4. 土壤中镉浓度高的原因

土壤中镉浓度高的原因主要有 3 种。

（1）自然地球化学的运动，包括火山喷发、盐熔和单质镉的自然浓集作用，它常导致土壤镉的高背景（常在 1.0 mg/kg 以上）。

（2）人类生产活动，包括采矿（每年因采矿进入生态环境中的镉为 7.7×10^{6} kg）、冶炼、污灌和磷肥施用等工农业活动。

（3）上述两种作用的复合。

5. 土壤镉污染的应对措施

1）栽植蔓田芥

日本农村工学研究所的研究小组称，在受到重金属镉污染的土壤中栽种蔓田芥，能够减少土壤中镉的含量。利用这种方法可以使大范围受到镉轻度污染的土壤得到净化，这一发现使得低成本、大范围净化被镉污染的土壤成为可能。蔓田芥又称叶芽南芥，属十字花科多年生草本植物。这种植物在日本分布很广，原产于我国吉林省长白山地区，分布在山地等阳光充足的地方。研究小组在室外利用厚度为 15 cm、含镉 47 mg/kg 的土壤来栽种这种植物。一年后，土壤里的含镉量减少到 2.6 mg/kg。土壤被利用 5 次以后，土壤中的镉含量只有原来的 1/5。而且，收获以后的蔓田芥在干燥并经 400～500℃高温燃烧后，其中所含的镉不会挥发，可以回收再利用。

2）客土法

该法是向污染土壤中加入大量干净土壤，覆盖在表层或混匀，使镉含量下降到临界危害含量以下或减少污染物与根系的接触，从而达到减轻危害的目的。该法适用于镉污染面积不大的土壤，对于污染面积大的土壤来说，成本太高，操作复杂。

3）化学法

该法适用于污染不太严重的土壤。施用改良剂或抑制剂等化学物质以降低土壤中镉的水溶性、扩散性和生物有效性，从而减弱毒害作用。主要有调节土壤 pH 和施用石灰（增加土壤表面对镉的吸附，使镉的毒性降低，是抑制植物吸收镉的有效措施）、增施有机物质（增加土壤的吸附能力或生成 CdS，从而减轻危害）、化学沉淀（如在水田中施正磷酸盐化合物使之形成沉淀）、离子拮抗（利用 Mn^{2+}、Zn^{2+}、Ca^{2+}等离子对 Cd^{2+}的拮抗作用，可以减少植物对镉的吸收）。

4）电泳法

电泳法是目前比较新兴的重金属处理方法，即在土壤中插入两个石墨电极，在稳定的电流作用下，金属离子在电压的驱动下向阴极移动、积聚，然后再进行处理。

5.4 土地荒漠化问题

全世界陆地面积为1.49亿km^2，占地球总面积的29%，其中约1/3（4800万km^2）是干旱、半干旱荒漠地，而且每年以6万km^2的速度扩大。荒漠化已影响到全球100余个国家的9亿多人口，以后其范围还会增加。而我国的土地荒漠化趋势也不容小觑，20世纪50年代至70年代，土地荒漠化年增1500 km^2，80年代达2100 km^2，21世纪初达到3460 km^2。如图5.7所示。

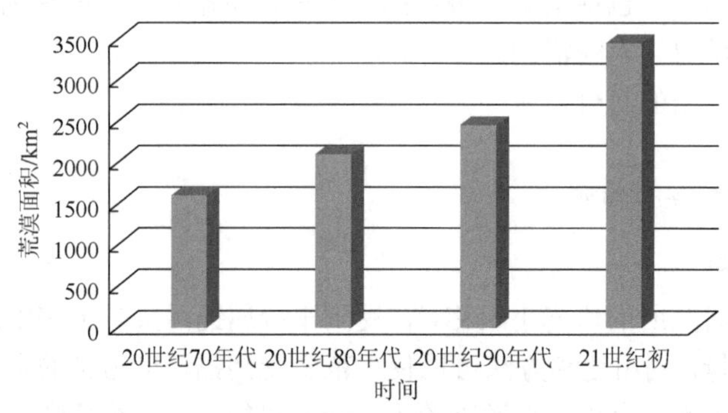

图5.7 我国土地荒漠化趋势

1. 我国荒漠化土地现状

截至2014年，全国荒漠化土地总面积261.16万km^2，占国土总面积的27.20%，分布于北京、天津、河北、山西、内蒙古、辽宁、吉林、山东、河南、海南、四川、云南、西藏、陕西、甘肃、青海、宁夏、新疆18个省（自治区、直辖市）的528个县（旗、市、区）。

1）各省区荒漠化现状

土地荒漠化主要分布在新疆、内蒙古、西藏、甘肃、青海5省（自治区），面积分别为107.06万km^2、60.92万km^2、43.26万km^2、19.50万km^2、19.04万km^2。5省（自治区）荒漠化土地面积占全国荒漠化土地总面积的95.64%；其他13省（自治区、直辖市）占4.36%。

2）各气候类型区荒漠化现状

干旱区荒漠化土地面积为117.16万km^2，占全国荒漠化土地总面积的44.86%；半干旱区荒漠化土地面积为93.59万km^2，占35.84%；亚湿润干旱区荒漠化土地面积为50.41万km^2，占19.30%。

3）荒漠化类型现状

风蚀荒漠化土地面积182.63万km^2，占全国荒漠化土地总面积的69.93%；水蚀荒漠化土地面积25.01万km^2，占9.58%；盐渍化土地面积17.19万km^2，占6.58%；冻融荒漠化土地面积36.33万km^2，占13.91%。

4）荒漠化程度现状

我国轻度荒漠化土地面积 74.93 万 km^2，占全国荒漠化土地总面积的 28.69%；中度荒漠化土地面积 92.55 万 km^2，占 35.44%；重度荒漠化土地面积 40.21 万 km^2，占 15.40%；极重度荒漠化土地面积 53.47 万 km^2，占 20.47%。

5）具有明显沙化趋势的土地现状

具有明显沙化趋势的土地主要是指由于土地过度利用或水资源匮乏等造成的临界于沙化与非沙化土地之间的一种退化土地，虽然目前还不是沙化土地，但已具有明显的沙化趋势。截至 2014 年，全国具有明显沙化趋势的土地面积为 30.03 万 km^2，占国土总面积的 3.13%。主要分布在内蒙古、新疆、青海、甘肃 4 省（自治区），面积分别为 17.40 万 km^2、4.71 万 km^2、4.13 万 km^2、1.78 万 km^2，其面积占全国具有明显沙化趋势的土地面积的 93.3%

2. 沙化土地的变化

沙化会造成土壤结构的性质变化，导致含水量降低、持水性减弱；粒径组成由较丰富变为单一，孔隙度减小，透水、透气性变差，容重逐渐增大；有机质和矿质元素含量一般情况下显著降低；植被盖度、生物量及微生物量种类数量减少、活性降低。

5.4.1　土地荒漠化概述

根据 1994 年在巴黎签署的《联合国关于在发生严重干旱和/或沙漠化的国家特别是在非洲防治沙漠化的公约》(简称《联合国防治荒漠化公约》）的定义，荒漠化是指包括气候变异和人类活动在内的种种因素造成的干旱、半干旱和亚湿润干旱地区（湿润指数为 0.05～0.65）的土地退化。沙化是指在各种气候条件下，由自然和人为因素导致土地呈现出以沙质或砾质为主的土地退化，“沙化土地”是由此而形成的地表呈现出以沙物质为主的土地。

1. 土地荒漠化分类

狭义的土地荒漠化（沙漠化）是指在脆弱的生态系统下，人为过度的经济活动破坏其平衡，使原非沙漠的地区出现了类似沙漠景观的环境变化过程，图 5.8 描绘了导致土地荒漠化的人为原因。正因为如此，凡是具有发生沙漠化过程的土地都称为沙漠化土地。

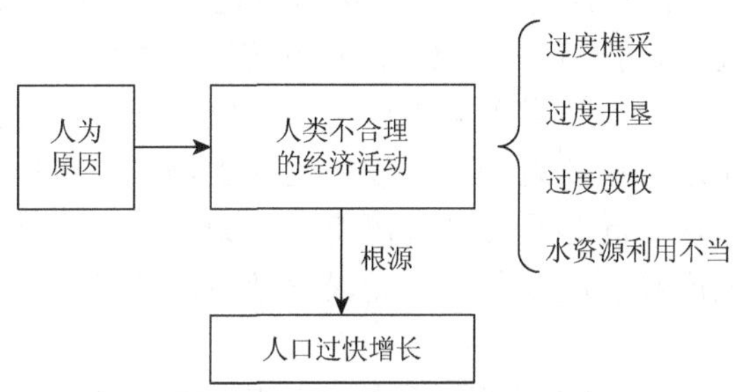

图 5.8　人为原因导致土地荒漠化

广义土地荒漠化则是指人为和自然因素的综合作用，使得干旱、半干旱甚至半湿润地区自然环境退化（包括沙质荒漠化、盐渍荒漠化、石质荒漠化、海洋荒漠化、城市荒漠化、高寒荒漠化等）的总过程。综合上述对荒漠化的理解，认为常见荒漠化类型包括以下几种。

1）沙质荒漠化（沙漠化）

沙质荒漠化是指原非沙漠地区出现以风沙活动为主要标志的类似沙漠景观的环境变化过程，主要分布于干旱半干旱沙漠边缘，除自然原因外，可能与过度放牧、过度耕作、烧柴等问题有关，最终导致土地生产力下降或衰竭，如图 5.9 所示。沙漠化是荒漠化最主要的类型，也是危害最大的一种荒漠化。此类荒漠化多见于我国西北地区。

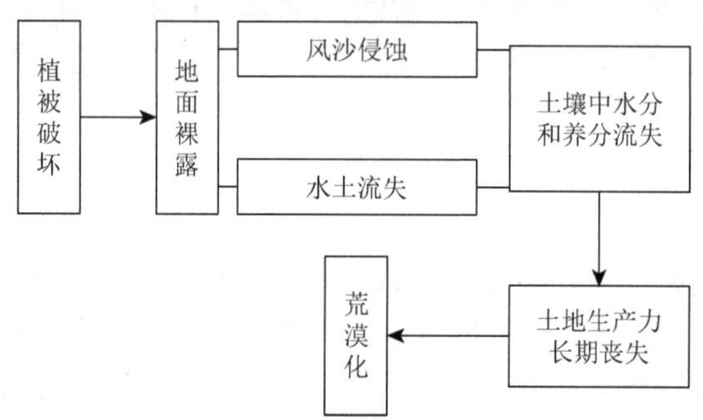

图 5.9　荒漠化的形成

沙质荒漠化的影响因素如下：①土壤抗蚀性：我国干旱区风成沙主要以细沙为主，很难形成抗风蚀的结构单位，易被吹蚀。土壤抵抗风蚀的性能主要取决于土粒质量及土壤质地、有机质含量等。常称大颗粒为抗蚀性颗粒，小颗粒为易蚀性颗粒。②地表土袭：由耕作过程形成的地表土袭，能够通过降低地表风速和拦截运动的泥沙颗粒来减慢土壤风蚀。③降雨：降雨使表层土壤湿润而不能被风吹蚀，还可促进植物生长间接地减少风蚀。但是降雨还有促进风蚀的一面，因为雨滴击坏了土块和团聚体，提高了土壤的可蚀性。④裸露地块长度：风力侵蚀强度随被侵蚀地块长度增加而增加，对于一定的风力，挟沙能力是一定的。土壤可蚀性越高（抗蚀性越低），则饱和路径长度越短。⑤植被覆盖：增加地面植被覆盖（生长的作物或作物残体），是降低风的侵蚀性最有效的途径。

2）盐渍荒漠化

盐渍荒漠化也属荒漠化的常见类型，也称盐漠化，一般把土壤表层 30 cm 以内，可溶性盐离子总量超过 1%的土称盐碱土。含有可溶性盐类的地下水位上升是形成土壤次生盐渍化的根本原因。在干旱半干旱地区，由于气候干旱，蒸发强烈，在地势平坦低洼、地下水位高且排水不畅的地带，蒸发作用使土壤成土母质和地下水中的可溶性盐分积聚地表。多与大水漫灌等不合理灌溉有关，最终导致土地生产力下降，农作物发生生理干旱，造成减产甚至绝收，产生荒漠化效应。此类荒漠化多见于华北平原和青海省境内。

盐渍化的防治概括为以下几个方面：①控制盐源；②消除过多的盐量；③调控盐量；④转化盐类；⑤适应性种植。

3）石质荒漠化（石漠化）

石质荒漠化是人为作用如陡坡开荒毁林开荒等，导致土壤流失，土层变薄，使基岩逐步裸露的过程，主要分布于降水多、风力大或坡度陡的地区，如我国南方基岩山区，水土流失引起的石漠化很严重。特别是在云贵高原一带的石灰岩地区，典型的喀斯特石漠化更为突出。山地石漠化又包括山坡石漠化、沟谷石漠化、滩地石漠化等。

4）海洋（水域）荒漠化

一个国家的领海是国土的重要组成部分。领海的生态环境质量退化是一个国家土地退化的重要表现形式，也就是说海洋也存在着类似的荒漠化，随着工业的发展，大量的废油排入海洋，形成一层薄薄的油膜散布在海洋上。这层油膜能抑制海面的蒸发，阻碍潜热的释放，引起海水温度和海面气温的升高，加剧气温的日、年变化。同时，由于蒸发作用减弱，海面上的空气变得干燥，减弱了海洋对气候的调节作用，使海面上出现类似于沙漠的气候。因而，有人将这种影响称为"海洋沙漠化效应"。

海洋荒漠化是指在人为作用下海洋及沿海地区生产力的衰退过程，即海洋向着不利于人类的方向发展，例如，赤潮导致生物生产力下降，石油污染导致海面蒸发下降，进而出现荒漠化效应。

5）城市荒漠化

城市荒漠化是发生在城市内，由人口增加和地表性质改变而出现类似荒漠环境效应的环境有害化过程。城市表现出的气候暖干化、城市石漠化、城市贫水化、地面干燥化、城市风沙活动、城市生物多样性减少，都与荒漠有类似的效应，应该引起人们的重视。

6）高寒荒漠化

高寒荒漠化是高山上部和高纬度亚极地地区，因低温引起生理干燥，而形成的植被贫乏现象，也称为寒漠。

2. 土地荒漠化的成因

1）荒漠化形成的自然因素

（1）基本条件：气候干旱少雨。气候干旱，地表水贫乏，河流欠发育，流水作用微弱，而物理风化和风力作用显著，因此形成大片戈壁和沙漠。

（2）物质条件：地面疏松，为沙质沉积物。由于气候干旱，植被稀少，土壤发育差，形成平地多疏松的沙质沉积物。

（3）动力条件：大风日数多，且集中在冬春干旱的季节，从而为风沙活动创造了有利条件。

（4）气候异常可以使脆弱的生态环境失衡，促进荒漠化进程。

2）人为因素

在荒漠化的发生、发展过程中，人类活动常起决定性作用。调查表明，在西北地区现代荒漠化土地中，有90%以上是人为因素所致。形成荒漠化的人为原因有：①人口激增对生态环境的压力；②由于人类活动不当，对土地资源、水资源的过度使用和不合理利用。地区荒漠化的人为因素的主要表现如表5.7所示。

表 5.7　荒漠化的人为因素

人为因素	破坏原因与典型地区	主要危害
过度樵采	①能源缺乏地区把樵采天然植被作为解决燃料问题的主要手段；②一些农牧民为了增加收入，无计划、无节制地在草原地区采挖药材、发菜等	固沙、防止风沙前移和抑制地表起沙的植被遭到破坏
过度放牧	为求得短期的经济利益，牧民尽可能多地放牧牲畜。半干旱的草原牧区、干旱的绿洲边缘	加速了草原退化和沙化进程
过度开垦	在干旱、半干旱沙质土壤地区，特别是沙区边缘从事农业生产，尤其是在缺少防护林保护的沙质土壤区荒漠化严重	使沙化土地连片发展

5.4.2　土地荒漠化的危害

这些广泛分布的沙漠化土地，已对我国陆生自然生态系统和人工生态系统构成严重威胁，其主要危害表现在以下几方面。

1. 可利用土地面积缩小

据最新的《中国荒漠化和沙化状况公报》，我国共有荒漠化土地约 262.37 万 km^2，占整个国土面积的 27.33%。其中，风蚀荒漠化土地面积 183.20 万 km^2，占荒漠化土地总面积的 69.82%。各种荒漠化类型中以风蚀荒漠化面积最大，是我国土地荒漠化的主要形式。据《全国防沙治沙规划》，我国沙区每年因风蚀损失土壤有机质及氮、磷、钾等达 5590 万 t，受风沙危害，每年粮食减产 30 多亿 t，全国有 2.4 万多个村庄和城镇饱受风沙危害，大中城市的交通运输、水利设施和工矿企业也受到影响。从荒漠化的空间分布发现，荒漠化的影响涉及我国 18 个省、508 个县，约有 4 亿人口受到荒漠化影响，每年因荒漠化危害造成的直接经济损失达 120 亿元。

2. 土地肥力降低

土壤风蚀不仅是沙漠化的主要组成部分，而且是首要环节。风蚀会造成土壤中有机质和细粒物质的流失，导致土壤粗化，肥力下降。据采样分析，在毛乌素沙地，每年土壤被吹失 5～7 cm，每公顷土地损失有机质 7700 kg，氮素 387 kg，磷素 549 kg，小于 0.01 mm 的物理黏粒 3.9 万 kg。

3. 直接造成农牧业严重减产

在各沙漠化地区，许多农田每年因风蚀毁种，需要重播 2～3 次，甚至达 5～6 次之多。草地生物量减少，覆盖度降低，导致天然草场生态系统的退化，草地沙漠化趋势加快，将会使草原变成沙尘暴的发源地。天然草场地上生物量减少，草场的载畜量会大幅度降低，因此会导致广大牧民的收入减低。沙漠化引起草场面积缩小，牲畜超载，使得牲畜数量大大减少。

4. 毁坏各种生活设施和建设工程

沙尘天气影响交通安全，造成飞机不能正常起飞或降落，使汽车、火车车厢玻璃破损、停运，还可能损害通信和输电线路从而造成通信与输电线路中断，而且在风沙频繁活动季节经常出现有害于线路的风沙电现象。在刮大风时，由于强烈的风沙运动而产生的电场作用于线路时，就会在导线上形成强大的电位（对地电位）。国内野外观测到线路上的风沙电位可高达 2700 V，在国外可达几万伏。这样高的电位样度往往出现“电晕”现象（沙暴天气见到的“火线”）。这种风沙电能对通信和输电线路都会产生强大的干扰，轻则影响通信质量和造成错误，重则使信号完全中断，严重影响了人们的日常生活甚至威胁生命安全。沙漠化地区的铁路、公路受沙埋的情况更是时常发生。为清除路面积沙，耗资巨大。

风沙是各种水利工程和河道淤积物的重要来源。为保证沙区灌溉、发电所修建的一系列水库和渠道，由于受风沙流和沙丘前移影响，难以发挥正常经济效益。风沙大量进入河道，使河床经常发生淤积增高，甚至严重阻塞，河堤溃决。其最明显的例子是黄河。在黄河多年平均年输沙量 16 亿 t 中，有 12 亿 t 来自晋陕以上与土地沙漠化过程有关的沙漠、黄土地区，而且其中 10 亿 t 粗粉沙以上的粗泥沙也来自该区。这种粗泥沙除部分来自当地基岩和黄土以外，其余大部分主要与沙漠化地区形成的现代和古代风沙有关。

5. 污染环境

土地沙漠化过程中产生的一系列沙尘物质，在风力作用下同时对环境发生严重污染。沙漠地区存在由地表蠕移和跌移状态形成的风沙流，以及各种沙质沉积物形成的细沙所引发的污染，而以悬浮状态运动的沙尘物质（主要是部分极细沙及以下的微沙特别是粉尘），则可扩及沙漠化地区以外的广大空间，尤以与大风伴生的沙尘暴的污染最为强烈，成为对我国环境影响范围广、危害严重的最大污染源。因此，每当冬春季西北大风出现时，从沙漠化地区卷起的沙尘暴，不仅使当地遮天盖地，旷野两三米内看不清景物，白天室内还要点灯，而且能随风飘浮千里以外，危及我国中部、东南部直至沿海大片地区。

5.4.3　土地沙漠化的防治

1. 加强水资源的有效管理，增强节水意识，提高水资源的利用效率

对于荒漠化和沙化地区来说，水是最根本的发展限制因素。要合理利用水资源，对于地下水、降水及高山冰雪融水采取不同的利用方式，采取有力的管理政策和技术手段强化对水的管理。要积极引进以色列的沙漠农业节水技术，并且在西北荒漠化地区发展坎儿井农业，这样既可恢复生态，又可治理荒漠化和沙化土地。

（1）在农作区主要是改善耕作和灌溉技术，推广节水农业，避免土壤的盐碱化。

（2）在牧区草原，减少水井的数量，以免牲畜的大量无序增长。

（3）在干旱的内陆地区要合理分配河流上、中、下游水资源，既考虑上、中游的开发，又要顾及下游生态环境的保护。

2. 采用系统思想和系统工程的方法对荒漠化和沙化土地进行开发利用

要采用各学科相互结合的方法对荒漠化和沙化土地进行治理和利用，重新构建高生产

力、生态平衡和良性循环的生态结构。例如，根据国家制定的《国家沙漠公园总体规划》和《国家沙漠公园试点建设管理办法》，在新疆、内蒙古等沙漠化严重地区效仿宁夏沙坡头开展国家沙漠公园试点，以充分利用干旱区的光热资源，发展生态旅游观光，在保护环境的同时为当地创造一定的经济效益。扶持发展沙产业、林业产业以拓展沙地治理资金来源，助力地区经济转型升级。应对土地利用进行更科学的合理规划，加强自然保护，并营造防护林，或进行草田轮作，增加牧业生产比重，使农、林、牧更有效地结合起来，促进全面综合发展。地区粮食作物种植面积不宜过大，并营造防护林，增加植被。对流沙要尽快采取植物治沙措施或栽植防风固沙林加以治理。防风固沙设置沙障，主要有草方格沙障、黏土沙障、篱笆沙障、立式沙障、平铺沙障等。利用废塑料治理沙漠，该方法可有效固沙和保水；并利用生物措施和工程措施构筑防护体系，调节农、林用地之间的关系。

1）利用生物措施和工程措施构筑防护体系

（1）干旱地区的绿洲地区。

（a）应在绿洲外围的沙漠边缘地带进行封沙育草；

（b）在绿洲前沿地带营造乔、灌木结合的防沙林带（积极保护、恢复和发展天然灌草植被）；

（c）在绿洲内部建立农田防护林网，组成一个多层防护体系。

（2）缺乏水源的地区。

利用柴草、树枝等材料，在流沙地区设置沙障工程，拦截沙源、固阻流沙、阻挡沙丘前移。

2）调节农、林用地之间的关系——宜林则林，宜牧则牧

（1）现有林地应该作为防护林的一部分，不允许毁林开荒。

（2）绿洲边缘的荒地与绿洲之间的灌草地带，不能盲目开垦，主要用于种树种草，发展林业与牧业。

（3）对已经造成荒漠化的地方，还应退耕还林，退耕还牧。

3. 完善保护法制，深化防治宣传教育

政府应进一步加强对相关法律、制度的监督落实；建立起有投资者、管理者和当地居民等广泛参与的资金管理制度，切实保障农民的合法权益，实行账目公开和专项资金使用稽查制度，杜绝专项生态环境建设资金的挪用、滥用；实行沙化土地治理工程管理制度，严格执行治理项目立项、论证、审批制度；建立由政府、科研、管理、技术人员参加的沙化土地综合治理规划、监理、验收制度等。同时，政府可调动和协调各个部门的行为朝着同一个方向前进，通过财政税收等多种手段刺激人们治沙的热情，通过教育、媒体等多重方式加强人们对土地沙漠化及其危害的了解，进而鼓励人们为防治沙漠化贡献力量。

5.5 “土十条”解读

土壤是社会经济可持续发展的重要物质基础，保护好土壤环境是维护国家生态安全和

保障人民身体健康的支撑要素。由图 5.10 可知，我国土壤环境总体状况堪忧，部分地区污染较为严重，已成为全面建成小康社会的突出短板之一。2016 年 5 月 28 日，国务院印发了《土壤污染防治行动计划》，简称“土十条”。这一计划的发布可以说是土壤修复的里程碑。

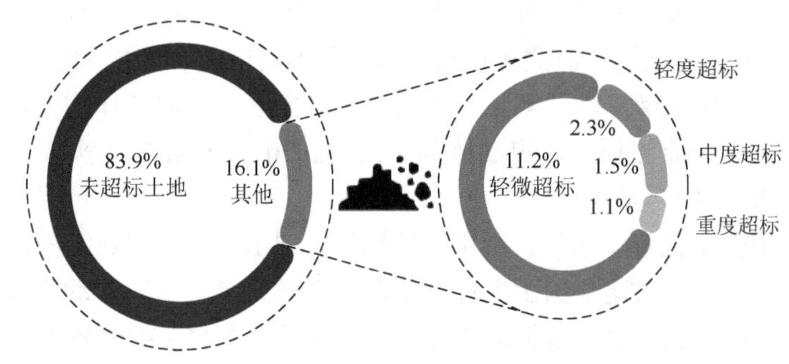

图 5.10　全国土壤环境概况

5.5.1　总体要求

全面贯彻党的“十八大”和十八届三中、四中、五中全会精神，按照“五位一体”总体布局和“四个全面”战略布局，牢固树立创新、协调、绿色、开放、共享的新发展理念，认真落实党中央、国务院决策部署，立足我国国情和发展阶段，着眼经济社会发展全局，以改善土壤环境质量为核心，以保障农产品质量和人居环境安全为出发点，坚持预防为主、保护优先、风险管控，突出重点区域、行业和污染物，实施分类别、分用途、分阶段治理，严控新增污染、逐步减少存量，形成政府主导、企业担责、公众参与、社会监督的土壤污染防治体系，促进土壤资源永续利用，为建设“蓝天常在、青山常在、绿水常在”的美丽中国而奋斗。

5.5.2　工作目标

到 2020 年，全国土壤污染加重趋势得到初步遏制，土壤环境质量总体保持稳定，农用地和建设用地土壤环境安全得到基本保障，土壤环境风险得到基本管控。到 2030 年，全国土壤环境质量稳中向好，农用地和建设用地土壤环境安全得到有效保障，土壤环境风险得到全面管控。到 21 世纪中叶，土壤环境质量全面改善，生态系统实现良性循环。

5.5.3　主要指标

到 2020 年，受污染耕地安全利用率达到 90%左右，污染地块安全利用率达到 90%以上。到 2030 年，受污染耕地安全利用率达到 95%以上，污染地块安全利用率达到 95%以上。

5.5.4　具体要求

1. *开展土壤污染调查，掌握土壤环境质量状况*

深入开展土壤环境质量调查。在现有相关调查基础上，以农用地和重点行业企业用地为重点，2018 年年底前查明农用地土壤污染的面积、分布及其对农产品质量的影响；2020 年年底前掌握重点行业企业用地中的污染地块分布及其环境风险情况。制定详查总体方案和技术规定，开展技术指导、监督检查和成果审核。建立土壤环境质量状况定期调查制度，每 10 年开展 1 次。

建设土壤环境质量监测网络。统一规划、整合优化土壤环境质量监测点位，2017 年年底前，完成土壤环境质量国控监测点位设置，建成国家土壤环境质量监测网络。各省（区、市）每年至少开展 1 次土壤环境监测技术人员培训。各地可根据工作需要，补充设置监测点位，增加特征污染物监测项目，提高监测频次。2020 年年底前，实现土壤环境质量监测点位所有县（市、区）全覆盖。

提升土壤环境信息化管理水平。利用环境保护、国土资源、农业等部门相关数据，建立土壤环境基础数据库，构建全国土壤环境信息化管理平台。借助移动互联网、物联网等技术，拓宽数据获取渠道，实现数据动态更新。加强数据共享，编制资源共享目录，明确共享权限和方式，发挥土壤环境大数据在污染防治、城乡规划、土地利用、农业生产中的作用。

2. 推进土壤污染防治立法，建立健全法规标准体系

加快推进立法进程。适时修订污染防治、土地管理、农产品质量安全相关法律法规，增加土壤污染防治有关内容。2016 年年底前，完成农药管理条例修订工作，发布污染地块、农用地土壤环境管理办法。2017 年年底前，出台农药包装废弃物回收处理、工矿用地土壤环境管理、废弃农膜回收利用等部门规章。到 2020 年，土壤污染防治法律法规体系基本建立。

系统构建标准体系，健全土壤污染防治相关标准和技术规范。2017 年年底前，发布农用地、建设用地土壤环境质量标准；完成土壤环境监测、调查评估、风险管控、治理与修复等技术规范及环境影响评价技术导则制修订工作。

全面强化监管执法，明确监管重点。重点监测土壤中镉、汞、砷、铅、铬等重金属和多环芳烃、石油烃等有机污染物，重点监管有色金属矿采选、有色金属冶炼、石油开采、石油加工、化工、焦化、电镀、制革等行业，以及产粮大县、地级以上城市建成区等区域。

加大执法力度。将土壤污染防治作为环境执法的重要内容，充分利用环境监管网格，加强土壤环境日常监管执法。改善基层环境执法条件，配备必要的土壤污染快速检测等执法装备。

3. 实施农用地分类管理，保障农业生产环境安全

划定农用地土壤环境质量类别。2017 年年底前，发布农用地土壤环境质量类别划分技术指南。以土壤污染状况详查结果为依据，开展耕地土壤和农产品协同监测与评价，在试点基础上有序推进耕地土壤环境质量类别划定，逐步建立分类清单，2020 年年底前完成。根据土地利用变更和土壤环境质量变化情况，定期对各类别耕地面积、分布等信息进行更新。

切实加大保护力度。各地要将符合条件的优先保护类耕地划为永久基本农田，实行严格保护，确保其面积不减少、土壤环境质量不下降，除法律规定的重点建设项目选址确实无法避让外，其他任何建设不得占用。

防控企业污染。严格控制在优先保护类耕地集中区域新建有色金属冶炼、石油加工、化工、焦化、电镀、制革等行业企业，现有相关行业企业要采用新技术、新工艺，加快提标升级改造步伐。

着力推进安全利用。根据土壤污染状况和农产品超标情况，安全利用类耕地集中的县（市、区）要结合当地主要作物品种和种植习惯，制定实施受污染耕地安全利用方案，采取农艺调控、替代种植等措施，降低农产品超标风险。

全面落实严格管控。加强对严格管控类耕地的用途管理，依法划定特定农产品禁止生产区域，严禁种植食用农产品；对威胁地下水、饮用水水源安全的，有关县（市、区）要制定环境风险管控方案，并落实有关措施。研究将严格管控类耕地纳入国家新一轮退耕还林还草实施范围，制定实施重度污染耕地种植结构调整或退耕还林还草计划。实行耕地轮作休耕制度试点。到 2020 年，重度污染耕地种植结构调整或退耕还林还草面积力争达到 2000 万亩。

严格控制林地、草地、园地的农药使用量，禁止使用高毒、高残留农药。完善生物农药、引诱剂管理制度，加大使用推广力度。优先将重度污染的牧草地集中区域纳入禁牧休牧实施范围。

4. 实施建设用地准入管理，防范人居环境风险

明确管理要求，建立调查评估制度。自 2017 年起，对拟收回土地使用权的有色金属冶炼、石油加工、化工、焦化、电镀、制革等行业企业用地，以及用途拟变更为居住和商业、学校、医疗、养老机构等公共设施的上述企业用地，由土地使用权人负责开展土壤环境状况调查评估；已经收回的，由所在地市、县级人民政府负责开展调查评估。自 2018 年起，重度污染农用地转为城镇建设用地的，由所在地市、县级人民政府负责组织开展调查评估；分用途明确管理措施。自 2017 年起，各地要结合土壤污染状况详查情况，根据建设用地土壤环境调查评估结果，逐步建立污染地块名录及其开发利用的负面清单，合理确定土地用途。符合相应规划用地土壤环境质量要求的地块，可进入用地程序。

落实监管责任。地方各级城乡规划部门要结合土壤环境质量状况，加强城乡规划论证和审批管理。地方各级国土资源部门要依据土地利用总体规划、城乡规划和地块土壤环境质量状况，加强土地征收、收回、收购及转让、改变用途等环节的监管。

严格用地准入。将建设用地土壤环境管理要求纳入城市规划和供地管理，土地开发利用必须符合土壤环境质量要求。地方各级国土资源、城乡规划等部门在编制土地利用总体规划、城市总体规划、控制性详细规划等相关规划时，应充分考虑污染地块的环境风险，合理确定土地用途。

5. 强化未污染土壤保护，严控新增土壤污染

加强未利用地环境管理。按照科学有序原则开发利用未利用地，防止造成土壤污染。拟开发为农用地的，有关县（市、区）人民政府要组织开展土壤环境质量状况评估；不符

合相应标准的，不得种植食用农产品。各地要加强纳入耕地后备资源的未利用地保护，定期开展巡查。推动盐碱地土壤改良，自 2017 年起，在新疆生产建设兵团等地开展利用燃煤电厂脱硫石膏改良盐碱地试点。

防范建设用地新增污染。排放重点污染物的建设项目，在开展环境影响评价时，要增加对土壤环境影响的评价内容，并提出防范土壤污染的具体措施；需要建设的土壤污染防治设施，要与主体工程同时设计、同时施工、同时投产使用。

强化空间布局管控。加强规划区划和建设项目布局论证，根据土壤等环境承载能力，合理确定区域功能定位、空间布局。鼓励工业企业集聚发展，提高土地节约集约利用水平，减少土壤污染。严格执行相关行业企业布局选址要求，禁止在居民区、学校、医疗和养老机构等周边新建有色金属冶炼、焦化等行业企业；结合推进新型城镇化、产业结构调整和化解过剩产能等，有序搬迁或依法关闭对土壤造成严重污染的现有企业。

6. 加强污染源监管，做好土壤污染预防工作

严控工矿污染，加强日常环境监管。各地要根据工矿企业分布和污染排放情况，确定土壤环境重点监管企业名单，实行动态更新，并向社会公布。有关环境保护部门要定期对重点监管企业和工业园区周边开展监测，数据及时上传全国土壤环境信息化管理平台，结果作为环境执法和风险预警的重要依据。加强对矿产资源开发利用活动的辐射安全监管，有关企业每年要对本矿区土壤进行辐射环境监测。继续淘汰涉重金属重点行业落后产能，完善重金属相关行业准入条件，禁止新建落后产能或产能严重过剩行业的建设项目。

加强工业废物处理处置。全面整治尾矿、煤矸石、工业副产石膏、粉煤灰、赤泥、冶炼渣、电石渣、铬渣、砷渣及脱硫、脱硝、除尘产生固体废弃物的堆存场所，完善防扬散、防流失、防渗漏等设施。

控制农业污染，合理使用化肥农药。鼓励农民增施有机肥，减少化肥使用量。科学施用农药，推行农作物病虫害专业化统防统治和绿色防控，推广高效低毒低残留农药和现代植保机械；加强废弃农膜回收利用。严厉打击违法生产和销售不合格农膜的行为，建立健全废弃农膜回收贮运和综合利用网络，开展废弃农膜回收利用试点。强化畜禽养殖污染防治。严格规范兽药、饲料添加剂的生产和使用，防止过量使用，促进源头减量。加强畜禽粪便综合利用，在部分生猪大县开展种养业有机结合、循环发展试点。

减少生活污染。建立政府、社区、企业和居民协调机制，通过分类投放收集、综合循环利用，促进垃圾减量化、资源化、无害化。建立村庄保洁制度，推进农村生活垃圾治理，实施农村生活污水治理工程。

7. 开展污染治理与修复，改善区域土壤环境质量

明确治理与修复主体。按照“谁污染，谁治理”原则，造成土壤污染的单位或个人要承担治理与修复的主体责任。责任主体发生变更的，由变更后继承其债权、债务的单位或个人承担相关责任；土地使用权依法转让的，由土地使用权受让人或双方约定的责任人承担相关责任。责任主体灭失或责任主体不明确的，由所在地县级人民政府依法承担相关责任。

制定治理与修复规划。各省（区、市）要以影响农产品质量和人居环境安全的突出土

壤污染问题为重点，制定土壤污染治理与修复规划，明确重点任务、责任单位和分年度实施计划，建立项目库，2017 年年底前完成。

有序开展治理与修复，确定治理与修复重点。各地要结合城市环境质量提升和发展布局调整，以拟开发建设居住、商业、学校、医疗和养老机构等项目的污染地块为重点，开展治理与修复。到 2020 年，受污染耕地治理与修复面积达到 1000 万亩。

强化治理与修复工程监管。治理与修复工程原则上在原址进行，并采取必要措施防止污染土壤挖掘、堆存等造成二次污染；需要转运污染土壤的，有关责任单位要将运输时间、方式、线路和污染土壤数量、去向、最终处置措施等，提前向所在地和接收地环境保护部门报告。

监督目标任务落实。各省级环境保护部门要定期向环境保护部报告土壤污染治理与修复工作进展，环境保护部要会同有关部门进行督导检查。

8. *加大科技研发力度，推动环境保护产业发展*

加强土壤污染防治研究。整合高等学校、研究机构、企业等科研资源，开展土壤环境基准、土壤环境容量与承载能力、污染物迁移转化规律、污染生态效应、重金属低积累作物和修复植物筛选，以及土壤污染与农产品质量、人体健康关系等方面基础研究。推进土壤污染诊断、风险管控、治理与修复等共性关键技术研究，研发先进适用装备和高效低成本功能材料，强化卫星遥感技术应用，建设一批土壤污染防治实验室、科研基地。

加大适用技术推广力度；建立健全技术体系。综合土壤污染类型、程度和区域代表性，针对典型受污染农用地、污染地块，分批实施 200 个土壤污染治理与修复技术应用试点项目，2020 年年底前完成。加快成果转化应用。完善土壤污染防治科技成果转化机制，建成以环保为主导产业的高新技术产业开发区等一批成果转化平台。

推动治理与修复产业发展。放开服务性监测市场，鼓励社会机构参与土壤环境监测评估等活动。通过政策推动，加快完善覆盖土壤环境调查、分析测试、风险评估、治理与修复工程设计和施工等环节的成熟产业链，形成若干综合实力雄厚的龙头企业，培育一批充满活力的中小企业；推动有条件的地区建设产业化示范基地。规范土壤污染治理与修复从业单位和人员管理，建立健全监督机制，将技术服务能力弱、运营管理水平低、综合信用差的从业单位名单通过企业信用信息公示系统向社会公开。

9. *发挥政府主导作用，构建土壤环境治理体系*

强化政府主导，完善管理体制。按照“国家统筹、省负总责、市县落实”原则，完善土壤环境管理体制，全面落实土壤污染防治属地责任。探索建立跨行政区域土壤污染防治联动协作机制。

加大财政投入。中央和地方各级财政加大对土壤污染防治工作的支持力度。中央财政整合重金属污染防治专项资金等，设立土壤污染防治专项资金，用于土壤环境调查与监测评估、监督管理、治理与修复等工作。

完善激励政策。各地要采取有效措施，激励相关企业参与土壤污染治理与修复。研究制定扶持有机肥生产、废弃农膜综合利用、农药包装废弃物回收处理等企业的激励政策。在农药、化肥等行业，开展环保领跑者制度试点。

加强社会监督，推进信息公开。根据土壤环境质量监测和调查结果，适时发布全国土壤环境状况。重点行业企业要依据有关规定，向社会公开其产生的污染物名称、排放方式、排放浓度、排放总量，以及污染防治设施建设和运行情况。

推动公益诉讼。鼓励依法对污染土壤等环境违法行为提起公益诉讼。开展检察机关提起公益诉讼改革试点的地区，检察机关可以以公益诉讼人的身份，对污染土壤等损害社会公共利益的行为提起民事公益诉讼；也可以对负有土壤污染防治职责的行政机关，因违法行使职权或者不作为造成国家和社会公共利益受到侵害的行为提起行政公益诉讼。

开展宣传教育。制定土壤环境保护宣传教育工作方案。制作挂图、视频，出版科普读物，利用互联网、数字化放映平台等手段，结合世界地球日、世界环境日、世界土壤日、世界粮食日、全国土地日等主题宣传活动，普及土壤污染防治相关知识，加强法律法规政策宣传解读，营造保护土壤环境的良好社会氛围，推动形成绿色发展方式和生活方式。

10. 加强目标考核，严格责任追究

明确地方政府主体责任。地方各级人民政府是实施本行动计划的主体，要于 2016 年年底前分别制定并公布土壤污染防治工作方案，确定重点任务和工作目标。要加强组织领导，完善政策措施，加大资金投入，创新投融资模式，强化监督管理，抓好工作落实。

加强部门协调联动。建立全国土壤污染防治工作协调机制，定期研究解决重大问题。各有关部门要按照职责分工，协同做好土壤污染防治工作。

落实企业责任。有关企业要加强内部管理，将土壤污染防治纳入环境风险防控体系，严格依法依规建设和运营污染治理设施，确保重点污染物稳定达标排放。造成土壤污染的，应承担损害评估、治理与修复的法律责任。

严格评估考核，实行目标责任制。对土壤环境问题突出、区域土壤环境质量明显下降、防治工作不力、群众反映强烈的地区，要约谈有关地市级人民政府和省级人民政府相关部门主要负责人。对失职渎职、弄虚作假的，区分情节轻重，予以诫勉、责令公开道歉、组织处理或党纪政纪处分；对构成犯罪的，要依法追究刑事责任，已经调离、提拔或者退休的，也要终身追究责任。

我国正处于全面建成小康社会的决胜阶段，提高环境质量是人民群众的热切期盼，应该说“气十条”已经得到了很好的成效与实施，“水十条”也达到了一定的目标，土壤污染防治本身任务就艰巨，又由于“土十条”才刚出台不久，因此需要研究推敲的地方还有很多。各地区、各有关部门应认清形势，坚定信心，狠抓落实，切实加强污染治理和生态保护，如期实现全国土壤污染防治目标，确保生态环境质量得到改善、各类自然生态系统安全稳定，为建设美丽中国、实现“两个一百年”奋斗目标和中华民族伟大复兴的中国梦做出贡献。

5.6 双语助力站

草原环境

草原环境（grassland environment）与森林环境不同，草原上的降水量明显较少。这也是需要大量水分的树木在草原上数量较少的原因之一。由于大多数草原位于大陆陆地的中心位置，周边山脊能够阻挡由西向东的风，就像北美大平原一样，北部和南部吹来的空气的质量对草原环境有很大影响。大平原地带冬天吹来北极的寒风，夏季又受热带热空气的影响。典型的草原气候包括长时间干燥的炎热夏天和有着不规律积雪的寒冷冬天。因此，这些草原地区的植被需要克服土壤水分较低、暴露于阳光、干燥强风、夏季炎热、冬季寒冷等问题。草原植物必须适应这些条件才能生存。

As opposed to forests，grasslands receive markedly less precipitation. This is one of the reasons why trees，which usually require a significant amount of moisture，are spaced relatively sparsely in grasslands. Due to the facts that most grasslands are situated in the center of continental land masses，and that costal mountain ranges can block west-to-east winds as is the case with the Great Plains in North America，air masses from the north and south are highly influential on grasslands. The Great Plains receive cold Arctic air in winter and hot tropical air in summer. A typical grassland climate includes hot summers with long periods of desiccation and cold winters with erratic snow cover. Consequently，plants in these grassland areas experience low soil moisture and，additionally，are exposed to sun，strong dry winds，and extreme summer heat and winter cold. Grassland plants must adapt to these conditions.

为了支持各种生态系统的研究，在 20 世纪 70 年代，国家自然科学基金委员会启动了所谓的长期生态研究（LTER）计划。通过 LTER 计划，在远程站点工作的科学家可以共享数据并进行合作，以确定和理解大规模的生态模式。在堪萨斯州东北部弗林特山的一个 LTER 点，科学家有了重大发现，他们发现了降水对植物生产力的影响，而降水正是生态系统运行的“燃料”。他们发现与其他生态系统相比，降雨量对草原的影响比较明显。由于草原间歇性的降雨，植物生长呈现出爆发性态势，使得初级生产力大幅度提高。这种模式表明，草原具有较高的潜在生长能力，这种情况会在突然供应足量水量时发生。基于这些发现，LTER 科学家提出草原年度初级生产力可以成为全球气候变化的适用指标。草原或许能够作为气候变化的警示，那它是如何影响植物和人类的呢？

To support research on various types of ecosystems，during the 1970 s，The National Science Foundation started what is known as the Long-Term Ecological Research（LTER）program. With the LTER program，scientists working at far-away sites can share data and collaborate to identify and understand large scale ecological patterns. At one LTER site in the Flint Hills of Northeastern Kansas，scientists made an important discovery about the influence of precipitation on plant productivity，the fuel on which ecosystems run. It was found that grasslands respond more strongly to pulses in rainfall than any other ecosystem. Dramatic bursts of plant growth and significant increases in primary productivity result from intermittent rainfall in grasslands. This pattern indicates that grasslands have a high underlying growth potential that surfaces when enough water is suddenly available. Because of these findings，LTER scientists have proposed that grassland annual primary productivity can be a useful indicator of global climate change. Grasslands may be able to serve as a warning of climate change，and how it is affecting plants and humans?

在维持草原生态时，火起着至关重要的作用。在夏天，干草和它们的腐叶在上层土壤

（称为护根）积累了数年，成了雷电或人为引起火灾的易燃燃料。当缺少降雨的时候，干旱雷电引起火灾在草原是很常见的，同时还有篝火的意外引火和其他人为火灾。草原上的火灾可以焚烧蔓延几公里，直到被雨水或遇潮湿地区熄灭。通过对土层中的木炭进行研究表明，在自然条件下，1 hm^2 的北美大草原每 5～30 年至少会被烧一次。

When maintaining grasslands，fire plays an essential role. In the summer，dry grasses and their dead remains which have accumulated over previous years on the upper layer of soil（known as mulch）make a highly combustible fuel for fires started by people or lightning. When there is an absence of rain，dry lightning is a common occurrence in grassland areas，as is the accidental escape of campfires or other human-related fires. These fires in grasslands can burn for many kilometers before being stopped by rain or wet areas. Studying charcoal buried in soil layers have suggested that under natural conditions，at least a hectare of North American prairie may have burned once every 5 to 30 years.

草原上的植物已适应了火灾，但同样重要的是，火是草原生态系统的重要组成部分。对火敏感的植物和大多数树木的生物入侵被火阻拦了下来，之后火清除了已死的植物体，从而释放能够促进新的植物生长的营养物质。例如，美洲原住民的马和他们的猎物水牛喜欢新生的草，他们经常自己放火来吸引水牛。草原上的这些火灾也有助于提高美洲原住民野生食用植物的生产力，提高可见度（能够带来安全）并有助于预防虱子等害虫。现在人们用火作为恢复和保护草原的重要工具。

Plants in the grasslands are adapted to survive fire in many ways，but，just as importantly，fire is an essential component of grassland ecosystems. The invasion of both fire-sensitive plants and most trees are prevented by fire，and fire clears away dead plant material，thereby releasing necessary nutrients that facilitate new growth. Since the development of new grass was favored by Native Americans’ horses and was also attractive to the buffalo they hunted，they often set grassland fires to stimulate it. These fires on grasslands was also helpful in increasing productivity of the Native Americans’ wild food plants，improving visibility（which brings security），and helping control pests such as ticks. Nowadays，people use fire as an important tool in restoring and preserving grasslands.

食草动物会在很多方面对草原植被造成影响。在草原上，放牧比其他类型的生态社区影响更大。高达 60%的能源和草原物质流向初级及其他消费者。相反，在其他陆地生态系统中，只有不到 5%的生态系统物质和能源经消费者流入食物网。这个差异与草原生活有相对较多的食草动物种群相符。

Eaters create a disturbance to which grassland plants are adapted in many ways. In grasslands，grazing is more significant than in other types of ecological communities. Up to 60 percent of energy and grassland materials flow through primary and other consumers. In other terrestrial ecosystems，on the other hand，less than 5 percent of the ecosystem’s material and energy usually flows through consumer food webs. This difference coordinates with the relatively large herbivore populations that grasslands support.

第 6 章　固体废弃物处理与处置

固体废弃物通常指生产和生活活动中丢弃的固体和泥状物质，包括从废水、废气中分离出来的固体颗粒物，它们在某个系统内不可能再加工利用。固体废弃物产生量惊人，已经成为环境主要污染源之一。“废物山”重重包围许多大中城市的现象比较普遍，且危险废物没有得到及时有效的无害化处理。这种垃圾围城现象可造成当地土壤不能耕种、水无法饮用、大气污染等严重后果。因此，研究固体废弃物分类、削减环境不利影响的综合策略，以及研发相关资源化技术，对实现社会经济可持续发展具有重要意义。

6.1　固体废弃物概述

我国人口基数大，已完工与在建城市较多，所以城市固体废弃物的排放量也相对较大，仅在 20 世纪 90 年代初，我国所积存的城市固体废弃物就达到 66 亿 t，人均 6 t，占地面积超过 600 km^2。随着我国国民经济水平及生产力水平的日益提高，城市固体垃圾废弃物排放量已经基本与城市人口数量及经济发达程度呈现正相关关系。以北京为例，每天人均日产垃圾 1.3 kg，其中固体废弃物有 0.7 kg。除生活固体废弃物之外，城市工业固体废弃物规模及数量更大，从 20 世纪 80 年代，我国城市工业固体废弃物生产量以 3.9 ‰的数量逐年递增，到 2016 年已经增长到 12.5 亿 t。

与污染现状相矛盾的是，我国固体废弃物处理处置的相关工作发展较慢，且处理技术和设备也比较落后，但近年来我国对环保问题越来越重视，国家的投资力度也很大，法律法规也在逐步完善中。因为处理处置技术受限，所以我国的城市工业固体废弃物在利用率方面始终偏低。发达国家再生资源综合利用率已达到了 50%～80%，而我国只有 30%，并且固体废弃物无害化处置与发达国家相比相差甚远。20 世纪 70～80 年代，美国、日本、英国等发达国家已经建立了较为完善的医疗废物收集、转运、处置和监管体系，实现了危险废物的安全处置；80～90 年代已经实现了对常见危险废物的鉴别和安全处置技术；现已致力于长期潜在危险的固体废弃物（如持久性有机污染物）的集中处置研究。

我国从 2004 年才开始针对危险固体废弃物立法，而执法力度在近年才慢慢趋严，这导致了危险废物的控制、监督及处理处置体系发展缓慢。我国从 2011 年开始加大了危险废物生成量的统计力度，年产 1 kg 以上的企业均列入了统计范围，但是家庭生活及大量企业生成的危险废物还是对环境造成了沉重负担。此外，据不完全统计，2012 年 5 月至 8 月中旬，江西省贵溪市、弋阳县和武宁县接连发生 3 起非法跨界转移危险废物案，涉案危险废物 1400 多吨，均来自长江三角洲等发达地区。这些跨界转移的危险废物均具有强毒性，转移地点大多选择在偏远乡镇、村落，具有一定的隐蔽性，给监管带来了困难。非法跨界转移危险废弃物折射出人们环保意识缺失、黑色利益链和监管漏洞等诸多问题。在危险废物的处理处置方面，我国的技术及基础设施相对比较落后，很多地方依旧采用传统的填埋法和焚烧法，而这些缺乏科学的处置方法往往会造成二次污染，影响可持续发展。

6.1.1　固体废弃物的来源与分类

根据废弃物来源，固体废弃物分为生活废弃物、工业固体废弃物和农业固体废弃物。生活废弃物是指在日常生活中或者为日常生活提供服务的活动中产生的固体废弃物，以及法律、行政法规规定视为生活垃圾的固体废弃物，包括城市生活废弃物和农村生活废弃物，由日常生活垃圾和保洁垃圾、商业垃圾、医疗服务垃圾、城镇污水处理厂污泥、文化娱乐业垃圾等为生活提供服务的商业或事业产生的垃圾组成；工业固体废弃物是指工业生产活动（包括科研）中产生的固体废弃物，包括工业废渣、废屑、污泥、尾矿等废弃物；农业固体废弃物是指农业生产活动（包括科研）中产生的固体废弃物，包括种植业、林业、畜牧业、渔业、副业五种农业产业产生的废弃物。如果把服务业、工业和农业产生的固体废弃物并称为产业垃圾，固体废弃物可笼统地分为日常生活垃圾和产业固体废弃物（包括与产业相关的事业产生的固体废弃物）2 大类。表 6.1 给出了固体废弃物的来源及其分类。

表 6.1　固体废弃物来源及其分类

土地使用功能区	废弃物来源	废弃物分类	废弃物组成
住宅区	各型住宅、公寓	日常生活垃圾	厨余垃圾、包装废物、粪渣、灰烬、绿化垃圾、特殊废弃物
户外空地、水域	公路、街道、人行道、巷弄、公园、游戏游乐场、海滨	保洁垃圾	扫集物（枝叶、泥土、泥沙、动物尸骸、水浮莲）、绿化垃圾、特殊废弃物
商业区	商店、餐厅、市场、办公室、旅馆、印刷厂、修车厂、医院	商业垃圾	餐厨垃圾、包装废物、动物尸骸、灰烬、建筑废弃物、绿化垃圾、特殊废弃物
水或污水处理厂	净水厂、污水厂	市政废物	污泥
工业区	建筑营造或拆毁、各类工业、矿厂、火力电厂	工业废弃物	建筑废弃物、废渣、废屑、废塑胶、废弃化学品、污泥、尾矿、包装废物、绿化垃圾、特殊废弃物
农业区	田野、农场、林场、禽畜养殖场、牛奶场、牧场	农业废弃物	农资废弃物、农作物废弃物、粪渣、动物尸骸、绿化垃圾、特殊废弃物
农村地区	住宅区、农业区、户外空地、废污处理场、少数工业或商业	农村废弃物	以上全部

人类活动产生大量固体废弃物的原因是多方面的。人类认识能力有限，导致自然环境破坏，如水土流失、森林破坏等；参与规划、设计、制造、运输、消费、管理等活动人员的技术水平有限，导致资源浪费，如机加工边角边料、不合格产品、不当使用致废产品等；物质变化规律有限，导致物品、物质功能的演变，如甘蔗渣、炉渣、尾矿等生产过程的副产品、报废产品、腐变食物等；追求自利、自保、奢侈、虚荣心等理性和非理性心理限制，导致资源浪费，如过度包装、一次性用品、奢侈品等；满足消费者物质占有欲望的将产品使用权（使用价值）物化的商业模式，淡化产品供应商的废旧产品回收利用责任，阻碍废旧物品去路，增大废弃物产量。

6.1.2　固体废弃物的特性

从固体废弃物与环境、资源、社会的关系分析，固体废弃物具有污染性、资源性和社会性的特征。而从固体废弃物在环境中的迁移转化行为来看，固体废弃物具有富集性、呆滞性和不可稀释性及潜在危害性、长期性和灾难性的特征。

1. 污染性

固体废弃物的污染性表现为固体废弃物自身的污染性和固体废弃物处理的二次污染性。固体废弃物可能含有毒性、燃烧性、爆炸性、放射性、腐蚀性、反应性、传染性与致病性的有害废弃物或污染物，甚至含有污染物富集的生物，有些物质难降解或难处理，固体废弃物排放数量与质量具有不确定性与隐蔽性，固体废弃物处理过程生成二次污染物，这些因素导致固体废弃物在其产生、排放和处理过程中对生态环境造成污染，甚至对人们身心健康造成危害，这说明固体废弃物具有污染性。

2. 资源性

固体废弃物的资源性表现为固体废弃物是资源开发利用的产物和固体废弃物自身具有一定的资源价值。固体废弃物只是一定条件下才成为固体废弃物，当条件改变后，固体废弃物有可能重新具有使用价值，成为生产的原材料、燃料或消费物品，因而具有一定的资源价值及经济价值。需要指出的是，固体废弃物的经济价值不一定大于其处理成本，总体而言，固体废弃物是一类低品质、低经济价值资源。

3. 社会性

固体废弃物的社会性表现为固体废弃物的产生、排放与处理具有广泛的社会性。一是社会每个成员都产生与排放固体废弃物，二是固体废弃物的产生意味着社会资源的消耗，对社会产生影响，三是固体废弃物的排放、处理处置及固体废弃物的污染性影响他人的利益，即具有外部性。外部性是指活动主体的活动影响他人的利益。当损害他人利益时称为负外部性，当增大他人利益时称为正外部性。固体废弃物排放与其污染性具有负外部性，固体废弃物处理处置具有正外部性。由此，无论是产生、排放还是处理，固体废弃物事务都影响每个社会成员的利益。固体废弃物排放前属于私有品，排放后成为公共资源。

4. 富集性

污染环境的源头废弃物往往是许多污染成分的终极状态。一些有害气体或飘尘，通过治理，最终富集成为固体废弃物；废水中的一些有害溶质和悬浮物，通过治理，最终被分离出来成为污泥或残渣；一些含重金属的可燃固体废弃物，通过焚烧处理，有害金属浓集于灰烬中。这些“终态”物质中的有害成分，在长期的自然因素作用下，又会转入大气、水体和土壤，成为大气、水体和土壤环境的污染“源头”。

5. 呆滞性和不可稀释性

所含有害物呆滞性大、扩散性大的固态危险废物具有呆滞性和不可稀释性，一般情况下进入水、气和土壤环境的释放速率很慢。土壤对污染物有吸附作用，导致污染物的迁移速度比土壤水慢得多。

6. 潜在危害性、长期性和灾难性

由于污染物在土壤中的迁移是一个比较缓慢的过程，其危害可能在数年以至数十年后才能发现，但是当污染一旦发生，便会造成难以挽救的灾难性后果。从某种意义上讲，固体废弃物特别是危害废物对环境造成的危害可能要比水、气造成的危害严重得多。

6.1.3 固体废弃物的危害途径

固体废弃物在一定的条件下会发生化学的、物理的或生物的转化，对周围环境造成一定的影响，如果采取的处理方法不当，有害物会通过水、气、土壤、食物链等途径危害环境与人体健康。固体废弃物对环境造成的污染如下。

1. 污染水体

不少国家把固体废弃物直接倾倒于河流、湖泊、海洋，甚至以远洋投弃作为一种处置方法。固体废弃物进入水体，不仅会减少江湖面积，而且影响水生生物的生存和水资源的利用，投弃在海洋的废物会在一定海域造成生物的死亡。

2. 大气污染

固体灰渣中的细粒、粉末受风吹日晒产生扬尘，污染周围大气环境。粉煤灰、尾矿堆放场遇 4 级以上风力时可剥离 1～41.5 cm，灰尘飞扬高度达 20～50 m，造成附近地区在多风季节平均视程降低 30%～70%。固体废弃物中的有害物质经长期堆放会发生自燃，散发出大量有害气体。长期堆放的煤矸石中，含硫达 1.5%时即会自燃，达 3%以上时即会着火，散发出大量的二氧化硫。多种固体废弃物本身或在焚烧时能散发毒气和臭味，恶化环境。

3. 土壤污染

固体废弃物的堆置或垃圾填埋处理过程中，雨水渗出液和沥滤液中含有的有害成分会改变土质和土壤结构，影响土壤中的微生物活动，妨碍周围植物的根系生长，或在周围机体内积蓄，危害食物链。各种固体废弃物露天堆存，经日晒、雨淋，有害成分向地下渗透而污染土壤。每堆放 1 万 t 固体废弃物，需占地 1 亩多，受污染的土地面积往往大于堆渣占地的 1～2 倍。据不完全统计，我国历年堆渣达 53 亿 t，已占地 84 万亩（污染农田 25 万亩）。城市固体废弃物堆置在城郊，使土壤碱度增高，重金属富集，过量施用后，会使土质和土壤结构遭到破坏。

4. 影响环境卫生

目前我国不仅 90%以上粪便、垃圾未经无害化处理，而且医院和传染病院的粪便、垃圾也混入普通粪便、垃圾之中，广泛传播肝炎、肠炎、痢疾及各种蠕虫病（寄生虫病）

等，成为环境的严重污染源。另外，我国的垃圾中大部分是炉灰与脏土，用于堆肥，不仅肥效不高，而且使土质板结，蔬菜作物减产。

5. 有害固体废弃物泛滥

长期对有害固体废弃物未加严格管理与处置，污染事故时有发生，如 20 世纪 50 年代锦州铁合金厂露天堆放铬渣 10 多万吨，数年后发现污染面积已超过 70 km^2，使该区域的 1800 眼井水不能饮用。全国已积存 200 多万吨铬渣，而且城镇几乎都有电镀厂排出大量铬污泥，这些铬渣、污泥遇水都会浸出剧毒性六价铬而污染环境。全国有色金属冶炼企业一年约有 5000 t 砷、500 t 镉和 50 t 汞流失到环境中。60 年代，某矿冶炼厂排出的含砷烟尘，长期露天堆放，随雨水渗透，污染了井水，致使 308 人中毒，6 人死亡。目前，很多工厂企业对固体废弃物的处理和处置尚未采取有力措施，而乡镇企业迅速发展，如果任由有害废弃物长期泛滥，数年或数十年后，我国的土壤和地下水将普遍受到污染。

6.2　固体废弃物的综合利用及资源化

由固体废弃物到有用物质的转化称为固体废弃物的综合利用，或称为固体废弃物的资源化。被丢弃的废弃物有可能成为生产的原材料、燃料或消费物品，这是固体废弃物资源化处理的基础。例如，纸张、玻璃、金属等类型废物可以进行物质回收；高炉矿渣、粉煤灰可以进行物质转换以生产水泥和其他建设材料；利用垃圾或污泥厌氧消化进行能量转换以产生沼气等。

据粗略统计，目前我国在矿物废物资源方面，很多可以利用的废物未被利用，反而耗费大量的人力、物力去处置，造成巨大的浪费。目前，40%以上的钢渣、80%以上的粉煤灰和煤矸石消极堆弃。钢铁厂每堆存 1 t 钢渣，平均花费 3～5 元。有些电厂贮存 1 t 粉煤灰，需平均建库投资 4 元，运输管理费 6 元，共 10 元。另外，粉煤灰输送到灰库，每吨需 10～30 t 水，每吨工业用水约需 1 kW·h 电。总之，消极堆渣造成资源、人力、物力和财力的浪费都是很惊人的。

而以往不合理的资源分配与不科学的管理机制导致废弃物大量增加。随着我国固体废弃物产生速度的日益加剧，国内研究人员对固体废弃物资源化进行了大量的研究。加快资源化进程将是转变我国经济发展方式和建设资源节约型社会的重要手段。

6.2.1　固体废弃物处理技术

1. 卫生填埋处理技术

卫生填埋处理技术有建设成本不高、处理量大且无害化处理技术十分成熟的优势，并且有机固体废弃物对好氧及厌氧消化过程能够起到促进的作用，加快有机物分解的速度，可应用于防渗漏及沼气获取。另外，填埋操作的机械化等技术发展的速度也比较快。因此，卫生填埋处理现在已经成了世界很多国家使用的固体废弃物处理的主要方法之一（图 6.1）。我国固体废弃物的卫生填埋处理技术还存在着以下问题：没有完善的监督机制，缺少针对固体废弃物卫生填埋处理的准则，部分有毒有害的特殊固体废弃物经常混到其中一同填埋，导致二次污染。因此，建议我国制定有效的卫生填埋监督机制，明确填埋的规定，避免有毒有害的物质混入其中。

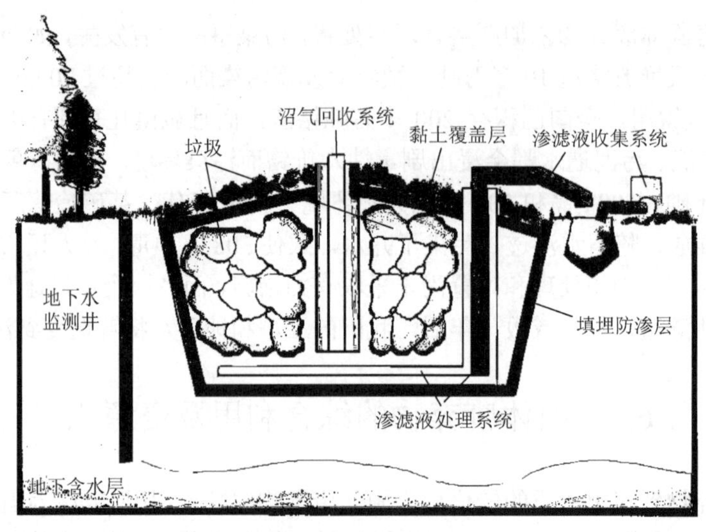

图 6.1 卫生填埋场示意图

2. 堆肥技术

堆肥技术指的是通过生物将废物当中存在的有机物发酵和降解，让废物中的有机物成为稳定的有机质，并且经发酵过程，通过高温将其中有害的微生物杀死，从而达到无害化卫生标准的处理技术。堆肥的原料就是城市中的垃圾和造纸厂及食品厂等废水处置的污泥和废水，以及粪尿消化污泥等。而我国的堆肥核心原料就是由生活产生的垃圾和粪便混合而成的。表 6.2 是我国大城市和中小型城市生活垃圾的组成成分。

表 6.2 我国大城市和中小型城市生活垃圾的组成成分（%）

城市	有机物		炉灰等无机物
	可燃物	易堆腐物	
北京	5.8	52.1	42.1
哈尔滨	5.6	16.6	77.8
武汉	3.0	35.0	62.0
广州	2.2	32.9	64.9
上海	5.5	51.7	42.8

注：组成百分比（以质量计）。

堆肥方法主要有露天堆肥方法、快速堆肥方法和半快速堆肥方法三种，其中露天堆肥方法使用得最为广泛。快速堆肥方法比较适合生产垃圾量比较多的城市。最近几年，我国城市生活水平不断提升，垃圾产量迅速增多，以 2014 年为例，全国 300 多个城市，垃圾产量超过 1×10^7 t，粪便产量超过 7×10^7 t，均须实施无害化处理。全国很多地区都需要进行堆肥的研究和生产。

3. 焚烧处理技术

由于垃圾产量不断快速增加，垃圾的成分又在不断发生改变，仅采用堆肥和填埋这两种方式对城市垃圾进行处理，已经无法满足城市垃圾处理的需求。观察发达国家垃圾成分，能够发现其中含有大量的纸、木、塑料和食物，拥有较高的可燃物含量和热值，部分垃圾组成以及排放情况如表 6.3 所示。为了将这些资源的作用最大限度地发挥出来，出现了使用垃圾替代煤的垃圾焚烧技术。焚烧技术是一种能够将固体废弃物高温溶解及高度氧化的综合处理流程。它最大的优势就是能够快速且最大限度地降低可燃性废物的容纳面积，将有害的细菌和病毒完全消灭，将有毒性的有机物损坏，同时将热能收回来加以利用。

表 6.3　发达国家垃圾成分

国家	组成/%							平均含水量/%	人均年排量/kg
	食品有机废物	纸屑	灰渣	金属	玻璃	塑料	其他		
英国	27	38	11	9	9	2.5	3.5	25	320
法国	22	34	20	8	8	4	4	35	270
荷兰	21	25	20	3	10	4	17	25	210
联邦德国	15	23	28	7	9	3	10	35	350
瑞士	20	45	20	5	5	3	2	35	250
意大利	25	20	25	3	7	5	15	30	210
美国	12	50	7	9	9	5	8	20	820

6.2.2　固体废弃物的资源化

1. 资源化途径

固体废弃物的资源化途径包括废物回收利用、转换利用及转化能源。废物回收利用包括分类收集、分选和回收等过程。废物转换利用即通过一定技术，利用废物中的某些组分制取新形态的物质。例如，利用垃圾微生物分解生产肥料，用刻塑料裂解生产汽油或柴油等。废物转化能源即通过化学或生物转换，释放废物中蕴藏的能量，并加以回收利用，如垃圾焚烧发电或填埋气体发电等。

2. 资源化技术

（1）分选技术，就是将固体废弃物中各种可回收利用的废物或不利于后续处理工艺要求的废物组分采用适当技术分离出来的过程，包括手工拣选和机械分选。

（2）化学浸出技术，就是让溶剂选择性地溶解固体废弃物中某种目的组分，使该组分进入溶液中而达到与废物中其他组分相分离的工艺过程。该工艺适于成分复杂、嵌布粒度微细，且有价成分含量低的矿业固体废弃物、化工和冶金过程排出的废渣等，采用传统分选技术往往成效甚微，而常采用化学浸出技术。化学浸出技术包括简单酸浸、氧化酸浸、还原酸浸、氨浸、碳酸钠溶液浸出、苛性钠溶液浸出、硫化钠溶液浸出、次氯酸钠浸出。

（3）生物处理技术，就是利用微生物的新陈代谢作用使固体废弃物分解、矿化或氧化的过程，包括生物冶金、生物分离和生物转化。

（4）热转化技术，就是在高温条件下使固体废弃物中可回收利用的物质转化为能源的过程，分为热解和焚烧。

（5）制备建筑材料技术，就是在一定条件下，经过自身的一系列物理化学作用，将固体废弃物制成可用的建筑材料，包括胶凝材料、砖、砌块、玻璃、陶瓷、铸石、骨料等。

3. 资源化技术服务及发展趋势

随着科学技术的不断进步，原被视为废物的物质越来越具有价值而被作为资源再次利用。固体废弃物资源化服务就是受业主委托，在固体废弃物中有价值的部分转化为资源的过程中所提供的相关服务。例如，废物回收利用，包括分类收集、分选和回收；废物转换利用，即通过一定技术，利用废物中的某些组分制取新形态的物质，如利用垃圾微生物分解产生可堆腐有机物生产肥料，用塑料裂解生产汽油或柴油；废物转化能源，即通过化学或生物转换，释放废物中蕴藏的能量，并加以回收利用，如垃圾焚烧发电或填埋气体发电等，如图 6.2 所示。固体废弃物资源化服务过程包括咨询、设计，接受委托，对固体废弃物资源化工艺技术路线进行研究、评估、确定，或对资源化具体工艺进行方案设计，帮助业主专注主体业务活动。

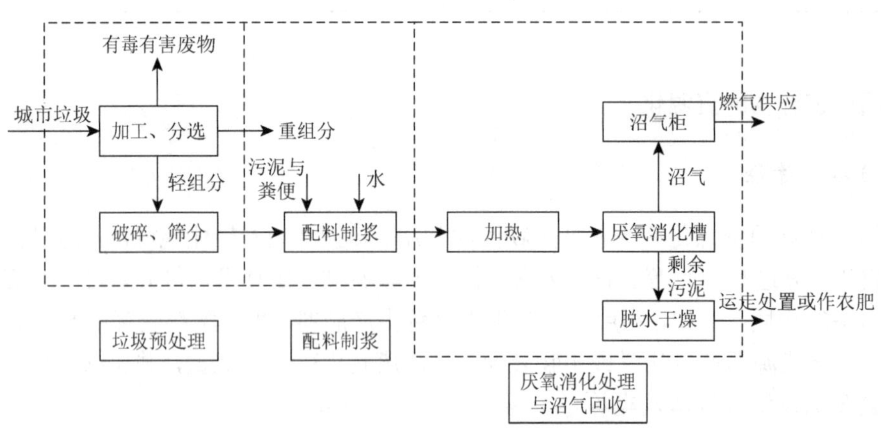

图 6.2 城市固体废弃物资源化系统示意图

对于固体废弃物中的危险废物，由于潜在危害性大，只有规模经营才能产生效益，因此国家对相关企业运营制定了多项管理办法。国务院于 2004 年 5 月颁布了《危险废物经营许可证管理办法》，并于当年 7 月 1 日施行。其明确了许可证管理的总则、许可证条件、申领程序、监督管理、法律责任等共六章三十三条。至今，共有约 2600 家企业持有国家和地方环保部门颁发的收集和经营许可证，每年处置能力约 2400 万 t，为环境安全做出了贡献。从发展的角度来看，固体废弃物的资源化服务业务呈上升趋势，服务内容朝着规模化和技术化方向发展，SGS 等企业已涉足该领域提供高标准的服务。固体废弃物资源化服务尤其在持证经营和污染治理设施委托运营方面，更是有着广阔的发展前景。

6.3　垃 圾 围 城

6.3.1　城市垃圾围城现状和危害

我国的垃圾总量连年增加，垃圾量于 2004 年已经超过美国，成为世界上最大的垃圾生产国。我国城市生活垃圾量从 2004 年的 1.55 亿 t 上升到 2014 年的 1.79 亿 t，呈现出逐年增加的趋势。截至 2014 年年底，全国共有无害处理厂 818 座，无害化处理能力为 53.35 万 t/d，实际处理量为 1.72 亿 t。城市垃圾面临着严峻的治理任务。

全国 2/3 的城市存在不同程度的垃圾围城情况，严重威胁了生态环境和居民身体健康。填埋产生甲烷、二氧化碳等气体，前者很可能带来火灾和爆炸事故，后者则是造成温室效应的罪魁祸首，从而加剧气候变化，威胁人类共同生活的地球环境。大量的土地资源被占用，并且垃圾填埋场可能导致地面下降、填埋气体或垃圾渗透液的遗漏，降低了土地肥力，直接影响人们的生产生活。此外，由填埋法产生的垃圾渗滤液若无处理，会对地表水及地下水造成污染，直接影响人们的身体健康。焚烧也存在环境污染隐患，其产生的二噁英具有不可逆的“三致”毒性，对人体健康具有极大的危害。

6.3.2　垃圾围城的成因

1. 产生方面

城市垃圾产量受城市人口、城市经济发展水平、居民生活水平和消费水平、燃料结构、地理位置及消费习惯等因素的影响。伴随城市规模、经济和人口的迅速增长，城市垃圾的来源更加广泛，尤其在大中型城市更加明显。中国城市经济大约每年以 10%左右的速度增长，致使拉动经济增长的能源燃料的消费也迅速增加，随之而来的城市垃圾废弃物每年几乎呈直线上升趋势。城市居民的人口数量明显增加、生活水平稳步提升，以及消费方式的巨大转变导致大城市垃圾产量明显高于小城市，小城市明显高于农村地区。

2. 处理方面

垃圾厂布置不合理、前端分类处理效率低、终端技术处理能力有限等都是造成垃圾围城的重要因素，此外城市燃料的结构模式和城市所处的地理位置也影响着垃圾围城的产生。同时我国在垃圾处理方面具有起步晚、水平低及设施差等弱势，外加人为因素的影响和企业不良的市场竞争机制，相对于西方国家，我国在垃圾处理方面处于初级阶段。

6.3.3　国外城市垃圾围城的骇人困境

1. 英国——多重危机导致垃圾滞收

2008 年 11 月，受金融危机影响，英国大批可再利用的回收垃圾无人购买，堆积如山。尽管废塑料、废铝的回收价格一路暴跌，但仍无人问津。由于垃圾填埋税的提高，地方政府不愿把垃圾送往垃圾填埋场，而是存放在卫生条件欠佳的商业库房或军事基地，以待市场回暖。有报道说，这些垃圾被卖掉前要存放至少 6 个月。2011 年 1 月，政府因为大雪、假期和罢工等原因，积压了大量遍布城镇街道的垃圾袋。例如，在英国贝德福德郡，垃圾收集工作已经停滞了约 1 个月，而爱丁堡的一些垃圾箱有 5 个星期没有得到清理。英国环境健康特许协会的斯特芬·巴特斯警告说，老鼠、狐狸和猫会撕破积压的垃圾袋，以寻找食物，人类健康将因此面临很大威胁。

2. 法国——政治危机导致街头垃圾为患

2010 年 9 月开始，为了反退休改革，法国接二连三地发生罢工。马赛的清洁工罢工半个月之后，这个法国第一大港口的城市垃圾就以几何级速度堆积。示威活动愈演愈烈，市区一片脏乱，早已爆满的垃圾桶四周堆满垃圾，居民楼前的铁栅栏上挂着各色垃圾袋，商店门口堆起了一人多高的空纸盒，一些沿街角落成了临时垃圾堆，易拉罐、啤酒瓶躺在路中央，废纸随风飘。绝大部分商店关门谢客，沿街建筑的大门上均贴着“反对垃圾填埋场”的标语。示威民众还设法拦截过往的垃圾车，从而和警察发生冲突，一些过激的抗议者乘机点燃垃圾车泄愤。

3. 意大利——非法控制垃圾引发政治暴乱

2007 年，意大利南部城市那不勒斯爆发了“垃圾危机”，街头垃圾成堆，有些学校因为老鼠横行而停课，旅馆客房入住率明显下降。人们愤而放火、焚烧垃圾，暴力冲突造成数十人受伤。2010 年 10 月，那不勒斯再次爆发严重的“垃圾危机”，当地居民抗议政府在维苏威火山山坡上倾倒垃圾，并与警方发生冲突。2011 年 5 月，由于已有垃圾场超负荷运转，市政府决定在城东 20 km 外的地区开辟一个新的垃圾场，此举遭到了当地居民的强烈反对，那不勒斯三度爆发垃圾危机。有分析认为，那不勒斯垃圾问题无法根治的重要原因就在于“黑手党”，因为他们把垃圾看得“像黄金一样值钱”，用威胁、利诱等手段，非法承包或以其他形式控制了那不勒斯至少一半的垃圾运输和处理业务，不仅借此大量侵吞公共资金，还将回收废品简单清理后偷偷运往非洲和亚洲销售，从中谋取巨额暴利。

6.3.4　中外城市垃圾处置的成功举措

对于城市垃圾，最有效的管理方式是分类处理，即通过筛选和加工进行回收再利用。例如，将金属、玻璃等分离出来提供给相关工厂进行冶炼与回收，将纸张、塑料、破布、木屑等可燃物进行干燥、发酵后制出再生煤，从而实现对城市生活垃圾进行无污染、无废弃物、低二氧化碳排放的处理。发达国家在经历了高度城市化发展后，许多城市对于城市垃圾问题有种种良好的处置对策，而我国也正在逐步加快垃圾资源化步伐。

1. 德国——“减量、循环与再利用”的垃圾管控理念

德国的垃圾处理体系以其设计的周密性和运作的高效性而领先世界。早在 1972 年，德国就通过了首部《废物避免产生和废物管理法》，开始对垃圾进行环保有效的处理。自 20 世纪 80 年代中期以来，德国将废物处理的管理理念确立为“减量、循环与再利用”，要求各厂商在产品的设计阶段就考虑到产品的可回收性和再利用价值，尽量减少垃圾的产生。德国非常重视包装废物的回收利用，纸张和纸板的回收率已达到 67%。德国的生活垃圾，大约有 30%在进行了再回收再利用后实行焚烧处理，并由此获得能源，如发电、远程供热等；大约 60%被填埋处理，填埋场的底部铺设了管道，以便收集垃圾降解生成的可燃气体，并进一步回收利用，如用于发电、供气等；大约 10%易腐有机垃圾经堆放、高温发酵可生产成堆肥，用于农田。德国各城市的居民生活小区都设有大型专用垃圾分类收集箱，用于回收各类垃圾；商店里还设有废旧电池回收箱；对金属易拉罐和一次性塑料饮料瓶实行押金制度；对企事业单位和个人废弃的电子垃圾及废旧家具等垃圾，一般采用统一收集、集中处理的方式进行管理。

2. 日本——“简洁、高质量与循环化”的垃圾处理机制

由于国土面积狭小，人口密度大，日本对废物处理对策只能以焚烧为主，因此日本很重视开发旨在降低废物残渣填埋数量的工艺技术，积极开发出废物熔化和固体处理技术，推行政府干预的绿色采购消费制度，制定严格的污染气体排放标准，推进再生资源的国际循环战略，以谋求建立“以可持续发展为基本理念的简洁、高质量的循环型社会”的环保机制。具体措施有：一是实行垃圾分类。例如，东京市政府统一发放回收桶，要求居民按玻璃瓶和铁、铝罐分类，把用过的瓶罐洗净晾干，放入回收桶待收，其他垃圾则分为“可燃物”和“不可燃物”分类投放，并被市民认为是体现一种“国家规定，公民必须执行”的责任。二是通过税收政策鼓励企业建立循环经济生产系统。例如，对废旧塑料制品再生处理设备在年度使用期限内，除普遍退税外，还按使用情况的 14%实行特别退税；对回收利用废旧纸张、玻璃杂物、铝制品再生等制造设备实行 3 年退还固定资产税。三是通过法律规范废旧物资商品化收费制度。在相关法规中，还规定了废弃者必须支付旧家电处理、旧容器包装、旧汽车收集等循环利用的再商品化相关费用。

3. 杭州——“实名制”促进垃圾分类精准自觉

和中国很多东部沿海发达城市一样，杭州也深受“垃圾围城”困扰。统计显示，仅杭州市区产生的垃圾量，6 年就可填满 1 个西湖。自 2010 年 3 月 25 日开始，杭州启动垃圾分类试点，将垃圾分为有害垃圾、可回收垃圾、厨房垃圾和其他垃圾，分别对应不同颜色

垃圾桶，并开始尝试推行垃圾“实名制”，在小区楼道下回收厨房垃圾的垃圾桶里，绿色塑料袋上标明了每袋垃圾的门牌号。居民每天扔厨房垃圾时，旁边还有专人验收打分，得分情况定期公示在小区的“垃圾分类试点积分示意图”上。例如，湖滨街道公布的“垃圾分类试点积分示意图”是对垃圾分类的考核，以绿、黄、红三色区分，当天 80%以上的垃圾进行准确分类的家庭用绿色标注，60%的用黄色标注，低于 40%的则用红色标注。截至目前，共在 843 个小区推行，约占杭州所有小区的 55%。居民小区试行垃圾分类“实名制”后，垃圾分类投放准确率、分类准确率一般都能提高到 80%以上，这两项指标均比普通小区高出 20%以上，起到了立竿见影的效果。

6.3.5　针对垃圾围城现象的可行建议

1. 源头控制，积极推进垃圾分类收集与处理

目前我国解决垃圾问题的主要方式是末端处理。这种处理方式难以从根本上缓解垃圾处理的压力。一方面投资大、费用高，建设周期长，经济负担沉重；另一方面，末端治理往往会产生新的污染物，不能从根本上消除污染。对于垃圾问题要从末端处理转向源头管理，促进源头减量，控制并减少垃圾的产生量（图 6.3）。

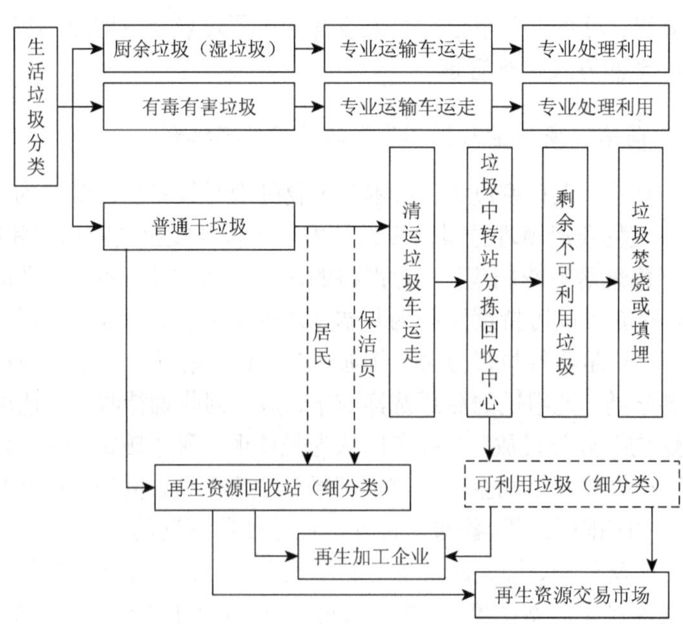

图 6.3　垃圾分类收集处理简图

2. 建立健全垃圾收费体系

对企业和居民征收一定的垃圾处理费用，一方面可以补充政府资金缺口，减轻财政负担，另一方面可以使企业和居民意识到垃圾处理与自身息息相关，增强其环保意识。韩国

实行计量收费制以来，生活垃圾量减少了 37%以上，而资源回收量增长了 40%；2007 年，美国共有超过 7000 个社区实行垃圾计量收费，覆盖了美国 1/4 的人口。据 USEPA 2004 年的统计显示，垃圾收费使社区实现废弃物减量 14%～27%。

因此，政府应加快建立健全垃圾收费体系，坚持按照“谁污染，谁付费”的原则，制定行之有效的规章制度，对欠缴、拒缴生活垃圾处理费的行为予以处罚，保证垃圾处理收费工作的顺利实施；因地制宜，制定相应的收费标准，并积极探索合理有效的征收方式，提高垃圾收缴率。

3. 学习先进的科学处理技术，利用好发展趋势

目前垃圾处理技术的发展趋势正由低水平逐步向高科技渗入。例如，现代化机械用于垃圾分选，生物工程用于填埋场建设可大幅度降低渗滤液浓度，热物理传热技术改进垃圾焚烧发电系统可提高垃圾焚烧产电能力一倍以上，生物技术用于垃圾制肥可提高制肥效率和质量，现代化信息系统用于垃圾综合管理系统等。可以看出，高科技正在进入垃圾产业。我们应在此基础上，多学习外国先进的垃圾处理技术与经验，找到一条适用于中国垃圾处理的道路。

4. 提高公众环保意识

各项调查数据显示，超过 70%的公众把新闻媒介作为最主要的获取环境信息的渠道。电视、手机、杂志等新闻媒介具有巨大的舆论作用，对于向公众进行环境宣传教育，提高公众的环境意识具有十分重要的作用，所以政府应广泛利用各种新闻媒介向公众宣传生活垃圾处理和环境保护方面的知识，例如，在电视节目中播放公益广告，在街头或者上门发放关于垃圾处理等环保知识的宣传单或手册，多举办一些宣传教育活动如环保知识展览和专家讲座等，并且要坚持长期进行，以达到良好的宣传效果，提高公众的思想觉悟，形成良好的社会风气。

6.4　危险废物的越境转移

随着经济全球化，全球贸易量得到迅速发展，随之产生的危险废物量也直线上升。由于危险废物一经产出便是污染物，所以如何处置危险废物的问题逐渐成为危险废物控制领域的焦点问题。在这一过程中，随着贸易的进行，不仅国家内部危险废物不断产生，而且出现了危险废物越境转移的严重问题，造成了人为性的跨国环境污染。联合国环境规划署执行主任托尔巴博士曾指出，仅 1986～1988 年，发达国家向非洲、加勒比和拉丁美洲及亚洲和南太平洋的发展中国家出口的危险废物就达 350 多万吨，并且在运送过程中的处理不当，或运往发展中国家后弃之不顾，造成了严重的意外事件和国际纠纷。

同时，跨国环境污染是一种侵犯他国主权的现象，虽无直接干涉他国内政，但是对其居民及领土是一种隐性而长远的伤害。随着发达国家的工业发展，其产生的危险

废物日益增多，它们致力于将产生的危险废物出口到发展中国家。但是，发展中国家不成熟的处理技术和落后的环保观念使得危险废物不能被有效地处置，导致发展中国家的环境遭受污染。而形成危险废物越境转移这种现象的主要原因有两点：第一是经过几百年流传下来的国际贸易理论解释这种行为，相比各个国家自行处置危险废物能够带来更多的产出；第二是发达国家和发展中国家对于环境保护的认识不同助长了这种现象的发生。因此，跨国环境污染问题受到了极大的关注，特别是危险废物越境转移的问题。

1. 美国的“拉夫运河”污染情况

拉夫运河位于纽约州尼加拉瓜瀑布附近，是一条废弃的运河，20 世纪 20 年代末，被霍克化学塑料公司购买作为废物填埋厂，共填埋了大约 200 种化学废物和其他工业废物，其中相当一部分是剧毒物。这些化学废物可以导致畸形、肝病、精神失常、癌症等多种严重疾病。1953 年后，铺上表土的填埋厂转手后建为居民区。1976 年，一场罕见的大雨冲走了地表土，使化学废物暴露出来。此后，花草坏死、腐蚀灼伤等现象时有发生，癌症发病率明显增高，引起当地居民的恐慌不安。1978 年，USEPA 调查证实此为严重的有毒化学废物污染事件。纽约州政府采取了一系列紧急措施进行处理，如封闭学校、疏散居民、买下被化学废物污染的全部房屋等。

2. 意大利危险废物的越境转移

1988 年 6 月初，意大利一家公司分五条船将大约 3800 t 有害废物运进了该国本德尔州的科科港，并以每月 100 美元的租金堆放在当地一家农民的土地上。不久，铁桶锈蚀，并渗出脏水，散发出恶臭，经检验，发现其中含有一种致癌性极高的化学物质——聚氯丁烯苯基。这些危险废物造成很多码头工人及其家属瘫痪或被灼伤，有 19 人因食用被污染了的米而中毒死亡。

3. 国内代表性事例

1989 年，美国某公司分别联系上海、宁波、张家港等地的外贸部门，试图每年将 70 万 t 生活垃圾推销给这些地区，如此多垃圾不仅会占据当地大面积的生存空间并且会给人们带来巨大的危害。1993 年 10 月江苏检验检疫局查获了近年来入境批量最大的化工废物，是国内相关案件影响最大的典型案例。这批从韩国进口的标着“其他燃料油”的有害废物共计 1288 t，是一批化工污染物，带有刺鼻的气味、强腐蚀性和有毒致癌物质，而这批入境废物“其他燃料油”实际总量达 20 万 t，对环境生态和人体健康都有极大的危害。

这些事件都是具有国际影响力的重大环境污染事件，它带给整个国际社会的影响是巨大的，当然造成的损害也是不可忽略的。危险废物的越境转移不仅危及人类的健康及财产，更为重要的是如果整治不及时，它对环境造成的将是永久的污染和破坏，它的持久性影响不仅体现在身受其害的当代人，甚至会随着生命的延续而波及子孙后代。这些极具代表性的案例警诫我们，控制危险废物越境转移刻不容缓。

6.4.1　危险废物特性

1. 定义

危险废物是指能对人类健康和环境造成即时或潜在危害、可引起疾病或导致死亡增加的废弃物。危险废物一般具有爆炸性、易燃性、氧化性、化学反应性、急性毒性、传染性、腐蚀性、生态毒性、浸出毒性等性质。

2. 特性

危险废物具有时间性。“资源”和“废物”在时间上是相对的，除生产、加工过程中会产生大量被丢弃的物质外，任何产品和商品经过一定时间使用后都会变成废物。

危险废物具有空间性。虽然危险废物在某一个过程和某一个方面没有使用价值，但往往会变成其他过程的原料。

危险废物具有持久危害性。危险废物呆滞性大，扩散性小，对环境的影响主要是通过水、气和土壤进行的，其中污染成分的迁移转化，如浸出液在土壤中的迁移，是一个比较缓慢的过程，其危害可能在数年以至数十年后才能发现。

危险废物具有复杂多样性。危险废物来源多样，成分复杂，性状各异，既是各种污染物质的富集终态，又是土壤、大气、地表水和地下水等的污染源。

3. 国际原则

危险废物越境转移，属全球性环境问题。1989 年的《巴塞尔公约》于 1992 年 5 月生效，对相关问题做出了规定，我国是该条约的签约国之一。

该条约基本原则：所有国家应禁止输入危险废物；应尽量减少危险废物的产量；对于不可避免而产生的危险废物，应尽可能以对环境无害的方式处理，并应尽量在产生地处置；只有当危险废物产生国不具备处置设施，才允许将危险废物出口到其他国家，并以对人体健康和环境更为安全的方式处理。

6.4.2　危险废物越境转移的危害

危险废物的越境转移是对输入国的主权和尊严的侵犯，发达国家向发展中国家输出有害废物，可以说是一种“环境侵略”。

危险废物越境转移严重破坏了输入国的生态环境，损害了当地人民的健康，这种行为是一种“道德缺失”的行为。发展中国家作为发达国家理想的危险废物转移场所，其贫穷落后是环境破坏、危险废物输入的根本原因，而环境破坏又是贫穷落后的加速器，使发展中国家陷入一种“恶性循环”的艰难局面，且危害影响较大。

首先是危害途径多。危险废物是一类特殊的废物，其产生、运输、贮存、处理各个环节都可能对环境造成危害，由于处理费用高，过去多以存埋方式处理。例如，美国约有 35 万个危险废物存放点，危险废物的泄漏污染地下水和周围环境，对公众会造成严重危害。

其次，危险废物会严重危害人体健康，其危害具有长期性和潜伏性。现在化学品有 7 万种，USEPA 对其中的 3.5 万种作了危害等级的划分。危险废物中的有毒有害物质对人体和环境构成很大威胁，一旦其危害性质爆发出来，不仅可能使人畜中毒，还可能引起燃烧和爆炸事故，也可因无控焚烧、风扬、升华、风化而污染大气。此外，还可通过雨雪渗透污染土壤、地下水，由地表径流冲刷污染江河湖海，从而造成长久的、难以恢复的隐患及后果。

因此，严格控制并且全面禁止有害危险废物的越境转移是发展中国家摆脱贫困、寻求发展、建立平等互利的国际政治经济新秩序的必然要求，是防止全球环境污染和破坏的加剧与扩散，保护全人类赖以生存的环境和实施可持续发展计划的必然行动。

6.4.3　危险废物越境转移的原因

危险废物越境转移反映的根本问题在于国际政治经济体制的弊端问题，处于发展中阶段或低于发展中阶段的国家仍处于被动地位，那些发达国家却始终处于主动地位。概括而言，造成危险废物越境转移的主观原因有以下几条。

1. 发达国家有意向发展中国家转移污染

发达国家都是典型的工业化国家，而工业化程度越高产生的危险废物就越多，因此近些年来工业化国家危险废物产生量迅速增长，随着许多发达国家在处理危险废物方面的环境保护法规和标准日益严格，许多原来并非危险废物的普通废物也被列入危险废物的名录，大量危险废物给发达国家人民健康和生态环境带来不利影响，因此发达国家纷纷通过贸易、投资等方式，打着“再生利用、循环回收”的旗号，将危险废物转移至其他国家，尤其是发展中国家。据绿色和平组织的报告，1986～1990 年，共有 520 万 t 危险废物从发达国家转移到发展中国家和东欧国家。

2. 处置危险废物的费用有高低之别

据统计，在 20 世纪 90 年代，1 t 危险废物在非洲的处置只需要 40 美元；在欧洲则需要 160～1000 美元，相差 4～25 倍；在美国则需要 480～1440 美元，相差 12～36 倍，如此悬殊的费用差距促使发达国家将大量的危险废物转移至发展中国家，任其处置、堆放，伴随着将各种风险和危害转嫁到发展中国家。同时，危险废物进口不仅能带来金钱利益，还能增加就业机会，刺激经济增长，因此发展中国家国内的利益集团为了追求高额利润，进口危险废物。但是许多发展中国家缺乏必要的环境无害管理设施和足够的危险废物处置能力，给本国人民健康和环境带来更多不利影响。

3. 环境保护意识有差距

发展中国家环保意识薄弱，在控制有害物质转移方面的法制建设也很薄弱，控制有害废物输入的管理协调机制不健全；而发达国家环保意识强，环境保护法规健全和严格。这种环境保护意识和法制建设的差异也是危险废物越境转移的原因。

6.4.4　危险废物及其越境转移的控制

1. 危险废物的控制

1）“三化”管理

“三化”管理即减量化、资源化和无害化（图 6.4）。

减量化是指采取措施以减少固体废弃物的产生量，最大限度地合理开发资源和能源，这是治理固体废弃物污染环境的首先要求和措施。

资源化是指对已产生的固体废弃物进行回收加工、循环利用或其他再利用等，即通常所称的废物综合利用，使废物经过综合利用后直接变成产品或转化为可供再利用的二次原料，实现资源化，不但减轻了固废的危害，还可以减少浪费，获得经济效益。

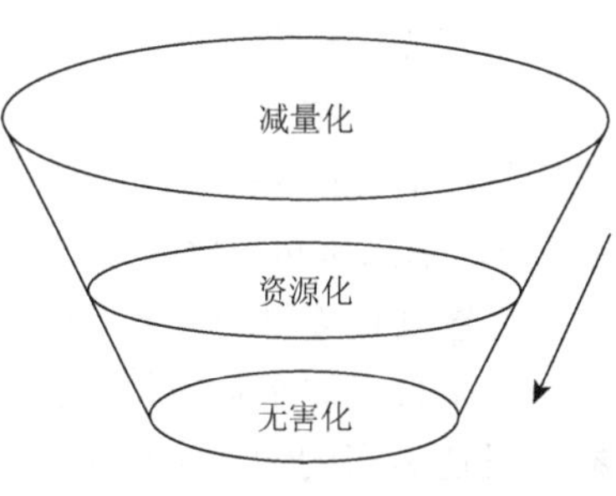

图 6.4　危险废物管理原则

无害化是指对已产生但又无法或暂时无法进行综合利用的固体废弃物进行对环境无害或低危害的安全处理，还包括尽可能地减少其种类、降低危险废物的有害浓度，减轻和消除其危险特征等，以此防止、减少或减轻固体废弃物的危害。

2）全过程管理

全过程管理是指对固体废弃物的产生、运输、贮存、利用、处理和处置的全过程及各个环节上都实行控制管理和开展污染防治工作，这一原则又形象地称为从“摇篮”到“坟墓”的管理原则，固体废弃物环境管理是一项集体活动，产生者、承运者、贮存者、利用者、处置者和有关过程中的其他操作者都要分担责任。

3）危险废物优先管理

对含有特别严重危害性质的危险废物，实行严格控制的优先管理，对其污染防治提出比一般废物的污染防治更为严厉的特别要求和实行特殊控制，在固体废弃物污染环境防治法中，对危险废物的污染防治专辟一章，做出严格的特别规定，来体现优先管理的原则。

4）危险废物的处置方式

当前危险废物的处置方式主要有焚烧、固化、物化处理和填埋等方法。

焚烧可以有效破坏废物中的有毒、有害、有机废物，是实现危险废物减量化、无害化的最快捷、有效的技术，它适用于不能回收利用其有效组分，并具有一定热值的危险废物。

固化是利用物理、化学方法将危险废物固定或包封在密实的惰性固体基材中，使其达到稳定化的过程。种类有水泥固化、沥青固化、塑料固化、玻璃固化、石灰固化等。

物化处理方法是将液态危险废物经处理后降低甚至解除其危害性，并送往下一工序去做最终处置。处理的危险废物主要是废酸、废碱、含重金属废液、废乳化液等。

危险废物的处理，不论采取何种技术，都会产生需要最终处置的残余物，安全填埋是最终处置技术。安全填埋场是陆地处置设施，主要包括废物预处理设施、废物填埋设施和渗滤液收集处理设施。

2. 危险废物越境转移的控制

1）国际合作

国际合作主要包括加强宣传，提高世界各国的环境意识；加强国际广泛交流和合作；各国建立完善的法制制度；建立并完善统一的国际公约及公约的维护机构等方式。具体又分为行政手段和经济手段。

一方面，根据经济学原理提出减少危险废物越境转移的对策。具体来说，危害废料的输入国可以对输出的企业征收环境成本税。在其他发展中国家没有开征相同税种或税率较低的情况下，征收该税可以具体量化环境成本，从而有效减少这一市场在均衡状态下的交易数量；输入国可以将这部分税收转而补贴给国内的危险废料的处置企业，用以提升这些企业处置危险废料的设备和能力，防止这些有害废料处置不当而污染环境。

除了直接要求输出厂商提供资金补偿之外，输入企业还可以向输出企业寻求技术支持。发达国家的输出企业把自己处置有害废料的设备和技术提供给发展中国家的输入企业。但这种做法有一个缺陷，它实际上并没有从根本解决有害废料越境转移这一现象，只是试图减少这种现象及其带来的环境问题，有违“谁污染谁治理”的原则。

另一方面，可以动用行政手段全面禁止危险废物越境转移。这种手段基于“谁污染谁治理”的原则，由发展中国家制定法案，完全禁止有害废料越境处理这种行为。这样的做法可能会失去一部分经济利益，但在保护环境免受有毒废料污染方面能够获取最大的效益。

2）国内措施

（1）提高公众意识。

就社会公众的利益和需要而言，树立中国特色的“新安全观”是基本保证，同时，公众作为良好环境的享受者和环境损害的直接受害者，对环境的状况最关心、最了解，参与环境保护的热忱也最高。可以说公众是完善和实施环境法治的根本动力来源，是促进环境改善的重要社会资源和力量。因此，公众参与应当在全球范围内尤其是危险废物越境转移的法律管制中引起更加广泛的重视。

（2）积极研究和开发环保设备。

中国的环保设备种类繁多，目前存在的问题就是功能有待加强，尤其对于危险废物越境转移问题的处理上，希望把这些废物都能处理甚至分解成有用的资源，加强资源循环利用，实现资源的合理配置和可持续发展。中国应该积极研究和开发环保设备，加快创新，加强开发力量和资金投入，扩大国际交流与合作，加强人才培养。

（3）加强对国际公约的遵守和执行力度。

条约是国际机制的一个重要表现形式，条约的签署和遵守也意味着国际机制的建立。因此，要检验国际机制是否合理、是否适用、是否被严格遵守，首先要看其所签署的条约或者公约是否有强的约束性和监督力。

在危险废物越境转移的问题上，中国一直遵守国际社会签订的一系列公约，但是在遵守的同时，在正确处理好国际社会利益、国家利益和国内私人利益的前提下，对于条约内容和有效执行力度也要深切关怀，就像对待《巴塞尔公约》一样，不断提议并参加缔约大会，对我国危险废物环境无害化管理和危险废物越境转移控制起到了积极的推动和促进作用，同时也为国际社会进一步加强对危险废物越境转移的监控作了很好的推动。

中国采取了以制定控制危险废物进口的法规和标准；严格控制危险废物出口，严格遵守“事情知情同意原则”；建立危险废物培训和技术转让中心；严厉打击、查处危险废物越境转移；号召和争取国际环境正义，健全和完善国际环境机制等措施贯彻执行公约的规定；充分考虑国际环境正义。

6.5　双语助力站

外卖垃圾激增

由于公众意识薄弱和缺少有效的垃圾回收措施，从线上到线下的食品外卖服务在中国呈现出爆炸性增长，这造成了一些环境问题。从大学生到白领工作人员，只需点击鼠标即可在指定的时间内收到新鲜的食物。

The explosive growth in online-to-offline（O2O）food delivery services in China is worsening the environment due to a lack of garbage recycling and weak public awareness. From university students to white collar workers，a simple click of a mouse can bring fresh-cooked food delivered at an appointed time.

在互联网公司工作的王艳说，从家带食物到公司很麻烦，在食堂吃饭也会浪费过多的时间。因此像很多白领一样，她更喜欢外卖。这似乎是一个共赢的状况。例如，餐厅能收到更多的客人而不需要增加座位。在北京天通苑附近卖凉皮的餐厅业主赵先生说，他的业务来源主要依靠外卖订单。

Wang Yan，who works for an Internet company，said it bothers her to carry food from home to office，yet it also takes too much time to dine in a restaurant for lunch. So，like many other office workers，she prefers O2O food delivery. It seems to be a win for everyone. Restaurants can access more customers with no need for additional seating space，for example. At an eatery selling cold noodles in Beijing's Tiantongyuan neighborhood，the owner Zhao said his business relies mainly on O2O orders.

但这也导致产生了大量的食品包装、筷子和塑料袋等外卖副产品。食品包装，包括一个塑料盒、一双筷子和一个塑料袋，在赵先生的面馆里只需要 1 元钱。一名 50 岁的清洁工杨兰表示，随着外卖食品的流行，垃圾桶内填满了越来越多的垃圾。

But also growing at an enormous scale is food packaging，chopsticks and plastic bags，all side products of offline-to-online services. The cost for food packaging，including a plastic box，a pair of chopsticks and a plastic bag，is about one yuan at Zhao's noodle store. Yang Lan，a 50-year-old cleaner，said the dustbins are increasingly filled with more garbage as O2O food becomes more popular.

对于外卖行业产生的垃圾还并没有明确的统计数据，但它的数量是相当庞大的。主要企业如美团、百度等在一个工作日能处理 700 万份订单。而使用的塑料袋粗略统计能有 420000 m^2。更令人担忧的是塑料垃圾回收利用的短缺。北京方庄地区的废物回收商表示，1 kg 的 PP 塑料收购价为 3 元，但聚苯乙烯包装却无人问津。塑料工业分析师翟秋平表示，由于成本较低，白色聚苯乙烯泡沫食品容器因为便宜，主要是工地工人在使用，但它的回收利用价值不大。但人们的消费意识正在增强，有人会打电话让顾客自己准备餐具，或者可以使用可回收的食品盒和筷子。翟秋平说，中国还没有固体垃圾回收利用的分类制度，所以将废物转化为资源将会是一个漫长的过程。

There's no available data for garbage produced by O2O operations，but the amount is significant. Major players Meituan，Eleme and Baidu handle seven million orders on a typical business day. A rough calculation of the plastic bags used equals an area of 420000 square meters. Even more worrying is the shortage of recycling for plastic refuse. A waste recycler in Beijing's Fangzhuang area said it pays three yuan for one kilogram of PP-type plastic containers，but no one wants the polystyrene packaging. Zhai Qiuping，an analyst in the plastics industry，said white polystyrene foam food containers are mainly used by workers on construction sites due to their lower cost，but there is little value in recycling. But among some consumers awareness is growing，as calls go out for customers to provide their own eating utensils and for outlets to use recyclable food boxes and chopsticks. Zhai said China does not yet have a classification system for solid garbage and recycling，so it will be a long journey to turn the waste into valuable items.

中国政府在“十三五”规划（2016～2020 年）中明确表示要限制一次性用品，提高回收利用率，并推行垃圾分类制度。

In its 13th Five Year Plan（2016—2020），the Chinese government made clear that it wants to restrict disposable one-use items，improve recycling and boost the waste classification system.

第 7 章　生物和生态安全问题

生态是指一切生物的生存状态及其与环境之间的关系。生态安全是指生态系统的健康和完整情况，是人类在生产、生活和健康等方面不受生态破坏与环境污染等影响的保障程度，包括饮用水与食物安全、空气质量与绿色环境等基本要素。健康的生态系统是稳定和可持续的，在时间上能够维持其组织结构和自治，以及保持对生态破坏的恢复力。反之，不健康的生态系统，是功能不完全或不正常的生态系统，其安全状况则处于威胁之中。生态安全对于生物的重要性不言而喻，本章将对生物和生态安全相关问题进行分析。

7.1　生 态 系 统

生态系统指在一定的自然区域内，生物与生活环境构成的统一整体。在这个统一整体中，生物与环境之间相互影响、相互制约，并在一定时期内处于一种相对稳定的动态平衡状态。常见的生态系统有：森林生态系统、草原生态系统、海洋生态系统、淡水生态系统、农田生态系统、冻原生态系统、湿地生态系统和城市生态系统。

7.1.1　生态系统组成

生态系统的组成包括非生物的物质和能量、生产者、消费者、分解者，其中生产者为主要成分。无机环境是一个生态系统的基础，其条件的好坏直接决定生态系统的复杂程度和其中生物群落的丰富度；生物群落反作用于无机环境，生物群落在生态系统中既在适应环境，也在改变着周边环境的面貌，各种基础物质将生物群落与无机环境紧密联系在一起，使生态系统成为具有一定功能的有机整体。

1. 无机环境

无机环境是生态系统的非生物组成部分，包含阳光及其他所有构成生态系统的基础物质：水、无机盐、空气、有机质、岩石等。阳光是绝大多数生态系统直接的能量来源，水、空气、无机盐与有机质都是生物不可或缺的物质基础。

2. 生物群落

1）生产者

生产者在生物学分类上主要是各种绿色植物，也包括化能合成细菌与光合细菌，它们都是自养生物，植物与光合细菌利用太阳能进行光合作用合成有机物，化能合成细菌利用某些物质氧化还原反应释放的能量合成有机物，如硝化细菌通过将氨氧化为硝酸盐的方式利用化学能合成有机物。

生产者在生物群落中起基础性作用，是连接无机环境和生物群落的桥梁。它们将无机环境中的能量同化，同化量就是输入生态系统的总能量，维系着整个生态系统的稳定，其中各种绿色植物还能为各种生物提供栖息、繁殖的场所。生产者是生态系统的主要成分。

2）分解者

分解者又称“还原者”，它们是一类异养生物，以各种细菌（寄生的细菌属于消费者，腐生的细菌属于分解者）和真菌为主，也包含蚯蚓等腐生动物。

分解者可以将生态系统中的各种无生命的复杂有机质（尸体、粪便等）分解成水、二氧化碳、铵盐等可以被生产者重新利用的物质，完成物质的循环，因此分解者、生产者与无机环境就可以构成一个简单的生态系统。分解者是连接生物群落和无机环境的桥梁，是生态系统的必要成分。

3）消费者

消费者指以动植物为食的异养生物，消费者的范围非常广，包括几乎所有动物和部分微生物，它们通过捕食和寄生关系在生态系统中传递能量，其中，以生产者为食的消费者称为初级消费者，以初级消费者为食的称为次级消费者，其后还有三级消费者与四级消费者，同一种消费者在一个复杂的生态系统中可能充当多个级别，杂食性动物尤为如此，它们可能既吃植物（充当初级消费者）又吃各种食草动物（充当次级消费者），有的生物所充当的消费者级别还会随季节而变化。

一个生态系统只需生产者和分解者就可以维持运作，数量众多的消费者在生态系统中加快能量流动和物质循环的作用，可以看成是一种“催化剂”。

7.1.2　生态系统的分类

生态系统类型众多，一般可分为自然生态系统和人工生态系统。自然生态系统还可进一步分为水域生态系统和陆地生态系统。人工生态系统则可以分为农田、城市等生态系统。表 7.1 列举了不同类型生态系统的特点。其中人工生态系统有一些十分鲜明的特点，如动植物种类稀少，人的作用十分明显，对自然生态系统存在依赖和干扰等。人工生态系统也可以看成是自然生态系统与人类社会的经济系统复合而成的复杂生态系统。

表 7.1　不同类型生态系统

生态系统类型			分布	特点
自然生态系统	陆地生态系统	热带雨林	赤道南北纬 5°～10°的热带气候地区	动植物种类繁多，群落结构复杂，种群密度长期处于稳定。据不完全统计，热带雨林拥有全球 40%～75%的物种
		针叶林	寒温带及中、低纬度亚高山地区	以冷杉、云杉、红松等植物为主
		热带草原	干旱地区	年降水量少，群落结构简单，受降雨影响大；不同季节或年份种群密度和群落结构常发生剧烈变化
		荒漠	南北纬 15°～50°的地带	终年少雨或无雨，气温、地温的日较差和年较差大，多晴天。风沙活动频繁，地表干燥，裸露，沙砾易被吹扬，常形成沙暴，荒漠中在水源较充足地区会出现绿洲，具有独特的景观
		冻原	欧亚大陆和北美北部边缘地区，包括寒温带和温带的高原	冬季漫长而严寒，夏季温凉短暂，最暖月平均气温不超过 14℃，年降水 200～300 mm

续表

生态系统类型			分布	特点
自然生态系统	水域生态系统	湿地	大部分地区	包括沼泽、泥炭地、河流、湖泊、红树林、水库、池塘、沿海滩涂和深度小于 6 m 的浅海，可补充地下水和水禽的栖息地，鱼类的育肥场所
		海洋	太平洋、大西洋、印度洋、北冰洋	生物群落受光照、温度、盐度等非生物因素影响较大
		淡水	河流、湖泊、池塘等	淡水生态系统不仅是人类资源的宝库，还具有调节气候、净化污染及保护生物多样性等功能
人工生态系统		农田	农垦地区	生物以农作物为主，农田生态系统发生次生演替后，会成为自然生态系统
		城市	全球	城市生态系统以化石燃料为直接的能量来源，开放度高

7.1.3　生态系统的生态功能

1. 能量流动

能量流动指生态系统中能量输入、传递、转化和丧失的过程。能量流动是生态系统的重要功能，在生态系统中，生物与环境、生物与生物间的密切联系，可以通过能量流动来实现。能量流动有两大特点，即能量流动是单向的，同时能量逐级递减。图 7.1 描述了生态系统能量流动过程。

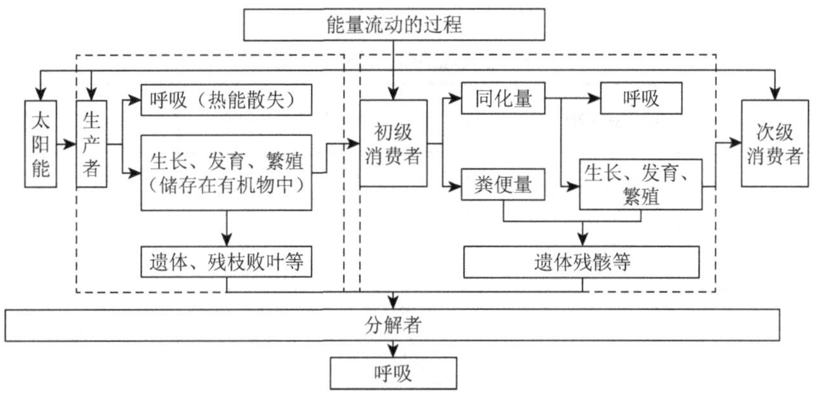

图 7.1　生态系统能量流动过程

1）能量的输入

生态系统的能量来自太阳能，太阳能以光能的形式被生产者固定下来后，就开始了在生态系统中的传递，被生产者固定的能量只占太阳能很小的一部分（表 7.2）。在生产者将太阳能固定后，能量就以化学能的形式在生态系统中传递。

表 7.2　太阳能的主要流向

项目	反射	吸收	水循环	风、潮汐	光合作用
所占比例/%	30	46	23	0.2	0.8

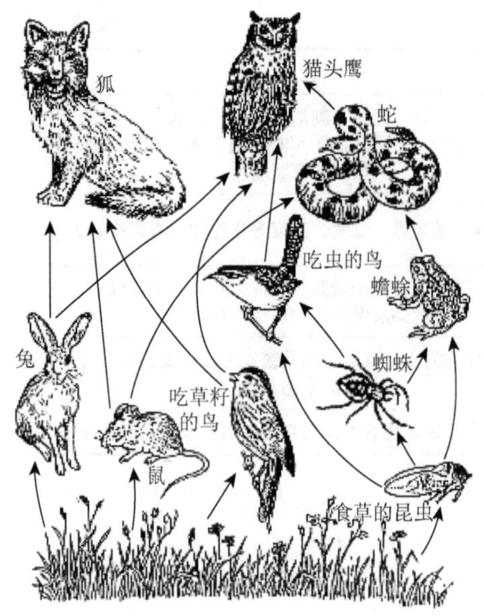

图 7.2 草原生态系统食物网简图

2）能量的传递与散失

能量在生态系统中的传递是不可逆的，而且逐级递减，递减率为 10%～20%。能量传递的主要途径是食物链与食物网，这构成了营养关系，传递到每个营养级时，同化能量的去向包括未利用（用于今后繁殖、生长）、代谢消耗（呼吸作用、排泄）和被下一营养级利用（最高营养级除外）。

3）食物链

生态系统中，生产者与消费者通过捕食、寄生等关系构成的相互联系称为食物链；多条食物链相互交错形成了食物网，如图 7.2 为草原生态系统食物网简图。食物链（网）是生态系统中能量传递的重要形式，其中，生产者称为第一营养级，初级消费者称为第二营养级，以此类推。由于能量有限，一条食物链的营养级一般不超过五个。

4）生态金字塔

生态金字塔是以面积表示特定内容，按营养级自下而上排列形成的图示，往往呈现金字塔状，常用的有三种：能量金字塔、生物量金字塔和生物数量金字塔（表 7.3）。

表 7.3 生态金字塔能量流动模型

项目＼类型	能量金字塔	生物数量金字塔	生物量金字塔
形状	能量：低（上）—高（下）；营养级：高（上）—低（下）	数目：少（上）—多（下）；营养级：高（上）—低（下）	生物量：少（上）—多（下）；营养级：高（上）—低（下）
特点	正金字塔形	一般为正金字塔形，有时会出现倒金字塔形，如树上昆虫与树的数量关系	正金字塔形

能量金字塔是将单位时间内各营养级所得能量的数量值用面积表示，由低到高绘制成图。能量金字塔永远正立，因为生态系统进行能量传递时遵守林德曼定律，每个营养级的能量都是上一个营养级能量的 10%～20%。

生物量金字塔是将每个营养级现存生物的有机物质量用面积表示，由低到高绘制成图。它与能量金字塔基本吻合，因为营养级所获得的能量与其有机物质的同化量正相关。

生物数量金字塔是将每个营养级现存个体数量用面积表示，由低到高绘制成图。其形状多样，并不总是正立。例如，几百只昆虫和数只鸟可以同时生活在一棵树上，出现“倒三角”的现象。

2. 物质循环

生态系统的能量流动推动着各种物质在生物群落与无机环境间循环。这里的物质包括组成生物体的基础元素：碳、氮、硫、磷，以及能长时间稳定存在的有毒物质。

1）按循环途径分类

气体型循环是元素以气态的形式在大气中循环，又称“气态循环”，气态循环把大气和海洋紧密连接起来，具有全球性。碳-氧循环和氮循环以气态循环为主。

水循环是指大自然的水通过蒸发、植物蒸腾、水汽输送、降水、地表径流、下渗、地下径流等环节，在水圈、大气圈、岩石圈、生物圈中进行连续运动的过程。水循环是生态系统的重要过程，是所有物质进行循环的必要条件。

而沉积型循环发生在岩石圈，元素以沉积物的形式通过岩石的风化作用和沉积物本身的分解作用转变成生态系统可用的物质，沉积循环是缓慢的、非全球性的、不显著的循环。沉积循环以硫、磷、碘为代表，还包括硅及碱金属元素。

2）常见物质的循环

（1）碳循环。

碳元素是构成生命的基础，碳循环是生态系统中十分重要的循环，其主要是以二氧化碳的形式随大气环流在全球范围流动。

（a）大气圈到生物群落。

植物通过光合作用将大气中的二氧化碳同化为有机物，消费者通过食物链获得植物生产的含碳有机物；植物与动物在获得含碳有机物的同时，有一部分通过呼吸作用回到大气中。动植物的遗体和排泄物中含有大量的碳，这些产物是下一环节的重点。

（b）生物群落到岩石圈、大气圈。

植物与动物的一部分遗体和排泄物被微生物分解成二氧化碳，回到大气，另一部分遗体和排泄物在长时间的地质演化中形成石油、煤等化石燃料的过程中分解生成二氧化碳回到大气中开始新的循环；化石燃料将长期深埋地下，进行下一环节。

（c）岩石圈到大气圈。

一部分化石燃料被细菌（如嗜甲烷菌）分解生成二氧化碳回到大气，另一部分化石燃料被人类开采利用，经过一系列转化，最终形成二氧化碳。

（d）大气与海洋的二氧化碳交换。

大气中的二氧化碳会溶解在海水中形成碳酸氢根离子，这些离子经过生物作用将形成碳酸盐，碳酸盐也会分解形成二氧化碳。整个碳循环过程二氧化碳的固定速度与生成速度保持平衡，大致相等，但随着现代工业的快速发展，人类大量开采化石燃料，极大地加快了二氧化碳的生成速度，打破了碳循环的速率平衡，导致大气中二氧化碳浓度迅速增长，这是引起温室效应的重要原因。

（2）氮循环。

氮气占空气 78%的体积，因而氮循环是十分普遍的，氮是植物生长所必需的元素，氮循环对各种植物包括农作物而言，是十分重要的。

（a）氮的固定。

氮气是十分稳定的气体单质，氮的固定指的就是通过自然或人工方法，将氮气固定为其他可利用的化合物的过程，这一过程主要有三条途径：①在闪电的时候，空气中的氮气与氧气在高压电的作用下会生成一氧化氮，之后一氧化氮经过一系列变化，最终形成硝酸盐。硝酸盐是可以被植物吸收的含氮化合物，氮元素随后开始在岩石圈循环。②根瘤菌、自生固氮菌能将氮气固定生成氨气，这些氨气最终被植物利用，在生物群落开始循环。③人工固氮方法，人们将氮气转化为氨气，制成各种化肥投放到农田中后开始在岩石圈循环。

（b）微生物循环。

氮被固定后，土壤中的各种微生物可以通过化能合成作用参与循环。硝化细菌能将土壤中的铵根（氨气）氧化形成硝酸盐，反硝化细菌能将硝酸盐还原成氮气。反硝化细菌还原生成的氮气重新回到大气开始新的循环。

（c）从生物群落到岩石圈。

植物将土壤中的含氮化合物同化为自身的有机物（通常是蛋白质），氮元素就会在生物群落中循环；植物吸收并同化土壤中的含氮化合物，次级消费者通过摄取植物体，将氮同化为自身的营养物，更高级的消费者通过捕食其他消费者获得这些氮。植物、动物的氮最终通过排泄物和尸体回到岩石圈，这些氮大部分被分解者分解生成硝酸盐和铵盐，少部分动植物尸体形成石油等化石燃料；经过生物群落循环后的硝酸盐和铵盐可能再次被植物根系吸收，但循环多次后，这批化合物最终全部进入硝化细菌和反硝化细菌组成的基本循环中。

（d）化石燃料的分解。

石油等化石燃料最终被微生物分解或被人类利用，氮元素也随之生成氮气回到大气中，历时最长的一条氮循环途径完成。

（3）硫循环。

硫是生物原生质体的重要组分，是合成蛋白质的必需元素，因而硫循环也是生态系统的基础循环。硫循环明显的特点是，它有一个长期的沉积阶段和一个较短的气体型循环阶段，因为含硫的化合物中既包括硫酸钡、硫酸铅、硫化铜等难溶的盐类，也有气态的二氧化硫和硫化氢。硫循环的主要过程包括以下几种途径。

（a）硫的释放。

多种生物地球化学过程可将硫释放到大气中，火山喷发可以带出大量的硫化氢气体；硫化细菌通过化能合成作用形成硫化物，硫化细菌因种类不同而释放不同的化合物；岩体风化，该途径产生的硫酸盐将进入水中，这一过程释放的硫占释放总量的 50%左右，大部分硫将进入水体。火山喷发等途径形成的气态含硫化合物将随降雨进入土壤和水体，但大部分的硫直接进入海洋，并在海里永远沉积，无法连续循环，只有少部分在生物群落循环。

（b）从岩石圈、水圈到生物群落。

和氮循环类似，植物根系吸收硫酸盐，硫元素就开始在生物群落循环，最后由尸体和排泄物被分解者分解，少部分形成化石燃料。

（c）重新沉积。

分解者将含硫有机物分解为硫酸盐和硫化物后，这些硫化物将按（a）过程重新开始循环。

3. 信息传递

1）物理信息

物理信息指通过物理过程传递的信息，它可以来自无机环境，也可以来自生物群落，主要有声、光、温度、湿度、磁力、机械振动等。眼、耳、皮肤等器官能接受物理信息并进行处理。植物开花属于物理信息。

2）化学信息

许多化学物质能够参与信息传递，包括生物碱、有机酸及代谢产物等，鼻及其他特殊器官能够接受化学信息。

3）行为信息

行为信息可以在同种和异种生物间传递。行为信息多种多样，如蜜蜂的“圆圈舞”及鸟类的“求偶炫耀”。

4）信息传递的作用

生态系统中生物的活动离不开信息的作用，信息在生态系统中的作用主要表现在生命活动的正常进行、种群的繁衍、调节生物的种间关系，以维持生态系统的稳定。

7.2　生物多样性减少

生物多样性是指一定范围内多种多样活的有机体（动物、植物、微生物）有规律地结合所构成稳定的生态综合体。其中，物种的多样性是生物多样性的关键，它既体现了生物之间及环境之间的复杂关系，又体现了生物资源的丰富性。

我们目前已知的生物大约有 200 万种，这些庞大生物物种就构成了物种的多样性。生物多样性是生物及其与环境形成的生态复合体，以及与此相关的各种生态过程的总和，由遗传（基因）多样性、物种多样性和生态系统多样性等部分组成。遗传（基因）多样性是指生物体内决定性状的遗传因子及其组合的多样性。物种多样性是生物多样性在物种上的表现形式，可分为区域物种多样性和群落物种（生态）多样性。生态系统多样性是指生物圈内生境、生物群落和生态过程的多样性。遗传（基因）多样性和物种多样性是生物多样性研究的基础，生态系统多样性是生物多样性研究的重点。

7.2.1　生物多样性受危害的原因

1. 人口迅猛增加

在生产力落后的时候，人口的数量受到自然因素如旱灾、虫灾、火灾、水灾、地震等的限制；另外，人类自身制造的灾难如战争、贫困也使得人口数量得以限制。但是，现代科学技术的进步使人的数量与寿命都大幅提高。1830 年全球人口只有 10 亿人，1930 年达到 20 亿人，2000 年达到了 60 亿人。我国 1790 年人口约 3 亿人，1860 年约 4 亿人，1970 年约 8 亿人，2000 年超过 12 亿人。人口增加后，必须扩大耕地面积，满足吃饭的需求，这样就对自然生态系统及生存其中的生物物种产生了最直接的威胁。

2. 生境的破碎化

生物多样性减少最重要的原因是生态系统在自然或人为干扰下偏离自然状态，生境破碎，生物失去家园。退化的生态系统种类组成变化、群落或系统结构改变，生物多样性减少，生物生产力降低，土壤和微环境恶化，生物间相互关系改变。

3. 环境污染

随着人类的发展，环境污染也逐渐加剧。环境污染影响生态系统各个层次的结构、功能和动态，进而导致生态系统退化。环境污染对生物多样性的影响目前有两个基本观点：一是由于生物对突然发生的污染在适应上可能存在很大的局限性，故生物多样性会丧失；二是污染会改变生物原有的进化和适应模式，生物多样性可能会向着污染主导的条件发展，从而偏离其自然或常规轨道。环境污染会导致生物多样性在遗传、种群和生态系统三个层次上降低。在遗传层次上的影响，源于污染会使生物的抗性或适应性提高，最终会导致污染条件下种群的敏感性个体消失，这些个体具有特质性的遗传变异因此而消失，进而导致整个种群的遗传多样性水平降低；污染引起种群的规模减小，由于随机的遗传漂变的增加，可能降低种群的遗传多样性水平；污染引起种群数量减小，以至于达到了种群的遗传学阈值，即使种群最后恢复到原来的种群大小时，遗传变异的来源也大大降低。一般的污染会改变生态系统的结构，导致功能的改变。

4. 外来物种入侵

对于生态平衡和生物多样性来讲，生物的入侵扰乱生态平衡，平衡一旦打乱，就会失去控制而造成危害。若引进物种不当会对当地的生态多样性造成危害，甚至是灭顶之灾。

7.2.2 生物多样性减少的影响

生物多样性的意义主要体现在生物多样性的价值。对于人类来说，生物多样性具有直接使用、间接使用和潜在使用价值。

直接使用价值是指生物为人类提供了食物、纤维、建筑和家具材料及其他工业原料。生物多样性还有美学价值，可以陶冶人们的情操，美化人们的生活。如果大千世界里没有色彩纷呈的植物和神态各异的动物，人们的旅游和休憩也就索然寡味了。正是雄伟秀丽的名山大川与五颜六色的花鸟鱼虫相配合，才构成令人赏心悦目、流连忘返的美景。另外，生物多样性还能激发人们文学艺术创作的灵感。间接使用价值是指生物多样性具有重要的生态功能。

7.2.3 生物多样性减少的防治

建立自然保护区已经成为保护生物多样性最有效的措施，因为自然保护区就是一个活的自然博物馆，同时也是天然的基因库，本着保护生物多样性这一重要目的，人们已经将包括保护对象在内的一定范围和面积的水体或陆地划分出来，进行管理及保护，如长白山自然保护区、青海湖鸟岛的自然保护区等。

对于生物多样性可持续发展这一个重要的社会问题来看，我们除发展以外，更应该加强对于民众的教育，这就要求我们开展和环境有关的法律宣传和文化教育，并且要持之以恒。保护生物多样性这一个任务是艰巨的，我们所面临的考验及任务同样是艰巨的，任何一种生物物种消亡并不是任何单一因素发生作用的结果，而是多个因素共同作用的结果，对生物多样性的保护工作已经成了一件综合性工程，因此，保护生物多样性要求各个方面共同参与，不仅需要政府配合，更需要民众的支持，不仅需要单一的学科支持，更需要多个学科共同发展。

同时要大力发展生态工程，在经济发展的同时注意环境的保护，不能再走先污染后治理的老套路，而应该发展新技术，提高资源利用率，开发新兴清洁能源，减少二氧化碳排放量，做到因地制宜，将地域地理特色与经济发展相结合，真正做到生态经济，生态发展，有利于维持生物多样性。

7.3 微生物耐药性及其传播

微生物耐药性（drug resistance）是全球重大卫生危机之一。随着病原体发展出耐药性，人类使用最多的抗生素的效果正在与日递减，治疗感染病毒的病患的工作变得更加艰巨。与此同时，由于需求二、三线药物的消费群体越来越大，药物整体的价格也正持续上升。世界卫生组织首份全球抗生素耐药菌监测报告显示耐药性导致越来越多的抗生素对治疗无效。例如，在有些国家作为肺炎克雷伯菌感染治疗最后手段的碳青霉烯类抗生素对半数以上接受治疗的患者无效；作为淋病最后治疗手段的第三代头孢菌素，在奥地利、澳大利亚、加拿大、法国、日本、挪威、南非、斯洛文尼亚、瑞典和英国已确认治疗失败。

如表 7.4 所示，我国是抗生素生产和消费大国。中国 2013 年使用的 16.2 万 t 抗生素中，兽用 52%，人用 48%。2006～2007 年卫生部全国细菌耐药监测结果显示，全国医院抗菌药物年使用率高达 74%，而在美国、英国等发达国家，医院的抗生素使用率仅为 22%～25%。我国抗生素年使用量高达 16.2 万 t，约占世界总量的一半。

表 7.4　中国与发达国家抗生素使用量对比

国家	时间（年）	总使用量/t	人用/t	兽用/t	千人抗生素日使用量/t
中国	2013	162 000	77 760	84 240	157
英国	2013	1 060	641	420	27.4
美国	2011/2012	17 900	3 290	14 600	28.8

与国外相比，中国河流总体抗生素浓度较高，测量浓度最高达 7560 ng/L，然而除了对比国外数据，我国自来水和地表水质检测的国家标准中，均没有将抗生素纳入。由表 7.4 可见，我国每千人抗生素日使用量是英国的 5.7 倍，美国的 5.5 倍之多。

另据 1995～2007 年疾病分类调查，中国感染性疾病占全部疾病总发病数的 49%，其中细菌性感染仅占全部疾病的 18%～21%，也就是说 80%以上属于滥用抗生素。中国成为世界上滥用抗生素问题最严重的国家之一，亟须国家加以高度重视和采取积极有效的应对策略。

7.3.1　危害

1. 细菌耐药性的危害

越来越多的细菌产生耐药性，甚至多重耐药性，耐药水平越来越高，细菌耐药性播散迅速，已成为一个全球性问题。

细菌耐药性的出现，造成现存有效抗菌药物不断失效，逐步限制治疗方案的选择，导致住院时间延长，费用增加，医院感染发病率和病死率增高。死于感染性疾病的人数从 20 世纪 60 年代的 700 万人上升到 21 世纪初的 2000 万人。人类已面临“抗生素耐药性危机”，将进入“后抗生素时代”。所谓后抗生素时代，是指当今有越来越多的细菌对抗生素产生耐药性，严重威胁了人类的生存和健康，全球将面临药品无效，好像又回到了以前没有抗生素的时代一样。

曾经几十单位的青霉素就可以救命，而如今可能几百万单位也无法产生任何效果。即使个体没有滥用抗生素，也可能受到滥用抗生素而培养出的耐药菌的感染。

2012 年出现了约 45 万例新发耐药结核病例，目前广泛耐药的结核病已经出现在 92 个国家及地区，这些出现耐药菌株的患者不得不面对着更长的疗程和较差的治疗效果。而广泛耐药结核菌、耐青蒿素疟疾和耐三代头孢菌素的淋病，如瘟疫般在世界范围内的传播，则意味着这些我们曾经攻克了的疾病可能再次成为全人类的不治之症。我们将来要面对的病菌会是一百年前的加强版，亟须研发基于全新作用靶点的新药来应对。而新药开发毕竟是个巨大的工程，难以赶上细菌变异的速度。如不能对耐药菌加以控制，这将不再是个人治疗成本的问题，而是整个社会的经济负担。

2. 抗生素耐药性环境传播的风险

人体可以通过与被感染沙门氏菌的动物和其粪便的直接接触传染沙门氏菌，但最重要的传递途径还是通过动物食品。世界上很多国家地区的肉、牛奶等畜禽食品中检测到的肠球菌都携带抗生素抗性基因。

抗生素抗性基因还可以通过食物链传递给高营养级的生物，人类食用鱼类等海产品可以使抗生素抗性转移到人体内。

抗生素可使土壤微生物区系发生变化，可诱导菌体内产生耐药基因，又由于耐药基因的易传播性，极易产生高度耐药的多重耐药菌，使土壤变成一个极大的耐药基因库。如果耐药基因从非致病菌转入致病菌，则可对人类造成相当大的危害。

7.3.2　耐药性传播途径分析

1. 生物耐药性

耐药性，系指微生物、寄生虫及肿瘤细胞对于化疗药物作用的耐受性，耐药性一旦产生，药物的化疗作用就明显下降。耐药性根据其发生原因可分为获得耐药性和天然耐药性。自然界中的病原体，如细菌的某一株也可存在天然耐药性。

1）产生机理

（1）产生灭活酶。

灭活酶有两种，一是水解酶，如 β-内酰胺酶可水解青霉素或头孢菌素。该酶可由染色体或质粒介导，某些酶的产生为体质性（组构酶）；某些则可经诱导产生（诱导酶）。二是钝化酶，又称合成酶，可催化某些基团结合到抗生素的 OH 基或 NH_2 基上，使抗生素失活。多数对氨基苷类抗生素耐药的革兰阴性杆菌能产生质粒介导的钝化酶，如乙酰转移酶作用于 NH_2 基上，磷酸转移酶及核苷转移酶作用于 OH 基上。上述酶位于胞浆膜外间隙，氨基苷类被上述酶钝化后，不易与细菌体内的核蛋白体结合，从而引起耐药性。

（2）改变细菌胞浆膜通透性。

细菌可通过各种途径使抗菌药物不易进入菌体，如革兰阴性杆菌的细胞外膜对青霉素 G 等有天然屏障作用；绿脓杆菌和其他革兰阴性杆菌细胞壁水孔，或外膜非特异性通道功能改变，引起细菌对一些广谱青霉素类、头孢菌素类包括某些第三代头孢菌素的耐药；细菌对四环素耐药主要由于所带的耐药质粒可诱导产生三种新的蛋白，阻塞了细胞壁水孔，使药物无法进入；革兰阴性杆菌对氨基苷类耐药除前述产生钝化酶外，也可由于细胞壁水孔改变，使药物不易渗透至细菌体内。

（3）细菌体内靶位结构的改变。

链霉素耐药菌株的细菌核蛋白体 30s 亚基上链霉素作用靶位 P10 蛋白质发生改变；林可霉素和红霉素的耐药性，使细菌核蛋白体 23s 亚基上的靶位蛋白质发生改变，造成药物不能与细菌结合。某些淋球菌对青霉素 G 耐药，以及金黄色葡萄球菌对甲氧苯青霉素耐药，是因经突变引起的青霉素结合蛋白改变，使药物不易与之结合。这种耐药菌株往往对其他青霉素和头孢菌素类也都耐药。

2）超级细菌

超级细菌是对多种抗生素有抗药性的细菌总称。不仅具有超级细菌 NDM-1 的基因，还具有其耐药基因，多个耐药基因构成了多重耐药。目前可以治疗超级细菌的抗生素只有替加环素和多黏菌素。

3）基因水平转移

基因水平转移是指在差异生物个体之间或单个细胞内部细胞器之间所进行的遗传物质的交流。基因水平转移是微生物进化的重要动力，质粒是基因水平转移的重要载体。

4）抗生素滥用

抗生素滥用是耐药性泛滥的最大推手。而常见的青霉素和链霉素都有引发过敏性休克的可能，而且滥用抗生素还可能导致损伤神经系统、肾脏、血液系统，抑制骨髓的造血功能。另外，如果掌握不好服用周期，产生耐药性，以后生病再使用抗生素时，就可能效果不佳，甚至没有效果。

2. 抗生素耐药性环境传播风险来源分析

环境中存在的大量抗生素会对周围菌种产生刺激，从而引起环境中的菌株通过低于致死剂量的抗生素诱导基因产生新突变，以及通过基因转移而获得耐药性。基因水平转移对抗生素耐药基因环境传播有很大影响，携带耐药基因的 DNA 可以在相同或不同种属的细菌间相互传播，并在不同环境介质中扩散。环境中抗生素耐药基因的潜在传播途径见图 7.3。

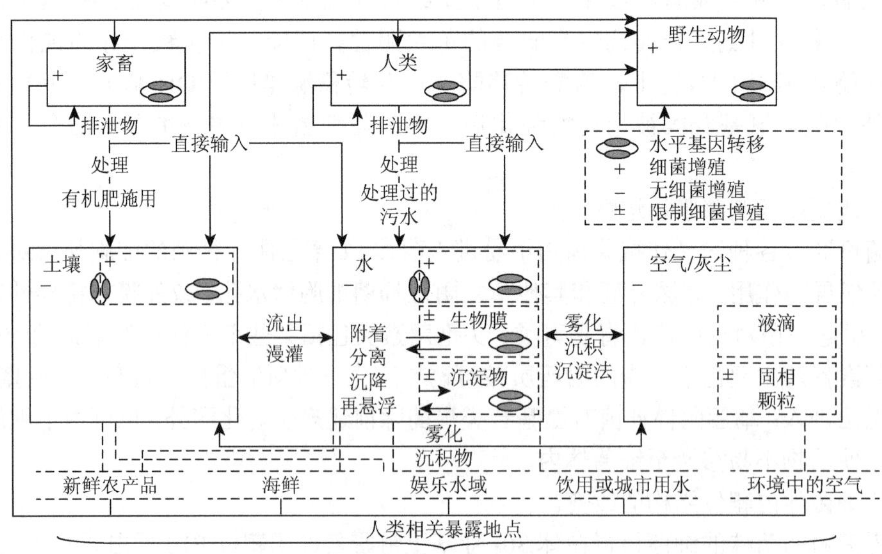

图 7.3 环境中抗生素耐药基因的潜在传播途径

环境中抗生素的来源主要包括生活污水、医疗废水及动物饲料和水产养殖废水排放等。环境中的抗生素残留又会通过各种方式重新进入人体，最主要的就是饮用含有抗生素的水、食用存在抗生素残留的肉类和蔬菜，另外还可以通过生态循环的方式回到人体。

在生猪、肉鸡、水产等养殖过程中，因养殖密度高，不少养殖户为降低感染发病率，提高效益，习惯在饲料中添加各类抗生素（图 7.4）。例如，生猪饲料中，硫酸黏菌素、金霉素都是常用抗生素，最多时 1 t 饲料能添加 1 kg 抗生素药物。

研究表明，抗生素耐药环境传播与城市污水处理厂和集约化养殖场有关。例如，污水处理厂的进水、出水和污泥中均存在高丰度和极其多样的抗性基因，且污水处理厂的出水会引起受纳水体环境中抗性水平的显著升高。此外，城市污水处理厂的中水回用（农田灌

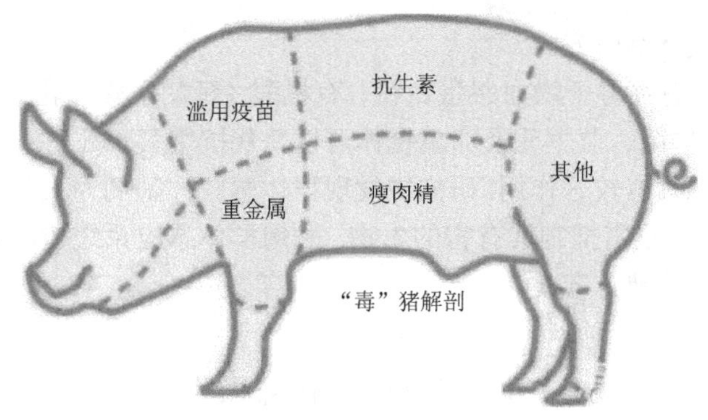

图 7.4　隐藏的“毒”猪

溉和城市景观用水等）和污泥施肥也会导致土壤中抗性基因的富集。用于家畜、家禽和水产养殖病害预防及饲料添加剂的抗生素，一部分将在生物体内吸收或者转化，并以代谢物的形式排出体外。还有很大一部分将以原型药物的形式排出体外并直接进入土壤和水环境。

7.3.3　控制抗生素耐药性环境传播的综合策略

（1）为应对抗生素耐药性环境传播问题，国家应采取如下干预策略：

应进行全球耐药数据收集，并对数据整理以更好地应对抗生素耐药性带来的危害；标准化微生物实验室程序、数据收集和数据报告，以此保证实验结果的准确性；制定控制抗生素滥用的相关政策和法规，将抗生素使用的方法标准化，以此减少抗生素的滥用情况；在医院实施严格和严谨的感染控制程序，微生物实验室提供充分的诊断测试和精确的药敏试验，以识别院内感染；对制药工厂的废弃物排放采取严格的监管措施，并更加重视空气在传播抗生素耐药性上发挥的作用。

（2）为应对抗生素耐药性环境传播问题，各机构应采取如下建议：

通过宣传教育加强抗生素耐药性的科普宣传，实施对医疗卫生专业人员的专业教育，提高广大人民和医疗保健专业人员在疫苗接种重要性上的认识；增强医患沟通，有利于医师了解所用药物的实际药效及其不良反应，能够为医师对治疗方案作出改进，同时有利于患者及时发现用药误区，排除用药过程中的一些困惑，防止患者乱用药。呼吁民众正确使用抗生素，例如，能用窄普的就不用广谱的，能用低级的就不用高级的，能用一种就不用两种，轻、中度感染不联合使用等。

（3）为应对抗生素耐药性环境传播问题，应大力开展如下研究：

加强抗生素耐药性相关的基础与应用研究，包括耐药性发生和传播的生态学机制，消除和缓解耐药性发生和传播的环境技术及其系统解决方案等，包括改进污水处理厂的处理工艺，削减出水中抗性基因和抗性菌的比例。对抗耐药性不仅需要研发新型抗生素，还需要发展耐药性快检技术和监测体系，以提高现有抗生素使用的针对性和有效性。临床实践上为了指导“精准用药”，急需细菌耐药性及其耐药机制的直接、快速测量技术。

（4）抗生素替代产品研究。

据文献表明，已有喷雾干燥血浆蛋白粉、有机酸（延胡索酸、乳酸、柠檬酸、丙酸和苯甲酸混合物）、益生菌、益生元及卵黄抗体可以替代抗生素。还有一些酶制剂、植物提取物和中链脂肪酸也具有较好作用。研究中发现群体感应抑制剂为人类提供一种新型抗菌途径，即不杀死细菌，只需抑制其有害的生物。利用群体感应系统控制细菌感染性疾病是未来抗菌药物开发的重要方向。

7.4　生物和生态安全

7.4.1　生物安全

1. 生物安全的概念

生物安全的概念有狭义和广义之分。狭义生物安全是指对由现代生物技术从研究、开发、生产到实际应用整个过程中，可能产生的负面影响，进行科学评估，并采取有效的预防和控制措施，目的是保护生物多样性、生态环境和人体健康。广义生物安全不仅针对现代生物技术的开发和应用，还包括影响人体健康、生物多样性和环境安全的诸多领域的问题，涉及预防医学、环境保护、植物保护、野生动物保护、生态、农药、林业等。

2. 生物安全问题的表现形式

生物安全问题的表现形式多种多样，概括起来主要有以下三种。

1）传染病的巨大危害

传染病在发达国家得到了相当有效的控制，但是在发展中国家，传染病仍然在危害人类的健康。从 1973 年到现在，全球出现过 20 多种广泛传播且抗药性非常强的致命疾病。每年全球死亡人口中大约有 1/4 是死于传染病。在非洲，60%以上的人口死于传染病。不但过去已经得到控制的疾病如霍乱、鼠疫、疟疾、肺结核和白喉等卷土重来，而且一些“新”的传染病也纷纷出现，如非洲的埃博拉出血热、艾滋病、C 型肝炎、疯牛病等，达 30 多种。2002 年年底首先在亚洲出现的具有高度传染性的致命疾病“非典”（SARS）迅速蔓延到全球 30 多个国家和地区，超过 8000 人染病，死亡人数达 800 人以上。2003 年爆发的禽流感如果不能得到及时有效的控制，就有可能通过人传人而迅速扩散，酿成比“非典”更为严重的大型疫情。

2）生物技术的负面作用

近年来，全球转基因作物种植面积发展迅猛，从 1996 年的 170 万 hm^2 增加到 2002 年的 5870 万 hm^2，7 年间增长了近 34 倍。以中国为例，目前已经研究开发转基因植物 50 多种，转基因动物 20 多种，转基因微生物 30 多种，涉及目的基因 200 多个。现代生物技术的研究、开发和利用，对生物多样性、生态环境、人体健康及社会等因素都会产生许多不利影响。

各类转基因活生物体大面积释放到环境中，可能通过改变物种间的竞争关系而破坏原有的自然生态平衡，对生物多样性构成潜在风险。例如，存在于转基因植物中的具有某种抗性的基因，有可能通过杂交转移到其野生或未驯化种群中去，在特定条件下增强这些植物杂草化的特性，致使生态环境受到破坏。

现代生物工程作物所具有的抗性可能会加速昆虫向抗虫的进化。例如，转入苏云菌杆菌（Bt）杀虫基因的抗虫棉，其目标昆虫是棉铃虫、红铃虫等植物害虫。如果大面积长期种植这种抗虫棉，有关昆虫可能对其产生抗性，从而影响 Bt 农药制剂的防虫效果，使农药用量增加，污染区域生态环境。

转基因食品对人体健康可能产生潜在危害。转基因食品由于引进了新基因，产生了新的蛋白质，这或许是人类从未接触过的物质，可能导致有人对原来不过敏的食品产生了过敏反应，严重的可能危及生命。转基因生物使用的抗生素标记基因可能使人体对很多抗生素产生抗药性，影响医疗效果。转入食品中的生长激素类基因可能对人体生长发育产生重大影响，出现营养不良等问题。

3）外来入侵物种的危害

在外来生物物种当中，无论是有意引入、无意引入还是自然引入，有些生物物种由于环境适宜、没有天敌，通过迅速繁殖，与当地生物物种产生激烈竞争，以至剥夺物种的生存空间和食物资源，最终排挤和消灭掉被竞争的当地物种，破坏该地区的生态平衡。

3. 生物安全问题的本质特征

1）跨国性

在经济全球化背景下，由于各国贸易往来频繁和旅游业的日益扩大，国际人口的流动率不断上升，许多病原在全球传播的可能性大大增加。

2）滞后性

一项生物技术形成产业后，对环境、人类健康和社会诸因素是否会产生影响及产生多大影响，由于受当时科技水平的限制，往往不易被认识到，只有一段时期后相关事件出现了，人们才能从中得到反馈。

3）协同性

生物技术所使用的原料和产品，实验室里的实验原料，有的有毒、有害，而有的无毒、无害，其所产生的副产品或污染物可能是微量的、微害的，不足以对人类健康或环境产生明显影响，但当它们进入环境介质后，可能会起催化作用，甚至与其他化学物质发生化合作用而产生毒性或污染，或使其毒性、污染作用增强，从而导致对人体和生态环境的破坏。

4）连带性

生物安全虽归属于环境安全问题的一种，但它的影响却是全方位的，一旦生物安全得不到保障，不仅影响生物多样性、自然界生态平衡和人类的身心健康，而且会影响国家的政治安全、经济安全、军事安全及社会伦理、道德等人性化方面。

4. 应对生物安全问题的主要措施

1）积极参与国际合作

应在全球范围内建立一个综合性生物安全体系，加强国际合作，进而增进全球化时代的国家安全。早在 1970 年，联合国大会就通过了《关于各国依联合国宪章建立友好关系及合作之国际法原则之宣言》，将“国际合作原则”作为国际法的基本原则之一。因此，中国在转基因植物、抗除草剂转基因作物、植物用转基因微生物及其产品、转基因食品及医药生物技术及其产品、转基因动物及其产品、兽用基因工程生物制品、转基因水生物及其产品等领域中，与有关国家和国际组织密切合作，以最大限度地确保生物安全国际法所确立的生物安全保护目标的实现。为了有效控制外来入侵物种，可建立外来有害生物信息库和专门网站，与有关的国际机构和相关的国际项目计划等交流信息；积极参与外来生物入侵、传染病防治与预防、国际反恐等相关国际组织的会议与活动，及时了解国际规定、动态及其他国家的有益经验，并在国际上发挥我国的积极作用。

2）逐步建立健全生物安全法规体系

目前我国虽然已制定了若干有关生物安全的法规政策文件，包括专门性的生物安全立法文件和相关性的生物安全立法文件，但与国外生物安全立法发达国家相比，我国的生物安全立法的法规级别较低，立法体系不够健全，远不能适应我国面临的相当严峻的生物安全问题。为此，应该抓紧制定一部《生物安全法》，明确规定生物安全管理的原则、目标、基本管理制度和措施、实施程序、监督管理体制、违法责任、损害赔偿等条款。有计划地制定出专门的生物安全条例或生物技术安全条例，以及克隆技术管理条例、引进外来物种管理条例、人体基因管理条例、转基因生物体进出口管理条例、生物技术成果越境转移管理办法、生物工程环境影响评价和安全评价办法、生物安全标准管理办法等法规。

3）加快建立生物安全评估机制

所谓安全评估，是指在发展生物技术、进行生物技术的应用和市场化推广，以及在进行特定生物、生物技术产品转移和贸易的过程中，基于生物安全国际法所确立的安全性标准，对相应的活动进行评估，以最大限度地避免该活动可能产生的风险。例如，环境生物安全性考虑的是对可能引起环境危害或灾害的环境生物种群、群落及其生物技术，从发生源、传播途径、爆发模式及相关生物技术的研究、开发、生产到产品实际应用整个过程中的环境安全性控制方针、对策、标准、方法、途径、评估、预测等问题，进行系统探查、研究和技术开发；着重对环境生物体及相关技术活动本身或产品，如基因工程技术活动和一些生态农业或养殖业技术及其产品可能对人类和环境的不利影响及其不确定性和风险性进行科学评估和预警，采取必要的措施加以管理和控制，力求在经济持续发展的同时，保障人体和生态环境的安全健康。

4）加强实验室的安全建设与管理

自生物实验室诞生以来，实验室安全问题时有发生，轻则导致实验人员感染，重则造成病源外泄、疫病的流行和蔓延，甚至导致生物灾难的发生。人们在实践中往往注重的是实验室的硬件建设，却忽略了实验室的正确使用和规范化管理，因此，建立健全完善的生物安全操作规程和规范化管理制度并严格执行是非常必要的。

7.4.2　生态安全

1. 生态安全的概念与内涵

生态安全从本质上来说，属于安全的一种。1989 年，国际应用系统分析研究所（IASA）首次完整地提出“生态安全”的概念，即人的生活、健康、安全、基本权利、生活保障来源、必要资源、社会秩序和人类适应环境变化能力等方面不受威胁的状态，它包括自然、经济和社会组成的复合人工生态系统的安全。

生态安全应包含两层含义：一是生态系统自身是安全的，结构和功能协调稳定，能维持自身稳定持续的发展；二是生态系统对于人类是安全的，在实现自身运转良性循环的情况下，满足人类生存发展的需求，并为经济社会可持续发展提供良好的支撑能力（图 7.5）。

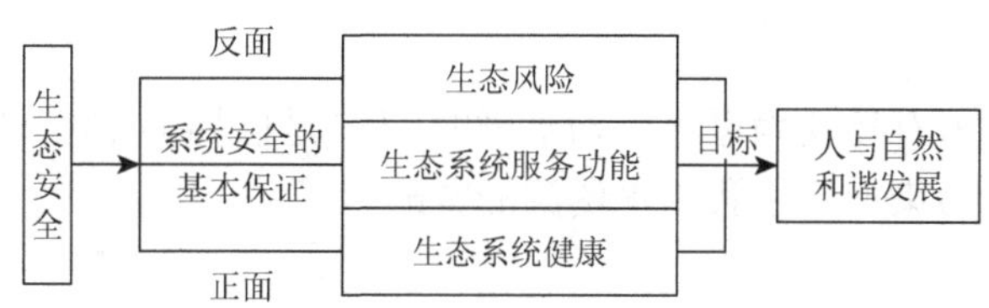

图 7.5　生态安全与相关概念的相互关系

2. 生态安全的基本特性

1）整体性

生态安全具有整体性，即所谓的“蝴蝶效应”。局部生态环境的破坏可能引发全局环境问题，甚至会使整个国家和民族乃至全球的生存条件受到威胁。因此，各国应重视国际生态环境合作，以求得共同的生态安全利益。

2）综合性

生态安全包括诸多方面，而每个方面又有诸多的影响因素，有生态方面的，也有社会和经济方面的，这些因素相互作用，相互影响，使生态安全显得尤为复杂。

3）区域性

区域性是指生态安全问题不能泛泛而谈，应该有针对性。选取的地域不同，对象不同，则生态安全的表现形式也会不同，各区域研究的侧重点也应不同，而随之得出的结果及采取的措施同样会不同。

4）动态性

万事万物都是发展变化的，生态安全也不例外。生态安全会随着其影响要素的发展变化而在不同时期表现出不同的状态，可能朝着好转的方向发展，也可能呈现恶化的趋势。因此，控制好各个环节使其向良性发展是维持生态安全的关键。

5）战略性

对于某个国家或地区乃至全球来讲，生态安全是关系到国计民生的大事，具有重要的战略意义。只有维持生态安全，才可能实现经济持续发展，社会稳定、进步，人民安居乐业；反之，经济衰退，社会动荡，生态难民流离失所。在制定重大方针政策和建设项目的同时，应该把生态安全作为一个前提。

3. 生态安全危机

我国的生态安全形势十分严重：土地退化、生态失调、植被破坏、生态多样性锐减并呈加速发展趋势。就当前来说，我国的生态安全危机集中表现在 4 个问题上。

1）国土资源

根据全国第二次遥感调查结果，中国水土流失面积 356 万 km^2，占国土面积 37.1%。其中水力侵蚀面积 165 万 km^2，风力侵蚀面积 191 万 km^2。全国荒漠化土地总面积为 263.62 万 km^2，占国土总面积的 27.46%，影响近 4 亿人口的生产与生活。另外占用大量的土地资源来贮存垃圾，一些难降解、有毒有害的化学品污染将在较长的时间内引发环境危害。

2）水资源

我国人均水资源占有量仅为世界平均水平的 1/4，是世界上 13 个贫水国家之一。现有水资源浪费严重。水污染加剧了我国水资源的紧缺。

3）大气资源

我国向大气中排放的各种废气远远超过大气的承载能力，且有加重趋势。全国出现酸雨的城市 298 个，占统计城市的 56.5%。另外，我国出现沙尘天气的次数有递增趋势。

4）生物物种

野生资源日益减少，外来物种不断侵入我国，威胁我国生物物种的安全。

4. 生态安全研究的意义

1）生态安全是国家安全的基础安全问题

国家安全包括政治安全、经济安全、军事安全和生态安全。生态安全为其他三类安全的实现提供了必要的保障，是一个国家发展、进步的基础安全问题。目前生态环境问题日益突出，如果不树立生态安全观念，就意味着大片国土失去对国民经济的承载能力，给国家造成无法衡量的损失。生态环境的破坏，会造成工农业生产能力和人民生活水平的下降，这与政治动荡、经济危机、军事打击所带来的损失并无二致。无法想象一个自然灾害肆虐、缺少基本生存资源保障的国家，还能谈得上拥有政治安全、经济安全和军事安全。可以说，生态安全是这三类安全的基础。

2）生态安全是可持续发展观的一个基本点

可持续发展要求满足全体人民的基本需要，实现生态安全，就是要使生态环境能够有利于经济增长，有利于经济活动中效率的提高，有利于人民健康状况改善和生活质量的提高，避免因自然资源衰竭、资源生产率下降、环境污染和退化给社会生活和生产造成的短期灾害和长期不利影响，以实现经济社会的可持续发展。所以说，生态安全是可持续发展的一个前提和基础，可持续发展为达到人类安全的目的提供了标准化的方针。当一个国家或地区所处的自然生态环境状况能维系其经济社会的可持续发展时，它的生态环境是安全的；反之，则不安全。

3）生态安全是我国西部大开发顺利进行的基本保障

生态安全是我国西部大开发顺利进行的基本保障。西部大开发是我国 21 世纪发展中的重大战略之一。国家已明确生态环境的保护和建设是西部大开发的根本，是西部地区可持续发展的关键。我国西部地区虽然自然资源比较丰富，但自然环境状况十分恶劣，土地资源退化严重，生物资源不断被破坏以致衰减，水资源严重短缺，水环境自净能力弱等；这使人们生产生活的基础变得薄弱，经济、社会发展的生态环境支撑能力十分有限。若仍对环保认识不够，保护不力，投入不足，则将导致西部地区陷入“环境恶化—贫困落后”的恶性循环之中。西部地区是长江、黄河等大江大河的发源地，上游地区的生态恶化直接危及中下游地区的生态安全，从而影响中下游的经济发展和社会稳定。由此可见，西部地区能否实现生态安全，将对西部大开发战略的顺利实施和我国 21 世纪的可持续发展产生深远影响。

对于一个区域、一个国家乃至全球来说，生态安全具有战略性地位和重大意义，是实现可持续发展、长治久安的关键，保障生态安全的配套技术与方法的研究、生态安全的维护、生态安全预警系统的建立等都有待进一步探索。

7.5　双语助力站

7.5.1　后抗生素时代

科学家在发现具有抗药性的细菌后，发出警告：世界已经到了“后抗生素时代”的边缘。研究人员已经在中国的患者和家畜中发现了一种可以抵抗黏菌素的细菌，而黏菌素一直被认为是最后一种有效的杀菌药物。据研究人员称，随着抗药性将蔓延到世界各地，无法治愈的感染将引起恐慌。农场动物对黏菌素的过度使用可能是细菌抗药性的一种可能原因。正因如此，细菌将变得完全无法杀死，可能会造成无药可用，这称为“抗生素的启示”。常见的感染病可能会再次爆发，依赖抗生素的医疗手段也将受到威胁。

After finding bacteria resistant to drugs，scientists have warned that the world is on the verge of a *post-antibiotic era*. The researchers have identified a bacteria that can shrug off colistin，typically a drug of last resort，in patients and livestock in China. According to the researchers，resistance would spread around the world，raising the fear of untreatable infections. It seems like that a resistance to antibiotics came from overusing colistin in farm animals. Such a phenomenon，bacteria becoming completely resistant to treatment，could plunge medicine back into the Dark Ages，and has been dubbed the *antibiotic apocalypse*. Common infections could have the potential to kill again，and medical procedures that rely on antibiotics would be under threat as well.

中国科学家发现了一种新的突变基因：“MCR-1”基因，可以防止黏菌素杀死细菌。该报告显示，被测试的 1/5 的动物，15%的生肉样本和 16 名患者产生了抗药性。且抗药性能在各种细菌菌株和物种之间传播，甚至有证据表明它传播到了老挝和马来西亚。据研究人员介绍，这是抗生素时代的第一步。

Chinese scientists identified a new mutation，known as the MCR-1 gene，that prevented colistin from killing bacteria. The report showed resistance in a fifth of animals tested，15% of raw meat samples and in 16 patients. The resistance spread between a variety of bacterial strains and species，and there's evidence that it's spread to Laos and Malaysia. According to one researcher involved in the study，this is the first step of the post-antibiotic era.

中国的抗生素用量约占世界的一半，其中 48%为人用，其余用于农业。据估计，到 2050 年，抗生素耐药每年将导致中国 100 万人死亡，累计给中国造成 20 万亿美元的损失。普遍购买非处方药和过于依赖抗生素治疗、控制感染和促进牲畜生长，是中国抗生素耐药问题的重要原因。由于存在给患者过度开药的经济激励机制，培养合理使用抗生素的理念并非易事。对农业使用抗生素的监管薄弱也进一步助长了滥用。

China uses around half the world's antibiotics，of which 48% are consumed by people and the rest，are used in the agricultural sector. It is estimated that by 2050，antibiotic resistance could result in 1 million premature deaths annually in China and cost the country a cumulative US$20 trillion USD. Antibiotic resistance in China is driven by ubiquitous over-the-counter purchase and an over-reliance on antibiotics for treatment，infection prevention and grown promotion in animals. Rational use of antibiotics is difficult to instil，as financial incentives are offered to overprescribe medication to patients. Weak regulation on the use of antibiotics in agriculture also further encourages overuse.

虽然先前也出现过对黏菌素的抗药性，但是这次出现了突变，使得抗性很容易在细菌之间传播。有人担心新的抗性基因将影响感染患者的治疗，治疗过程有可能会导致患者泛耐药情况的发生，或是无药可治。中国政府正要迅速解决此问题，现在已经开始讨论是否应该禁止黏菌素在农业上的使用。发展新药品，如乙酸多西他赛，但尚未用于药用。同时，很多医生称，我们正慢慢看到一个现代医学越来越无法治愈感染的时代。

While resistance to colistin has emerged before，this time the mutation has emerged in a way that makes it very easy to share between bacteria. There is a concern that the new resistance gene will hook up with others that plague hospitals，which would lead to *pan-resistance*，or bacteria resistant to all treatment. It seems that the Chinese government is moving fast to address this problem，with discussions already taking place on whether or not colistin should be banned for agricultural use. There are new drugs in development，such as teixobactin，but they aren't yet ready for medical use. In the mean time，many doctors say that we're looking at an era where modern medicine will more and more frequently be helpless to cure infections.

7.5.2 雨林中的死亡

在世界生物多样性最丰富的热点地区的一块热带雨林中，两栖动物和爬行动物出现了令人震惊的灭绝现象，这表明像雨林这样的避难所已经无法减缓全球生物灭绝的脚步。

A protected rainforest in one of the world's richest biodiversity hotspots has suffered an alarming collapse in amphibians and reptiles，suggesting such havens may fail to slow the creatures' slide towards global extinction.

在哥斯达黎加 La Selva 的低地森林保护区工作的保护人员，用 1970 年的生物记录数据对比表明，青蛙、蟾蜍、蜥蜴、蛇和蝾螈的种类平均下降了 75%。

Conservationists working in a lowland forest reserve at La Selva in Costa Rica used biological records dating from 1970 to show that species of frogs，toads，lizards，snakes and salamanders have plummeted on average 75%.

在世界其他地方，两栖动物和爬行动物数量的急剧下降一直被归咎于栖息地的破坏和真菌性疾病痢疾病菌，如中美洲和南美洲的毁灭性灾害。但科学家希望许多物种可以继续在专门的储备环境中繁衍发展，相应地点的建筑、开荒和农药使用应该被禁止。

Dramatic falls in amphibian and reptile numbers elsewhere in the world have been blamed on habitat destruction and the fungal disease chytridiomycosis，which has inflicted a devastating toll across central and South America. But scientists hoped many species would continue to thrive in dedicated reserves，where building，land-clearance and agricultural chemicals are banned.

新的研究结果表明，突发的物种损失背后有一些未知的生态效应，这促使科学家呼吁在其他受保护的森林地区进行紧急研究。由佛罗里达国际大学的 Maureen Donelly 领导的研究人员认为，气候变化给保护区带来了更加温暖潮湿的天气，并产生了林地上叶片数量减少的连锁效应。而几乎所有的物种都在一定程度上依赖于落叶层，或是由它来庇护，或是喂食食叶昆虫。

The new findings suggest an unknown ecological effect is behind at least some of the sudden losses and have prompted scientists to call for urgent studies in other protected forest areas. The researchers，led by Maureen Donelly at Florida International University，believed that climate change has brought warmer，wetter weather to the refuge，with the knock-on effect of reducing the amount of leaf litter on the forest floor. Nearly all of the species rely on leaf litter to some extent，either using it for shelter，or feeding on insects that eat the leaves.

研究显示，两种蝾螈的数量呈现出急剧下降的趋势，1970～2005 年，蝾螈的数量平均每年下降 14.52%。

The study revealed sharp declines among two species of salamander，whose numbers fell on average 14.52% every year between 1970 and 2005.

研究人员还分析了该地区的天气记录，其中 35 年来的气温上升 1℃以上，湿润天数翻了一番。该研究的合作者史蒂文·惠特菲尔德说："其他地区的物种衰减一直居高不下，而山区多是由真菌传播所驱动，但我们在这里为真菌所做的所有测试结果都是消极的。最合理的猜想是物种数量的下降和林地落叶的减少相关，大多数物种都使用叶片作为一个隐蔽所，因为它是潮湿的，而在它干燥而温暖时，它也是一个避风港。许多食叶昆虫以落叶为食，所以如果落叶消失了，那它们的食物和庇护所也就消失了。"

The researchers also analysed weather records for the region，which revealed a rise of more than 1℃ in temperature over the 35-year period and a doubling of the number of wet days. "All of the falls recorded elsewhere have been in high，mountainous regions and those have mostly been driven by the spread of fungus. All of the tests we've done for the fungus here have been negative," said Steven Whitfield, a co-author of the study, "Our best guess is that the declines are related to a drop in leaf litter on the forest floor. Most of the species use leaf material as a place to hide, but because it's moist, it's also a place to shelter when it's dry and warm. Many of these species also feed on the insects that eat the leaf matter, so if that disappears, so does their food and shelter."

第 8 章　物理性污染问题

物理性污染可影响人类和动植物生存、生活和健康，小到建筑工地的噪声，大到核电站的核泄漏，其集中治理难度大。在 20 世纪前，物理污染并没有受到人们足够的关注，随着人类发展进程加快，城市化、工业化势头迅猛，由此带来的各种物理污染已经对人类和动植物产生了难以忽视的不利影响。本章介绍声、光、电、热、磁、臭味等不同类型的物理污染，分析和讨论了其形成原因和可行解决方案。

8.1　物理性污染概述

在当今的信息时代，各种机器发出的声波、电气设备发出的电磁波包围着每个生命，各种发光体发出不同的光波，各种能源不断释放着热，光波和热浪包围着人群，人们生存于所适应的物理环境，每时每刻都会接触到声、光、电、热、磁。它们在环境中的存在量一旦过高，就会对生物产生诸多不利影响。物理性污染是多方面的，主要表现包括光污染、噪声污染、城市热岛效应、电磁污染和放射性污染等（表 8.1）。

表 8.1　物理污染种类及其来源

物理污染种类	物理污染的主要来源
光污染	城市里建筑物的玻璃幕墙、釉面砖墙、磨光大理石和各种涂料等装饰反射光线
噪声污染	人们大声的喧哗声，工厂作业噪声、汽车鸣笛
城市热岛效应	市建筑群密集、柏油路和水泥路面的比热容较低
电磁污染	家用电器、微波、通信设备等的电磁辐射
放射性污染	核电站所用的固体材料循环水及释放的气体、核泄漏

8.2　噪 声 污 染

噪声对人体最直接的危害是听力损伤。人们在进入强噪声环境并暴露一段时间后，会感到双耳难受，甚至会出现头痛等不良反应。离开噪声环境到安静的场所休息一段时间后，听力会逐渐恢复正常，这种现象称为暂时性听阈偏移，又称听觉疲劳。但是，如果人们长期在强噪声环境下工作，听觉疲劳不能得到及时恢复，且内耳器官会发生器质性病变，即形成永久性听阈偏移，又称噪声性耳聋。若突然暴露于极其强烈的噪声环境中，听觉器官会发生急剧外伤，引起鼓膜破裂出血，出现爆震性耳聋，可能使人耳完全失去听力。如果长年无防护地在较强的噪声环境中工作，在离开噪声环境后听觉敏感性的恢复就会延长，经数小时或十几小时，听力可以恢复，这种可以恢复听力的损害称为听觉疲劳。听觉疲劳的加重会造成听觉机能恢复不全。因此，预防噪声性耳聋首先要防止疲劳的发生。一般情况下，85 dB 以下的噪声不至于危害听觉，而 85 dB 以上则可能发生危险。统计表明，长期工作在 90 dB 以上的噪声环境中，耳聋发病率明显增加。孕妇长期处在超过 50 dB 的噪声环境中，会使内分泌腺体功能紊乱，并出现精神紧张和内分泌系统失调；严重的会使血压升高、胎儿缺氧缺血、导致胎儿畸形甚至流产。而高分贝噪声能损坏胎儿的听觉器官，致使部分区域受到影响。影响大脑的发育，导致儿童智力低下。

不仅是对人类，噪声还能对动物的听觉器官、视觉器官、内脏器官及中枢神经系统造成病理性变化。噪声对动物的行为有一定的影响，可使动物失去行为控制能力，出现烦躁不安、失去常态等现象，而强噪声甚至会造成动物死亡。表 8.2 列出了不同来源的噪声类别，主要来源于交通运输、车辆鸣笛、工业噪声、建筑施工，社会噪声如音乐厅、高音喇叭、早市和人的大声说话等。

表 8.2 生活中的噪声分贝

声音	噪声级/［dB（A）］	对人的影响
火箭导弹发射	150～160	
喷气飞机喷口	130～140	无法忍受
螺旋桨飞机、高射机枪	120～130	极痛
柴油机、球磨机	110～120	痛苦
织布机、电锯	100～110	难受
载重汽车、喧嚣马路	90～100	很吵
大声说话、较吵的附近	70～80	较吵
一般说话	60～70	
普通房间	50～60	较静
静夜	30～40	
轻声耳语	20～30	安静
消声（室内）	0～10	极静
听觉下限	0～10	

注：噪声级是度量和描述噪声大小的指标，可用仪器直接测出反映人耳对噪声的响度感觉，单位 dB（A）。安静环境的噪声约 30 dB，超过 50 dB 就会影响人们的睡眠和休息。

为控制噪声污染，生态环境部发布了中国环境噪声污染防治报告（2016）。这份针对我国 2015 年声环境质量的报告显示，省会城市区域声环境质量整体较 2014 年有所改善，但只有拉萨的区域声环境质量达到一级。同时，关于环境噪声的投诉超过了环境投诉总量的三分之一，其中，对建筑施工噪声的投诉占比最高。根据该报告，总体来看，2015 年全国城市昼间区域声环境质量平均值为 54.1 dB(A)，昼间道路交通噪声平均值为 67.0 dB(A)，交通干线两侧区域夜间噪声污染仍较为严重。

在城市建设中噪声污染的控制手段包括在声源处控制、在噪声传播途中控制和在人耳处减弱噪声三类。

（1）在声源处控制，降低声源噪声。工业、交通运输业可以选用低噪声的生产设备和改进生产工艺，或者改变噪声源的运动方式（如用阻尼、隔振等措施降低固体发声体的振动）。

（2）在噪声传播途中控制。在传音途径上降低噪声、（在传播过程中）控制噪声的传播，改变声源已经发出的噪声传播途径，如采用吸音、隔音、音屏障（图 8.1）、隔振、多栽树等措施，以及合理规划城市和建筑布局等。在城市建设中噪声污染的控制手段有建立隔声屏障、利用天然屏障（土坡、山丘），以及利用其他隔声材料和隔声结构来阻挡噪声的传播等。

图 8.1　隔音带

（3）在人耳处减弱噪声，对受音者或受音器官采取噪声防护。在声源和传播途径上无法采取措施，或采取的声学措施仍不能达到预期效果时，就需要对受音者或受音器官采取防护措施，如长期职业性噪声暴露的工人可以戴耳塞、耳罩或头盔等护耳器。

8.3　光　污　染

光污染是指高层建筑的幕墙上采用了涂膜或镀膜玻璃，当日光和人工光照射到玻璃表面上时，由于玻璃的镜面反射而产生的眩光，和人类过度使用照明系统而产生的污染问题。光污染和噪声污染一样，都是由于空气中的物理变化而产生，并无化学反应的残余物质，属于物理污染。光污染通过视觉影响人类正常生活（图 8.2）。

8.3.1　光污染种类

光污染的种类主要包括白光污染、人工白昼和彩光污染。

1. 白光污染

在城市繁华的街道上，许多商店、饭店、酒楼都用大块镜面或铝合金装饰门面，有的

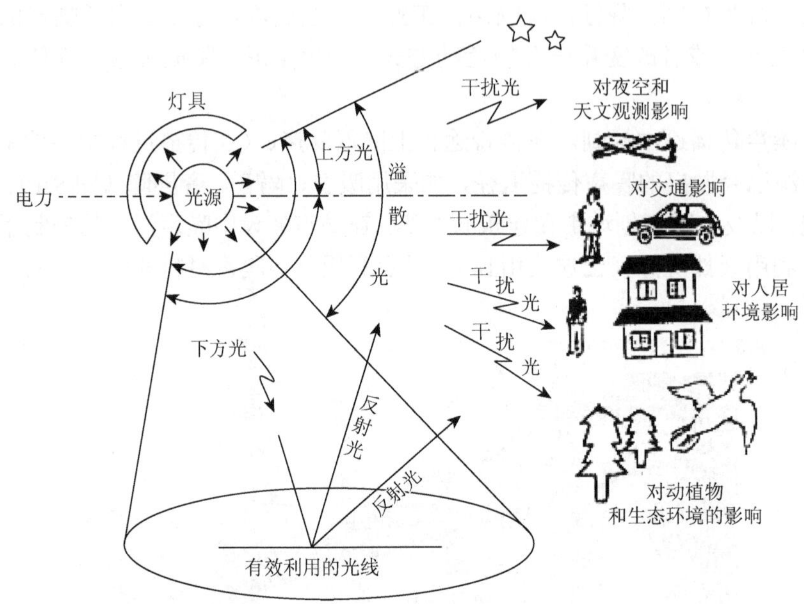

图 8.2 光污染对人类和生物的影响

甚至从楼顶到底层全部用镜面装潢，这就是“白光污染”。在日照光线强烈的季节里，建筑物镜面玻璃飞釉面砖墙、铝合金板、磨光花岗石反射出大强光，造成炫目。根据光学资料介绍，镜面玻璃的反射系数为80%～90%，白色的粉刷面反射系数为69%～80%，铝合金表面反射系数为60%～70%，而森林、绿色草地、深色土的反射系数仅为10%～20%。可见，镜面玻璃等的反射系数比绿色草地、森林、深色或毛面砖石装修的建筑物的反射系数大得多，所反射出的强光，大大超过了人们的眼睛所能承受的照度，造成炫目和疲劳的感觉，从而成为现代城市中的新污染源。

2. 人工白昼

城市街道上的广告灯、霓虹灯在夜间开启，甚至有的强光束直冲云霄，使人们眼花缭乱。人们处在这样的环境中，如同在白昼中一样，这就是“人工白昼”。它对人们的身心健康产生不良影响。由于强光的反射，人们在夜晚难以入睡，生物钟被打乱，导致精神不振。但是，在美丽夜景之下，人工白昼所形成的光污染一直被人们所忽视。据国际上的一项调查显示，有三分之二的人认为人工白昼影响健康，有84%的人反映影响夜间睡眠。

3. 彩光污染

现代的舞厅等娱乐会所安装的黑光灯、旋转灯、荧光灯及闪烁的彩色光源，构成了彩光污染。据测定，黑光灯可以产生波长为250～300 nm 的紫外线，其紫外线的强度大大高于阳光中的紫外线。

8.3.2　产生的原因

光污染起因于现代工业、交通、城市照明和各种科学领域光的产生及对光的应用。20 世纪 70 年代末至 80 年代初，国外开始大量使用一些新型建筑材料。这些材料采用加热、喷涂、离子交换、真空蒸发或化学镀膜等制造工艺，把铜、铬、镍、铁、黄金等金属镀到建筑玻璃的一面，形成反射光线的有色薄膜。以这些材料建成的镜面建筑新奇美观，既可以反射太阳辐射热，减少阳光的辐射，又有良好的保暖隔热性能，很快在西方国家流行起来。

20 世纪 80 年代末到 90 年代初，镜面建筑传入中国，随着城市建设的发展，镜面建筑也日益增多，在闹市区，不少商场酒楼都用大块镜面或铝合金装饰门面，大面积的玻璃幕墙装潢随处可见。由此造成的白光污染却是人们始料不及的。镜面建筑物玻璃的反射光比阳光照射更强烈，在日照光线强烈的季节里，建筑物的钢化玻璃、釉面砖墙、铝合金板、抛光花岗石等镜面炫目逼人，给邻近的建筑物和居民带来了诸多不便。

8.3.3　污染案例

自 2016 年 8 月起，深圳市景秀小学相邻的邮政综合楼建起后，主楼建筑立面玻璃幕墙的强光污染影响了学校的操场。每到日出天气，上千平方米的幕墙立面都要向操场和校园反射强烈的光线，师生在操场上活动时往往会出现目眩和视线模糊的情形。由于这一建筑玻璃污染，师生和家长不断向市邮政局反映，向区环保局等有关部门投诉。随后区环保局督促大楼单位整改，采用纳米涂料涂刷玻璃，减少了反光量，基本达到了预期效果。

据有关卫生部门对数十个歌舞厅激光设备所做的调查和测定表明，绝大多数歌舞厅的激光辐射压已超过极限值。这种高密集的热性光速通过眼睛晶状体聚集后再集中于视网膜上，焦点温度可高达 70℃以上，危害眼睛和脑神经。它不但可导致人的视力受损，还会引起出冷汗、神经衰弱等大脑中枢神经系统的病症。科学家最新研究表明，彩光污染还会不同程度地引起倦怠无力、性欲减退、阳痿、月经不调等身心方面的病症。除上述对人体的危害外，有些人工光源还会造成电磁干扰，影响其他电器的使用。例如，3 万米内的霓虹灯光的闪烁就足以影响和干扰天文望远镜的观测精度。

人类受"人工白昼"影响，夜晚难以入睡，打乱了正常的生物节律，导致精神不振，影响白天上班工作效率，还时常会出现安全方面的事故。"人工白昼"还可伤害昆虫、鸟类和一些植物，破坏夜间的正常活动或睡眠程度。这种昼夜不分的生活环境，更会给人的心理健康造成损害。

8.3.4　治理方法

面对光污染这种都市新污染的危害影响，目前世界各国还没有出台相关的规定和保护受害人的法律。例如，在韩国，除了提倡使用反射率在 12%以下的反射不严重的玻璃外，至今还没有一部适用的法规。目前，对于这种新型的污染，我国也没有相关的污染治理法规出台。

要减少光污染这种都市新污染的危害，关键在于加强城市规划管理，合理布置光源，加强对广告灯和霓虹灯的管理，禁止使用大功率强光源，控制使用大功率民用激光装置，限制使用反射系数较大的材料等。作为普通民众，一方面切勿在光污染地带长时间滞留，若光线太强，房间可安装百叶窗或双层窗帘，根据光线强弱作相应调节；另一方面应全民动手，在建筑群周围栽树种花，广植草皮，以改善和调节采光环境等。

所以国家相应的法律法规制定是十分重要的。在我国城市夜景观建设迅速发展的时候，尽快制定景观照明的技术标准是必要的。要加强夜景观设计、施工的规范化管理。我国目前从事灯光设计施工的人员当中专业技术人员很少，许多产生光污染和光干扰的夜景观是由不科学的设计施工造成的。此外应大力推广使用新型节能光源。

8.4 城市热岛效应

城市热岛效应是指城市因大量的人工发热、建筑物和道路等高蓄热体及绿地减少等因素，造成城市“高温化”。土地利用不合理是造成城市热岛效应的主要原因。土地利用主要包括规模和强度、类型和布局、利用方式三个方面。三者的变化都直接地或间接地影响着城市热岛效应的变化（图 8.3）。不同的土地利用类型产生了不同的城市地表热环境，从而导致热岛强度的地域差异。工业用地密集分布区、建筑物密集分布区及人流密集的商业区绝大多数是城市高温区和强热岛中心。而大量植被覆盖区域、水系、湖泊及城市周边郊区则大多成为城市的低温区域。

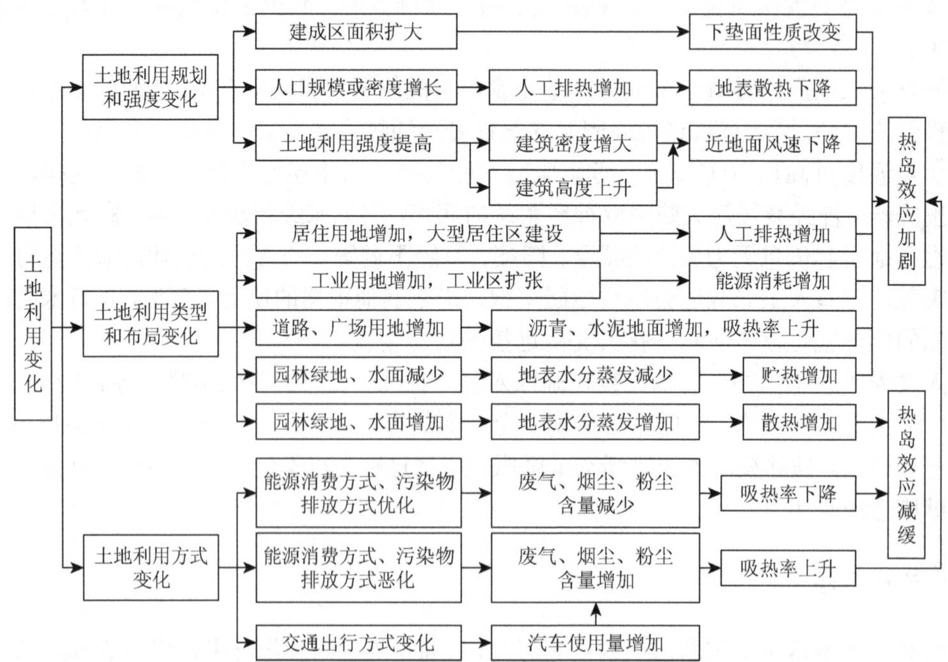

图 8.3 土地利用变化影响城市热岛效应的作用机理

一般而言，高密度居住区通常是强热岛区。这些地区楼房密度大，建筑物之间距离较小。白天太阳辐射照射在建筑物墙面上，不仅能吸收大量的太阳辐射，而且向四周反射长波辐射，使得城市中建筑物与建筑物，墙壁与墙壁，墙壁与地面之间进行多次反复的吸收辐射，为城市热岛的形成积累了所需的热量。到了夜间，这些建筑物又能有效阻挡城市地面长波辐射的散发，使夜间长波辐射的热量仍保留在城区，从而易于形成热岛效应最强的热核区。相反，在商业区和高楼住宅区，楼间空隙大，道路宽，建筑密度小，且楼间的峡谷风使热量容易散发，故热岛强度比高密度居民区弱（图 8.4）。因此，进行合理的土地利用，保证城市绿化覆盖率，并同时减少排放是防治城市热岛效应的有效方法。

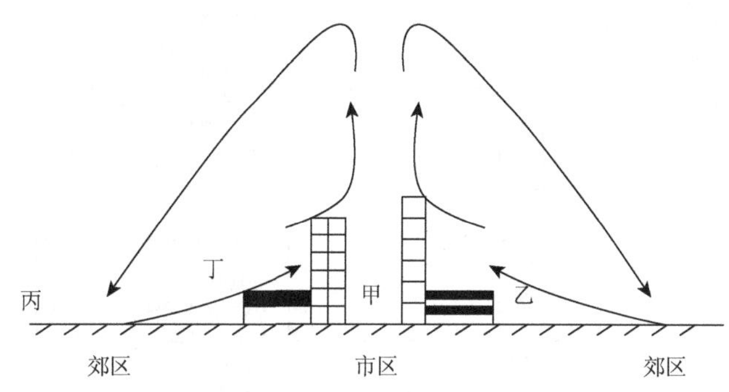

图 8.4　城市热岛效应

8.5　电磁辐射污染

为了传递信息，大量的电视塔、广播站，各种雷达、卫星通信，微波中继站，移动通信等伴有电磁辐射的设备相继出现。从传递和接受信息来说，这些设施为人类的生活和发展创造了巨大的物质文明，但也增大了环境中的电磁辐射能量密度。随着社会信息化进程的提高，环境中的电磁辐射水平越来越高，电磁辐射所引起的环境问题不容忽视。

超过 2 mGs①的电磁辐射就会导致人患疾病，首当其冲的便是人体皮肤和黏膜组织，导致眼睑肿胀、眼睛充血、鼻塞流涕、咽喉不适，或全身皮肤出现反复荨麻疹、湿疹、瘙痒等。影响人体免疫功能时可能出现白癜风、银屑病、过敏性紫癜等。

因此，需要加强城市电磁辐射环境管理，优先开展区域电磁辐射污染防治研究，重点是要将人为电磁辐射水平控制在合理的范围内，并应着力在保护环境、保障公众健康的前提下，促进并规范电磁辐射应用的发展。

8.5.1　电磁辐射危害

电磁辐射对人的作用方式分为热效应和非热效应两种。

热效应是人体内水分子受到一定强度电磁辐射后互相摩擦，引起机体升温，从而影响

① 1 mGs = 10^{-7} T。

体内器官的工作温度；非热效应是外界电磁场的干扰强度过大，影响甚至破坏人体内器官和组织的电磁场（图 8.5）。

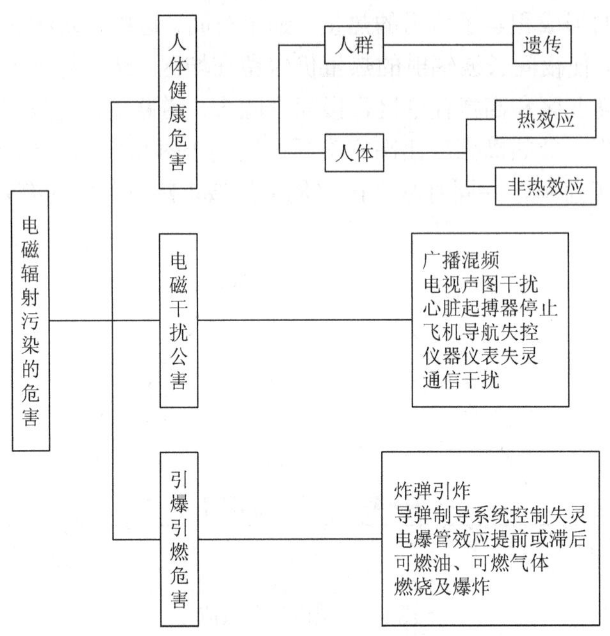

图 8.5　电磁辐射污染的危害

电磁辐射已被世界卫生组织列为继水源、大气、噪声之后的第四大环境污染源，成为危害人类健康的隐形“杀手”，长期过量的电磁辐射会对人体生殖、神经和免疫等系统造成伤害，成为皮肤病、心血管疾病、糖尿病、癌突变的主要诱因。而家用电器、办公电子、手机电脑等成为电磁辐射的最大来源。

8.5.2　电磁辐射类别

电场和磁场的交互变化产生电磁波，电磁波向空中发射或泄漏的现象称为电磁辐射。电磁辐射是一种看不见、摸不着的场。人类生存的地球本身就是一个大磁场，它表面的热辐射和雷电都可产生电磁辐射，太阳及其他星球也从外层空间源源不断地产生电磁辐射。围绕在人类身边的天然磁场、太阳光、家用电器等都会发出强度不同的辐射。电磁辐射是物质内部原子、分子处于运动状态的一种外在表现形式。

1. 来源

电磁辐射污染是指人类使用产生电磁辐射的器具而泄漏的电磁能量流传播到室内外空间中，其量超出环境本底值，且其性质、频率、强度和持续时间等综合作用而引起周围人群的不适感的情况。

电磁场源分为自然电磁场源和人工电磁场源（表 8.3、表 8.4）

表 8.3 自然电磁场源

分类	来源
大气与空气污染源	自然界的火花放电、雷电、台风、寒冷雪飘、火山喷烟
太阳电磁场源	太阳的黑子活动与黑体放射
宇宙电磁场源	银河系恒星的爆发、宇宙间电子移动

表 8.4 人工电磁场源

分类		设备名称	污染来源与部件
放电所致场源	电晕放电	电力线（送配电线）	高电压、大电流而引起静电感应、电磁感应、大地泄漏电流所造成
	辉光放电	放电管	白炽灯、高压水银灯及其他放电管
	弧光放电	开关、电气铁道、放电管	点火系统、发电机、整流装置
	火花放电	电气设备、发动机、冷藏车、汽车	整流器、发电机、放电管、点火系统
工频感应场源		大功率输电线、电气设备、电气铁道、无线电发射机、雷达	高电压、大电流的电力线场、电气设备、广播、电视与通风设备的振荡与发射系统
射频辐射场源		高频加热设备、热合机、微波干燥机、	工业用射频利用设备的工作电路与振荡系统
		理疗机、治疗机	医学用射频利用设备的工作电路与振荡系统
家用电器		微波炉、电脑、电磁灶、电热毯	功率源为主
移动通信设备		手机、对讲机	天线为主
建筑物反射		高层楼群及大的金属构件	墙壁、钢筋、吊车

2. 辐射分类

辐射包含电离辐射与非电离辐射两个种类。

电离辐射具有足够的能量，能够直接或间接地使物质电离（高能量足以将其他原子内的电子撞出原子之外，产生带正电荷的离子及带负电荷的电子）。生物体维持正常的生命体征及各种活动都是依赖于原子层面的稳定，电离辐射所具有的超高能量可以破坏生物分子的化学键，使分子性质改变，因而对生物体构成损伤。电离辐射主要有 α 粒子、β 粒子、中子、γ 射线和 X 射线，其中 α、β、中子为粒子辐射；γ、X 射线为高能电磁辐射。

非电离辐射，如光线、紫外线、微波、超声波、无线电波等，由于它们的能量较低，不足以改变物体的化学性质，虽然能量不高，但作为一种传播能量的方式，可以加速分子运动，使物体温度上升。例如，人体在烈日下暴晒会令体表温度升高甚至损伤皮肤；又如，微波炉能够加热食物。

综上，电离辐射和非电离辐射是截然不同的两种辐射，只有辐射中的电离辐射才会对人体造成严重损伤，然而日常生活中人们所经常接触到的，绝大部分是非电离辐射。

8.5.3 电磁辐射危害的防范

1. 合理规划

防范电磁辐射污染，要从规划布局起就开始考虑电磁辐射源与公众适当隔离。在社会公众辐射源的规划上要与城市的长远规划相联系，避免造成新的污染源产生。同时，控制发射天线周围建筑物高度，以防止高层建筑顶部进入发射天线辐射强副瓣区，造成生活区电磁辐射污染。在个体公众辐射源上，从严格控制、监督出发，使进入家庭、办公、公益事业部门的辐射源的辐射量控制在有效的范围内，来保障人类生活的环境质量。

2. 增强公众环保意识

由于电磁辐射具有不可见的特点，其很难被人觉察，公众对它也比较陌生，故应该通过媒体的宣传教育增强公众对电磁辐射危害的认识，增强公众的环保意识，从而有利于对电磁辐射源用品的识别和对电磁辐射事业的监督。

3. 通过改变气象因子减少电磁辐射

通过气象观测和电磁辐射对照观测发现，电磁辐射环境与气候有一定关系。例如，与湿度的关系是：当空气湿度大时电磁辐射强度小，空气湿度小则电磁辐射强度较大，因此我们可以通过扩大植被面积、增加大气中的湿度来减少空气环境超标的电磁辐射，也可以通过加大工作环境湿度来避免电磁辐射对人体的影响。

4. 加强监管

进一步健全辐射环境管理和监测工作机制，构建科学的辐射环境监测技术方法体系，监督监测短期改善与长效保持有机结合。对可能造成电磁环境污染的大功率无线电台（站），如雷达、通信发射天线等要进行定期的电磁辐射水平监测，进一步完善事后监督管理机制，把加强电磁辐射源管理与加强事后监督管理有机结合起来，消除电磁辐射污染隐患。

5. 使用防辐射用品，控制辐射持续时间

预防电磁辐射的服装、眼镜及其他用品可以有效地屏蔽有害电磁波，如铝合金窗对电磁辐射有一定屏蔽作用。对于接触辐射源的工作人员应适当控制辐射的持续时间。人体在暴露的电磁辐射场中的持续时间越长，导致各种电磁辐射引起的危害越大，因此可以根据辐射源的辐射强度制定适宜的持续工作时间，以保证工作人员的健康。

8.6 放射性辐射污染

元素从不稳定的原子核自发地放出射线（如 α 射线、β 射线、γ 射线等），进而衰变形成稳定的元素而停止放射（衰变产物），这种现象称为放射性。衰变时放出的能量称为衰变能量。原子序数在 83（铋）或以上的元素都具有放射性，但某些原子序数小于 83 的元素（如锝）也具有放射性。某些元素的原子通过核衰变自发地放出 α 射线或 β 射线（有时

还放出 γ 射线）的性质，称为放射性。按原子核是否稳定，可把核素分为稳定性核素和放射性核素两类。一种元素的原子核自发地放出某种射线而转变成别种元素的原子核的现象，称为放射性衰变。能发生放射性衰变的核素，称为放射性核素（或放射性同位素）。放射性有天然放射性和人工放射性之分。天然放射性是指天然存在的放射性核素所具有的放射性。它们大多属于由重元素组成的三个放射系（即钍系、铀系和锕系）。人工放射性是指通过核反应所获得的放射性。人工放射性最早是在 1934 年由法国科学家约里奥-居里夫妇发现的。表 8.5 总结了放射性射线的应用。

表 8.5　放射性射线的应用

领域	应用
医学	X 射线检查癌症治疗
工业	核能发电、探测焊接点和金属铸件的裂缝、工业生产线上的自动品质控制系统、量度电镀薄膜的厚度、消除静电
农业	研究营养物质的吸收代谢规律、灭虫
考古	鉴定古物所属的年代（放射性定年法）
教育及其他	大气核试爆、电视机、视像显示器、夜光手表、烟火感应器、荧光指示牌、避雷针

放射性物质进入人体的途径主要有呼吸道吸入、消化道食入、皮肤或黏膜侵入三种。

1. 呼吸道吸入

从呼吸道吸入的放射性物质的吸收程度与其气态物质的性质和状态有关。难溶性气溶胶吸收较慢，可溶性较大。气溶胶粒径越大，在肺部的沉积越少。气溶胶被肺泡膜吸收后，可直接进入血液流向全身。

2. 消化道食入

消化道食入是放射性物质进入人体的重要途径。放射性物质既能被人体直接摄入，也能通过生物体，经食物链途径进入体内（图 8.6）。

3. 皮肤或黏膜侵入

皮肤对放射性物质的吸收能力波动范围较大，一般在 1%～1.2%，经由皮肤侵入的放射性污染物能随血液直接输送到全身。由伤口进入的放射性物质吸收率较高。

无论以哪种途径，放射性物质进入人体后，都会选择性地定位在某个或某几个器官或组织内，这称为“选择性分布”。其中，被定位的器官称为“紧要器官”，将受到某种放射性的较多照射，损伤的可能性较大，如氡会导致肺癌等。但也有些放射性在体内的分布无特异性，广泛分布于各组织、器官中，称为“全身均匀分布”。例如，有营养类似物的核素进入人体后，将参与机体的代谢过程而遍布全身。

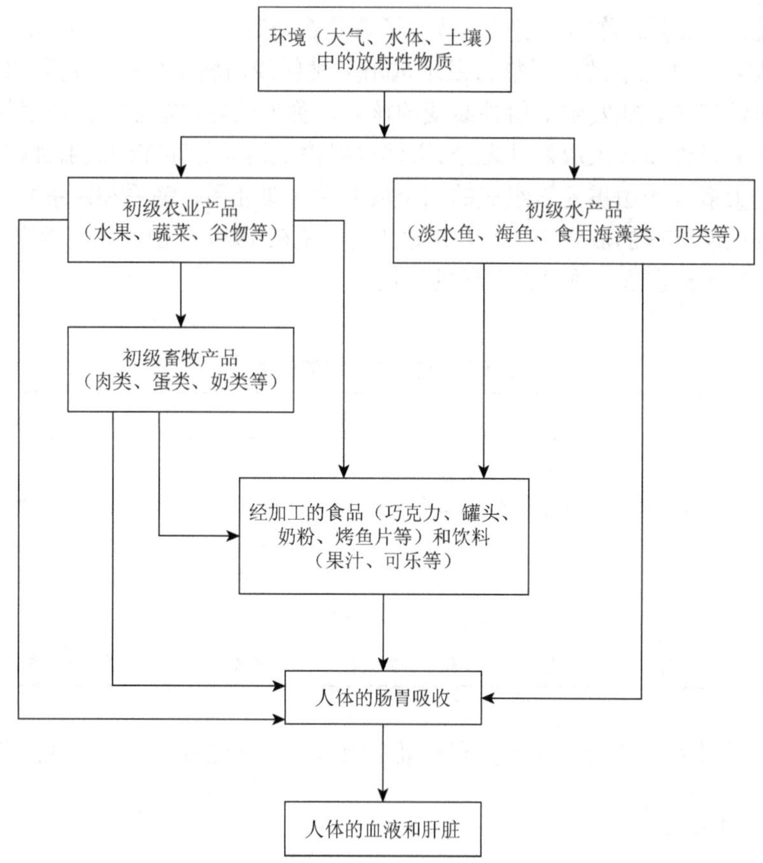

图 8.6　人工放射性核素通过食物链进入人体的过程

8.6.1　放射性辐射污染危害

1. 对人体的危害

放射性物质进入人体后，要经历物理、物理化学、化学和生物学四个辐射作用的不同阶段。当人体吸收辐射能之后，先在分子水平发生变化，引起分子的电离和激发，尤其是大分子的损伤。有的发生在瞬间，有的需经物理的、化学的及生物的放大过程才能显示所致组织器官的可见损伤，因此时间较久甚至延迟若干年后才表现出来。

放射性物质直接使机体物质的原子或分子电离，破坏机体内某些大分子，如脱氧核糖核酸、核糖核酸、蛋白质分子及一些重要的酶。

而且各种放射线首先将体内广泛存在的水分子电离，生成活性很强的 H^+、OH^-和分子产物等，继而通过它们与机体的有机成分作用，产生间接损伤作用。

放射性物质还具有远期效应，主要包括辐射致癌、白血病、白内障、寿命缩短等损害及遗传效应等。根据有关资料介绍，青年妇女在怀孕前受到诊断性照射后其胎儿发生唐氏综合征的概率增加 9 倍。根据医学界权威人士的研究发现，受放射线诊断的孕妇生的孩子小时候患癌和白血病的比例增加。放射性也能损伤剂量单位遗传物质，主要在于引起基因突变和染色体畸变，使一代甚至几代受害。

2. 对环境的危害

放射性物质进入大气后，对人产生的辐射伤害通常有三种方式。①浸没照射：人体浸没在有放射性污染的空气中，全身的皮肤会受到外照射。②吸入照射：吸入有放射性的气体，会使全身或甲状腺、肺等器官受到内照射。③沉降照射：指沉积在地面的放射性物质对人产生的照射。例如，放射性物质放出的γ射线的外照射或通过食物链而转移到人体内产生的内照射。沉降照射的剂量一般比浸没照射和吸入照射的剂量小，但有害作用持续时间长。

核试验的沉降物会造成全球地表水的放射性物质含量提高。核企业排放的放射性废水，以及冲刷放射性污染物的用水，容易造成附近水域的放射性污染。地下水受到放射性污染的主要途径有：放射性废水直接注入地下含水层、放射性废水排往地面渗透池、放射性废物埋入地下等。地下水中的放射性物质也可以迁移和扩散到地表水中，造成地表水的污染。放射性物质污染了地表水和地下水，影响饮水水质，并且污染水生生物和土壤，又通过食物链对人产生内照射。

同时放射性物质可以通过多种途径污染土壤。例如，放射性废水排放到地面上，放射性固体废弃物埋藏到地下，核企业发生的放射性排放事故等，都会造成局部地区土壤的严重污染。

8.6.2　防治方法

1. 放射性废物处理处置

放射性废物中的放射性物质，采用一般的物理、化学及生物学的方法都不能将其消灭或破坏，只有通过放射性核素的自身衰变才能使放射性衰减到一定的水平。而许多放射性元素的半衰期十分长，并且衰变的产物又是新的放射性元素，所以放射性废物与其他废物相比在处理和处置上有许多不同之处。基本处理办法有稀释分散、浓缩贮存及回收利用。放射性废液浓缩后贮存只是暂时性措施，存在着不安全因素，必须将放射性废液或浓缩物转化成为稳定的固化体，才能安全地转运、贮存和处置。而最终处置包括对放射性排出物的控制处置（稀释处置）和废物的最终处置。放射性排出物（液体、气体）向环境中稀释排放时必须控制在正式规定的排放标准以下。放射性废物最终处置意味着不再需要人工管理，不考虑将废物再回取的可能。因此，为防止放射性废物对自然环境和人类的危害，必须将它与生物圈很好地隔离。

2. 外照射的防护方法

（1）距离防护。人距离辐射源越近，受照量越大。因此应远距离操作，以减轻辐射对人体的影响。

（2）时间防护。人体受照时间越长，接受的照射量越大，要求操作准确、敏捷，以减少受照射时间，达到防护目的。还也可以增配工作人员轮换操作，以减少每人的受照时间。

（3）屏蔽防护。在放射源与人体之间放置一种合适的屏蔽材料，利用屏蔽材料对射线的吸收降低外照射剂量。

3. 内照射的防护方法

（1）减少放射源数量。

（2）穿戴防护衣，防止皮肤直接接触辐射源。

（3）戴正压呼吸面具或气衣，防止吸入放射性微尘。

（4）避免带有裸露外伤进入辐射控制区。

4. 核企业防止放射性污染的主要措施

（1）核电站（包括其他核企业）一般应选址在周围人口密度较低，气象和水文条件有利于废水和废气扩散稀释，以及地震强度较低的地区，以保证在正常运行和出现事故时，居民所受的辐射剂量最低。

（2）工艺流程的选择和设备选型要考虑废物产生量和运行安全。

（3）废气和废水需作净化处理，并严格控制放射性元素的排放浓度和排放量。含有 α 射线的废物和放射强度大的废物要进行最终处置和永久贮存。

（4）在核企业周围和可能遭受放射性污染的地区建立监测机构。

课外阅读：日本福岛核泄漏事故

日本福岛核泄漏是一起严重的放射性污染事故，其严重危害和影响甚至已经超过了切尔诺贝利核泄漏事故。在世界能源供给日趋紧张和应对气候变化的大背景下，人类发展对核能的需求会越来越大。日本福岛核泄漏事故为人类对核能的开发和利用敲响了警钟，防范核风险，保障核能的安全发展，成为急需解决的问题。我国自 20 世纪 70 年代开始加快了对核能的开发和利用，经过 40 多年的发展，核能已成为我国一种重要的能源类型，且其重要性在未来还会更加明显。但与此同时，相伴随而生的是愈发严重的放射性污染问题。

随着我国科技的发展，核能利用在给人们带来便利的同时，也给人们带来一些危害，尤其是一些核辐射，其目前已充斥到人们的日常生活中，如 X 射线检查、安检等都会发射出少量的核辐射，影响着人们的身体健康。据相关数据显示，普通人每年吸收的核辐射剂量在 2.4 mSv 左右，辐射量、辐射时间都决定其对人体的伤害。随着生活质量的提高，人们越来越关注放射性核污染的问题，其来源途径有很多种，如核电站泄漏、核武器实验、铀矿开采等，其辐射量和辐射时间不同，给人们的身体也带来了不确定性的影响。虽然轻微的核辐射对人体不会造成永久性伤害，但是日积月累就会影响人们的身体健康，必须进行预防。

福岛核泄漏事故不仅对环境造成了严重的危害，给日本人民带来了深重的灾难，大量放射性物质的泄漏，更让全世界都绷紧了神经。但是，核风险的普遍性并不能改变人类发展对核能需求的强劲势头，加强防范，规范核能的安全发展成为普遍的要求。

1. 日本福岛核泄漏事故的发端

2011 年 3 月 11 日，日本东北部宫城县以东太平洋海域发生 9.0 级地震，随即引发高达 10 m 的强烈海啸，导致日本福岛第一核电站冷却系统失灵，造成核电站内大量放射性物质泄漏。日本福岛第一核电站位于日本福岛工业区，是世界上最大的核电站日本福岛核电站的一部分，也是日本东京电力公司的第一座核能发电站，全站共有 6 台运行机组，均为沸水堆。

2011 年 3 月 11 日，地震发生后，福岛第一核电站第 1～3 号机组自动暂停运行，第 4～6 号机组则处于停堆检修的关闭状态。受强震影响，福岛第一核电站自动暂停运行后，自身的发电系统不能工作。为了使自动暂停运行的核反应堆冷却，福岛第一核电站启用了备用的应急柴油发电机以维持冷却系统的运行。然而好景不长，地震后仅 1 h 即随之而来的强烈海啸将应急柴油发电机淹没，加之之后调来的移动电源车与核电站电源不相匹配，至此福岛第一核电站完全丧失电力供应，冷却系统失灵，尚未冷却的核反应堆内灼热的放射性物质随时有泄漏的危险。日本政府 11 日傍晚根据日本《核能源灾害特别措施法》发布“核能源紧急事态令”。日本时任首相菅直人随即指示居住在核电站周边 3 km 内的居民疏散。

2. 日本福岛核泄漏事故扩大及恶化阶段

2011 年 3 月 12 日，为避免核反应堆内温度过高以至安全壳因压力过大而损坏，福岛第一核电站 1 号机组开始释放氢气作业，并由此发生了微量核泄漏。日本时任首相菅直人再度指示居民疏散范围由核电站周边 3 km 扩大到 10 km。是日，福岛第一核电站 1 号机组发生氢气爆炸，核电站周边地区辐射剂量猛增，并检测出放射性元素铯，这标志着核反应堆内的核燃料棒开始熔毁，核反应堆堆芯熔化的险情首次出现。同日，福岛第一核电站开始向 1 号机组反应堆内实施注入海水冷却作业。

随后几日，其他几个机组也开始了灌注海水冷却和释放氢气作业。然而事与愿违，其他几个机组接二连三地发生氢气爆炸和火灾事件，并且也出现了核燃料棒熔毁现象，标示着核反应堆堆芯熔化的险情继续扩大。与此同时，由于释放氢气作业和不断地发生氢气爆炸及火灾，福岛第一核电站内大量的放射性物质发生泄漏，周边地区辐射剂量直线上升并随气流迅速蔓延扩散，居民疏散范围进一步扩大到核电站周边 30 km。日本政府于 3 月 13 日首次公开承认“据信福岛第一核电站已经发生核泄漏”。

与此同时，日本政府初步确定此次核泄漏事故为 4 级，即造成“局部性危害”。日本官员表示，这个等级有可能会随着事态的发展而调整。

此后日本政府采取地球自卫队直升机空中注水和消防车地面喷水的措施试图减弱核电站周边的辐射剂量，但收效甚微。3 月 18 日，日本原子能安全保安院初步将福岛第一核电站事故定为 5 级。从 3 月 26 日开始，相继在福岛第一核电站各机组附近海水和建筑物隧道及地下室内发现高放射性水，并于 4 月 2 日发现 2 号机组海水取水处附近的混凝土竖井出现裂缝，大量高放射性废水由此处泄漏至海洋，整个事故进一步恶化。

由于此前福岛第一核电站一直对核反应堆进行灌注海水冷却作业，为了能够进入核反应堆内进行清除核废料作业并腾出空间清理高放射性废水，4 月 4～10 日，福岛第一核电站将灌注于核反应堆内的近万吨低放射性海水排入海洋。4 月 6 日，福岛第一核电站 2 号机组停止向海洋泄漏高放射性废水。同日，福岛第一核电站开始向 1 号机组注入氮气，以防氢气爆炸的再次发生。4 月 10 日，日本动用小型无人直升机确认福岛第一核电站反应堆建筑的状况并利用远程遥控的无人重型机械清除核电站内因氢气爆炸而产生的瓦砾。4 月 13 日，日本所有地区的辐射剂量均已下降或与此前辐射水平持平。至此，整个福岛核泄漏事故开始得到控制，事态趋于稳定，此后将进入漫长的善后处理和灾后重建时期。

3. 日本福岛核泄漏事故事后处理、调查、灾后重建阶段

日本经济产业省原子能安全保安院于 2011 年 4 月 12 日决定，将福岛第一核电站事故的评估等级上调至国际核能事件分级表中最严重的 7 级，这也是对福岛核泄漏事故的最终定性，使其与切尔诺贝利核泄漏事故的等级相同。

4 月 13 日，日本东京电力公司（东电）社长清水正孝表示，将废除福岛第一核电站的第 1 至第 4 号核反应堆，并称“这是无可奈何的选择”。

4 月 17 日，东电首次公布处理核电站时间表。东电称，此次安排的终极目标是让疏散居民重返家园，以及保障所有日本人的安全。胜俣恒久指出，解决核泄漏问题将分两个阶段：第 1 阶段为期 3 个月，主要处理高浓度辐射水，防止反应堆爆炸和核污染恶化；第 2 阶段为期 3～6 个月，主要是恢复各反应堆冷却系统的功能，将核污染量降至最低。东电计划在 6～9 个月内，把损毁严重的 1、3 和 4 号机组所在建筑罩起来。

此后，整个核事故的善后处置便有了明确的工作计划并有序进行，而针对此次核事故的相关调查、分析工作也提上日程。日本时任首相菅直人于 2011 年 5 月 17 日第一次代表日本政府承认对此次福岛核泄漏事故负有完全的最终的责任。

5 月 24 日，东电对外公布了福岛第一核电站事故分析结果，福岛第一核电站第 1 至 3 号机组在海啸发生后出现故障并失去冷却机能，随后相继发生了堆芯熔化。同日，日本政府决定成立一个负责调查福岛第一核电站事故的委员会，该调查委员会由核电站专家和法律专家等 10 人组成，负责调查福岛第一核电站事故原因及研究防止核电站再发生类似事故的对策。6 月 7 日，日本政府向国际原子能机构提交了此次核事故的报告书，报告书中首次承认，福岛第一核电站第 1 至 3 号机组可能发生原子炉穿孔，这是比堆芯熔化更严重的危险。日本政府原子能灾害对策总部结合此报告，于同日公布了旨在防止核电站发生严重事故的当前对策，严防福岛核电站事故进一步升级。该安全对策分为“短期”和“中长期”，短期对策包括：即使核电站丧失所有电源，也必须确保主控室空调运转，保证作业环境；停电时也必须确保内部通信畅通；配备个人辐射测量仪和防护服，防止工作人员遭到过量辐射；采取能防止反应堆厂房氢气聚集的措施，以防发生氢气爆炸；事先配备能清除瓦砾的重型机械。关于中长期措施，日本政府原子能灾害对策总部要求电力公司“加强地震和海啸对策”“确保电源和冷却功能”，并要求相关部门和地方政府“修改疏散和儿童受辐射相关标准”及“明确防灾责任分工”。7 月 19 日，日本公布了福岛核泄漏事故处理第二阶段的工程表，这份新工程表指出，在此前 3 个月的第一阶段，反应堆稳定冷却和放射性物质释放减少的目标已基本实现。新工程表提出，要继续现在的循环注水冷却方式以实现福岛第一核电站第 1 至 3 号核反应堆冷停堆，在第二阶段结束时，将开始研究解除目前福岛第一核电站周围的警戒区和计划疏散区，解除居民的疏散状态。此外，在第二阶段，还要对福岛县儿童的健康状况进行长期调查，同时清除土壤和生活空间内的放射性物质。这标志着整个福岛核泄漏事故的灾后处置和善后工作已按照先前计划取得了阶段性进展，并将在此基础上继续向前推进。在“福岛复兴再生协议会”上的报告称，如果不采取人工除尘的话，依靠自然风雨消除，年核辐射量在 200 mSv 的地区，辐射物要降低到可居住的水平，至少需要 20 年时间；年辐射量在 100 mSv 的地区，至少需要 10 年。这表明，福岛地区的居民，如果想再回到自己的家乡生活，至少需要 10～20 年的时间。

日本政府于 9 月 14 日表示，日本决心在遭受“3·11 地震”和核危机的福岛近海地区建设第一座海上浮式风力发电站，希望借此解决该地区能源问题、扩大就业并帮助灾区重建。日本政府准备将福岛建成可再生能源开发基地，这是重建灾区的核心措施之一。日本产业技术综合研究所的部分研究设施将转移到福岛，此外福岛还将建设大型太阳能发电站。

8.7　恶臭类污染

恶臭是指难闻的臭味。人类可感知的恶臭物质就有 4000 多种，其中对人体健康危害较大的有几十种。有的散发出腐败的臭鱼味，如胺类；有的刺鼻，如氨类和醛类；有的放出臭鸡蛋味，如硫化氢；有的类似烂洋葱或烂洋白菜味等。恶臭物质分布很广，影响范围大，已成为一些国家的公害。恶臭物质多来源于化学、制药、造纸、制革、肥料、食品、铸造等工业。恶臭对人的呼吸系统、循环系统、消化系统、内分泌系统、神经系统都有不同程度的损害，还会使人烦躁不安，工作效率减低，判断力和记忆力下降。

恶臭作用于人的嗅觉给人造成危害，是世界七大典型公害之一。恶臭污染物不仅给人们造成不良的心理影响，一些恶臭污染物质还可在对流层大气中发生氧化反应和光化学反应，对酸雨和光化学烟雾污染起着重要作用。随着城市化进程的飞速发展，人们对居住环境质量的要求也日益提高，恶臭物质对城市居住区造成的影响日趋突出，受到越来越多的人关注。早在 20 世纪 50～60 年代，发达国家恶臭污染问题显现，恶臭污染投诉案件增多，而我国各大中型城市恶臭投诉案件也逐渐增多，作为大气污染的一种形式，恶臭气体以空气作为传播介质，通过呼吸系统对人体产生影响。由于恶臭物质臭阈值低，给人的感觉量（恶臭强度）与对人嗅觉的刺激量的对数成正比，组分复杂且具时段性、区域性和季节性，造成污染事件日渐增多，治理及管理难度越来越大。

8.7.1　主要恶臭污染源

恶臭气体产生于污水处理、冶金、制药、石油、塑料、城市垃圾处理等多个行业，具有广泛性和多样性的特点。对人体健康危害较大的恶臭污染物主要有硫醇类、氨、硫化氢、二甲基硫、三甲胺、甲醛、苯、甲苯、苯乙烯和酚类等，其中芳香族化合物如苯、甲苯、苯乙烯等具有致癌、致畸和致突变作用。图 8.7 为水体中导致恶臭产生的内源和外源示意图。

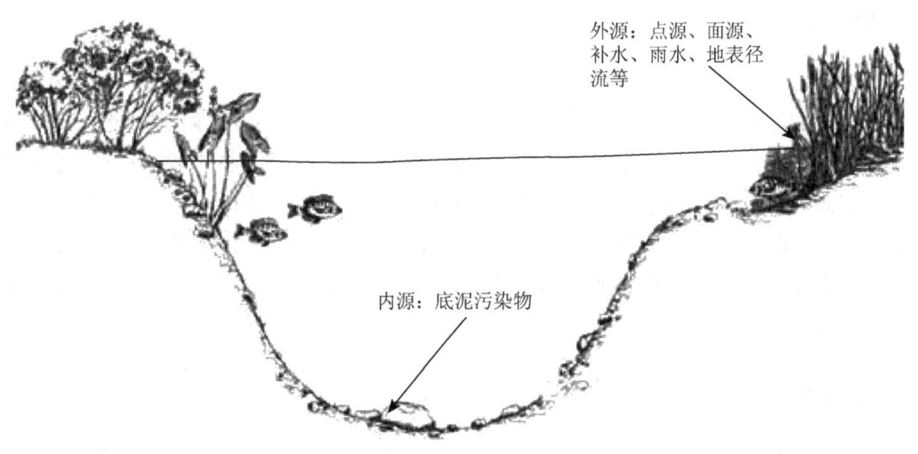

图 8.7　水体环境中的恶臭源

1. 污水处理厂

污水处理厂恶臭污染投诉案件普遍，部分污水处理厂被新建居住区或商业区包围，又因其工艺落后而存在臭气逸散的情况，成为城市中重要恶臭污染源。烯烃、芳香烃含氧有机物和硫醚等 6 类 40 种挥发性有机物中，挥发性恶臭有机物占 95%以上且大多数属于有毒有害气体污染物。目前，大多数污水处理厂均采取了一定的治理措施以减少其恶臭污染影响，但投诉事件仍常有发生。因大多生活污水处理厂建在市区中，应严格管理，杜绝污染事故的发生。

2. 工业污染

城市工业化进程的加快以及工业企业与居民交错分布，使得工业生产过程中产生的恶臭污染问题越来越严重，天津市恶臭来源调查结果显示，34.1%的恶臭来源于工厂。工业恶臭污染源包括石油工业、塑料生产加工行业、橡胶工业、医药农药行业、涂料生产使用行业，以及冶金、造纸、炼焦、木材加工甚至燃烧等都是排放恶臭气体的污染源。工业区恶臭污染物以挥发性有机物为主，包含芳香烃（苯系物等）、脂肪烃、卤代烃、醇、醛、醚等。另外，食品加工厂、香精香料制备厂在生产过程中也会产生特殊气味，这类工业项目若地处居住区附近，长期持续排放具有特殊气味的气体，也将对人体心理和生理造成不良影响。

3. 畜禽养殖业

畜禽养殖场周围的恶臭主要来自粪便、污水、塑料、饲料、动物尸体的腐败分解产物、消化道排出的气体、皮脂腺、汗腺等分泌物，特别是畜禽粪便在微生物的作用下，发酵时会产生大量的氨气、粪臭素、二氧化硫、甲烷等气体。这些气体不仅影响动物的生长发育，降低畜产品质量，而且严重影响养殖场周围的空气质量，也危害周围居民的身体健康。

8.7.2 检测方法

恶臭是人的一种感官体验，而不是严格规定的科学特性，恶臭污染测试主要有直接感官法和仪器分析法两种方法。直接感官法包括恶臭强度法和臭气指数法。恶臭强度法是根据嗅检人员的嗅觉来判定气味强弱程度的方法。而臭气指数法是将待测臭气样品的气味稀释至检知阈的稀释倍数，将恶臭强度予以定量化的方法。二者均能客观地反映恶臭污染的实际状况，弥补仪器分析的不足。其中，“三点比较式臭袋法”测定复合恶臭物质的臭气浓度，是一种测量“臭气浓度”或“臭气指数”的空气稀释法，是我国目前大多数城市采用的臭气浓度检测方法。

8.7.3 防治方法

恶臭污染处理技术主要有物理法、化学法和生物法。其中，物理法包括掩蔽法、稀释法、冷凝法和吸附法等；化学法包括燃烧法、催化燃烧法、催化法和洗涤法。对于传统恶臭治理方法（如物理法、化学法等），应完善优化工艺和设备，降低处理成本，提高处理效率。同时要重点发展生物除臭技术，通过恶臭气体的源头进行有效控制和生物分解。针对我国恶臭污染的现状，要重视城市污水处理厂恶臭防治和畜禽养殖恶臭污染防治。

1. 城市污水处理厂恶臭防治

需要城市污水处理厂在已有建筑物基础上设计恶臭气体收集设备，并保证通风良好，及时更换新鲜空气。对于收集的恶臭气体，可以采取吸附剂吸附、化学处理和生物处理等。常用吸附剂如活性炭、沸石、硅藻土、粉煤灰等，其中以活性炭吸附效果最好。活性炭拥有巨大的比表面积，一般可达到 1000 m^2/g，对恶臭气体中的硫化氢具有较好的去除效果，但对氨氮类气体去除效果较差。对于氨氮类气体可以在溶于水状态下采用沸石吸附，可达到较高的去除率。吸附剂的价格及再生，在很大程度上抑制了其使用范围。化学处理是根据恶臭气体成分的酸碱性，采用化学中和的方法去除。对于硫化氢等酸性气体，采用石灰、苛性钠等药剂进行中和。对于氨气等碱性气体，采用盐酸、硫酸、硝酸等进行中和，并可以回收生成物质。但对于某些中性气体则较难去除。生物法是利用自然界微生物降解恶臭物质而自然除臭，其原理是使收集的废气在适宜条件下通过长满微生物的固体载体被填料吸收并被微生物氧化分解。

2. 畜禽养殖恶臭污染防治

畜禽养殖臭气的控制措施主要分为两大类，一是从源头上进行控制，即防止臭气的产生；二是从传播途径上，即控制臭气的扩散。从臭气的源头上进行控制，能从根本上解决恶臭气体污染，但国内目前还没有成熟的源头控制技术。畜禽臭气的主要来源是粪便，只要通过合理设计和管理贮粪池，建立畜禽养殖场的管理系统，降低粪便含水量、降低温度、控制动物饲料的配比、使用杀菌剂等措施，便能有效地控制臭气的产生。生物过滤技术也是有效的防治臭气扩散的方法，它采用过滤装置将其携带臭气混合物的悬浮粒子过滤分离，然后利用生物过滤器内附着在滤料表面的微生物将恶臭气体进行生物降解，从而为其自身的新陈代谢提供能源。

8.8 双语助力站

核能

人们看好核能是因为传统化石能源的储量有限。现在世界人口超过 70 亿人，比 19 世纪增加了两倍多，能源消费增加了 16 倍，按照目前消费水平，石油还能够用 46 年，天然气还能够用 65 年，而煤炭也只够用 200 多年。而相对应的可再生资源，像水力、风能、潮汐能和太阳能，又因规模受到环境、季节、地理环境等条件的限制，而且现在的开发技术不足，很难得到充分利用。核能在地球中储量丰富，像海水中的氘，有两千多亿吨，可使用上千亿年，矿石中的铀能用 2000 多年。而且所释放的能量比全世界所有能量总和还要大上千万倍，因此称为“无穷的能源”。

Because of the limitation of traditional fossil energy reserves，people pay great attention to nuclear energy. Now there are over 6 billion people in the world，which is more than three times of that in the 19th century. And there are more than 16-fold increase in energy consumption. According to the current consumption level，the oil will be used up in 46 years，natural gas will be used up in 65 years，and the coal is only enough for over 200 years. However，it is difficult to make full utilization of the corresponding renewable resources such as hydro，wind，tidal and solar energy in that the scales of them are limited by environmental，seasonal，and geographical conditions. Besides，the lack of development technology is also a problem. Nuclear energy is abundant in the Earth，for example，there is over two hundred billion tons of deuterium in sea water. It could be used for hundreds of billions of years if its great changes can be controlled. Uranium in ores can be used for more than 2000 years. And the energies they release are million times of that of the integration of all worlds' energy，which is known as the "infinite energy".

1. 核能优点

Advantages of nuclear energy

（1）核能发电不造成空气污染，不产生会加重地球温室效应的二氧化碳。

Nuclear power does not cause air pollution and does not produce carbon dioxide which aggravates global warming.

（2）核燃料体积小，运输与贮存方便。

Nuclear fuel has small size so it is easy for transportation and storage.

（3）核能发电的成本中，燃料费用所占的比例较低。

Fuel costs accounts for a lower proportion in the cost of nuclear power generation.

2. 核能缺点

Disadvantages of nuclear energy

（1）核能电厂会产生放射性废料。

Nuclear power plant will produce radioactive waste.

（2）核能发电厂热效率较低，热污染较严重。

Nuclear power plant has lower thermal efficiency and bad heat pollution.

（3）核能电厂投资成本太大，电力公司的财务风险较高。

Nuclear power plant needs large investment cost，the power company has higher financial risk.

（4）核能电厂选址受环境影响较大。

The site of nuclear power plant is largely determined by environment.

（5）核电厂如果在事故中释放到外界环境，会对生态及民众造成伤害。

The release into the external environment because of the accident will damage the ecology and people.

第 9 章　人口与资源问题

中国从总体上来说是一个资源短缺的国家。这种短缺主要表现为：一是重要资源的人均占有量短缺。例如，人均耕地面积仅相当于世界平均水平的 1/3，人均森林面积不足 1/6，人均草原面积不足 1/2，人均矿产资源也只有 1/2。二是严重的结构性短缺。具体来说主要包括总体资源的结构性短缺，如全部资源中除煤炭十分丰富外，其余较丰富的多为经济建设需求量小的金属和非金属矿藏；同类资源的结构性短缺，如在化石能源中石油、天然气等优质能源所占比例偏低，煤等劣质能源所占比例过高；开发条件的结构性短缺，如铁、磷等矿产资源虽较丰富，但多为贫矿，增加了采炼的成本。随着人口增长，各种有限资源的人均占有水平还将持续下降，对资源的需求水平却会大幅度上升。本章就人口增长导致的资源环境方面的问题做了介绍，并探讨相应的预防治理对策。

9.1　人口、资源与环境

我国人口众多、基数较大，数百年来一直居世界第一位，约占全世界总人口的 22%，且每年以 1100 万～1400 万人的速度增长，到 21 世纪中叶人口将达 16 亿人的高峰。当前我国与人口有关的各种结构问题层出不穷，最为突出的是人口年龄结构问题、农村和城市中出现剩余劳动力问题等，从而产生一系列社会问题。2000 年我国老年人口已占总人口的 11%，已跨入老年化国家行列，到 2040 年，老年人口比重达 25%以上，每 4 个人中就有一个老年人。我国的人口分布极不均衡，94%的人口居住在只占全国总面积 45%的东南部，占全国总面积 55%的西北部，仅居住全国总人口的 6%，农村人口占 70%，城镇人口只有 30%。

我国的国土面积虽居世界第 3 位，人均面积仅及世界人均的 1/3。耕地面积 1.28 亿 hm^2，列世界第 2 位，人均耕地面积排在世界第 67 位，由 1949 年的 0.19 hm^2 减少到 2001 年的 0.1 hm^2，人均耕地减少了 47%，有的省份人均不足 667 m^2。北京、广东、福建、浙江等省（市）及相当一部分（县）市人均占有耕地 400 m^2 以下，已低于国际上规定的 534 m^2 的警戒线，比日本人均 467 m^2 还要低。淡水资源总量居世界第 6 位，人均在世界上排第 88 位，是世界人均的 1/4。森林和草原覆盖率分别为 16%和 23%，人均森林、草地只有世界人均水平的 1/5 和 1/2。我国拥有草场近 4 亿 hm^2，约占国土面积的 42%，但人均草地只有 0.33 hm^2，为世界人均草地 0.64 hm^2 的 52%，而且草地可利用面积比例较低。由于人们对环境认识的局限性、片面性，再加上庞大的人口，一方面大量消耗自然资源而打破了环境系统的平衡，另一方面将经济增长所带来的大量废弃物及有毒物质排到了环境之中，从而导致了我国的环境现状是总体恶化，局部改善，治理小于破坏，生态赤字扩大。例如，水土流失加剧，面积达 356 万 km^2，占国土面积的 37%，每年流失量达 80 亿～120 亿 t。土地沙漠化严重，面积达 174.31 万 km^2，并且每年以 3436 km^2 向前推进，大量的泥沙流入江河，导致河床升高，蓄水能力降低。森林赤字扩大，生物物种大量灭绝。水体污染严重，“水荒”加剧，全国有 300 个城市缺水，100 余个城市供水矛盾突出，地下水超采严重。近几年出现的江河断流、洪灾频发、长江崩岸、沙尘暴、酸雨、绿洲蒸发、干旱扩大等灾害，已严重威胁我国经济的发展，若仅以日益频繁的干旱为例，中国是自然灾害频次较多的国家之一。

而如今人口的增长势必会给资源环境带来很大的影响，对耕地、森林、能源和水资源等各种自然资源的需求势必大幅上升，同时，废弃物排放量激增，严重影响了自然生态系统的良性循环。人类正面临着人口激增、资源短缺和环境恶化这三大问题。因此，保护自然资源、控制人口增长、优化生态环境、实现国民经济的稳步增长和振兴，是摆在我们面前的紧迫课题和任务。

9.2　能 源 问 题

人类的能源利用经历了从薪柴时代到煤炭时代，再到油气时代的演变，在能源利用总量不断增长的同时，能源结构也在不断变化（图 9.1 和图 9.2）。每一次能源时代的变迁，

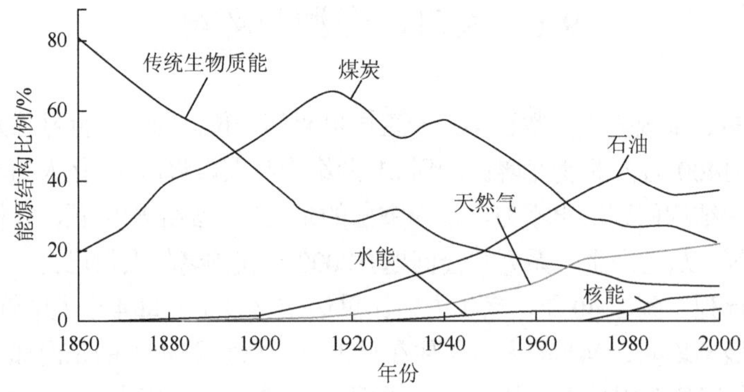

图 9.1　过去 100 多年世界能源结构变化

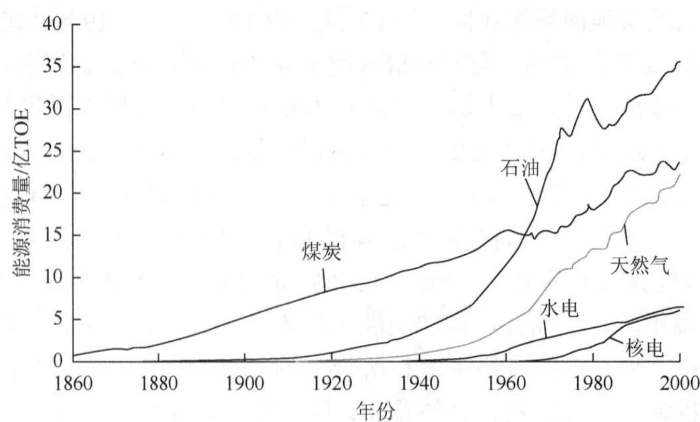

图 9.2　过去 100 多年世界能源消费变化

TOE 表示吨油当量

都伴随着生产力的巨大飞跃，极大地推动了人类经济社会的发展。同时，随着人类使用能源特别是化石能源的数量越来越多，能源对人类经济社会发展的制约和对资源环境的影响也越来越明显。

从现代经济社会发展看，能源问题的重要性主要表现在以下 4 个方面。

1. 能源是现代经济社会发展的基础

现代经济社会发展建立在高水平物质文明和精神文明的基础上，要实现高水平的物质文明，就要有社会生产力的极大发展，现代化的农业、工业和交通物流系统，以及现代化的生活设施和服务体系，这些都需要能源。在现代社会，人们维持生命的食物用能在总能耗中所占的比重显著下降，而生产、生活和交通服务已经成为耗能的主要领域。从发达国家走过的历程看，当一个国家处于工业化前期和中期时，能源消费通常经历一段快速增长期，当一个国家或地区人均 GDP 达到一定水平后，居民衣食住用行等方面的能源消费将处于上升阶段，人均生活用能会显著增长。可以说，没有能源作为支撑，就没有现代社会和现代文明。

2. 能源是经济社会发展的重要制约因素

改革开放以后，能源供给能力不断增强，促进了经济持续快速发展。但在经济发展过程中，能源供给不足的矛盾日益突出。只要固定资产投资规模扩大、经济发展加速，煤电油运就会出现紧张，这成为制约经济社会发展的瓶颈。到 20 世纪 90 年代末，随着能源市场化改革不断推进、能源工业进一步对外开放和能源投入增加，煤炭、电力产能大幅度提高，油气进口增多，能源对经济社会发展的制约得到很大缓解。进入 21 世纪以来，能源供求形势又发生了新的变化，工业化和城市化步伐加快，一些高耗能行业发展过快，能源需求出现了前所未有的高增长态势，能源对经济社会发展的制约又开始加大。中国是一个人口众多的发展中国家，达到较高水平的现代化社会还有相当长的路。随着经济社会持续发展和人民生活水平不断提高，能源需求还会继续增长，供需矛盾和资源环境制约将长期存在。图 9.3 反映了“十五”期间中国能源消费增长情况。

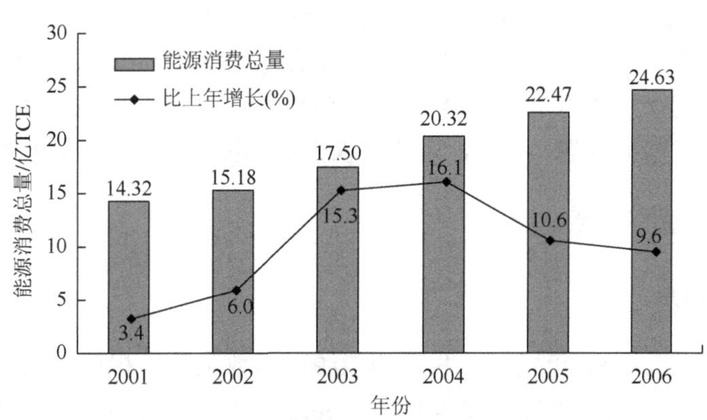

图 9.3　“十五”期间中国能源消费增长情况

TCE 表示吨标准煤当量

3. 能源安全事关经济安全和国家安全

能源安全中最重要的是石油安全。20 世纪 70 年代发生的两次世界石油危机，导致主要发达国家经济减速和全球经济波动。21 世纪以来，石油价格不断攀升（图 9.4)。2008 年初，原油期货价格超过 100 美元，油价上涨对全球经济特别是石油进口国经济产生较大影响，一些国家甚至因石油涨价引发社会动荡。从历史上看，发达国家在实现工业化的过程中，除开发利用本国能源资源外，还利用了大量国际资源。至今，许多发达国家依然高度依赖国际油气资源。在经济全球化不断发展的今天，能源资源的全球化配置是大势所趋。但是，不合理的国际政治经济秩序及能源市场规则，给发展中国家利用国际资源设置了重重障碍。目前，石油对外依存度已经接近 50%，今后可能还会更高一些。国际石油市场的稳定，对中国的能源安全、经济安全乃至国家安全的影响会越来越大。

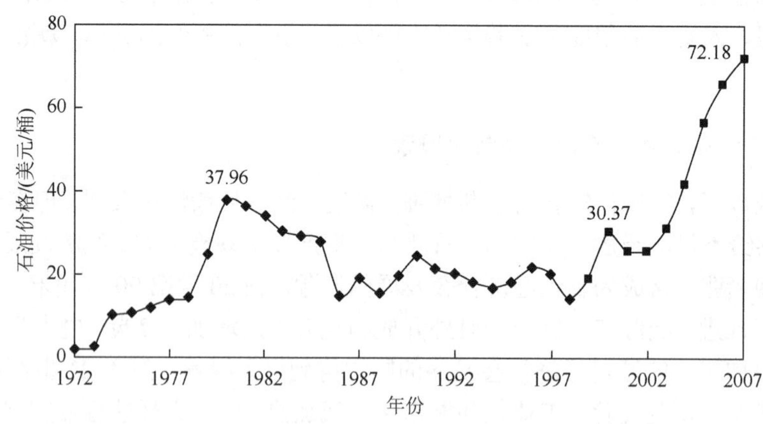

图 9.4　国际市场石油价格增长走势

4. 能源消耗对生态环境的影响日益突出

能源资源的开发利用促进了世界的发展，同时也带来了严重的生态环境问题。化石燃料的使用是 CO_2 等温室气体增加的主要来源。全球变暖对地球自然生态系统和人类赖以生存的环境的影响总体上是负面的，需要国际社会认真对待。从中国能源使用情况看，能源结构长期以煤炭为主，煤炭生产使用中产生的 SO_2、粉尘、CO_2 等是大气污染和温室气体的主要来源。解决好能源问题，不仅要注重供求平衡，也要关注由此带来的生态环境问题。

9.2.1　我国能源问题的现状

1. 能源缺口问题

改革开放至 20 世纪 90 年代初，我国的能源供需数量基本相符，但从 1992 年开始，能源生产总量与国民经济发展之间出现缺口，并逐渐加大。2010 年全国煤炭生产总能力约为 12 亿 t，与 12.5 亿 t 的需求预测相比，供需基本平衡；到 2020 年，现有生产矿井因可采储量衰减，生产能力将下降至 11.21 亿 t，与 14.5 亿 t 的需求预测相比约有 3.3 亿 t 的需求缺口。我国能源生产总量虽然基本趋势也是不断增长，但由于国民经济连年快速、稳定增长，对能源的需求量已远远超过能源自身的供给能力，因而供需出现缺口。各种分析均表明，这种缺口将逐年加大。

2. 能源结构问题

能源结构含能源生产结构和能源消费结构，能源生产结构由本国能源资源条件及能源工业发展水平决定，能源消费结构除受本国能源生产结构影响外，还受制于能源国际贸易。两者同时还受到国内社会经济综合发展水平的影响。我国目前的能源结构仍主要以煤炭为主。我国的众多产业对煤炭的需求量比其他能源要多得多，即使是在石油大量增产之后，我国商品能源对煤炭的需求比重也居高不下，无论是化工产业还是民用商品产业，都对煤炭有极大的依赖。而大量使用煤炭能源所产生的各种烟尘和污水带来了严重的环境污染。如果不适时地调整能源结构，那么到未来几十年我国所面临的能源和环境压力还将增大。

3. 能源分布问题

能源资源的分布不均问题在我国尤为明显。我国煤炭资源的 64%集中在华北地区，水电资源约 70%集中在西南地区，而能源消耗地则分布在东部经济较发达地区。单以煤炭产销分区状况来看，华北煤炭充足有余，西部略有剩余，中南略有不足，而华南、东北、华东则严重缺乏，需大量调剂，这种以煤为主的能源结构，不但对生态环境造成严重破坏和污染，而且因煤炭生产地和消费地严重错位和脱节，形成了“北煤南运”“煤炭出关”的格局，长期影响我国货物运输结构、流向、交通网络建设和经济效益；至于“西电东送”“油气东输”等乃是资源分布不均的缓解措施。

4. 能源人均问题

我国能源人均问题主要是两个方面，一是人均能源资源量问题，二是人均消费量不足问题。我国能源人均拥有量很少（表 9.1），其中煤占世界人均的 55.67%，石油占 11.14%，天然气占 4.38%。

表 9.1　我国人均拥有探明储量与世界比较

矿种	世界人均	中国人均	中国/世界/%
煤	162.48 t	90.45 t	55.67
石油	23.25 t	2.59 t	11.14
天然气	24 661.32 m^3	1 079.90 m^3	4.38

目前我国能源消费总量仅低于美国，居世界第二位，但人均消耗水平很低。2000 年我国人均消耗能源为 1011 kg 标准煤，比以前增加很快，分别为 1952 年的 12 倍、1956 年的 6.78 倍及 1978 年的 1.70 倍，但与世界平均水平还有差距。

5. 能源效率问题

所谓能源效率，从物理观点来讲，是指在利用能源资源的各项活动中，所得到的起作用的能量与实际消费的能量之比；从消费的观点而论，能源效率是指为终端用户提供的能源服务与所消费的能量之比。能源加工转换效率是一定时期内能源经过加工、转换后，产出的各种能源产品的数量与同期内投入的各种能源数量的比例，它是观察能源加工转换装置和生产工艺先进与落后、管理水平高低的重要指标。从表 9.2 中能源加工转换效率来看，自 20 世纪 80 年代以来，几乎没有变化。

表 9.2 能源加工转换效率（%）

年份	总效率	发电及电站供热	炼焦	炼油
1983	69.93	36.94	91.18	99.16
1985	68.29	36.85	90.79	99.10
1990	67.20	37.34	91.28	97.90
1995	71.05	37.31	91.99	97.67
1996	71.50	38.30	94.07	97.46
2000	70.96	39.91	96.28	97.32

中国是世界上能耗强度最低的国家之一。经计算，如果不考虑汇率、能源结构、气候条件等不可比因素，中国能耗强度为 0.36 美元/kg 标准煤，而日本高达 5.28 美元/kg 标准煤，印度也达 0.72 美元/kg 标准煤。

6. 能源消耗比重问题

在我国能源消耗比重问题集中体现为工业部门消耗能源的比重过大。2000 年工业部门消耗的能源占全国能源消耗总量的 68.8%，商业和民用消费能源的比重为 13.6%，交通运输和农业生产消费的能源比重较小，分别为 7.6%和 4.4%。表 9.3 列举了各产业部门能源消费构成情况。

表 9.3 2000 年我国各产业部门能源消费构成情况

全年能源消费总量：130 297 万 t 标准煤							
	农、林、牧、渔、水利业	工业	建筑业	交通运输、仓储及邮电通信业	批发和零售、贸易餐饮业	生活消费	其他
消费量/万 t 标准煤	5 787	89 634	1 433	9 916	2 893	14 912	5 722
占总消耗量的比重/%	4.4	68.8	1.2	7.6	2.2	11.4	4.4

与发达国家相比，我国工业部门耗能比重过高，交通运输、商业和民用的消耗过低。我国的这种能耗比例关系一方面反映了我国工业生产中的工艺设备落后、能耗大、能源管

理水平低，另一方面也反映了我国的经济增长很大程度上是依赖能耗高的工业部门。当然，这为我们下一步降低能耗、提高能源效率指明了方向。

9.2.2 全球能源基本状况与发展趋势

1. 世界化石能源储量丰富，各国资源占有分布不均

截至 2006 年年底，世界煤炭探明剩余可采储量 9091 亿 t，按目前生产水平，可供开采 147 年。与煤炭相比，世界常规石油和天然气资源相对较少，但每年新增探明储量仍在持续增长。20 年来世界石油和天然气的储采比并没有发生大的变化（图 9.5）。世界上已经发现的能源资源分布极不平衡。煤炭资源主要分布在美国、俄罗斯、中国、印度、澳大利亚等国家。石油资源各大洲都有分布，但主要集中在中东地区及其他少数国家。天然气资源主要集中在中东、俄罗斯和中亚地区，其中俄罗斯、伊朗、卡塔尔三国天然气储量占世界总量的 55.7%。

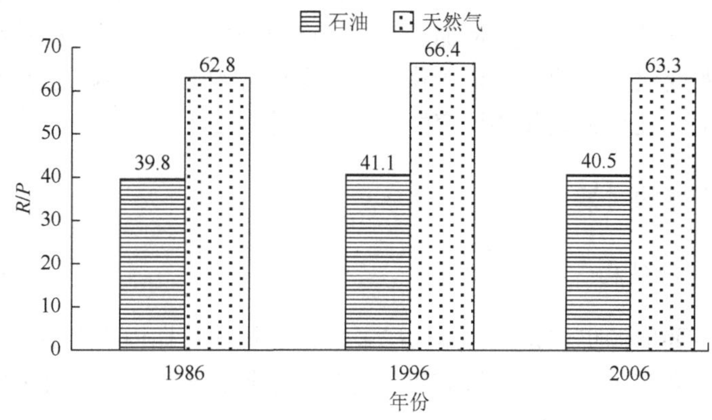

图 9.5 世界石油、天然气资源储采比变化状况

2. 能源结构走向多元，化石能源仍是消费主体

在经济合作与发展组织（OECD）国家中，煤炭消费的比重不断下降，天然气消费的比重已经超过煤炭而居第 2 位。随着国际社会越来越关注环境问题及能源技术不断进步，替代煤炭和石油的清洁能源增长迅速，煤炭和石油在一次能源总需求中的份额将进一步下降，天然气、核能和可再生能源的份额将不断提高。但是，核能、风能、太阳能和生物质能的发展，除受技术因素影响外，其经济性也是一个制约因素，非化石能源大规模替代化石能源的路还很长。预计在 2030 年前，石油、天然气和煤炭等化石能源仍将是世界的主流能源。

3. 发达国家能源消费高位徘徊，发展中国家能源需求加快增长

发达国家在工业化和后工业化过程中，形成了高消耗的产业用能、交通用能和建筑物用能体系。从能源消费的增长情况看，发达国家已经处于能源消费的缓慢增长期；发展中

国家为摆脱贫穷和落后，正致力于加快发展，其能源消费的增长也在加快。据预测，2006～2030 年，全球能源需求总量将以年均 1.2%～1.6%的速度增长，其中 70%的需求增长来自发展中国家。

4. 气候变化对能源发展影响加大，低碳和无碳能源成为新热点

许多国家在调整能源战略和制定能源政策时，增加了应对气候变化的内容，重点是限制化石能源消费，鼓励能源节约和清洁能源使用。气候变化问题已成为世界能源发展新的制约因素，也是世界石油危机后推动节能和替代能源发展的主要驱动因素。各国把核能、水能、风能、太阳能、生物质能等低碳和无碳能源作为今后发展的重点。

5. 国际能源问题政治化倾向明显，非供求因素影响增大

目前，全球石油贸易量占能源贸易量的 70%以上。全球资本市场和虚拟经济迅速发展，金融衍生产品大量增加，各种投机资金逐利流动，也作用于石油市场。这些非供求因素的影响，给一些发展中国家维护本国利益设置了障碍，同时给国际油气资源开发、管网修建和市场供应及正常的企业并购增加了变数。近年来，国际石油价格持续震荡上行，既受到市场供求关系变化及石油交易金融化、汇率变化等因素的影响，也受到地缘政治、大国政策、公众预期、社会舆论和各种突发事件等因素的影响。

9.2.3 解决能源问题的对策

1. 积极调整能源结构

我国目前的主要能源仍然是煤，并且在未来相当长的时期内不会有大的转型。而煤炭能源在消耗过程中会产生大量对环境有害的物质，因此需要加快研发煤炭多联产等新一代洁净煤技术（图 9.6）。应用煤炭多联产技术，以煤炭气化为龙头，可以同时生产电力、热力、液体燃料和化工产品等。

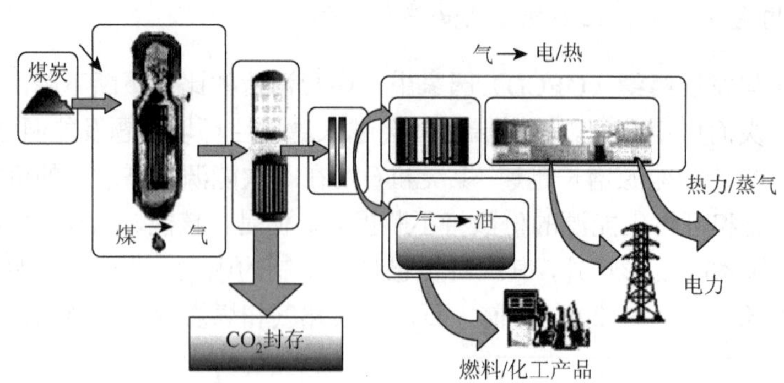

图 9.6 煤炭多联产原理图

在其他无污染的能源中，主要以水力、电力等清洁能源为主，其次是天然气、核能及氢能。其中氢能是未来有发展前景的新型能源之一（图 9.7），有可能成为一种非常清洁的

新型燃料。以多种方式制备的氢气，通过燃料电池直接转变为电力，可以用于汽车、火车等交通工具，实现终端污染物零排放；也可用于工业、商用和民用建筑等固定发电供热设施。当前世界各国都在努力地进行新能源的开发与利用，加大对水电和天然气等能源的技术和资金投入，挖掘它们的潜力，适时地开始对能源结构进行调整，努力改变我国在能源消耗上对煤炭能源的依赖性。

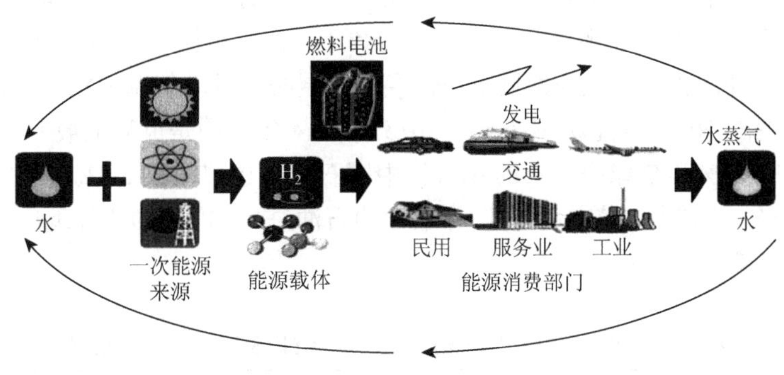

图 9.7　氢能利用原理图

2. 加强政府干涉力度

当前我国能源方面的相关法律法规还不是很完善，对能源结构和能源使用也只有原则性的规定，因此国家有关部门必须利用强硬手段对能源结构和能源质量进行干涉，积极采取各方面的政策措施对能源的合理利用等要求进行强制规定，通过建立健全具有针对性的能源问题相关法律法规将其以法律形式确定下来，做到有法可依、有法必依。

3. 加大能源科学研究

国家相关部门要加大对能源利用和能源管理的研究力度，努力提高能源利用率和能源管理水平，积极做好能源管理工作。国外发达国家对能源的管理已经形成了一门新兴的学科，因此我国应该在这方面加大资金和技术投入，借鉴国外先进经验，努力培养优秀的管理人才和科研人才，切实地解决好我国的能源问题。

4. 努力做到节能优先

我国作为能源消耗最多的国家，节能工作应该放在解决能源问题的首要位置，也应该放在能源战略的关键位置。首先必须加强对节能的管理，提高人们的节能意识，适当地将能源价格上调；其次要调整产品结构，努力对低能耗产品进行研制创新，对生产环节中的能源消耗设备进行改造升级，将耗能高的设备逐渐淘汰掉；最后还要加快对新型能源的开发，特别是无污染可再生的清洁能源，以保证经济和能源都能够可持续发展。

9.3　矿产资源问题

我国 45 种主要矿产中，现有储量 2010 年能保证需要的只有 24 种，2020 年能够保证需要的仅有 6 种。中国地质科学院《未来 20 年中国矿产资源的需求与安全供应问题》报告预测：未来 20 年中国石油需求缺口超过 60 亿 t，天然气超过 2 亿 m^3，钢铁缺口总量为 30 亿 t，铜超过 5000 万 t，精炼铝 1 亿 t，结论是重要矿产资源的供应将是不可持续的。

1. 石油

石油是直接关系到国家安全的重要的战略物资，但我国石油资源储量并不丰富。截至 2005 年年底，我国石油资源剩余可采储量为 249 亿 t，储采比 14.43，远低于世界平均水平（42.3）。中国经济正处于快速发展阶段，经济发展必将推动能源需求增长，预计这种趋势仍将延续。根据《BP 世界能源统计年鉴 2015》，2014 年中国是世界上最大的能源消费国，占全球消费量的 23%和全球净增长的 61%。中国石油净进口增长 8.4%，至 7000 万桶/d，创历史最高水平，中国超过美国成为世界最大的石油进口国。表 9.4 体现出了我国原油出口、进口及对外依存度情况。

表 9.4 2005～2013 年我国原油出口、进口及对外依存度情况

年份	产量/万t	原油出口/万t	原油进口/万t	表观消费量/万t	对外依存度/%
2005	18 083.89	806.69	12 708.32	29 985.52	39.69
2006	18 367.59	633.72	14 518.03	32 251.90	43.05
2007	18 665.69	382.92	16 317.55	34 600.31	46.05
2008	18 972.82	373.34	17 889.30	36 488.78	48.00
2009	18 948.96	518.40	20 378.93	38 809.50	51.17
2010	20 301.40	304.22	23 931.14	43 868.33	53.72
2011	20 364.60	252.20	25 254.92	45 367.32	55.11
2012	20 747.80	243.00	27 102.00	47 606.80	56.42
2013	20 812.87	162.00	28 195.00	48 845.87	57.39

2. 天然气

近十年来，我国天然气消费量不断增加，由 2005 年的 4800 亿 m^3 上涨至 2015 年度的 1.97 万亿 m^3，复合增长率达 15.14%。消费量的增加带动了天然气产量的上升，我国天然气产量由 2005 年的 5100 亿 m^3 上升至 2015 年的 1.3 万亿 m^3，复合增长率达 10.47%。

近年来，由于我国天然气需求增长较快（图 9.8），国产天然气产量已不能满足我国需求，同时，随着天然气长输管道和 LNG 接收站等基础设施的建设，进口天然气开始大量进入国内。自 2007 年开始，我国成为天然气净进口国，当年净进口天然气达 140 亿 m^3，占天然气消费量的 1.99%。截至 2014 年年末，我国天然气净进口量达 5600 亿 m^3，占天然气消费总量的比例已达 30%左右。由于供求矛盾较为突出，对进口天然气的依赖程度不断提高，导致对天然气气源的稳定性造成一定影响，气源紧张已成为制约天然气行业发展的重要因素。

3. 铜

2014 年中国精铜产量约 7960 万 t，同比增长 13.7%，单月产量保持在 500 万 t 之上，9 月开始，铜月均产量跳升至 700 万 t 水平，12 月达到年内最高点 833 万 t。中国是世界

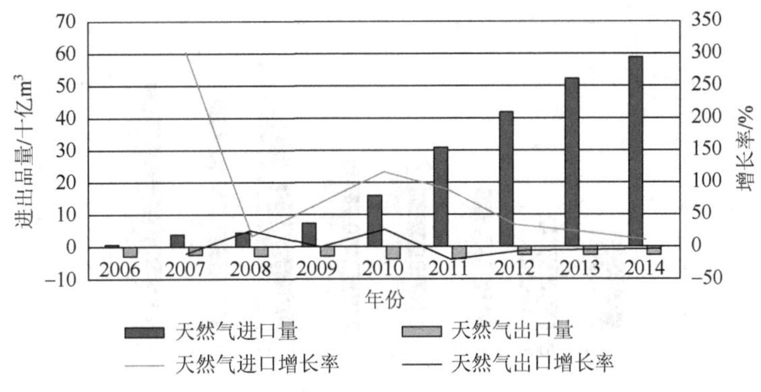

图 9.8　我国天然气进出口量统计

最大的铜消费国，而铜的储量和基础储量分别仅占世界总量的 5.53%和 6.67%，对于铜精矿的需求量只能依靠大量进口才能满足。图 9.9 为 2003～2014 年我国铜精矿进口量，从 2667 万吨增加到 1.182 亿 t。

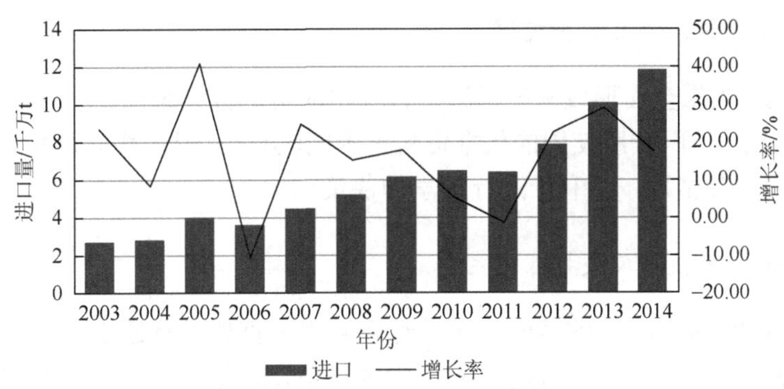

图 9.9　2003～2014 年我国铜精矿进口量

4. 铝

中国铝土矿质量较差，98%以上为加工困难、耗能高的铝土矿，而且适合露采的矿床不多，只占 34%。我国每年有很大一部分铝土矿需求需要进口（图 9.10），2015 年进口量为 5.58 亿 t，占我国铝土矿总供给的 46.20%。2014 年之前，我国 80%～90%的铝进口来自印度尼西亚，进口的高度集中使得我国铝土矿进口量很容易受到印度尼西亚贸易政策的影响，2012 年、2014 年在印度尼西亚铝土矿出口禁令限制下，我国铝土矿进口量明显萎缩。随着印度尼西亚铝土矿出口禁令的持续施行，澳大利亚成为我国铝土矿第一大进口国，此外，我国还将进口范围扩大至几内亚、马来西亚、印度、巴西、加纳等国。

9.3.1　矿产资源匮乏原因

1. 综合利用总体水平不均衡

随着我国经济的发展和节约意识的增强，矿产资源综合利用水平得到了显著提升，大

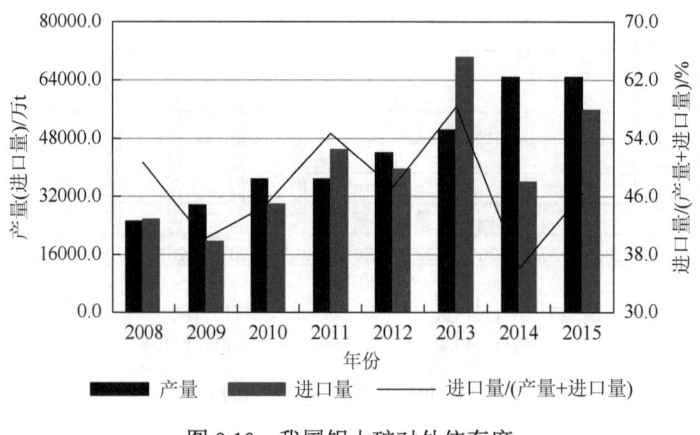

图 9.10　我国铝土矿对外依存度

部分大型矿山、矿企都已经形成了系统的资源利用体系，但同时也有小部分的小型矿山，由于资金和技术因素的短缺，在综合利用上明显不足。

2. 基础工作薄弱，缺乏数据支撑

就目前而言，尚未全面形成矿产资源综合利用的基础数据统计，也很难进行科学的矿产资源综合利用水平评价，所使用的数据资料大多比较杂乱，很多数据资料是进行估算的，难以准确地反映实际情况，不利于进行科学的决策。

3. 尾矿综合利用技术攻关投入不足

受限于地域和尾矿特性的复杂性，尾矿综合利用一直处于瓶颈状态。矿企想制定出适合本企业的尾矿资源利用技术，就必须有较大的投资，研发的周期也很长，这使在开发制定重大关键技术上的积极性被大大削减。除此之外，国家在尾矿综合利用的技术研发上也不够重视，导致了大部分的尾矿综合利用和处理只停留在表面上。

4. 关键技术全国水平差异较大

随着国家越来越重视矿产资源节约和综合利用，在科技上投入越来越多，综合利用的科技水平有了显著提升。例如，攀枝花钒钛磁铁矿的技术水平已经达到世界一流地位，破解了诸多具有普遍性的重大科技难题。科技水平的发展推动了我国矿产资源综合利用水平的整体提升，产业化竞争不断加快。但同时需要认清的是，我国传统工艺技术在大多数矿产开发过程中仍然沿用，不同矿种、不同地域的矿产开发装备技术差异十分明显，先进与落后并存。

5. 国家对矿产资源浪费成本的摊销力度不够

国家对矿产资源浪费成本的摊销力度不够主要表现在两个方面。首先土体和环境容量属于国家的公共资源，虽然当前建尾矿库的成本上浮许多，在补偿和安置当地群众上还是以传统的标准来实现，国家财政在这个过程中没有获得任何收益，更加没有

兼顾所产生的环境负荷所需要付出的代价。其次，国家在征收矿产资源税的过程中，对矿产资源的品质因素考虑不足，这样一来开发高品质资源的矿企经常会以近乎垄断的形式获取超额利润，而国家却没有收取足够的资源、环境和安全保护资金，加剧了社会的不公平性。

9.3.2　矿产资源开发带来的生态环境问题

1. 土地资源的占用和破坏

1994 年全国矿山开发占用土地 581.71 万 hm^2（港、澳、台未计），占全国土地面积的 0.61%，矿山生产导致的土地破坏（尾矿堆积等）157 万 hm^2，占全国土地面积的 0.16%。我国的煤矿以井下坑道开采为主，地下每开采 1 万 t 原煤，地表将塌陷 0.2 km^2，是煤层开采面积的 1.2 倍。据不完全统计，1990 年年底，我国因矿业开发而发生的地面塌陷已达 40 万 km^2。地面塌陷还会造成地面建筑、交通设施的破坏和地表自然景观、植被、农田灌溉设施的破坏，并可能导致农田水淹和盐渍化。

2. 矿业废渣对环境的影响

我国每年产生的固体废弃物中，矿业生产产生的废渣等占 70%。在各类矿业产品的废弃物中，最多的是煤矸石，已累计堆放 30 亿 t，而且每年还要增加 1.5 亿～2.0 亿 t。1997 年年底各类金属矿的废渣及尾矿的存量已达 40 亿 t。20 世纪 90 年代，我国各类固体废弃物占地 5 万 hm^2，其中仅 20 亿 t 煤矸石就占地 8000 hm^2。废矿渣占用了大量土地，其中相当多的是宜耕良田。堆积的矿渣还会破坏自然景观，破坏植被，使牧草或植物产生毒性，危害牲畜，还可能污染地下水。

3. 矿业废水对环境的影响

我国国营煤矿每年排放矿井水 22 亿 t，以华北地区煤矿为例，每采 1 t 煤要破坏 10 t 地下水。石油工业部门每年排放废水 5000 万 t 以上，每年还有约 10 万 t“落地油”最后进入水体，形成污染区。我国最大的石油工业基地大庆每年排放污水约 356 万 t，污水中石油类污染物所占比例加大。这些污水以松花江水系为最后归宿，因此松花江已经成为我国七大水系中污染比较严重的河流。在松花江干流检测出的有机污染物中，明显致癌的有 10 种，其中致癌物质苯并芘含量超过世界卫生组织推荐标准的 10 多倍，哈尔滨以上肇源江段沿江 4 km 以内恶性肿瘤死亡率比全国平均水平高 33%。恶性肿瘤死亡人数占当地死亡人数的 20.13%，成为各种病因之首。

4. 废气对大气环境的污染

煤是我国的主要能源，煤炭年产量的 84%又用作燃料，因此燃煤是造成我国大气污染的主要原因。全国煤炭系统由于燃煤，每年排放进入大气的废气达 1700 亿 m^3，烟尘 30 万 t 以上，二氧化硫排放量超过 32 万 t。由于煤的燃烧不完全，空气中的悬浮颗粒物 80%来自燃煤。我国西南地区煤炭中平均含硫量达 2.69%，还有 432 亿 t 高含硫煤未利用。

目前空气污染物中 90%的二氧化硫来自燃煤。化石燃料的大量使用使我国的二氧化碳排放量在世界上居前列，温室效应明显，酸雨区在扩大，相当多的大城市的空气污染严重。

5. 矿业开发产生的地质灾害和其他生态环境问题

我国的煤矿约有 47%属于高瓦斯类型，每年约有 70 起死亡 10 人以上的特大事故。2008 年中国煤矿百万吨产量的死亡率为 1.128，2014 年百万吨死亡率为 0.25，为历史上最低的记录（同期美国为 0.05，日本为 0.15，印度为 0.53，俄罗斯为 0.96）。另外，矿井中粉尘、噪声、火灾等事故时有发生。

9.3.3　我国矿产资源综合利用的对策建议

1. 加强矿产资源综合利用法律法规体系建设

提高我国矿产资源综合利用最有效、最直接的办法就是通过法律法规予以规定，根据当前我国矿产资源综合利用的现状，可以建立以《矿产资源综合利用法》为统领，以《再生资源回收利用法》《固体废弃物综合利用管理法》等单行法为补充的法律法规体系，将所有的矿业经济活动以法律的形式进行界定，必须要符合国家制定的安全、技术标准，规范矿产资源的综合利用全过程。这样的立法过程，不仅能够保障法治原则的连续性，还能够根据现实情况的变化进行适度的修改，促使矿产资源综合利用纳入可持续发展的法制化轨道。

2. 建立和完善矿产资源综合开发利用标准体系

规范和促进矿产资源综合利用，就必须制定一系列的技术指标体系和评价指标体系，这其中应该包含共伴生资源综合利用率、废石围岩利用率和尾矿利用率，通过制定的指标，采用科学的方法对矿企的综合利用水平进行评价，量化成结果来评定综合利用的水平，以便为评价、监督矿山企业综合利用工作提供定性标准。

3. 加强矿产资源综合利用管理体制建设

加强行政管理体制建设，重视并加强对矿产资源的保护，要结合实际情况采取有效的措施进行管理，要积极研究制定《矿山资源综合利用与治理管理规定》，要求各级管理部门严格执行相关法律，加强对矿企的管理，明确矿产资源综合利用的条件、要求及获得使用权的手续。构建资源综合利用申报认定制度、矿产资源综合开发情况等级制度，提高矿产资源行政管理水平。

4. 推动利用科技进步与技术创新

在尾矿方面的综合利用上，存在技术落后的问题。这类问题在矿产资源综合利用上普遍存在，必须要加大科技创新基础性技术的研发投入，构建以企业为中心，市场为导向的多元科技投入体系，推动矿产资源综合利用技术进步和创新，重点解决呆滞矿、难处理，复杂共伴生、尾矿资源的利用等技术难题，提高资源利用率，减少环境污染。

5. 建立严格的矿产资源监督机制

政府方面要加强对企业开发矿山的矿产综合利用方案进行审查，对其中不合理、耗能高、浪费严重等方案要进行重点审查，确保其实施方案能够达到技术标准和综合利用的效果。矿山在建设的过程中，同样要进行监督检查，确保实施过程能够实现综合利用。要加强对矿产资源开发利用的“三率”和“三废”治理情况的监督管理，要求矿企在采矿、选矿及冶矿的过程中能够时时刻刻关注矿产资源的综合利用。

9.4 森林资源问题

森林面积的大小对森林资源存量有显著影响，森林经营水平越高，森林资源的范围越广泛，其经济效果的发挥和对人类的支持发展作用也越大。如果一个较大的国家或地区，森林覆盖率达到 30%以上，而且分布比较均匀，那么这个国家或地区的生态环境就比较优越，农牧业生产就比较稳定。森林对地球生物圈的物质循环和能量流动有巨大的影响。据专家推测，地球上森林面积最多时约为 720 亿 hm^2，占陆地面积的 2/3，覆盖率为 60%。目前，世界上密闭林覆盖面积为 280 亿 hm^2，占陆地表面的 21%，另有 13 亿 hm^2 为稀疏林，若再加上休耕地重新长出的林木、天然灌木和退化的森林林地，则全世界森林总数约为 520 亿 hm^2，占总土地面积的 40%。我国森林资源集中分布在东北和西南地区。受温度和水分条件的影响，森林植被由南向北依次分布着热带雨林和季雨林带、亚热带常绿阔叶林带、暖温带落叶阔叶林带、温带针叶落叶阔叶林带和寒温带针叶林带。在西北和西南等地区还存在植被的非地带性分布。这些森林植被中，以乔木为主体的群落由 14 个植被型、25 个植被亚型、48 个群系组成；各植被类型内的气候资源，尤其是水热资源各有自己的特征。多样化的气候资源和繁多的森林植被类型，为我国森林生态系统中生物多样性的形成与发展创造了有利条件。

历史上我国曾经是一个森林资源十分丰富的东方大国。西周时期仅黄土高原的森林覆盖率就高达 53%。由于历代长期破坏，1949 年我国森林覆盖率 13.0%。20 世纪 70 年代减少为 12.7%。经过多年坚持不懈的大量植树造林，扭转了我国森林资源长期减少的局面，到 20 世纪 80 年代末，覆盖率上升到 12.98%，相当于 1949 年的水平。1990 年中国森林面积为 1.246 亿 hm^2，人均约 0.107 hm^2，而全世界森林面积约 404.9 亿 hm^2，人均约 0.8 hm^2。长期以来山区人民积累了丰富的造林、营林经验，培育了大面积的人工林，特别是南方山区的杉木林和竹林。到 1995 年 6 月，全国森林面积累计达 1.341 亿 hm^2，其中人工造林保存面积为 3300 多万 hm^2，居世界首位。2001 年 3 月 12 日，全国绿化委员会发布的第 1 份《中国国土绿化状况公报》显示，目前，中国人工造林保存面积已达 4667.7 万 hm^2，发展速度和规模均居世界第 1 位。中国森林面积已达 1.58 亿 hm^2，森林覆盖率提高到 16.55%。

根据第六次森林清查，中国的森林资源状况相比 5 年前明显好转，不仅面积持续增长，质量也有所改善。

9.4.1 森林减少引起的问题

1. 水土流失

森林在地球上的作用不可小觑，近年来因森林资源减少而引发的环境问题不容乐观。森林被砍伐后，裸露的地表经不起风吹雨打日晒。晴天时，太阳曝晒，随着气温的升高地表温度也随之升高，有机物分解为可溶性矿质元素的速度加快；雨天时，雨水直接冲刷地表，把肥沃的地表土壤连同矿质元素直接带进江河。据估计我国每年有 50 多亿吨土壤被冲进江河，造成水土流失。

2. 流沙淤积，堵塞水库和河道

黄河水中的含沙量居全球之首，每当雨季来临，降雨增加，水位就会迅速上升，其中水、沙含量各占一半。由于泥沙淤积，黄河下游部分地区的河床比堤外土地要高出很多，有的地方可达 12 m，甚至比开封市的城墙还高，严重影响到了人民的生命和财产安全。

3. 环境恶化

一个地区的植被覆盖率如果高于 30%，而且分布均匀，就能相对有效地调节气候，改善环境，从而减少自然灾害。我国的植被覆盖率仅为 12%左右。且分布明显不均匀，属于植被覆盖率较低的国家。目前，世界上的森林正以每年 1800 万～2000 万 hm^2 的速度急剧消失，仅 1950～1980 年，全世界的森林面积就减少了一半。近几年工业的不断进步和发展也加重了森林的负担。二氧化碳的排放量增加，全球气候变暖，空气能见度降低，环境污染尤为严重。

4. 土地荒漠化

我国土地荒漠化类型主要分为风蚀荒漠化、水蚀荒漠化、冻融荒漠化、土镶盐渍化 4 种类型。风蚀荒漠化的土地面积大约有 160.7 万 km^2，由于降水较少和地表植被覆盖率低，大多数荒漠化发生在干旱及半干旱地区，湿润及半湿润地区较少。在各种荒漠化类型中所占比例最大的、分布最广的就是风蚀荒漠化。其中，干旱地区大约有 87.6 万 km^2，大致分布在内蒙古狼山以西的地带，腾格里沙漠和龙首山以北地区，其中还包括河西走廊以北、柴达木盆地及其以北到西藏北部地区。半干旱地区大约有 49.2 万 km^2，大致分布在内蒙古狼山以东向南、向西纵贯河西走廊直到肃北蒙古族自治县，呈连续大片不间断的分布。半湿润干旱地区约 23.9 万 km^2。

5. 生物多样性的减少

生物多样性给人类带来许多精神及物质上的双重享受。但近现代，特别是工业革命以来，人类的活动日益影响着地球的自然环境，也影响着生物的多样性。此时此刻生物多样性正遭受着一场前所未有的大浩劫，世界上平均每小时就会有一个物种永远地从人类世界消失，这是地球资源的重大损失。大自然是一个环环相扣的生物圈，人类也是其中的一部分，每一种动植物都有自己存在的意义和价值，因此形成生物链。这是一种平衡，如果一种动植物消失会给其食物链上其他动植物带来灾难。据有效估计，目前物种丧失的速度比人类干预以前的自然灭绝速度要快 1000 倍。我国的不少特有物种，如蓝鲸、大熊猫、东北虎、藏羚羊、丹顶鹤、扬子鳄、中华鲟、水杉、银杏等都面临灭绝危险。由此可见，我国现阶段所面临的环境问题亟待解决，刻不容缓。

9.4.2 我国森林资源存在的主要问题

1. 我国森林资源总量不足、质量低、分布不均

我国整体森林覆盖率较低，主要因为青海、新疆、内蒙古、陕西、甘肃、宁夏等占我国国土面积比重较大的省区，恰好大多处于干旱半干旱地区，森林分布极少，林木自供能力较低，且经济发展水平不高，大多依靠原始农业，对森林保护较差，破坏较大。全国看来质量差的林地多达 54%，质量好的宜林地仅占 10%。由于我国的历史和自然地理条件，我国华北和西北部省区森林资源分布较少，而我国东北、西南、东南地区森林资源相对较多，全国森林资源分布极不均。

2. 过度开采

20 世纪是人类物质文明最发达时期，也是地球生态环境和自然遭受破坏最为严重的时期。我国并不庞大的工业由于先天不足、粗放外延发展等原因过早地走入破坏自然生态和环境的尴尬境地，若发展下去不堪设想。中华人民共和国成立前，由于战争、饥荒、政府腐败及自然灾害等，森林遭受空前的浩劫；中华人民共和国成立后，人口急剧膨胀，粮食供求矛盾非常突出，又因科技落后，粮食产量长期徘徊在低水平的层面上，林粮争地的结果只能是林业让位给粮食，毁林开荒等极端行为又让林业受到极度的破坏。20 世纪 50～70 年代，我国先后出现三次大规模以毁林为特征的土地开垦高潮。过量采伐、乱砍滥伐、毁林开荒使我国仅有的一些森林遭受前所未有的劫难。自 20 世纪 50 年代以来，我国东北林区经历着严重的过度采伐。以东北原先森林覆盖率最突出的黑龙江为例，三江平原在 1962～1976 年的 14 年间，天然林面积减少了 25%；1958～1966 年，长白山林区蒙受过量采伐和乱砍滥伐的威胁。十年“文化大革命”期间的森林过量采伐尤为严重。仅以松江河林业局为例，1971～1975 年的采伐面积比 1958～1962 年多 5 倍。1958～1978 年总采伐面积 4 万多公顷，其中皆伐面积有 2 万多公顷。虽然采伐基地大多数已更新造林，但已由高大成片的原始林变成低矮的幼丛林。1988 年根据辽宁、浙江、湖南等 7 省统计，森林案件比上年增加 20%以上，经济损失也比上年上升 30%以上；全国上半年发生毁林案件 2 万多宗，其中广西、江西、云南、湖南等省特大毁林案件呈急剧上升趋势。据林业部门的有关人士分析，近年来，滥伐天然林案件呈上升趋势的原因是，随着我国保护森林资源、改善生态环境的力度不断加强，木材价格上涨，一些违法人员在暴利的诱惑下，铤而走险，大肆偷砍盗伐木林。

3. 我国林业相关管理法律制度不健全

我国林业政策近 50 年发生了 4 次变更，每一次变更都会对林业产生冲击性影响。林业政策的变更造成我国林业发展极不稳定。在人员配置上也有许多不足之处，严重缺乏高水平从业人员，但实际从业人员数量常超出编制，以致占用大量实际费用，而其他方面投入不足。相关法律法规没有贯彻到实处，许多人对森林资源保护意识淡薄，多年来乱砍滥伐现象严重，造成森林生态系统严重破坏。新中国成立后，我国主要是重采伐轻保护模式，给原本森林资源造成极大破坏。后期，我国开始培育人工林，但总体看来，树种种类少而不全，林分结构单一，森林自身生态系统的生态功能明显下降。森林资源产权不清、体制僵化、机制不活造成了我国森林资源质量普遍不高，主要有以下几方面。

（1）产权关系模糊、残缺，影响了森林经营者提高森林资源质量的积极性。产权关系模糊、产权残缺是我国森林资源产权制度的两大特色。从法律上讲，产权关系是明晰的，但产权在经济运行上却是模糊与残缺的。即产权主体指代不明，产权权能界定不清，致使森林经营者的经营收益得不到保障，从而影响了其长期经营森林、提高森林资源质量的积极性。体制僵化，导致森林经营者没有办法提高森林资源质量。林业从经营思想、政策、法律、制度、机构设置等很多方面仍沿用计划经济时期的管理方式，如简单地以行政方式管理林业。

（2）不重视森林经理工作，经营者普遍缺乏经营预期。森林经理就是为维护与提高森林生态系统服务能力而对社会、经济、森林复合生态系统进行全局性谋划、组织、控制和调整的理论技术与艺术。因此，森林经理得不到应有的重视，会造成地力衰退、生长量不高、轮伐期越来越短的短视行为，这也是当前森林资源质量普遍不高的原因之一。

（3）粗放型经济发展方式是森林资源质量低下的思想根源。只重视森林资源数量增长，不重视森林资源质量提高，重采伐轻保护、重造林轻管护的思想仍普遍存在。

9.4.3 森林减少引起的问题原因分析和未来发展方向分析

造成我国森林资源急剧减少的原因有很多。从根本上来说，主要是林区以往的经济政策忽视了林业的特点，违背了林业发展的自然规律和经济规律造成的。人们只注重经济而忽略森林的自然规律最典型的例子就是：采伐量小于生长量而忽略林木生长。林木生长需要几年乃至几十年，且中间还存在不可预测的原因造成的林木死亡，因此造成林业政策失误。此外林业发展缓慢的一个重要原因就是政策多变，山权、林权不稳。非法砍伐森林也是导致森林锐减的另一个十分重要的因素。据联合国粮食及农业组织的报告显示，全球 4 大木材生产国（俄罗斯、巴西、印度尼西亚和民主刚果）采伐的木材有相当一部分来自非法采伐。为了扭转森林资源日益减少的趋势，国际社会应提出有效的解决方案，其实早在 2000 年联合国就已经成立了联合国森林论坛，可是效果并不明显。森林在地球陆地生态系统中的巨大作用是不言而喻的。然而，国际社会对森林的重视程度特别是在政治高度上却不高。所以应该颁布一套完善的森林公约，这样既可唤醒各国人民珍惜有限的森林资源，爱护森林保卫大自然；又可以强化各国对林业工作的高度重视，加大对林业产业的投资，规范林业活动特别是盲目的伐木行为，以拯救日益减少的森林资源。

针对我国森林资源的现状，其可持续发展关键在于实施，但前提是对可持续发展状况做出客观评价。为了更好地制定和实施可持续发展战略，需要对其状况进行正确评价分析。我国快速的经济发展对森林资源的持续压力，人口快速增加带来的粮食安全问题，技术发展水平低且不均衡，政策上“重数量、轻质量”的指导误区，取之于林多而用之于林少等问题的存在，都在很大程度上阻碍着我国森林资源质量的改善。作为国民经济的重要组成部分，党和国家应加大对林业重视程度，把林业的保护和发展作为改善生态环境的一项长期的重要的基本国策。近几年洪涝、干旱、沙尘暴等自然灾害情况越来越严重，$PM_{2.5}$ 更是在互联网上引起了轩然大波，这给人们敲响了警钟，党和国家对林业资源的保护给予了高度重视。国家领导人多次提出了改善生态环境，再造秀美山川的重要指示。我国林业发展已进入由木材生产为主向以生态建设为主转变的新阶段。根据国家规定，可以拍卖荒山荒地，承包股份造林。林权可以实现抵押、转让、继承，对个人营造的商品用材林地可优先办理采伐许可证。因此，在林业政策上，允许鼓励全社会参加植树造林，切实保护广大林农和育苗专业户的利益，从而调动更多的人投入造林绿化、改善环境的大潮中，并且让全国人民意识到林业资源的重要性。我们只有用长远发展、保护自然观念，加快林业经济转型，优化林业经济结构，才能促进林业快速发展，进而让我国在经济腾飞的同时，空气质量、自然环境也得以改善，真正地迈入世界强国的行列。

建议加大以下四个方面的工作。

（1）在今后的森林抚育经营工作中，要继续坚持生态优先，加强保护建设。认真贯彻法律法规，科学安排、合理采伐，按照培育目的和林分生长需要确定合理的抚育方式和方法，确保森林抚育经营工作质量。同时要大力强化质量监督管理，提高作业质量。进一步规范调查设计，提高设计质量，加强对调查设计人员的技术培训，提高调查设计的能力和水平，实现调查设计规范化的目标，使各设计文件的调查因子与现地相符，真正起到指导生产的作用。

（2）加大对重点公益林的抚育力度。根据经营目的的不同，采取合理的经营措施。本着“宜封则封、宜促则促、宜混则混、宜造则造、宜改则改、宜抚则抚，封、促、混、造、改、抚”的原则，把不同株数、不同郁闭度的林分按照适宜的抚育方式进行经营，达到提高林分质量、林地生产力水平和生态功能的目的。继续对个别小班进行完善作业，清除被压木等非目的树种，补充修枝高度，达到标准的要求。调整林分结构，优化林木生长条件。

（3）森林抚育限额应实行单列。目前林业局每年限额有限，林区的支柱产业还是以木材为主，只有抚育限额单列，才能满足森林经营作业的需要。

（4）提高森林抚育经营的补贴费用。由于受市场经济的影响，劳动力价格上涨，致使成本偏低，建议提高森林抚育生产成本。

9.5　双语助力站

中国能源战略

中国能源战略的基本内容是：坚持节约优先、立足国内、多元发展、依靠科技、保护环境、加强国际互利合作，努力构筑稳定、经济、清洁、安全的能源供应体系，以能源的可持续发展支持经济社会的可持续发展。

The basic themes of China's energy strategy are giving priority to thrift，relying on domestic resources，encouraging diverse patterns of development，relying on science and technology，protecting the environment，and increasing international cooperation for mutual benefit. It strives to build a stable，economical，clean and safe energy supply system，so as to support the sustained economic and social development with sustained energy development.

节约优先：中国把资源节约作为基本国策，坚持能源开发与节约并举、节约优先，积极转变经济发展方式，调整产业结构，鼓励节能技术研发，普及节能产品，提高能源管理水平，完善节能法规和标准，不断提高能源效率。

Giving priority to thrift. China has made resource-conservation a basic state policy，and stresses both developing and saving，with priority given to saving. For this，it is actively changing the pattern of economic growth，adjusting the industrial structure，encouraging research and development of energy-saving technologies，popularizing energy-saving products，improving energy management expertise，improving energy-saving legislation and standards，and enhancing energy efficiency.

立足国内：中国主要依靠国内增加能源供给，通过稳步提高国内安全供给能力，不断满足能源市场日益增长的需求。

Relying on domestic resources. China mainly relies on itself to increase the supply of energy，and tries to satisfy the rising market demand by way of steadily expanding the domestic supply of reliable energy resources.

多元发展：中国将通过有序发展煤炭，积极发展电力，加快发展石油天然气，鼓励开发煤层气，大力发展水电等可再生能源，积极推进核电建设，科学发展替代能源，优化能源结构，实现多能互补，保证能源的稳定供应。

Encouraging diverse patterns of development. China will continue to develop its coal resources in an orderly way，spur the power industry，speed up oil and natural gas exploration，encourage coal bed gas tapping，boost hydroelectric power and other renewable energy resources，actively promote nuclear power development，develop substitute energy resources in a scientific way，optimize its energy structure，realize supplementation between multiple energy resources，and guarantee a steady supply of energy.

依靠科技：中国充分依靠能源科技进步，增强自主创新能力，提升引进技术消化吸收和再创新能力，突破能源发展的技术瓶颈，提高关键技术和重大装备制造水平，开创能源开发利用新途径，增强发展后劲。

Relying on science and technology. China fully relies on science and technology to enhance its ability for independent innovation and its ability to digest and improve imported technologies，tackle technological bottlenecks in energy development，improve key technologies and the manufacturing level of key equipment，seek new ways for energy development and utilization，and redouble the strength for further development.

保护环境：中国以建设资源节约型和环境友好型社会为目标，积极促进能源与环境的协调发展。坚持在发展中实现保护、在保护中促进发展，实现可持续发展。

Protecting the environment. China has set the goal of building a resource-conserving，environment-friendly society，and it is endeavoring to coordinate energy development with environmental protection. It endeavors to make the two promote each other for sustainable development.

合作共赢：中国能源发展在立足国内的基础上，坚持以平等互惠和互利双赢的原则，以坦诚务实的态度，与国际能源组织和世界各国加强能源合作，积极完善合作机制，深化合作领域，维护国际能源安全与稳定。

Cooperation for mutual benefit. China works sincerely and pragmatically with international energy organizations and other countries on the principle of equality，mutual benefit and win-win to improve the mechanism，expand the fields of cooperation and safeguard international energy security and stability.

第10章 化学品环境风险问题

我国现有生产使用记录的化学物质达4万多种，其中3千余种已列入当前的《危险化学品名录》之中，它们具有毒害、腐蚀、爆炸、燃烧、助燃等性质。随着我国经济的高速发展，化学品的生产和使用量持续增加，化学品生产、加工、储存、运输、使用、回收和废物处置等多个环节的环境风险日益加大；化学品生产事故、交通运输事故、违法排污等原因引发的突发环境事件频繁发生。如何通过管理制度的实施和有效的环境风险防控，促进化工产业的可持续发展，对人类和环境的发展具有重要的意义。本章通过介绍化学品的危害、化学品的评价类别，结合国外有效的管控方法，总结探究了我国化学品风险的控制和管理方法。

10.1 化学品概述

10.1.1 化学品及其种类

化学品是指以石油、煤、矿物质、空气、水等天然原料，通过化学反应改变物质结构、成分、形态等生产出的各类产品的统称。

目前全世界已有的化学品种类多达700万种，其中作为商品上市的有10万余种，经常使用的有7万多种，现在全世界每年新出现的化学品有1000多种。

按照性质的不同，化学品分为性质稳定化学品和性质活泼化学品。例如，氟利昂等化学品，化学性质稳定，因而难以被环境吸收或者分解；如硝酸盐、过氧化物等性质活泼的化学品，因为容易与其他物质发生反应，常被应用在化工产品中。

10.1.2 有毒化学品对人类健康的危害

通常我们将进入环境后能够通过环境蓄积、生物累积、生物转化或化学反应等方式损害健康和环境，或者通过接触对人体具有严重危害和具有潜在危险的化学品称为有毒化学品。

在品种繁多的化学品中，大多数的化学品都含有毒性，有的甚至为剧毒，这些有毒化学品对人类健康的危害及对环境的破坏极其严重。

化学品对人体的危害程度与其浓度及摄入量有直接关系，浓度越高，毒性越大；摄入量越大，对人体伤害越严重。有毒化学品对人类健康的危害包括三个方面。

1. 急性危害

急性危害是人体短时间内暴露于浓度很高的有毒化学品中，化学品迅速破坏体内器官和系统的功能，从而立即导致疾病，甚至死亡。

2. 慢性危害

慢性危害是长时间或反复暴露在低浓度的有毒化学品中，化学品的毒性在体内逐渐蓄积，由缓慢、细微的身体损害，经过一段时间后才发展为某种疾病症状。

3. 远期危害

远期危害是有毒化学品的危害在短时间内不会表现出来，有些甚至要在后代中才能表现出来的危害。

据研究资料分析，人类癌症患者中约有 90%是由有毒化学物质的作用引起的。有些癌症患者是由于职业关系经常接触有毒化学品而致癌的。致突变是长期接触有毒化学品导致生物体细胞的遗传信息和遗传物质发生突然的改变，使其产生新的遗传特征(基因突变、染色体畸变)。

10.2　化学品风险评价

近 30 年，随着我国工业化和现代化进程的全面推进，化学品在种类和数量上都有了极大的丰富。当前，我国已成为世界化学品的生产和使用大国，化肥和农药产量分别位居世界第一和第二，同时其使用量也居世界前两位。化学品的丰富给人民生产、生活带来了极大的便利，但生产和使用化学品也不可避免地带来了污染物排放、废弃物堆放、环境污染事件等。

化学品风险评价在源头上避免了生产使用化学品给人类和自然环境带来的不利影响，遏制了化学品安全事故的高发态势，规避了化学品潜在的健康威胁，对化学品开展风险评价与风险管理具有重要的意义。事实上，许多国家，尤其是美国对化学品风险评价与管理进行了广泛研究与实践。1975 年，联合国环境规划署建立了“国际潜在有毒化学品登记中心”（IRPTC），专门从事化学品全球观察和全球环境评价方面的活动，对潜在化学品可能造成的危害进行全球性早期预报。1976 年，USEPA 公布了《潜在致癌物健康风险评价暂行办法和指南》，提出了有毒化学品致癌风险的评价方法，主要关注了化学品的健康风险。1998 年，USEPA 制定的《生态风险评价指南》是目前应用最为广泛的风险评价指导性文件，化学品风险评价也随之向生态风险评价方向发展。近年，随着化学品危害范围的扩大，科学家开始关注化学品的区域风险。总之，化学品的风险评价大致经历了从健康风险评价到生态风险评价，并向区域风险评价发展的历程。

10.2.1　化学品健康风险评价

化学品健康风险评价是我国政策规定的必备环节，《新化学物质申报登记指南》规定新化学物质申报需提交风险评估报告，新化学物质危害评估包括物理化学危害评估、人体健康危害评估、环境生物危害评估三个方面。其中，人体健康危害评估应包含毒性、刺激性和腐蚀性、致敏性、重复接触毒性（亚慢性毒性、慢性毒性）、致突变性、生殖/发育毒性和致癌性评估等。

健康风险评价是以风险度作为评价指标，把环境污染与人体健康联系起来，定量描述污染物对人体健康产生危害的风险大小的一种评价方法。这种方法兴起于 20 世纪 50 年代，1983 年由美国国家科学院编制的《联邦政府风险评价管理》被认为是健康风险评价发展的里程碑。其中提出的风险评价四段法被许多国家采用，也是我国目前健康风险评价的主流方法。

它的四大步骤为：危害鉴定、剂量-效应评估、暴露评价和风险表征。化学品的健康风险评价首先是从危害鉴定开始，确定其是否对人体健康有害。进而对有危害的化学品进行剂量-效应评估和暴露评价。危害鉴定主要是明确化学品可能产生的健康危害，任务是收集化学品相关信息，鉴别潜在化学品。这种危害包括短期内暴露在某一种化学品下发生的急性或亚急性毒性危害及长期暴露造成的慢性毒性危害。对已有的化学品，主要是依据其现有的毒理学和流行病学资料，判断其对人体健康或生态环境造成不利影响的程度。对新申报的化学品，需要搜集完整、可靠的资料，以便对剂量-效应评估结果提供支撑。剂量-效应评估是进行风险评价的定量依据，主要手段是流行病学调查和敏感动植物实验，通过数学模型进行经验外推，确定适合于人体健康的剂量-效应曲线，由此计算化学品对危险人群健康的影响。暴露评价即是在确定暴露人群、暴露时间、暴露途径、暴露频率等参数的基础上，选择合适的暴露评价模型计算暴露剂量，是进行健康风险评价的定量依据。风险表征则是利用前三个阶段所得数据，估算不同剂量化学品在不同暴露条件下，可能产生的健康危害的强度或概率。

目前，在从动植物实验向人外推时，主要采用体重外推法、体表面积外推法或安全系数法。从高剂量向低剂量外推时，大多采用威布尔模型、一次打击模型、多次打击模型、生物药代动力学模型等。估算模型的选择、建立、优化和可信度评价是当下健康风险评价领域面临的重要问题。一般情况下，化学品的致癌风险表征是通过人体长期日摄入量（CDI）与致癌斜率因子（SF）的乘积计算得出，以风险值 Risk 表示，即 Risk = CDI×SF。非致癌风险表征是通过暴露评价中人体长期日摄入量 CDI 除以慢性参考剂量（RfD）计算得出，以风险值 HQ 表示，即 HQ = CDI/Rf D。

目前，新型化学品的健康风险评价工作也在不断丰富。但是，仅关注化学品的健康风险评价是不够的。一方面，化学品健康风险评价仅考虑化学品对人群的潜在健康危害，而忽略对其他生物的影响；另一方面，人类的健康与周围生物的健康及生物衍生品的安全息息相关。人类社会需要永续发展，就需要关注整个生态系统的健康与安全。因此，有必要考虑化学品对生态系统的影响，进行生态风险评价。

10.2.2 化学品生态风险评价

生态风险评价与健康风险评价的主要区别是评价受体和表征的不同，生态风险侧重关注人类活动导致的生态系统功能损失的可能性。1990 年，USEPA 开始使用“生态风险评价”一词，并逐步从人体健康评价转向以种群、群落或生态系统为受体的生态风险评价。随后在 1992 年和 1998 年，USEPA 先后制定并修改了生态风险评价框架，使得生态风险评价工作的开展更加规范。化学品生态风险评价是定性或定量预测各种化学品污染物对生态系统产生不利影响的可能性，以及评价该不利影响可接受程度的方法体系。风险源（化学品污染物）、受体及表征是其 3 个重要组成部分。具体评价过程如图 10.1 所示。

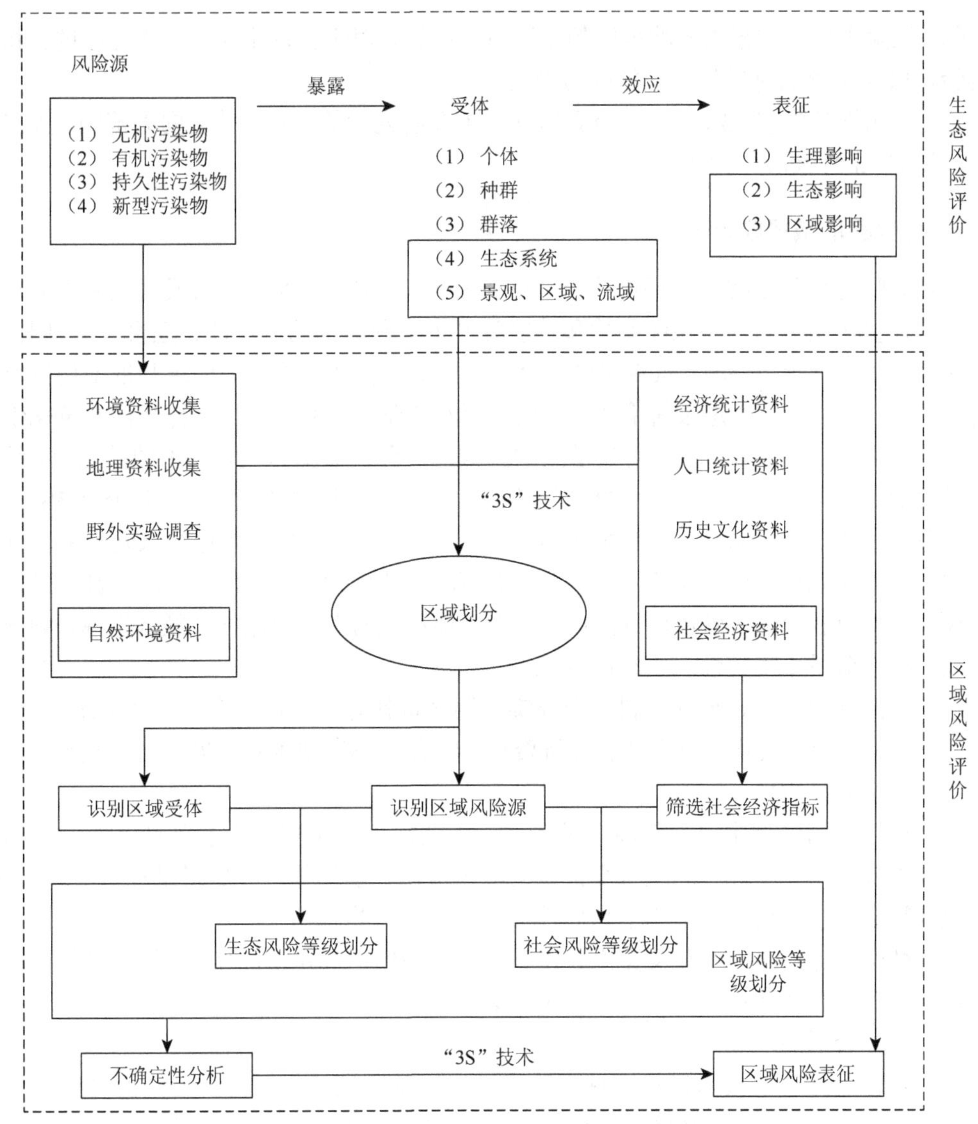

图 10.1　化学品生态风险与区域风险评价过程

（1）风险源主要是对生态系统产生不利影响的化学品，包括无机污染物（铅、镉、汞、砷等）、有机污染物（甲醛、苯、甲苯等）、持久性污染物［有机氯杀虫剂、多氯联苯、六氯苯（HCB、二噁英等）、多溴联苯醚（PBDEs）］和新型污染物［如全氟辛烷磺酰基化合物（PFOS）、六溴环十二烷（HBCD）］等。

（2）受体主要是指受到不利影响的对象。个体、种群、群落、生态系统（森林生态系统、草地生态系统、荒漠生态系统、湿地生态系统、湖泊生态系统、海洋生态系统、农田生态系统、城市生态系统等）、景观或区域（城市景观、森林景观）、流域等水平都可以作为生态风险评价的对象。表征则是指化学品对评价对象造成的不利影响，在影响范围上可分为生理影响、生态影响与区域影响。

（3）风险表征方法根据影响范围的不同有所区别。对于生理影响，主要是通过生物模拟实验，探究化学品对生物生理指标的影响。

目前，化学品生态风险评价已经受到越来越多研究者的关注，并且向大范围、大尺度地理区域的风险评价方向发展。

10.2.3　化学品区域风险评价

区域风险评价是生态风险评价的一个重要分支，它是在区域、流域或景观等中大尺度上描述和评价风险源对生态系统结构和功能等产生不利影响的可能性和危害程度。国内一些学者建立了以区域、流域、景观尺度为背景的生态风险评价框架，但这些框架均侧重于景观格局、自然灾害和生态系统造成的风险，而对化学品，特别是其中持久性有毒化学品造成的区域风险考虑不足。本节对化学品的区域风险评价在生态风险评价的基础上，结合化学品可能带给区域的生态风险和社会风险综合评价区域风险等级，运用遥感（RS）、全球定位系统（GPS）和地理信息系统（GIS）等“3S”空间分析技术进行风险表征，并据此构建了区域风险评价的技术流程，图 10.1 展示了化学品生态风险与区域风险评价过程。区域风险评价过程分为：界定评价区域、识别受体和风险源、筛选社会经济指标、划分区域风险等级、分析不确定性、表征区域风险等。

（1）根据环境资料、地理资料、野外实地调查资料等自然环境资料和经济统计资料、人口统计资料、历史文化资料等社会经济资料，结合“3S”技术对研究区进行划分，降低区域内部的空间异质性。

（2）在划分的区域中识别风险源及受体，需要注意的是需将生态风险评价过程选择的单一风险源、单一受体、局地水平扩展为多风险源、多受体、区域或景观水平。同时，需要根据社会经济资料筛选出用于划分社会风险等级的指标。

（3）对识别得到的风险源及受体进行生态风险评价，划分风险等级。同样的，根据得到的风险源和社会经济指标，评价社会风险等级。

（4）选择合适的不确定分析方法，对等级划分结果进行不确定性分析。

（5）结合“3S”等技术进行区域风险表征，绘制区域综合风险评价空间分区。化学品对人体健康、生态环境及区域环境都可能造成风险，对化学品进行风险评价的最终目的是更好地管理化学品，增加其福利，降低其危害。我国和国际社会主要采用化学品分类管理，我国在分类管理的基础上，还制定了相应的政策法规，对化学品的登记、生产、运输、储存等环节进行管理。

10.2.4　风险控制和管理的重要方法

加强化学品风险管理，应特别注重风险信息交流和质量标准的制定及执行。

1. 风险信息交流

风险信息交流是在个人、人群和机构之间交换信息和观点的相互作用过程，它常涉及有关的风险性质，对风险的关切和见解，对风险信息的反应及对风险管理法律性和行政性的安排，这些相互作用的过程实际上包含与各种利益攸关者之间的对话。在风险管理过程中，风险信息交流是关键的第一步，它有助于避免错误的导向及大大节约风险控制的成本，而不作信息交流会使风险管理的成本大大提高。化学品风险信息交流可以通过分类标签、安全技术说明书，以及污染物排放和转移登记（PRTR）制度等形式进行。化学品分类是按照一定的标准对某一化学品进行主要危害识别的过程，标签是用图案和少量文字标注化学品主要危害的简单说明，安全技术说明书是较为完整全面而又简洁明了地介绍化学品的各种属性及事故应急措施的技术文件。分类标签是化学品风险信息交流的最主要、最直观、最清晰、最有效的手段之一，而安全技术说明书所提供的信息则更完整和全面。

2. 质量标准

质量标准非常重要，无论是产品（包括食品、化妆品等）质量标准，还是环境质量标准，实质上都是风险信息交流的特殊方式，它表达这样一些信息：什么质量的产品或环境所带来的风险是可以接受并不会使人体处于过高的危害暴露中。同时，质量标准又是重要的措施手段，执行质量标准，可以直接减少暴露，控制风险。目前，我国的质量标准体系还很不完善，主要表现在：所包含的指标过少、不全面；多数标准在制定过程中未开展风险评价；有些标准过时、过松或过严；标准的配套性不强，执行标准的措施手段跟不上。特别是随着中国加入世界贸易组织（WTO），质量标准方面的压力更大。在风险评价基础上建立科学可行的质量标准，并严格执行质量标准是加强风险管理、控制风险的重要手段。

10.3　国外化学品风险控制和管理法则

10.3.1　美国化学品风险控制和管理

1. 完善的法规标准

根据美国联邦《1970 年职业安全健康法案》授权，美国于 1970 年 12 月 29 日成立了职业安全健康局。美国职业安全健康局的主要职能是保障美国所有从业人员的职业安全和健康，通过发布和推行工作场所的安全和健康标准，预防或减少因工作造成的疾病、受伤和死亡事故，对“为雇员提供一个安全卫生的工作环境”负有引导和监督责任。

美国国会授予美国职业安全健康局的基本权力包括：制定和强制执行职业安全与健康法律、法规和相关政策；监督、检查职业安全与健康法律、法规的实施情况；监督各州职业安全与健康项目的执行情况；要求雇主保存与工作有关的事故、伤病记录；就雇员对工作场所、工作环境等方面存在问题的投诉进行调查；对发生在工作场所的事故进行调查处理；监督检查工作场所、工作环境方面存在的危及人身安全与健康方面的问题；鼓励持续地改善工作场所的安全卫生条件；编制联邦职业安全与健康活动年度报告；起草与颁布职业安全与健康监察标准；组织与实施职业安全与健康技术培训、教育、宣传、推广活动等。

1992 年 2 月，美国职业安全健康局发布了高危化学品过程安全管理法规（PSM）。该法规主要通过 14 个要素对影响安全的重大危险源、环境破坏和业务损失进行管理，监管对象为存在危险性过程、大型易燃或有毒物质库及石油和天然气企业。高危化学品过程安全管理法规的主要目标是制定计划、系统和程序，防止在工厂或附近区域造成有毒释放、火灾或爆炸。其适用于化工厂的整个生命周期，以确保设施得到安全管理，并实现可接受的风险水平。

高危化学品过程安全管理法规所针对的企业生产过程包括：生产过程中含有规定的137 种高危化学品（HHCs）的一种或多种，并且质量超过临界量；过程在一个地点含有约 4.5 t 或更多的易燃高危化学品（液体、气体或易燃气液混合物）。高危化学品过程安全管理法规规定的管理流程如图 10.2 所示。

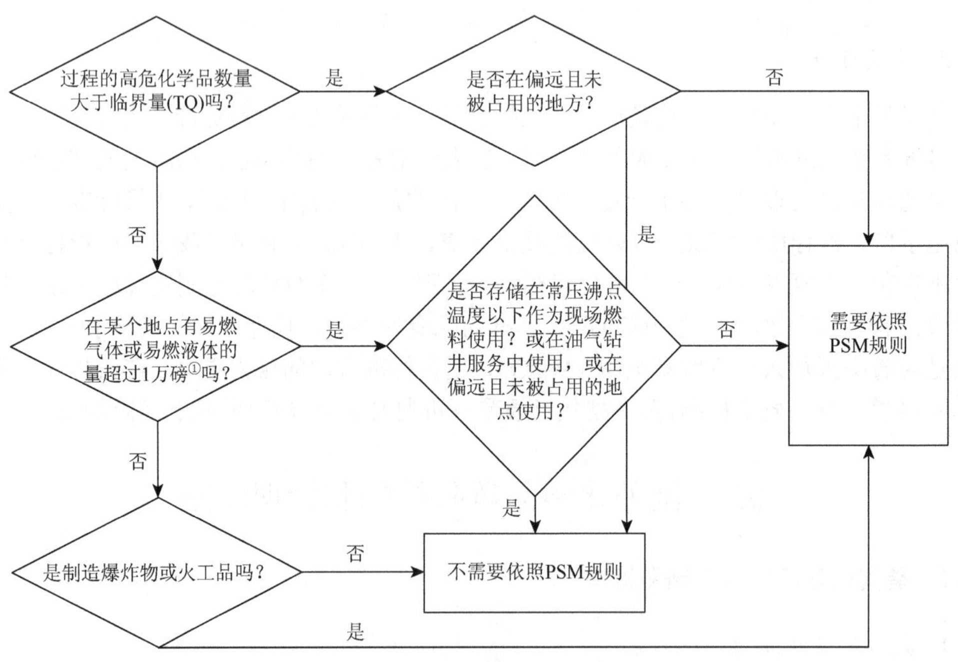

图 10.2　高危化学品安全管理法规规定的管理流程

美国职业安全健康局计划修订现有的化学品危险性分类标准（HCS），以改进化学品危险性和相关安全措施信息的一致性，有效预防暴露于危险化学品的作业人员受到伤害，同时减少化学品相关职业病和事故的发生。为有效执行安全健康方面的标准，准确引导雇员，美国职业安全健康局并不强制各方采用这些标准，但各州制定标准、政策措施和程序时，在效果上应和美国职业安全健康局制定的安全健康标准等效。州政府在强制执行其制定的高危化学品标准的程序上，应参照美国职业安全健康局或其他州的程序，同时应对提供有缺陷的化学品安全技术说明书的制造商实施处罚。

2. 推行化工企业过程安全管理

美国化工过程安全中心成立于 1985 年，是美国化学工程师协会（AIChE）下属的一家非营利性的企业联合组织，在全球有 140 多个会员单位。该中心致力于化工、制药、石

① 1 磅 = 0.45 kg。

油等领域的过程安全研究与评估，研究工业企业在安全方面的需求，促进企业共同合作研究过程安全方案，并对政府在过程安全管理政策上提供研究支持，是研究化工过程安全的专业性机构。美国化工过程安全中心提出化工过程安全管理由“承诺重视过程安全、了解危害与风险、管理风险、从经验中学习”4 大基石组成，并从这 4 个方面引申出基于风险的化工过程 20 个要素。这 20 个要素包括：过程安全文化、符合标准要求、过程安全能力、员工参与、利益相关方、过程安全管理、危害辨识与风险管理、操作步骤、安全工作实践、机械完整性、承包商管理、培训、变更管理、开车前检查、操作行为、应急管理、事件管理、评定与评分、审核、管理检查与持续改进。

3. 科学的化工事故调查机制

美国化工安全和危害调查委员会依据美国 1990 年《清洁空气法案》（CAAA）规定而建立，是一个独立的政府部门。委员会的 5 位核心委员由美国总统任命，并经美国参议院确认，每届委员任期 5 年，下设若干专业调查员。美国化工安全和危害调查委员会在调查化工事故方面，有以下几个特点。

（1）事故调查的独立性。美国化工安全和危害调查委员会的事故调查工作具有相当的独立性，并不受美国职业安全健康局、USEPA 或其他政府部门所左右。事实上，美国国会将美国化工安全和危害调查委员会独立出来的目的之一，就是希望通过化工事故调查程序与结果，能够同时评估现有美国职业安全健康局或美国环保署相关法规的适用性，以作为法规修订的参考依据。美国化工安全和危害调查委员会虽具有公权力，但并不具有执法权和监督权，其主要职责是调查事故原因，特别是事故的根本原因，从而指出企业安全管理系统的缺失等深层次原因。

（2）事故调查的专业性。根据事故成因理论，化工事故的原因有很多，往往牵涉设备失效、人员违规错误、非预期的化学反应或其他原因。因此，在美国化工安全和危害调查委员会的调查人员中，包括许多来自政府部门或中介机构的专业人员，以及精通化学、机械等专业的工程师、工业安全专家或其他专业人士。调查人员的专业构成，保证了调查结论的客观公正和调查建议的科学有效。另外，美国化工安全和危害调查委员会的事故调查工作没有结案的时限压力，很多事故往往经过半年到一年的时间才能完成。例如，美国化工安全和危害调查委员会对 2008 年 2 月 8 日帝国糖业公司糖粉尘爆炸事故的调查报告，直至 2009 年 9 月才最后形成。

（3）事故调查的公开性。美国化工安全和危害调查委员会的事故调查工作有一个重要特点，就是事故调查信息公正、公开，而且能够主动与新闻媒体联络，通过举行新闻发布会等形式，及时将事故调查进展等情况向全社会进行公开。根据美国化工安全和危害调查委员会的规定，核心委员或调查小组组长为新闻发言人，其可通过各种方式接受媒体现场采访，公布美国化工安全和危害调查委员会到事故现场调查的理由及事故情况的初步分析。若有需要，美国化工安全和危害调查委员会会安排听证会或事故附近社区的沟通说明会。在事故调查过程中，美国化工安全和危害调查委员会也会根据需要，不定期发布调查进度和新发现的关键线索。

10.3.2　欧盟化学品管理

REACH 是欧盟法规《化学品注册、评估、许可和限制》(Regulation Concerning the Registration，Evaluation，Authorization and Restriction of Chemicals）的简称，并于 2007 年 6 月 1 日起实施的化学品监管体系。

这是一个涉及化学品生产、贸易、使用安全的法规提案，法规旨在保护人类健康和环境安全，保持和提高欧盟化学工业的竞争力，以及研发无毒无害化合物的创新能力，防止市场分裂，增加化学品使用透明度，促进非动物实验，追求社会可持续发展等。REACH 指令要求凡进口和在欧洲境内生产的化学品必须通过注册、评估、授权和限制等一组综合程序，以更好更简单地识别化学品的成分来达到确保环境和人体安全的目的。该指令主要有注册、评估、授权、限制等几大项内容。任何商品都必须有一个列明化学成分的登记档案，并说明制造商如何使用这些化学成分及毒性评估报告。所有信息将会输入一个正在建设的数据库中，数据库由欧洲化学品管理局（ECHA）来管理。该机构将评估每一个档案，如果发现化学品对人体健康或环境有影响，他们就可能会采取更加严格的控制措施。根据对几个因素的评估结果，化学品可能会被禁止使用或者需要经过批准后才能使用。REACH 涉及的范围较广，影响从采矿业到纺织服装、轻工、机电等几乎所有行业的产品及制造工序。REACH 要求制造商注册产品中的每一种化学成分，并衡量其对公众健康的潜在危害。

REACH 建立了这样的理念：如果它们的潜在危害是不确知的，社会不应该引入新的材料、产品或技术。REACH84 是欧盟 28 个成员国对进入其市场的所有化学品，尤其是家居用品进行预防性管理的法规。目前国际家居行业共识的三大环保标准是：DMF（皮肤过敏元素）、REACH84 和 CARB 标准，三项为互补型的环保体系，相互之间没有重叠。2006 年 12 月 18 日，欧盟议会和欧盟理事会正式通过 REACH，对进入欧盟市场的所有化学品进行预防性管理。

在中国，此标准要求年产量超过 1 t 的所有化学品里 84 项高度关注物（SVHC）物质不能超过总物品重的 0.1%。这项标准的测试项目内容、技术要求、限量参数、测试复杂性、供应链控制体系性等，目前国内标准均尚未推行。从测试项目内容上来看，除了国内所列物质项，REACH84 还包含其他化学品物质项；从技术要求上来看，REACH 138 项环保标准的限量参数比国内标准要严格几十倍；从测试复杂性来看，REACH84 是从 1976 年开始初步实施，一直致力于逐步完善，从 2008 年开始实施第一批 15 项到现在的 84 项，是有计划、可持续发展的法规，此法规的目标与欧盟在 WTO 框架内所承担的国际义务相一致，保护人体健康和促进无毒环境；从供应链控制体系性来看，此法规的操作必须追溯到最上游供应体系。

10.3.3　日本化学品管理体系

日本是全球最早制定化学物质控制法规的国家，正由“危害管理”逐渐向“风险管理”转变，这种管理理念也在日本化学品法规的制定与完善中得以体现。依据化学品管理法规，日本政府从化学品信息收集到化学品风险评价等多个方面都开展了管理行动。

1996 年 2 月，OECD 发布了“关于实施污染物释放与转移登记制度的委员会建议”文件，建议各个成员国根据 OECD 提供的指南文件，逐步建立并实施污染物排放和转移登记制度（PRTR）。作为 OECD 成员国之一，日本政府接受了委员会的建议，于 1996 年 10 月成立了 PRTR 技术咨询委员会，积极开展建立 PRTR 制度的研究工作。在该委员会的组织下，开展了一个实施 PRTR 制度的试点项目。在试点项目结束之后，日本环境省（原日本环保局）总干事于 1998 年 7 月向中央环境理事会提交了“日本未来对化学物质环境风险管理的措施”研究报告。随即，中央环境理事会对报告中提及的关于建立 PRTR 制度事项进行了详细审议，构建出一个 PRTR 制度的基本框架。在此框架下，日本环境省联合经济产业省于 1999 年 3 月向日本议会提交了关于制定 PRTR 法规的议案，该议案经过部分修正后得到了通过。1999 年 7 月 13 日，日本政府颁布了《关于掌握特定化学物质环境释放量以及促进改善管理的法律》，在日本国内建立了化学物质 PRTR 申报制度。

1. PRTR 制度的基本结构和实施流程

日本 PRTR 法规的主要目标是促进化学物质的经营者主动加强对化学物质的管理，减少有毒有害化学物质的生产使用，法规的核心内容是建立了特定化学物质环境释放与转移申报的 PRTR 制度及 MSDS 标签制度。

企业经营者、政府主管部门、社会公众是 PRTR 申报链条上的三个主体，各自发挥着不同的作用。企业经营者首先对生产使用的特定化学物质的释放与转移数量进行估算，提交至所在都道府县的地方主管部门，地方主管部门将区域数据再提交至相应的中央政府主管部门，由其将全国的数据进行汇总分析，并向社会公众公开。

2. PRTR 申报的识别流程

在 PRTR 制度的实施过程中，确定哪些企业应履行 PRTR 申报义务是首要内容之一。同时，在确定识别 PRTR 申报企业的标准时，主要集中在企业类别标准、企业人员规模、申报物质及数量阈值方面。

（1）企业类别标准：企业类别必须在 PRTR 制度规定的行业类别范围之内。2000 年第 138 号内阁府令第三款中，规定了日本 PRTR 制度中需要履行申报义务的工业行业类型。随着 PRTR 制度的实施，日本政府也在不断调整与完善需要进行 PRTR 申报的行业类型。截至 2012 年，日本需履行 PRTR 申报义务的行业共计 24 个，涵盖金属矿业、制造业、铁路运输业、仓储业、废物处理业、医疗业、高等教育机构等。

（2）人员规模标准：企业必须有 21 人（含）以上的全职雇员。企业是否拥有 21 人或更多全职雇员，也是判断企业是否应履行 PRTR 申报义务的标准之一。全职雇员数量的计算一方面必须基于员工的雇用期而不是基于员工的每天工作时间，另一方面必须包括企业总公司、子公司及办事处等机构的所有全职雇员。

（3）申报物质范围标准：企业在经营活动中生产或使用 PRTR 制度规定的第 I 类指定化学物质。根据 PRTR 法规，需要实施 PRTR 申报的物质被称作“ I 类指定化学物质”。截至 2013 年年底，I 类指定化学物质共计 462 种类，其中包括了 15 种“特定 I 类指定化学物质”。Ⅰ类指定化学物质的确定，主要是根据化学物质的固有危害属性、生产使用数量、环境存在状况及理化属性等因素进行筛查。

在危害属性方面，关于人体健康危害方面选取了致癌性、致突变性、生殖发育毒性、致敏性、经口慢性毒性、吸入慢性毒性及由作业环境允许浓度获得的慢性毒性等七项指标；关于生态毒性危害方面选取了水生生物（藻类、水蚤和鱼）的急性毒性和慢性毒性指标；此外，还考虑了物质的消耗臭氧层能力；在生产使用数量方面，将生产和进口效量超过 100 t/a 作为筛查标准，而对于农药、消耗臭氧层物质及特定Ⅰ类指定化学物质的筛查标准界定为超过 10 t/a；在环境存在状况方面，将最近十年在多个地区环境中均有检出作为筛查标准（在日本国内没有生产、使用的化学物质除外）。对于特定Ⅰ类指定化学物质，除满足上述标准之外，还必须是根据联合国 GHS 分类标准，致痛性、致突变性或生殖发育毒性为类别ⅠA 的化学物质。

（4）物质数量阈值标准：企业生产和使用 PRTR 目录中Ⅰ类指定化学物质的数量超过了规定的相应阈值，根据 PRTR 法规及省令的规定，日本政府制定了 PRTR 申报中Ⅰ类指定化学物质和特定Ⅰ类指定化学物质的申报阈值标准，见表 10.1。如果企业在不同的经济活动方式中生产和使用 PRTR 申报物质的数量超过了相应的阈值，那么该企业就要履行 PRTR 申报义务。

表 10.1　日本 PRTR 申报物质的数量阈

申报物质类别	申报阈值标准/(t/a)
Ⅰ类指定化学物质（包括含有Ⅰ类指定化学物质的产量）	1.0
特定Ⅰ类指定化学物质	0.5

除上述一般的申报企业判别标准之外，日本政府还在 PRTR 省令（施行条例）中规定了一种特例情况下的判别标准，即如果企业属于下列类别之一，那么就必须履行申报义务：从事金属、原油或天然气开采的企业；从事污水处理的企业（如污水处理厂）；从事一般固体废弃物处置或工业固体废弃物处置的企业；从事二噁英处置的特定企业。

10.3.4　韩国化学品管理

2013 年 6 月 4 日，韩国通过了《有毒化学品控制法案》（TCCA），之后更名为《化学品控制法案》（CCA），并与韩国化学品注册与评估法案（K-REACH）同时自 2015 年 1 月 1 日起正式实施。

TCCA 的修订主要是考虑到避免与 K-REACH 的实施范围重复。2015 年起，大量企业需要同时应对韩国 CCA 及 K-REACH。这两部法案将建立韩国化学品管理的新体系。化学物质将先在 K-REACH 下完成化学物质注册，通过危害审查及风险评估由韩国环境部指定为有毒物质、授权物质、禁限用物质。而划分为这几类的物质后续将在 CCA 下进行监管。和 TCCA 相比，CCA 保留了通过许可证管理物质生产、使用、销售、储存、进出口活动等的权利，然而对于新化学物质登记注册的管理则移交给 K-REACH。

CCA 首次引入事故应对物质。根据 CCA 第 39 条环境部指定该类物质，如事故应对物质的数量超过环境部令规定的吨位，需要每五年向环境部长官提交危害管理计划书。

10.4　我国化学品风险控制和管理

风险是指一种可能性，主要是指不利事件或不希望事件发生的可能性。化学品风险是指化学品对人体、动植物和环境造成有害影响的潜在可能性概率。风险控制和管理是在风险评价基础上，综合考虑科学技术、社会政治状况和经济成本等各方面因素，通过恰当的控制和管理措施，有效地减少、控制或消除风险。

10.4.1　我国化学品分类、控制和管理现状

我国化学品的分类主要依据《危险化学品目录》。2003 年公布的《危险化学品目录（2002 版）》将危险化学品分为 8 类，即①爆炸品；②压缩气体和液化气体；③易燃液体；④易燃固体、自燃物品和遇湿易燃物品；⑤氧化剂和有机过氧化物；⑥毒害品和感染性物品；⑦放射性物品；⑧腐蚀品。该目录与国际化学品通用分类制度 GHS 差异较大。经多年实践，2015 年由国家安全监管总局等十部委联合公告的《危险化学品目录（2015 版）》正式发布。它将危险化学品分类修改为了物理危险、健康危害和环境危害三大类，共 28 个大项和 81 小项，我国早期对化学品的分类从侧面反映出这一时期化学品的管理思路，即以安全生产为目的，侧重减少安全事故及人员伤亡，对化学品的风险管理关注较少。很多化学品，如石棉、内分泌干扰物等，都可能对人体健康造成损害或对生态系统及区域环境造成持久性的不利影响，并且这种不利影响很难在短时间内发现，但是其危害很难修复或逆转。我国目前尚未出台相应法律法规，一旦发生此类化学品污染事件，如日本水俣病、痛痛病等，排污责任主体很难认定，公民权益将无法保障。可见，在登记、运输、储存、生产等环节对化学品进行的一般性管理尚难以满足降低化学品事故发生率和规避化学品潜在危害的现实需要。

10.4.2　加强化学品风险控制和管理的必要性

随着国民经济的快速增长，社会对化学品的需求量呈现逐步增加的趋势，而化学物品在工业生产中的应用也越加广泛。近些年来，随着石化行业的迅速发展和崛起，化工生产经营已经占据了整个制造业的 30%以上，带动了化学品生产企业和经营企业的发展，成为经济产业中不可或缺的组成部分。但是 2006～2010 年期间全国范围共发生化学品事故 490 起，事故造成 879 人直接和间接死亡，给国民经济和群众的生命健康造成了很大的影响，在这 490 起化学品事故当中有 70 起属于较大安全事故，5 起属于重大安全事故，图 10.3 总结了历年事故发生的次数和造成的死亡人数。

从事故发生的类别来看，多数属于火灾和容器爆炸及中毒窒息，在这些事故中，爆炸事故和中毒事故较多，分别为 227 起和 168 起，属于化学品事故发生的主要类型，这主要与危险化学品的性质及生产工艺有很大的关系。从近些年重大事故发生的频率来看，应该说形式并不乐观，对于化学品风险控制和管理的要求需不断加强。

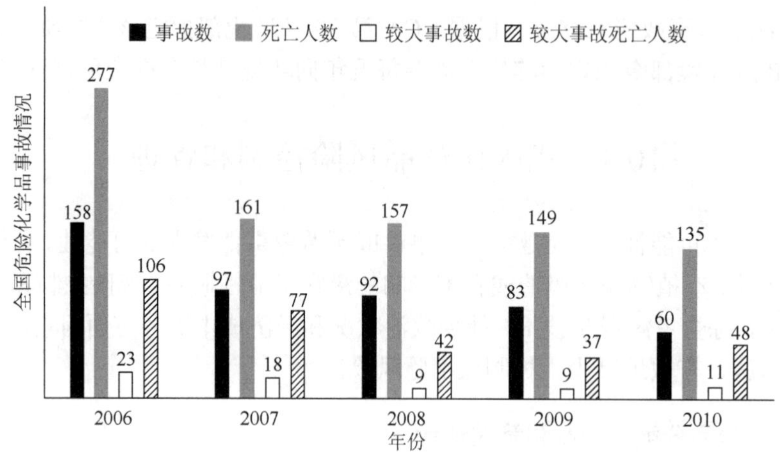

图 10.3　全国 2006～2010 年危险化学品事故情况

10.4.3　我国现行化学品风险控制和管理框架

结合国内外的相关研究，可将控制和管理对象分为 3 个方面：针对化学品本身的风险控制和管理；针对行业企业的风险控制和管理；针对利益相关方的风险控制和管理，图 10.4 描绘了我国化学品的风险管理框架。

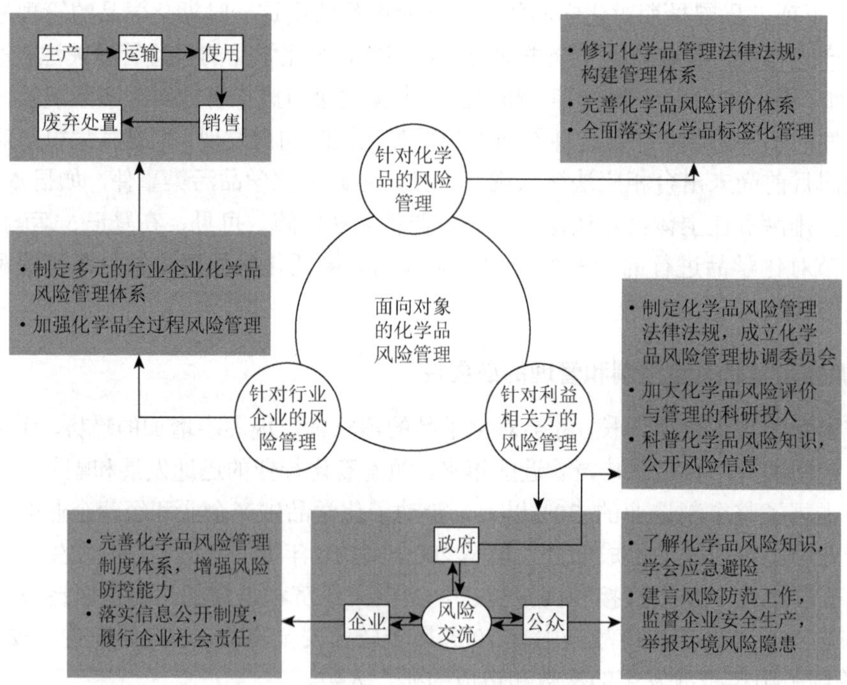

图 10.4　我国化学品的风险管理框架

1. 针对化学品的风险控制和管理

（1）修订法律法规，强化化学品风险管理，构建较为完善的化学品管理体系。

现行有关化学品管理的法律法规主要关注常规污染物的达标排放和防止生产安全事故发生，很少关注化学品的健康风险及生态风险。然而许多化学品污染物，尤其是新型持久性有毒污染物，如 PFOS、PBEDs 等，更容易长期存在于环境中，通过食物链逐级传输，对人类健康甚至整个生态系统造成不可忽视的影响，且不容易在短时间内发现。因此，需要做好化学品的风险定量评价工作，补充现行化学品管理法律法规中有关风险管理的空白。

（2）完善化学品风险评价体系，将安全-健康-生态风险一体化考虑。

目前，我国化学品风险评价研究在健康风险角度较为丰富，对重金属、VOCs 等常规污染物，以及二噁英、PFOS 等持久性有机污染物都有涉及。而在生态风险，特别是区域风险层面的研究还严重不足，如理论研究和实践成果不多、研究不够深入和系统、指标体系的构建及风险等级的划分不统一等。但是，生态风险和区域风险的评价结果对化学品风险管理决策影响更大。因此，化学品风险管理应在关注安全，做好健康风险评价工作的基础上，积极向生态及区域风险评价角度拓展，增加化学品风险对人口、经济等社会指标影响的评估，为管理者提供更加丰富、可靠的决策参考。

（3）全面落实化学品标签化管理，出台相关配套政策，积极管控高风险化学品。

经过多年发展，我国化学品分类已逐步与国际 GHS 管理接轨，如《危险化学品目录（2015 版）》与联合国 GHS 第四修订版的标准一致。但在我国该分类方法尚未全面落实且未与化学品标签化管理结合。因此，需要抓紧制定并出台实现化学品标签化管理的配套政策。对化学品实行标签化管理，着重管理健康、生态或区域风险高的化学品，利用登记制度、审批手段等方法，逐步限制、淘汰和替代高风险化学品。

2. 针对行业企业的风险控制和管理

（1）制定多元化的行业企业化学品风险管理体系，实现生态、社会、经济效益最优化。

不同行业企业消耗于生产的化学品种类、性质差别很大，单一的化学品风险管理体系不适用于管理庞杂的风险信息。因此，行业企业需有针对性地制定多元化的风险管理体系，依据化学品风险评价结果，得到风险高低排序。对高风险化学品采用相对严格标准，对低风险化学品采用相对宽松标准，以实现在保障人民健康、生态安全的前提下，使社会、经济效益达到最优。

（2）加强化学品生产、存储、运输、销售、使用与处置的全过程风险管理。

行业企业作为消耗、生产、运输、销售、处理、排放化学品的主体，便于对化学品的整个生命周期进行风险管理，从各个环节预防威胁人类健康与生态系统安全的事故发生，或降低事故危害。生命周期大致可分为生产、储存、运输、销售使用、处理处置等 5 个环节。生产环节，需强化安全生产责任制度，切实保障生产人员健康，禁止偷排化学废弃物。储存与运输环节，需完善储存与运输特许资格证管理制度，定期对运输及储存设备进行查修，对运输员与储存管理员进行考核，对不合格的单位或个人取消资格证。同时，需制定运输与储存事故多级应急预案，第一时间反应，降低事故危害，减少人员伤亡及对生态环境的破坏。销售与使用环节，销售者和使用者都需按照化学品标签说明的方法保存与使用化学品，对未用尽的高风险化学品要定点放置以便回收与处理。处理处置环节，需加强化学品废弃物集中收集处置中心建设，严格化学品废弃物分类与处置，实现达标排放。

3. 针对利益相关方的风险控制和管理

（1）政府层面。

尽快制定化学品风险管理相关法律法规，成立化学品风险管理协调委员会。我国管理化学品的部门众多，如《危险化学品目录（2015 版）》是由十部委联合发布，管理对象多有重合。在共同管理对象出现问题时，主管部门责任不清。因此，有必要成立化学品风险管理协调委员会，协调部门间管理化学品风险的关系，以保障相关法律法规的高效执行。

加大对化学品风险评价与管理的科研投入，丰富化学品风险管理基础信息。我国现有生产使用记录的化学物质有 4 万多种，其中仅 3000 余种列入《危险化学品目录（2015 版）》，尚有大量化学物质的危害特性还未明确和掌握。因此，我国仍需进一步加大对化学品风险评价与管理工作的科研投入，着重研究危害特性未明的化学物质的健康、生态及区域风险，开展典型人群的暴露参数、生态风险表征及区域影响分析的相关研究，并在风险评价的基础上，开展化学品风险管理试点工作，丰富化学品风险管理基础信息。

科普化学品风险知识，提高公众应急自救能力，及时公布化学品风险信息，主动引导社会舆论。通过各种宣传方式，如网络、电视、电台等，向公众科普化学品性质与危害、风险产生、风险预防、应急自救等知识，提高公众对化学品风险的认知。针对特定高风险人群，如企业职工、高校实验员等，组织突发化学品风险事故应急逃生演练，宣传基本救护知识，提高应急自救能力。加强化学品风险信息的及时、准确公开，政府部门督促企业公开风险信息，保障公众知情权，防止因谣言或误解引发公众抗议等群体性事件，及时辟谣，主动、正确引导社会舆论。

（2）企业层面。

完善化学品风险管理制度体系，增强企业自身风险防控能力。企业应充分发挥防控化学品风险“先头兵”的作用，从企业厂界内化学品风险评估、生产环节化学品风险排查、化学品废弃物风险申报等方面完善风险管理制度体系，并制定化学品事故应急预案制度、化学品风险应急人员培训与物资管理制度等，进一步增强企业自身的风险防控能力。

认真落实化学品风险信息公开制度，履行企业社会责任。企业作为化学品的生产者，应注重自身管理，履行社会责任。对政府，企业需要按规定上报风险监测数据、污染物处理情况等环境信息，协助政府管控化学品风险。对公众，企业需及时发布风险信息，尤其是出现重大风险隐患时，通过各种媒体向公众发布消息，使公众及时采取必要防护措施，安全避险。

（3）公众层面。

主动了解化学品风险知识，主动参与淘汰高风险化学品，学会化学品突发事故应急避险。公众作为与化学品直接接触的受体，应了解基本的化学品风险知识，选择消费对健康或生态风险性小的商品，进而通过市场手段，促使企业更新生产技术与设备，淘汰使用或生产风险性高的化学品。并积极参加突发化学品风险事故应急逃生演练，利用所了解的化学品风险知识与经验，进行自救和互救。

建议政府风险防范工作，监督企业安全生产，向政府主管部门举报环境风险隐患。化学品风险重在防范，公众应充分发挥其社会监督作用，参与化学品风险防范听证会、环境影响评价听证会等，为政府风险防范工作提供建议、发表诉求，监督企业进行安全生产，污染物达标排放。当发现企业偷排、管道泄漏等环境风险隐患时，立即向政府主管部门举报，尽快排除风险隐患。

课外阅读：化学品风险评价案例

太湖作为我国第三大淡水湖泊，在整个流域的洪涝控制、水资源供应、渔业及旅游等方面都发挥着重要作用。自 1980 年以来，太湖流域经济快速发展，未经处理的工农业及城市生活污水排入湖体，大量营养物质及有毒重金属污染物在底泥中不断积累。重金属作为典型的累积性污染物，其显著的生物毒性和持久性，对生态环境构成潜在威胁，对湖泊环境而言，底泥不但是重金属迁移转化的主要归宿，同时在外界条件适宜时，底泥中的重金属会重新释放进入水体，并造成二次污染，因此如果能有效控制或去除沉积物中潜在的重金属内源污染，将对湖泊整体环境治理与水体质量改善具有重大意义。

依据瑞典学者 Hakanson 于 1980 年提出的潜在生态风险指数法（risk index，RI）对沉积物重金属进行生态风险评估。该方法综合考虑了沉积物中重金属的毒性、生态效应与环境效应，并采用具有可比的、等价属性指数分级法进行评价，定量地区分出潜在生态危害程度，已成为目前沉积物重金属污染质量评价中应用广泛的一种方法。计算潜在生态风险指数 RI 时，一般选择全球工业化以前的沉积物重金属最高值或当地沉积物的背景值为参考值。污染物背景值的地区性强，以当地重金属背景值为参比值可以相对定性地反映出底泥的污染程度。本研究采用江苏省土壤重金属背景值作为参比（表 10.2），对太湖东部疏浚湖区的底泥重金属潜在生态风险进行评价。重金属参比值 C_i^r 、毒性响应系数 T_r^i 与潜在生态风险指数等级划分标准如表 10.2、表 10.3 所示。

表 10.2　重金属的参比值 C_i^r 和毒性响应系数 T_r^i

项目	As	Cd	Cr	Cu	Hg	Ni	Pb	Zn
参比值 C_i^r	10	0.13	77.8	22.3	0.29	26.7	26.2	62.6
毒性响应系数T_r^i	10	30	2	5	40	5	5	1

表 10.3　潜在生态风险指数等级划分

单一污染物潜在生态风险系数		潜在生态风险指数	
阈值区间	生态风险程度	阈值区间	生态风险程度
E_i^r <40	轻微	RI<150	轻微
40≤ E_i^r <80	中等	150≤RI<300	中等
80≤ E_i^r <160	强	300≤RI<600	强
160≤ E_i^r <320	很强	RI≥320	很强
E_i^r ≥320	极强	—	—

对太湖东部疏浚湖区沉积物样品中 As、Cd、Cr、Cu、Hg、Ni、Pb 和 Zn 这 8 种重金属进行测定，东部湖区未疏浚点位表层沉积物中重金属的平均含量由高到低依次为 Zn>Cr>Pb>Ni>Cu>As>Cd>

Hg，其中 Cr、Hg 平均含量低于太湖沉积物背景值，As 与背景值相近，Cd、Cu、Ni、Pb、Zn 则高于背景值。自 1980 年以来，太湖流域经济快速发展，一些工农业生产活动包括金属冶炼加工、化石燃料燃烧及工业废水和城市生活污水排放等，均可导致 Cu、Ni、Zn 等重金属进入水体环境并在底泥中沉积和富集。东部未疏浚湖区重金属 Cd 的污染最为严重，其含量平均值高出背景值约 3.0 倍，随着太湖周边电镀、塑料稳定剂和电子工业的不断发展，大量含 Cd 废水排入湖泊而造成 Cd 污染。底泥中 Pb 含量较高的原因则可能与太湖航运及汽车等排放的含 Pb 尾气的大气沉降相关。但东太湖与胥口湾等东部湖区与太湖北部、西部湖区相比，其重金属含量相对较低，表明东部湖区受人类活动的影响较小，重金属污染程度较轻。

结果证明：①太湖东部不同类型湖区的沉积物营养盐及重金属含量存在明显差别，总体上胥口湾草型湖区的重金属含量相对东太湖养殖湖区要高，营养盐含量则相对较低，这主要与不同类型湖区的污染物来源及水生植物的分布相关；在垂直剖面上，沉积物营养盐和重金属均表现出表层富集的特征。②太湖东部湖区各疏浚点位的营养盐和重金属含量均低于未疏浚点位，表明底泥生态疏浚工程能显著去除湖底的表层浮泥及营养物质，并有效削减沉积物中的重金属含量；但底泥疏浚对氮、磷营养物质及重金属的去除效果，随着疏浚后的时间推移逐渐减弱。③东部疏浚湖区所测沉积物中的 8 种重金属之间均呈极显著正相关，表明各金属元素间关系密切且具有较好的同源性；重金属元素亦与底泥营养盐含量呈显著正相关，表明沉积物中有机质和氮磷营养盐的存在是影响重金属分布与富集的重要因子。太湖东部疏浚湖区表层沉积物重金属含量与潜在生态风险指数具体见表 10.4。

表 10.4 太湖东部疏浚湖区表层沉积物重金属含量与潜在生态风险指数

点位		As	Cd	Cr	Cu	Hg	Ni	Pb	Zn	RI
D_1	重金属含量/(mg/kg)	12	0.5	59.25	25.18	0.11	27.55	30.99	87.75	168
D_2		9.31	0.11	46.31	12.04	0.06	16.36	17.03	42.75	54
D_3		10.53	0.22	68	21.87	0.08	28.53	24.05	74.81	93
X_1		12.67	0.51	86.65	30.9	0.1	37.06	36.41	104.26	171.3
X_2		10.37	0.16	69.07	20.51	0.07	28.99	17.02	72.1	75
平均		11.15	0.3	65.86	22.1	0.09	27.69	25.1	76.33	112.3
D_1	潜在生态风险指数	12.9	120.2	1.5	5.6	15.3	5.2	5.9	1.4	168
D_2		9.3	25.3	1.2	2.7	8.5	3.1	3.2	0.7	54
D_3		10.5	53.3	1.7	4.9	11.5	5.3	4.6	1.2	93
X_1		12.7	120.4	2.2	6.9	14	6.9	6.9	1.7	171.3
X_2		10.4	38.2	1.8	4.6	10.2	5.4	3.2	1.2	75
平均		11.1	71.5	1.69	4.96	11.9	5.19	4.79	1.22	112.3

潜在生态风险指数 RI 的评价结果显示，各点位表层沉积物的重金属潜在危害程度不同，其中未疏浚点位胥口湾的潜在生态风险高于东太湖，且均属于中等生态风险，而疏浚点位属于轻微生态风险，底泥疏浚有效降低了沉积物中的重金属潜在生态风险。Cd 的单个重金属潜在生态风险系数 E_i^r 值最高，其中未疏浚点位的 E_i^r 值达到强生态风险，同时 Cd 也是各点位 RI 值最主要的贡献因子。

10.5 双语助力站

耐药微生物的产生和传播

耐药微生物的产生和传播是影响全球公众健康的重大问题。世界卫生组织在一份关于全球抗生素耐药性的监测报告中指出，大肠杆菌、肺炎杆菌、金黄色酿脓葡萄球菌等细菌具有很强的耐药性，可引起遍布世界各地人群中医疗和接触性感染。常规治疗对耐药微生物引起的感染通常没有效果，从而造成长期患病和更大的死亡风险，并使卫生保健费用增加。因此，制定有效的干预策略以应对由抗生素耐药性细菌引起的棘手感染。

The occurrence and spread of antimicrobial resistant（AMR）bacteria are pressing public health problems worldwide. In a global report on surveillance of antimicrobial resistance，the World Health Organization（WHO）reported very high rates of resistance in bacteria（e. g.，*Escherichia coli*，*Klebsiellapneumoniae*，*Staphylococcusaureus*）that cause common healthcare-associated and community-acquired infections in people in all WHO regions. Infections caused by AMR bacteria are associated with excess mortality，prolonged hospital stays，and increased costs. Formulating effective intervention strategies could be of help to combat intractable infections caused by AMR bacteria.

肠原杆菌通过人类粪便和动物粪便被引入环境中。人们可能通过在受污染的地表水中娱乐，食用受污染的水、新鲜农产品、海鲜，或吸入空气中的肠原杆菌而受到感染。前人研究表明，在娱乐水域感染沙门氏菌或弯曲杆菌的风险大于或等于食用受污染食物而感染的风险。在美国，9%由 O157 型大肠杆菌引起的疾病暴发是通过水来传播的。据世界卫生组织风险评估，每年通过在沿海水域中娱乐、吃生的或轻熟的海鲜得胃病的案例超过 1200 万例。多项研究表明肠杆菌类传染病的爆发与新鲜农产品的食用有关。例如，2011 年欧洲和北美豆芽菜引起了 O104：H4 型大肠杆菌感染暴发，2006 年美国菠菜引起了 O157：H7 型大肠杆菌感染暴发。

Enteric bacteria are introduced into the environment with human and animal feces，and people may be exposed to these bacteria through，e. g.，recreation in contaminated surface water，consumption of contaminated drinking water，fresh produce，or（shell）fish，and inhalation of bioaerosols. Previous studies indicate that the risk of contracting *Salmonella* spp. or *Campylobacter* spp. in recreational waters is higher than or equal to the risk of contracting the organisms through chicken consumption. In the United States of America，9% of allout breaks with the pathogenic *E. coli* O157 are waterborne. Based on global WHO risk assessments，it was estimated that there are over 120 million cases annually of gastrointestinal disease from exposure to coastal waters via recreation or by eating raw or lightly cooked shellfish. Multiple studies have described outbreaks of infections with Enterobacteriaceae associated with consumption of fresh produce. Examples include the 2011 outbreak of *E. coli* O104：H4 associated with sprouts in Europe and Northern America，and the 2006 outbreak of *E. coli* O157：H7 associated with spinach in the United States.

自然环境被认为是耐药微生物向人类传播的可能途径。然而，传播的危害性是未知的。比较耐药微生物通过动物携带、动物类食物食用的传播，和在全球旅行、医疗保健、社区环境等中的传播，确定环境在耐药微生物向人类传播中的作用是很重要的。

The natural environment has been identified as a pathway by which transmission of AMR bacteria to humans might occur. However， to some extent what occurs remains unknown. It is important to establish the relative role of the environment in the transmission of AMR bacteria to humans，compared with the spread of AMR bacteria through contacting with animal carriers，consumption of food of animal origin， international travel， and their spread in healthcare and community setting.

第 11 章　新兴环境技术问题

随着现代化工农业的迅速发展，环境中的重金属及有机物等污染物逐年增加。环境中这些污染物不仅毒性强，而且非常稳定，对人类的健康已构成严重威胁。采取传统的理化方法及现代新技术清除环境中的有毒污染物，可能会出现耗资巨大、效率低、实际工程推广差，甚至造成二次污染等一系列情况。如何低成本、高效、安全地处理环境中的有毒污染物，已成为全球关注的热点问题。本章介绍了现阶段的几种新兴环境技术，同时就新兴环境技术的不足点和可能的风险问题进行讨论与学习。

11.1　环境修复技术概述

11.1.1　环境修复

修复是指借助外界作用力使某个受损的特定对象部分或全部恢复到原初状态的过程。严格说来，修复包括恢复、重建、改建三个方面的活动。其中恢复是指使部分受损的对象向原初状态发生改变；重建是指使完全丧失功能的对象恢复至原初水平；改建则是指使部分受损的对象进行改善，增加人类所期望的“人造”特点，减小人类不期望的自然特点。

因此，环境修复就是研究对被污染的环境采取物理、化学与生物学技术措施，使存在于环境中的污染物质浓度减少或毒性降低或完全无害化，使得环境能够部分或者全部恢复到原始状态。环境修复是最近几十年才发展起来的环境工程技术，它强调的是面源治理，即对人类活动的环境进行治理。环境修复属于产后控制，是污染控制全过程体系的重要环节。

11.1.2　环境修复技术类型

环境修复技术是指人类修复环境时所采用的手段。环境修复的对象是自然界，相应的技术作用对象也是自然界。

技术的基本作用在于改变自然界的运动形式和状态，由此形成了物理技术、化学技术与生物技术等四类基本技术。环境物理修复技术是一项借助物理手段将污染物从环境中提取分离出来的技术，传统技术包括热脱附技术、常温解吸技术、气相抽提技术和固化/稳定化技术等。通常情况下，物理分离技术被作为初步的分选。一般来说，物理分离技术未能充分达到环境修复的要求。环境化学修复技术相对于其他修复技术来讲发展较早，也相对成熟。目前，化学修复技术主要涵盖化学淋洗、溶剂浸提、化学氧化修复和化学还原与还原脱氯修复几方面的技术类型。相比较而言，化学氧化技术是一种快捷、积极，对污染物类型和浓度不是很敏感的修复方式。例如，在土壤修复中，化学还原和还原脱氯法则作用于分散在地表下较大、较深范围内的氯化物等对还原反应敏感的化学物质，将其还原、降解；原位化学淋洗技术对去除低溶解度和吸附力较强的污染物更加有效。环境生物修复是利用生物的生命代谢活动减少存于环境中有毒有害物质的浓度或使其完全无害化，使污染了的环境能部分或完全恢复到原始状态的过程，包括植物修复技术与微生物修复技术。

工业革命极大地改变了人类社会文明发展的进程，使人们在享受工业文明创造的丰硕果实的同时，也遭受了随之而来的环境污染和生态破坏的危害。海洋赤潮频繁发生；燃煤烟气污染尚未解决，光化学污染已露端倪，垃圾围城、白色污染和危险废物问题十分突出。尽管环境污染日益加剧，污染状态更加复杂，但人们对环境质量的要求却越来越高。不仅要集中治理生产区、生活区内产生的污染，还要治理因生产、生活及事故等造成的土壤、河流、湖泊、海洋、地下水、废气和固体废弃物堆置场的污染，这就是污染环境的修复工程。人们对环境质量越来越高的要求与随工业文明而来的环境污染和生态破坏之间的矛盾促使了环境修复学科的产生。污染预防工程、传统的环境工程（即废水、废气、废渣的“三废”治理工程）和环境修复工程分别属于污染物控制的产前、产中和产后三个环节，它们共同构成污染控制的全过程体系。

而传统修复技术已经不能达到满意的修复效果，随着科学技术的发展，环境修复研究不断深入，工程技术手段不断更新，并有由传统方法向前沿方法发展的趋势。当下多使用新兴环境修复技术来进行修复，以达到良好的修复效果。例如，向天然含水土层中注射纳米零价铁胶体，可进行高效的化学还原过程；使用生物膜在一定的酸碱条件下吸附湿地水环境中的重金属等。

新兴环境修复技术可以对现有的污染物进行处理，实现达标排放并对污染物的监测更准确。与此同时，需要考虑的是新兴环境技术也极有可能是一把双刃剑，但目前应用方面还存在大量需解决的问题。现阶段关于在环境修复中使用新兴技术尚缺乏相关评估，相关的量化风险、收益和成本（图 11.1）对于研究人员、决策者、从事环境修复行业的专业人士和其他利益相关方群体构成了一项重大挑战。

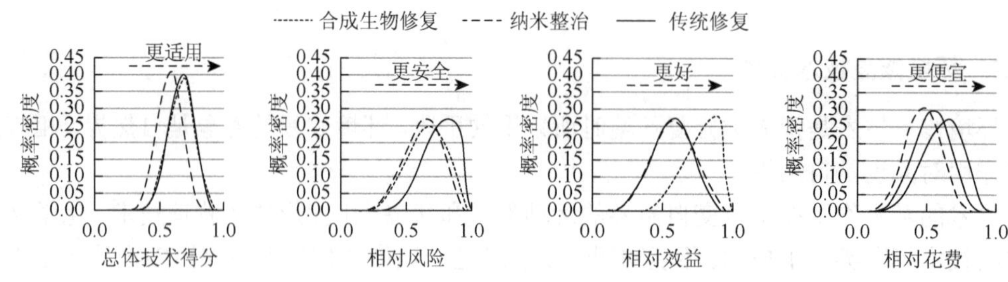

图 11.1 环境修复技术的风险、收益和成本比较

环境修复机理和污染物迁移机理的复杂性、多样性，使得其修复模型的建立困难重重，应该加强对其机理性的研究，建立完善的模型，为制定修复计划提供可靠依据。各类新兴环境修复技术在实际应用过程中会受到多种因素的影响，因此往往会伴随着一定的不确定性。如果受到超出计划或考虑范围外的因素影响，就往往无法达到预期修复效果，甚至带来环境二次污染。因此明确各类新兴环境修复技术的作用方式，预测技术应用可能出现的

环境风险，可以将自然环境的修复风险降到最低，并且能有效地提高新兴环境修复技术在实际应用中的效率。

11.2　纳 米 技 术

11.2.1　概念

纳米技术是用单个原子、分子制造物质的科学技术，研究结构尺寸在 1～100 nm 范围内材料的性质和应用。

纳米技术包含下列四个主要方面。

第一方面是纳米材料（或称超微粒子，粒径小于 100 nm 的粒子），包括材料的制备和表征。纳米材料是纳米科技发展的重要基础，是指材料的几何尺寸达到纳米级尺度，并且具有特殊性能的材料，其主要类型包括纳米颗粒与粉体、纳米碳管和一维纳米材料、纳米薄膜和纳米块材。在纳米尺度下，物质中电子的放性（量子力学性质）和原子的相互作用将受到尺度大小的影响，如能得到纳米尺度的结构，就可能控制材料的基本性质如熔点、磁性、电容甚至颜色，而不改变物质的化学成分。

对于纳米材料的研究包括两个方向。一是系统地研究纳米材料的性能、微结构和谱学特征，通过和常规材料对比，找出纳米材料特殊的规律，建立描述和表征纳米材料的新概念和新理论；二是发展新型纳米材料。目前纳米材料应用的关键技术问题是在大规模制备的质量控制中，如何做到均匀化、分散化、稳定化。在纳米尺度下，介质中电子的波动性及原子的相互作用将受到尺寸大小的影响。假如能得到纳米尺度的结构，可能在不改变物质化学成分的情况下控制材料的基本性质，如熔点、磁性、电容甚至颜色等。纳米材料具有异乎寻常的性能，用超微粒子烧成的陶瓷，密度可以更高，不脆裂；无机超微粒子加入橡胶中后，粘在聚合物分子的端点上，以此做成的轮胎将大大减少磨损、延长寿命。

第二方面是纳米动力学，主要是微机械和微电机，或总称为微型电动机械系统（MEMS），用于有传动机械的微型传感器和执行器、光纤通信系统、特种电子设备、医疗和诊断仪器等。MEMS 用的是一种类似于集成电器设计和制造的新工艺。特点是部件很小，刻蚀的深度往往要求数十至数百微米，而宽度误差只允许万分之一，有很大的潜在科学价值和经济价值。

第三方面是纳米生物学和纳米药物学。利用纳米技术，人们已经可以操纵单个的生物大分子。有了纳米技术，可用自组装方法在细胞内放入零件或组件使构成新的材料。

第四方面是纳米电子学，包括基于量子效应的纳米电子器件、纳米结构的光/电性质、纳米电子材料的表征，以及原子操纵和原子组装等。例如，现有的硅和砷化镓器件的响应速度最高只能达到 10～12 s，功耗最低只能降至 1 mW，而量子器件在响应速度和功耗方面可以比这个数据优化 1000～10000 倍。当前电子技术的趋势要求器件和系统更小、更快、更冷。“更小”是指集成电路的几何结构要小，“更快”是指响应速度要快，“更冷”是指单个器件的功耗要小。但是“更小”并非没有限度。在纳米尺度下，现有的电子器会出现种种新的现象，产生新的效应，如量子效应。利用量子效应而工作的电子器件称为量子器件，像共振隧道二极管、量子阱激光器和量子干涉部件等。与电子器件相比，量子器件具有高速（速度可提高 1000 倍）、低耗（能耗降低 1000 倍）、高效、高集成度、经济可靠等优点。因此，纳米电子学的发展，可能会在电子学领域中引起一次新的电子技术革命，从而把电子工业技术推向更高的发展阶段。

11.2.2　纳米技术应用引发的潜在风险

科学技术自从 17 世纪获得突飞猛进的发展以来，虽然充分展示了它的优势功能，但仍旧逐渐暴露出了对自然和社会的潜在风险。

纳米技术是从 20 世纪 80 年代开始发展的技术，发展还不够成熟，在它的应用方面，前人们还没有足够的能力去预见它对人类造成的危害，因此在对纳米技术应用过程中应该保持谨慎。

1. 纳米技术应用对人体健康的潜在危害

当人们陶醉在纳米材料的许多新奇功能和它将给我们生活带来美好应用前景时，部分科学家对纳米材料的毒性研究提醒人们，纳米技术应用对人类健康有潜在的风险。

纳米材料的超微性使我们重新认识和理解人体对颗粒性物质的吸收过程和它能引起的生物学影响。人们一般认为空气中粒径＞10 μm 或＜0.4 μm 的颗粒物对呼吸系统产生的危害作用小，粒径 0.4～10 μm 的颗粒物会对肺部呼吸系统产生危害作用。现在人们已经能够生产粒径只有头发丝直径的 1/7000 的金属纳米材料和粒径为 0.5 nm 的纳米碳。粒径如此之小的纳米粒子，使宏观状态时脂肪/水分配系数小，完全有可能通过简单扩散或渗透形式经过肺血屏障和皮肤进入体内。

纳米粒子进入人体有以下几种途径：①肺呼吸；②皮肤；③肠道系统。关于纳米粒子进入人体的关键问题，除了空气中纳米粒子对肺的影响外，还有纳米材料的尺寸和表面的特性及其进入点。只要进入后，无论此纳米粒子是否有毒，表面的特性就已经成为主要问题，纳米粒子的表面形成的游离基具有毒性因素。例如，硅的细胞毒性与表面游离基存在和具有反应性氧有关，就是发生肺癌和纤维化的主要原因。其他如 ZnO 和 TiO_2 纳米粒子在太阳镜的应用也有类似问题，接触皮肤可能会产生不良影响。TiO_2 纳米粒子可催化造成 DNA 伤害，富勒烯 C_{60} 是一种单个氧发生剂，有潜在的健康方面的风险。纳米粒子的分子化合物类似芳香环系统，尺寸与形状可与 DNA 作用，有致癌的潜在可能。

通过皮肤、肺或肠道吸收引发无意间接触的纳米粒子，可能诱导基因变异。即使用不溶的无毒材料制造，纳米粒子也会比细粒更易着火，细粒子可以影响肺细胞的吸入阻碍。通过对鼠类研究，发现纳米粒子可经过嗅觉神经超越血脑屏障。在纳米粒子上的反应纳米粒子和纳米材料之所以令人担心，原因就在于其尺寸非常小，尤其是纳米粒子和纳米球，具有透过细胞等物质的组织透过性，一旦透过细胞，可能对组织本身造成危害，可能向其他脏器运动。在德国使用大白鼠进行了粒径 90 nm 的碳粒子吸入实验，结果在血管的内皮细胞中就发现了碳粒子。也就是说，碳粒子通过肺泡到达血管细胞的可能性非常高。越来越多的研究表明，纳米粒子确实具有潜在的危害。碳纳米管的毒性研究表明它对人类健康有危害。

2. 纳米技术与基因技术结合带来的潜在风险

随着时代的进步，近年来各科技领域的研究方向，无论是在材料还是装置方面，均朝向纳米层次发展，掌握了纳米层次的技术之后，能够有效进行对蛋白质、DNA 等较大的复杂分子的观察、测定与应用。操纵生物大分子，被认为是有可能引发第二次生物学革命的重要技术之一。生命的基本单位是细胞，它是由蛋白质、核酸、脂质等生物大分子组成的物质系统，生命现象就是这一复杂系统中物质、能量和信息三者间综合运动与传递的表现。生命体有着许多无生命物质所不具备的特性。例如，生命能够在常温、常压下合成多种有机化合物，包括复杂的生物大分子；能利用环境中的物质和能量，远远超出机器的生产效率来制造各种物质，不污染环境；能以极高的效率储存信息和传递信息；具有自我调节功能和自我复制能力；以不可逆的方式进行着个体发育和物种的演化等。这一切的基础都是生物分子，纳米技术恰恰可以对生物分子进行操作。

科学家认为结合纳米技术和基因技术，可以在将来创造出具有生命力的物质。人们可以应用纳米技术按照预定的设计来制备具有生物活性的蛋白质、核酸、核糖等，以及对生物体的基因进行诊断、治疗和改善。纳米生物技术发挥到极致，不仅能保持、优化物种，还可以改造已有的物种，恢复已经灭绝的物种，甚至可以应用分子重组技术创造出自然界所没有的新物种。所以有人怀疑若干年后人类利用纳米技术能够对基因设计和重组，进行基因优生，创造自然界没有的新物种，甚至克隆人类。

现在，纳米技术的出现使基因技术更上新台阶，使用纳米技术可在微小尺度里重新排列遗传密码，人类可以利用纳米基因芯片查出自己遗传密码中的错误，并迅速利用纳米技术进行修正，各种遗传性疾病或缺陷得以改善。人类完全有可能利用纳米技术与基因技术的结合来设计自己的后代，使后代拥有最完善的基因。如果滥用纳米技术为基因优生提供手段，为下一代实施遗传工程，引进优良的基因，如引起增强免疫力、记忆能力或抗衰老的基因，那么势必会给社会带来一系列的伦理问题。

首先，利用纳米技术进行基因优生有可能导致人类社会两极分化。通过纳米基因技术，一些能将“优秀”基因传给下一代的人，后代越来越“优良”，而多人则因保留有上代“有缺陷”的基因，相对前者差距日趋加大，从而整个社会被分成两级——“基因优生人”和“基因自然人”。随着时间的推移，将带来难以对付的社会和伦理问题。

其次，利用纳米技术进行基因优生的最终结果将导致人种产生质变——“基因自然人”最后被淘汰。而那些“基因优生人”构成了一个全新的人种，但也会由于其结构过于单一，缺乏进化机制，从而会最终导致人种的退化甚至可能引起某些疾病的迅速蔓延。基因研究表明，基因的表达在当代或传代过程中常会减少甚至“沉默”。生物多样性原则是自然界的一条基本原则，基因也应如此。

最后，使用纳米技术进行基因优生剥夺了后代人自由发展的权利。对于经过基因优生的后代而言这种行为意味着一种外来的决定，将后代本属于偶然性的那部分自由及个人独特性剥夺了，每个人都必须拥有自由决定自己事务的权利和自由选择其生活方式的权利。将某种价值观念通过基因技术植入后代的想法严重违背了作为伦理学基石的自主理念。因为这一行为本身就已经粗暴地剥夺了我们的后代自主判断善或恶、是与非、好与坏的先验权利。即便是我们确信无疑地认定的好的品质也不能强加在后代的身上。

3. 纳米技术潜在的生态环境伦理问题

技术革命的兴起不仅会导致人类社会新的产业革命，引起人类生活方式和文化模式的变化，也会给人类社会的未来发展带来一个个新的挑战。人类使用科学技术在利用自然、改造自然的同时，打破了人与自然界之间的相对和谐，导致了严重的环境污染和生态失衡，环境危机已经成为人类所面临的重大难题。在此基础上出现了我们今天的环境伦理，人类开始对传统的生产、消费和资源利用方式进行重新审视。环境伦理是人类生存危机感的反思，是人类为追求自我可持续发展的一条必由之路。环境伦理的核心思想是关心他人、尊重生命和尊重自然，人、生命和自然界都是有价值的和有生存权利的，破坏环境的行为，残害了他人和其他生命的权利，是不道德的。

纳米技术是 21 世纪的主流技术之一，目前人造纳米材料已经广泛应用到医药工业、染料、涂料、食品、化妆品、环境污染治理等传统或新兴产业中，人们在研究、生产、生活中接触到纳米材料的机会越来越多。随着纳米材料和纳米技术基础研究的深入发展，纳米技术为治理环境污染、保护生态系统方面提供了有效的手段。近年来，多稀土钙矿型复合氧化物已经投放市场应用于汽车尾气的治理；纳米 TiO_2 不但具有纳米材料的特性，还具有优良的光催化性能，可以分解有机废水中的污染物质；在紫外光的照射下，纳米氧化锌具有催化剂和光催化剂的作用，分解有机物质，研制成抗菌、除臭和消毒产品，保护和净化环境。纳米技术拓展了人类保护环境的能力，彻底改善环境污染，为从源头控制污染源的产生创造了条件。

尽管纳米技术的发展为环境治理提供了一系列有效的手段，但是纳米技术与纳米材料的研究还处于起步阶段，对纳米材料向各个领域渗透可能产生的环境风险缺乏足够的认识，目前有关尺度、形貌对毒性的影响，纳米材料与其他物质相互作用，外界环境如温场、光场、pH 对暴露在环境中的纳米粒子可能带来的安全风险等方面的研究很少，基本处于空白状态。纳米材料改性后产品功能升级，提高了使用效率，但是无机纳米粒子和有机修饰的纳米粒子，以及纳米尺度的有机金属离子的络合物却直接暴露在空气、水和土壤中，它们会给环境安全带来潜在的风险，纳米技术的不当应用也将会带来新的环境伦理问题。

1）纳米技术应用对环境造成的潜在风险

2003 年，世界绿色和平组织曾发出呼吁，要求在对各种新型纳米材料对环境的影响进行充分评估之前，不要把纳米材料应用于商品，该组织发表了一份长达 70 页的报告，警告说：目前世界各国在实验室中竞相开发的各种纳米材料，最终可能形成一系列难以生物降解的新型污染物，某些纳米材料可能与有害的金属结合，从而污染环境。在人类历史上，有过很多例子。例如，石油化工业的产品塑料及塑料薄膜曾经被认为是能够改善人类生活的新材料，而塑料制品对于环境的影响则是在塑料制品大规模生产并普及应用多年以后才被人类充分认识。现在我们很难评估治理白色污染所需的代价。

纳米材料并不是纳米技术兴起之后才出现的，在大自然中早已存在大量的纳米级别的天然材料，包括纳米级别的环境污染物，如大气中烟囱和柴油车的排放物、垃圾燃烧的烟雾、道路的灰尘及森林大火、火山喷发、海水飞沫等，水体中的各种农药、聚硫化物、聚磷酸、聚硅酸、病毒、生物毒素、激素、信息素等。人工制备的纳米材料也可通过工业生产、纳米产品分解、纳米材料自组装等途径释放到环境中去。纳米材料不可避免地会进入大气层、水圈和生物圈，这些纳米材料会对生态环境和人体的健康造成很大影响。

纳米材料可以通过多种途径进入环境而成为纳米污染物。

（1）纳米药物或基因载体系统，虽然它并不直接作用于环境，但是可以通过废弃物排放而污染土壤和水体。

（2）纳米材料的环境直接释放，如纳米监测系统（如传感器）、污染物控制和清除系统，以及对土壤和水体的脱盐处理等，尽管仍在试验阶段，但目前已经有多种纳米材料在多个地方投入用于环境治理。至于纳米材料的这种应用是否会对生态环境造成不利影响及影响的程度如何，还有待研究。

（3）随着近年来纳米材料研究的广泛兴起，以及生产纳米材料的工厂在世界范围内的迅速增加，工厂和实验室的废物排放也成为当前纳米材料进入环境的重要途径。

（4）与人们生活等密切相关的纳米产品，如个人防护品（化妆品、遮光剂)、纳米运动器材及纳米纤维等都可以通过使用或废物处理等过程被释放到环境中。纳米材料往往具有显著的配位、极性、亲脂特性，有很强的吸附能力和很高的化学活性，虽然纳米颗粒在环境中存在的浓度一般较低，但它们一旦摄入后即可长期结合潜伏，在特定器官内不断积累浓度，终致产生显著毒性效应。另外，通过食物链逐级高位富集，也可导致高级生物的毒性效应。纳米污染物会与大的物质复合产生新的污染物，这种污染物对环境和生物的危害是不容忽视的。

2）纳米技术应用对生态系统造成的潜在风险

生态系统是指由生物群落与无机环境构成的统一整体。无机环境是生态系统的非生物组成部分，包含阳光及其他所有构成生态系统的基础物质：水、无机盐、空气、有机质、岩石等。生物群落包括生产者——植物；消费者——动物；分解者——微生物。无机环境是一个生态系统的基础，其条件的好坏直接决定生态系统的复杂程度和其中生物群落的丰富度；生物群落又反作用于无机环境，生态系统各个成分的紧密联系使生态系统成为具有一定功能的有机整体。纳米技术在原子的基础上构建物体，因此，从纳米技术的角度看，这个世界所有事物都是由各类不同原子按照不同的组织结构和排列方式堆建而成。原子按照各自规定的轨迹运行，不断地复制、变异。整个世界是由各类原子按照规定的运动方式组成的一个紧密结合的网，在这个网中各种生物相互依存、相互配合，不断进行着物质和能量的交换，构成复杂多样的世界。纳米技术如果应用不当，则会从微观尺度上撕裂这个浑然有序的网络体系，从而导致生态失衡和环境危机。

纳米材料在研究、生产、运输、使用和废物降解等过程中，纳米颗粒会逐渐进入生态循环系统，通过在生态系统各环节中的潜在蓄积，从空气、水逐级富集后以多种途径进入生物体，产生显著的生物毒性效应。它们可以通过扩散和迁移，实现远距离的输送传播，在广阔的范围内对生态系统中的群体或个体生物带来相应影响。由科学实验产生的纳米废物和被丢弃的纳米商品直接暴露在生态环境之中，对土壤和水体生态系统都会造成污染。

不同的纳米颗粒也可在环境中表现出不同的转移行为。但总地概括起来，主要有以下三种途径。

（1）分散和聚集。纳米材料尺寸小，比表面积大，其表面缺少邻近的配位原子，因而具有很高的活性，正是这种高活性导致纳米材料较难分散，极易发生聚集，尤其在水体环境中。

（2）吸附。多种类型的分子可以吸附到纳米颗粒的表面，而被吸附的分子对纳米颗粒的迁移与转归可能具有明显的影响，纳米颗粒还可能通过吸附而成为某些物质（如重金属、农药等）的运输载体。

（3）生物吸收、生物蓄积和生物降解。纳米材料一旦被生物吸收，可能会在生物体内积累，并通过食物链进一步富集，使得较高级生物体中纳米材料的含量达到物理环境中的数百倍、数千倍甚至数百万倍。生物降解与生物蓄积是相互联系的，较容易发生生物降解的纳米材料生物蓄积的可能性比较小，而在生物体内蓄积的纳米材料不可降解的居多。

11.2.3　规避纳米技术潜在风险的对策建议

毋庸置疑，纳米技术的发展为人们的生活带来了巨大的便利。但正由于纳米材料和技术奇异的特性，其潜在风险也逐渐显现出来。纳米技术正是一把双刃剑，给人们带来巨大利益的同时，也可能造成不可逆的损伤。因此，为了更好地利用纳米技术，使其朝着为人们有利的方向发展，更好地为人们和国家服务，我们需要“负责任”地发展纳米技术。

1. 对纳米材料的全生命周期进行安全控制和预防

纳米材料是纳米技术的基础。纳米材料在其生产、运输、储存、使用等过程中不可避免地会进入环境中，从而会对人体和生态环境造成一定的危害。纳米材料的全生命周期控制将是预防纳米材料潜在危险的一种有效的措施。过程中各主体要担负不同的责任。例如，进行工业生产的企业要发展监控纳米材料泄漏的装置和技术，确保工作人员对纳米材料的暴露已实施定时监控；而有关部门要制定相关标准，确定纳米材料安全风险的最低含量，制定安全操作条例及产品运输和保存的方式，同时对纳米工作人员进行定期的健康检查也是十分必要的；除此之外，纳米材料在回收再利用或者处理处置过程中要严格遵守要求，防止对环境造成二次污染。

2. 进行纳米技术安全评价与环境影响的相关研究

由于纳米技术的复杂性，目前关于纳米技术的安全性研究方面还未形成完整统一的体系，目前研究的重点应围绕以下几点开展：

（1）注重纳米材料与环境污染物的复合污染研究。

（2）研制出评估纳米材料暴露的科学仪器或者装置，这是确定人体暴露纳米材料的基础。

（3）建立评价与验证纳米材料毒性的方法，使得纳米材料的毒理学测定和研究方法更加完善和标准化。

（4）构建预测纳米材料影响的潜在模型。

3. 国家要加强纳米材料安全风险控制战略研究

首先，政府要投入更多的资金进行纳米技术对环境影响、对人体健康的潜在危害及社会安全性的研究。其次，制定国家纳米健康、环境与安全（nano-EHS）的战略研究计划，实施纳米技术安全标准战略。最后纳米技术的长久稳定的发展离不开国家法律的保障，要逐步建立纳米材料的相关实验室、技术工作场所的规范及进行作业操作的指导原则，以保障工作人员的安全；出台纳米产品的相关技术法规和纳米标志认证制度，建立纳米技术安全评价与环境影响的行业标准；同时要构建纳米系统研究平台，以促进各行业各实验室之间乃至国际上的分享与交流。尤其需要结合政府、科技界、人文社会科学界、企业和公众等多方力量参与来促进纳米技术的健康发展。

4. 加强学科交叉

加强纳米健康安全与人文哲学、社会伦理等跨学科的交叉研究，致力于发展纳米科技的同时，将和谐社会发展的概念渗入其中，将伦理学、法律、社会意义上的研究融入纳米技术的发展中。建立人文、政策、社科与纳米科技的交叉论坛，从而促进我国纳米技术研究的整体发展。

11.3 膜 技 术

膜技术由于无相变、能耗低、体系干净等优点，应用范围越来越广泛，特别是在食品、药物、生物及环境等领域。膜技术在应用中显示出的极大优越性，使其发展相当迅猛。但在膜技术应用过程中存在膜污染现象，使膜的渗透通量及截留率等性能发生改变，膜的使用寿命缩短，极大地影响了膜技术的实际应用。因此，分析膜污染的原因及采取相应的防治对策十分必要。

11.3.1 膜污染

1. 什么是膜污染

膜污染，是指在膜过滤过程中，水中的微粒、胶体粒子或溶质大分子由于与膜存在物理化学相互作用或机械作用而在膜表面或膜孔内吸附、沉积造成膜孔径变小或堵塞，使膜产生透过流量与分离特性的不可逆变化现象。对于膜污染，应当说，一旦料液与膜接触，膜污染即开始。膜污染常发生在三种场合，即浓差极化、大溶质的吸附和吸附层的聚合。

2. 膜污染的机理

膜污染的产生是极其复杂的，目前看，一方面是在过滤过程中，污水的微粒、胶团或某些溶质分子与膜发生物理的或物理化学的作用，或因为浓差级化使溶质在膜表面超过其溶解度；另一方面可能因为机械作用而引起膜的内外表面吸附、沉积，造成膜孔径变小或堵塞，使膜通量减小及分离性能降低。最终的结果是膜的内外表面沉积，据此，可将膜污染分为膜面上沉积的滤饼层污染和膜孔堵塞污染。

3. 引起膜污染的物质

1）无机物

仅在无机离子的作用下，污染物对超滤膜的影响并不十分明显，但由于分离液体的复杂性，当其中存在有机物时，有机物和无机物之间的相互作用会对膜造成污染。研究发现，无机离子易被有机物联结，使无机物及有机物的形态发生变化，从而加剧膜污染。

2）悬浮物

悬浮物主要包括泥沙、黏土、大分子有机物、微生物、化学沉淀物、细菌等，悬浮物的粒径为 0.001～100 μm。超滤时，大的悬浮物会沉积在膜表面，较小的悬浮物颗粒则滞留在膜孔中，更小的悬浮物颗粒在通过膜后会对后续的反渗透进一步造成影响。当有机物与悬浮物质混合时，其膜通量比只存在有机物时高，且随着悬浮物的增加，膜通量下降的速度减缓，原因可能是悬浮物吸附了有机质，减小了有机物与膜直接接触的机会，从而降低了膜污染。

3）有机物

有机物是造成膜污染的主要原因。有机物的溶解性、亲疏水性、分子质量等对膜的污染都有影响。

4. 影响因素

膜污染的因素不仅与膜本身的特性有关，如膜的亲水性、荷电性、孔径大小及其分布宽窄、膜的结构、孔隙率及膜表面粗糙度，也与膜组件结构、操作条件有关，如温度、溶液 pH、盐浓度、溶质特性、料液流速、压力等，对于具体应用对象，要作综合考虑。

1）粒子或溶质尺寸与膜孔的关系

当粒子或溶质的尺寸与膜孔相近时，极易产生堵塞作用，而当膜孔小于粒子或溶质的尺寸时，由于横切流作用，它们在膜表面很难停留聚集，因而不易堵孔。另外，对于球形蛋白质、支链聚合物及直链线型聚合物，它们在溶液中的状态也直接影响膜污染；同时，膜孔径分布或分割相对分子质量敏锐性，也对膜污染产生重大影响。

2）膜结构

膜结构的选择对膜污染而言也很重要。对于微滤膜，对称结构较不对称结构更易堵塞；对于中空纤维膜，单内皮层中空纤维比双皮层膜抗污染能力强。

3）膜、溶质和溶剂之间的相互作用

膜—溶质、溶剂—溶质、溶剂—膜相互作用对膜污染的影响中，以膜与溶质的相互作用影响为主。相互作用力包括：静电作用力、范德华力、溶剂化作用及空间立体作用。

4）膜表面粗糙度、孔隙率等膜的物理性质

膜表面光滑，则不易污染；膜表面粗糙，则易吸留溶质污染。

5）蛋白质浓度

即使溶液中蛋白质等大分子物质的浓度较低（0.001～0.01 g/L），膜面也可形成足够的吸附，使通量有明显下降。

6）溶液 pH 和离子强度

pH 的改变不仅会改变蛋白质的带电状态，也会改变膜的性质，从而影响吸附，故是膜污染的控制因素之一。溶液中离子强度的变化会改变蛋白质的构型和分散性，影响吸附。膜面会强烈吸附盐，从而影响膜的通量。

7）温度

温度的影响比较复杂，温度上升，料液黏度下降，扩散系数增加，降低了浓差极化的影响；但温度上升会使料液中的某些组分的溶解度下降，使吸附污染增加，温度过高还会因蛋白质变性和破坏而加重膜的污染，故温度的影响需综合考虑。

8）料液流速

膜面料液的流动状态、流速的大小都会影响膜污染。料液的流速或剪切力大，有利于降低浓差极化层和膜表面沉积层，使膜污染降低。

此外，膜污染程度还与膜材质，保留液中溶剂及大分子溶质的浓度、性质，膜与料液的表面张力，料液与膜接触的时间，料液中微生物的生长状况，膜的荷电性和操作压力等有关。

11.3.2　膜污染的类别

1. 沉淀污染

以压力为推动力的膜分离技术有反渗透（RO）、纳滤（NF）、超滤（UF）和微滤（MF）。根据不同膜与水中微粒的相互关系，可知沉淀污染对 RO 和 NF 的影响尤为显著。

当原水中盐的浓度超过了其溶解度，就会在膜上形成沉淀或结垢。受关注的污染物主要是钙、镁、铁和其他金属的沉淀物，如氢氧化物、碳酸盐和硫酸盐等。

2. 吸附污染

有机物在膜表面的吸附通常是影响膜性能的主要因素。随时间的延长，污染物在膜孔内的吸附或累积会导致孔径减少和膜阻增大，这是难以恢复的。腐殖酸和其他天然有机物（NOM）即使在较低浓度下，对渗透率的影响也大大超过了黏土或其他无机胶粒。

与膜污染相关的有机物特征包括它们对膜的亲和性、相对分子质量、功能团和构型。带负电荷功能团的有机聚合电解质（如腐殖酸和富里酸）会与带有负电荷的膜表面之间存在静电斥力。用在水和废水处理中的聚砜、醋酸纤维树脂、陶瓷和薄表层复合膜表面都带有一定程度的负电荷。一般来讲，膜表面电荷密度越大，膜的亲水性就越强。而疏水作用可增加 NOM 在膜上的积累，导致更严重的吸附污染。

NOM 除对膜的直接吸附污染外，对胶体在膜上的黏附沉积也起着重要作用。对沉积层中天然水体出现的有机污染物种类和它们的相对浓度分析表明，聚酚醛化合物、蛋白质和多糖与胶体黏附在一起沉积到膜上，并且在膜表面形成凝胶层。

3. 生物污染

生物污染是指微生物在膜—水界面上积累，从而影响系统性能的现象。膜组件内部潮湿阴暗，是一个微生物生长的理想环境，所以一旦原水的生物活性水平较高，则极易发生膜的生物污染。膜的生物污染分黏附和生长两个阶段。在溶液中没有投入生物杀虫剂或投入量不足时，黏附细胞会在进水营养物质的供养下成长繁殖，形成生物膜。在一级生物膜上的二次黏附或卷吸进一步发展了生物膜。老化的生物膜细菌主要分解成蛋白质、核酸、多糖酯和其他大分子物质，这些物质强烈吸附在膜面上引起膜表面改性。被改性的膜表面更容易吸引其他种类的微生物。微生物的一个重要特征是它们具有对变化营养、水动力或其他条件作出迅速生化和基因调节的能力。因此，生物污染问题比非活性的胶体污染或矿物质结垢更为严重。

细菌、真菌和其他微生物组成的生物膜，可直接（通过酶作用）或间接（通过局部 pH 或还原电势作用）降解膜聚合物或其他 RO 单元组件，结果造成膜寿命缩短，膜结构完整性被破坏，甚至造成重大系统故障。

可同化性有机碳（AOC）被认为是生物膜的生长潜势。因此，AOC 指标可以表征生物膜形成的可能性及其程度。研究证实，细菌对不同聚合物黏附速率大不相同。例如，聚酰胺膜比醋酸纤维素膜更易受细菌污染。

4. 其他污染

在膜的脱盐系统中，低浓度（0.5～1.0 mg/L）硫酸铜的添加可抑制藻类生长。一些表面活性剂和其他化学试剂可干扰细菌在膜聚合物上的黏附。三种污染即沉淀污染、吸附污染、生物污染，有时会同时发生，而且发生一种污染又可能加速另一种污染。

11.3.3　防治措施

控制膜污染影响因素，可以大大减小膜污染，延长膜的有效操作时间，减少清洗频率，提高生产能力和效率。现分别讨论如下。

1. 料液的预处理

对料液采取有效的预处理，以达到膜组件进水的水质指标（如 RO 膜要求进料淤泥密度指数 SDI＜5）。例如，预过滤去除胶体、固体悬浮物及铁锈等；或采用加入絮凝剂，进行预絮凝、预过滤；或改变溶液 pH 等，以除去一些能与膜相互作用的溶质。

2. 改善膜面流体力学条件

改善膜面附近料液的流体力学条件。例如，提高进料流速以增大膜面料液流动速度，或采用湍流促进器和设计合理的流道结构等方法，使被截留的溶质及时被水流带走。

3. 减少设备结构的死角和死空间

在膜分离过程中，应注意减少设备结构的死角和死空间间隙，以防止滞留物在其间变质，扩大膜的污染程度。

4. 提高料液水温

在分离膜允许的最高温度限内，适当提高料液温度，加速分子扩散，提高料液流速；或降低膜两侧的压差或料液浓度，均可减轻浓差极化现象。

5. 加入消毒剂、杀菌剂、阻垢剂

为防止微生物、细菌及有机物的污染，常使用消毒试剂，如含氯试剂、过氧化物、碘化物等；加入阻垢剂如 HCl 和六偏磷酸钠及其他新型阻垢剂；加入杀菌剂如液氯、次氯酸钠、过氧化氢等或非氧化性杀菌剂如异噻唑啉酮；还可采用紫外线杀菌器或电子除菌器。

6. 膜面预处理

在使用前对膜面进行适当的预处理，可减少膜面的吸附。例如，以一种对膜的分离特性不会产生很大影响的小分子化合物覆盖膜面，形成一层保护层，可以防止膜面和料液中的某些组分起作用。同时，它还可以防止酶在膜处理过程中的失活。

7. 膜材料的选择

膜的亲疏水性、荷电性会影响到膜与溶质间的相互作用大小。通常认为亲水膜及膜材料电荷与溶质荷电性相同的膜较耐污染，为了获得永久性耐污染膜，常在膜表面改性时引入亲水基团，或用复合膜手段复合一层亲水性分离层，或用阴极喷镀法在膜表面镀一层碳。

8. 膜孔径或截留大相对分子质量的选择

从理论上讲，在保证能截留所需粒子或大分子溶质的前提下，应尽量选择孔径或截留相对分子质量大的膜，以得到较高透水量。但实验发现，选用较大膜孔径，具有更高污染速率，长时间运行透水量衰减得更快。所以，对于不同分离对象，由于溶液中最小粒子及其特性不同，应用实验来选择最佳孔径的膜。

9. 溶液 pH 控制

溶液 pH 对蛋白质在水中的溶解性、荷电性及构型有很大的影响。一般，蛋白质在等电点时，溶解度最低；偏离等电点时，溶解度增加，并带电荷。因此用膜分离浓缩蛋白质和酶时，在不使蛋白质变性失活的前提下，一般把 pH 调至远离等电点，可以减轻膜污染。

10. 溶液中盐浓度的影响

无机盐是通过两条途径对膜产生重大影响的，一是有些无机盐复合物在膜表面或膜孔内直接沉积，或使膜对蛋白质的吸附增强而污染膜；二是无机盐改变了溶液离子强度，影响蛋白质的溶解性、构形与悬浮状态，使形成的沉积层疏密程度改变，从而影响膜的透水率。所以对于不同分离对象，合适的盐类型与浓度要用实验确定。

11. 压力的控制

压力与料液流速对膜透水率的影响通常是相互关联的。当流速一定且浓差极化不明显时，膜的透水率随压力增加近似直线增加。浓差极化起作用后，压力增加，透水率提高，浓差极化随之严重，使透水率随压力增加脱离线性关系。压力增加到一定值后，浓差极化使膜表面溶质浓度达到极限浓度，溶质在膜表面开始析出形成凝胶层。此时，凝胶层阻力对膜的透水率影响起决定作用，透水率几乎不依赖压力，当料液中溶质浓度降低或料液流速提高时，可以升高达极限浓度的压力，透水率也提高，因此要选择合适的压力与料液流速，以保证得到最佳透水率的同时避免凝胶层的形成。

12. 操作条件的优化

操作条件的优化包括控制初始渗透通量，反向放置微孔膜，利用高分子溶液的流变特性及脉动流操作和鼓泡操作，采用两相流操作、离心操作、电超滤、电纳滤、振动膜组件和超声波辐射等。

11.4　生 物 技 术

11.4.1　生物技术的概念界定

生物技术是指任何为了特定的用途而利用生物系统、活的有机体或其衍生物来制造或改进产品或工艺过程的技术应用。它是一种高新技术，随着生物技术的不断发展，人们对于生物技术的认可度越来越高，而且，在很多行业中，人们越来越重视生物技术的应用。生物技术不仅是研究性的学科，更是一门实践性的学科。

11.4.2　生物技术对环境的改善作用

1. 应用于环境污染的生物技术

生物技术正在不断应用于环境，与工程技术相结合，形成了环境生物技术。环境生物技术，广义上讲是利用生物体、生物的代谢反应过程和生物合成产物对环境进行监测、评估、整治和修复有关的单一或综合性的现代化手段。

1）污染治理

生物技术作为一项有效的环境污染治理措施，在水体污染的治理、污染土壤的修复、固体废弃物的处置以及气态污染物的净化处理方面都得到了广泛的应用。在污染的处理过程中，传统的物理或化学处理方法常伴随二次污染，且运行费用高、处理问题单一。而微生物对各类污染物均有较强、较快的适应性，并可将其作为代谢底物降解和转化。应用于污染治理的生物技术可分为高中低三个层次。高层次是指以基因工程为主导的近代污染生物技术，应用基因工程构建高效降解杀虫剂、除草剂及多环芳烃类化合物等污染物的基因工程菌，创造抗污染型转基因植物等均属于这个范畴。中层次包括传统的治理方法，如活性污泥法和生物膜法，以及其在新的理论和技术背景下强化的技术与工艺等。低层次主要是指氧化塘、人工湿地、生态工程及厌氧发酵等处理技术。由于微生物对各类污染物均有较强、较快的适应能力，在环境污染的治理中发挥着独特的作用。从种类繁多、数量惊人的微生物中，利用基因工程技术，筛选到人们所需要的微生物菌株，按照人们的意愿构建新遗传工程微生物，比自然菌的效力强、速度快、作用范围广，从而在治理环境污染的过程中，实现对污染物的减量化、无害化、资源化。

2）生物监测

利用生物个体、种群或群落对环境污染或变化所产生的反应阐明环境污染状况，从生物学角度为环境质量的监测和评价提供依据。指示生物是对环境中的某些物质（包括污染物）能产生各种反应或信息而被用来监测和评价环境质量的现状和变化的生物。

生物监测可用于大气污染监测。例如，利用指示植物监测大气污染，测定植物体内污染物的含量，估测大气污染状况；观察植物的生理生化反应，如酶系统的变化、发芽率的降低等，对大气污染的长期效应做出判断；测定树木的生长量和年轮等，估测大气污染的现状和历史；利用某些敏感植物（如地衣、苔藓等）制成大气污染植物监测器，进行定点观测。

生物监测也可用于水体污染监测。例如，通过指示生物监测，利用指示生物在水体中的出现或消失、数量的多少来监测水质。例如，利用污水生物系统可以对某个河段受污染程度和自净程度作出初步判断；水生生物群落结构的变化监测是利用水生生物群落结构的变化来监测水质，生物指数和生物多样性指数便属于这种方法；水生生物受到污染物毒害所产生的生理机能变化，可用于测试水质污染状况。

2. 环境友好的生物技术

1）减少农用化学品用量

农业生产过程中大量使用农药、化肥、除草剂等化学品，严重污染水体、大气和土壤，并通过食物链进入人体，危害人群健康。生物技术的使用给农业带来了曙光，在有效杀灭害虫、增产的同时保护环境。

生物农药开发和应用，利用生物工程技术，直接利用从自然界有益生物中获取的具有杀虫、防病的生物活性物质，将病虫害的“微生物天敌”筛选出来，培养加工成一般农药的形式，用以对付病虫害。这些微生物天敌包括细菌、真菌、病毒和原生动物等。生物农药通过影响有害生物的行为或生长发育达到防止目的，安全性高且无公害。人体直接摄入这类产品不产生危害，且可对其分解利用。这类物质进入生物圈后，极易被阳光或环境微生物分解，因而不产生公害。同时此类农业生物活性高，使用剂量大多在 5～100 g/hm^2 之间，这同以前每公顷几千克的用量相比对环境的影响减少了许多。且对于非靶标生物影响小，不伤害害虫天敌，害虫难以产生抗药性，保护了生物多样性。另外，通过基因工程培育抗虫、抗病或耐除草剂植物，将抗性基因转入植物，有效防治虫害或病害，也可以减少农药的使用。如通过基因工程将苏云金杆菌的杀虫毒素基因转移到农作物中，培育出转基因抗虫作物。

世界农业的单位面积产量不断增加，氮肥的使用是一个重要的因素，但是氮肥的生产（合成氨）需要消耗很多的能源，并且其在生产及使用过程释放到环境中，严重污染环境，造成富营养化等污染问题。空气中氮气含量接近 80%，但是这种形式的氮不能被植物利用。自然界中与豆科植物共生的根瘤菌可以把大气中的氮还原为被植物吸收利用的氨，通过基因工程技术，发展含有高效固氮基因的转基因固氮菌释放到田间，减少氮肥使用，节约能源和保护环境。

2）绿色生产

理想的绿色技术是采用无毒、无害的原料、催化剂和溶剂，高选择性地进行反应，极少产生副产品；同时绿色反应也要求有一定转化率，达到技术上经济合理。发展绿色科技离不开生物技术的应用。

（1）生物化工。

利用生物活动或模拟生物活动，在一些反应过程中采用高效、无污染的生物酶制剂或其他生物制剂代替化学催化剂，提高反应效率，并且可以在常温下进行，节省能源消耗，合成化学品具有条件温和、转化率高及可以合成手性化合物及高分子（应用于制药领域）的优点，同时减少催化剂的使用和副产品对环境的压力。

（2）生物降解材料。

用生物制品取代一切可以取代的化学药物、人工合成物等的生物技术的产物或副产物，原则上都是可以较快生物降解的，并且都可以作为一种营养资源加以利用，有助于把人类活动产生的环境污染减轻到最小程度。

其他应用于绿色生产的生物技术也不断出现。基因工程构建的彩色棉花，使棉花天然生长出各种颜色，省去化学染色过程，减少印染工业对环境的污染，并且对人体无害；还包括生物采矿技术、无污染低能耗的清洁工艺，如制浆造纸工业中的生物制浆技术、酶法助漂新工艺等。

3）解决能源危机和能源使用产生的污染

作为目前主要能源的化石燃料，将随着人类发展逐渐消耗殆尽，生物技术发展新能源成为一条替代途径。

（1）化石能的生物加工。

生物加工将使化石能产生新用途。煤炭储量足够全世界再使用 200～300 年。但因煤炭为固体燃料，使用不便且易造成环境污染。应用生物技术对传统煤炭进行改造，减少煤中的含硫量，把煤转化为液体燃料或气体燃料，提高燃烧效率，减少污染排放。

（2）生物质转换工艺。

生物质包括动物、植物及其衍生物，生物质本身就是可以直接燃烧的能源（图 11.2）。

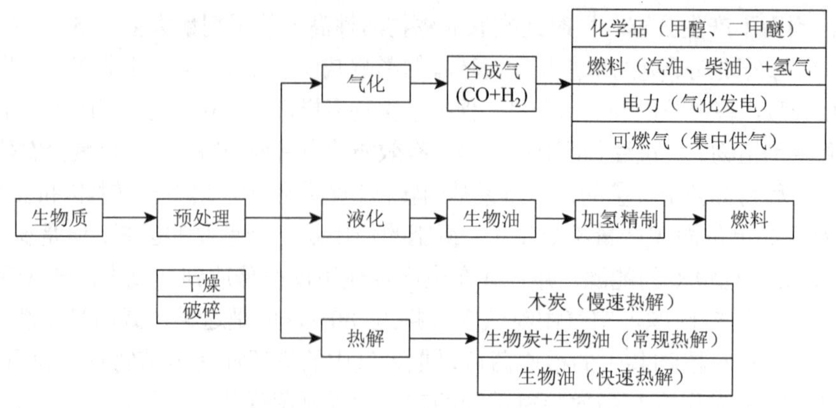

图 11.2　生物质的热化学转化技术路线

每年所有植物形成的生物量可折合 1000 亿 t 石油，相当于世界总能耗的 50 倍。通过植物和微生物生产新的环境安全的替代能源是解决能源问题的一个方向。利用遗传基因改善植物生长速度及品质，发展富含碳氢化合物的能源植物，从中提取燃料油。

4）废弃物的资源化

固体废弃物资源化、减量化、无害化，离不开生物技术。农林废弃物中以植物纤维素的量最大，利用纤维素酶可以将其转化为葡萄糖，后者通过微生物发酵可以产生醇、酸等工业基础原料。利用纤维素、醇等作为原料可以生产单细胞蛋白（SCP），它可以作为动物蛋白的替代品以补充人们对蛋白质食物的需求，还可以用于食品添加剂来改善食品的风味。此外，单细胞蛋白还是很好的饲料，尤其适于水产养殖的需要。

5）减少对野生生物资源需求

据统计，发展中国家人民的 80%的药物是来自野生动植物，而且许多生物还属于濒危动植物。应用基因工程制造药物，减少了对野生生物资源的需求，保护了大量的生物资源。例如，糖尿病是一种常见病，过去胰岛素的生产依靠从动物胰脏中提取，产量有限，供不应求。用基因工程方法只需要价值低廉的培养液就可生产出从数十万头动物胰脏中提取的胰岛素，大大节约了动物资源。类似制取的还有人生长激素、促红细胞生成素、组织纤维溶酶原激活因子等 20 多种蛋白类药物。另外，细胞和组织培养技术也为提供药源开辟了新途径。目前，癌症、艾滋病和疯牛病的基因药物治疗正在研究中。

11.4.3　生物技术潜在的危害

1. 对人体健康的直接影响

转基因生物作为食品被人体摄入，很可能出现某些毒理作用和过敏反应；转基因生物使用的抗生素标记基因可能使人体对很多抗生素产生抗性；转入食品中的生长激素类基因可能对人体生长发育产生重大影响，有些影响需要经过长时间才能表现和监测出来；转基因微生物可能与其他生物交换遗传物质，产生新的有害生物或增强有害生物的危害性，以致引起疾病的流行。

2. 对生态环境的影响

一方面，生物的功能是在与环境的不断对抗中得以进化的，现代生物工程作物具有的抗性可能会加速昆虫对抗性的进化。另一方面，存在于转基因植物中的具有某种抗性的基因，有可能通过杂交转移到其野生或半驯化种群中去，在特定条件下增强这些植物杂草化的特性，致使生态环境受到破坏。

3. 对生物多样性的影响

转基因动物一般具有普通动物所不具备的某种优势特征，它们如果逃逸到自然环境中，可能通过改变物种间的竞争关系而破坏原有的自然生态平衡，导致生物多样性的丧失。转基因植物具有较强的野外适合度，因而可能对生物多样性和生态平衡造成影响。转基因微生物则可能取代其他物种，对生物多样性造成无法挽回的损失。

11.5 双语助力站

11.5.1 DDT 的兴衰

1874 年，化学家欧特马・勤德勒的实验室中合成了数种有机化学物质。这些化学物质在自然界中并不存在，即使化学家弄清了它们的结构、物理与化学性质，人们仍然不知道它们对环境有何潜在影响。

A number of organic chemicals were synthesized in 1874 by Othmar Zeidler in the laboratory. And these chemicals did not exist in nature，even if the chemists understood their structure，physical and chemical properties，people still did not know the environmental potential impact of them.

第一次世界大战期间，战火蔓延，所在之处尽是残垣断壁，满目疮痍。在交战双方的军营中，一种远比枪炮更可怕的疟疾渐渐流传开来。这种疟疾以跳蚤等小型昆虫为媒介进行传播，由于部队的群体生活性质及有效防治方法的缺乏，这种疟疾以不可控的速度传播开来，并最终造成了数万军人的死亡。疟疾的恐怖引发人们探索防治方法。

During World War Ⅰ，it's devastated and full of ruins where the war spread. The malaria which was more terrible than guns spread among troops. The malaria spreaded with small insects such as fleas. Due to the group living in camp and lack of effective treatment，the malaria spread at an uncontrollable speed，which resulted in the death of tens of thousands of soldiers eventually. The plight of the malaria prompted people to explore ways to prevent and control.

1939 年，瑞士化学家保罗・赫尔曼・米勒在经过严格实验后，报告了他的研究成果：他发现了 DDT 对于该昆虫类媒介的有效杀灭作用。这一成果发表后，一场化学界的革命便被迅速掀起，而他本人也因此获得了 1948 年的诺贝尔生理学或医学奖。

In 1939，the Swiss chemist Paul Hermann Müller reported his findings after a rigorous experiment：he discovered the high efficiency of DDT as a contact poison against several insect vectors. He was awarded the Nobel Prize in Physiology or Medicine in 1948 for the discovery，and a revolution in the chemical world was quickly beginning.

人们很快便认同了这种化合物的出色能力，它具有极好的杀灭效果，同时由于 DDT 是氯基物质，它的化学性质十分稳定，因此不易降解，效果持久。在当时，人们的研究普遍指出它的毒性相对于昆虫很强，但对于人类来说就显得微不足道。因此，人们有了更好的理由肆无忌惮地使用这种了解并不深入的物质。

It was quickly recognized of the excellent ability of this compound，it had an excellent killing effect，and because DDT was a chlorine-based material，its chemical properties were very stable，so it was hard to degrade and would exist in the environment for a long time. And at that time，studies generally pointed out that it had a strong toxicity to insects，which was insignificant for human. So it was the reason for the skyrocketed use of the material that people have little information on.

在日常消毒、医用消毒领域 DDT 都被广泛应用。之后人们更是发现了它对于消灭农作物害虫的良好效果，于是 DDT 又被引入了农业领域。除了 DDT，当时人们为了更多的需求，开发出了许多与 DDT 相似的化合物，如六六六。合成出大量氯基农药后，人们又进一步开发出了磷基农药。此时，化学农药开始步入历史舞台，将这场化学领域的革命引入了高潮。

DDT was widely used in the daily disinfection and medical disinfection. Then people even found its good effect working on crop pests， so DDT was introduced into agriculture. Besides DDT， people developed a number of compounds which were similar to DDT for more needs， such as 666. People had further developed a phosphorus-based pesticide after the synthesis of a large number of chlorinated pesticides. Then chemical pesticides began to step into the stage of history， which let the chemical revolution went into a climax.

DDT 及其衍生物给世界带来了极大的好处，首先它抑制了传染病的传播，拯救了数百万面临感染风险的人类。其次 DDT 在农业领域的广泛应用，使得农业病害的影响大大减小，作物产量增加，甚至有数据指出化学农药的出现使得全球粮食产量成倍增长。

DDT and its derivatives brought great benefits to the world， first of all， it inhibited the spread of infectious diseases， saving millions of people at the risk of infection. Secondly， the widespread use of DDT in agriculture led to a significant reduction in the impact of agricultural diseases， crop yields were increased， and there was a data showed that the emergence of chemical pesticides led to a doubling of global food production.

第二次世界大战以来，DDT 及其他种类的化学杀虫剂被毫无顾忌地大量使用，当时 DDT 的使用在今天看来几乎是一种疯狂的状态，据估计，现在积聚在环境中的 DDT 已经达到了数亿吨。

After the war， DDT was made available for use with no limit， and its production and use skyrocketed. It is estimated that the DDT now accumulates in the environment has reached hundreds of millions of tons.

然而，1962 年，美国科学家蕾切尔·卡逊的著作《寂静的春天》出版了，她在该书中指出 DDT 进入食物链，是导致一些食肉和食鱼的鸟接近灭绝的主要原因。在《寂静的春天》中，她指出，DDT 进入食物链，最终会在动物体内富集，如在游隼、秃头鹰和鱼鹰这些鸟类中富集。由于氯化烃会干扰鸟类钙的代谢，致使其生殖功能紊乱，蛋壳变薄，结果使一些食肉和食鱼的鸟类接近灭绝。一些昆虫也会对 DDT 逐渐产生抗药性。

In 1962， *Silent Spring* by American biologist Rachel Carson was published. She pointed out that the main reason of the extinction of birds living on fish and meat. In the *Silent Spring* she pointed out that DDT can enter the food chain and it would eventually be enriched in animals， for example， in falcons， bald eagles and osprey. Chlorinated hydrocarbons would interfere with the metabolism of calcium in birds， which results in its reproductive dysfunction and eggshell thinning， then make some carnivorous and fish birds almost became extinct. And some insects also became resistant to DDT.

最初，蕾切尔·卡逊的观点遭到了来自各方的反对与抨击，她本人也承受着巨大的精神压力。随着越来越多的科学家支持卡逊，人们开始深刻反思。DDT 的危害被越来越多的科学家揭示，最终导致 DDT 在 1972 年在美国被禁用。随后根据《斯德哥尔摩公约》，它在全球范围内被禁用于农业生产，但它在疾病控制中的有限使用至今仍存在争议。它的挖掘者米勒也被视为诺贝尔奖历史上的耻辱。

Initially，Rachel Casson's views were opposed and criticized from all sides，and she was also under great stress. As more and more scientists stood on the side of Carson，people began to rethink profoundly. The harm of DDT was revealed by more and more scientists，eventually led to DDT being banned in the US in 1972. DDT was subsequently banned for agricultural use world wide under the Stockholm Convention，but it's limited in disease vector control continues to this day and remains controversial. It's discoverer，Müller，was also regarded as a disgrace in the history of the Nobel Prize.

DDT 的兴起是为了改善人们的生活环境，而它的没落则是因为对自然环境的破坏，它的重新启用则是人们对于两者之间的审慎权衡。但值得注意的是，对自然环境的破坏是由于人们对于 DDT 的滥用。因此可以得出结论，人们在努力改变自身生活环境的同时，其自身的行为决定了会对自然环境造成多大的损害。

The rise of DDT is to improve people's living environment，and its decline is because of the destruction of the natural environment，its re-opening is a trade-off. But it is worthy to note that the destruction of the natural environment is due to the abuse of DDT. So it can be concluded that people make their efforts to change their living environment，and at the same time，their own behavior determines how much damage will be caused to the natural environment.

11.5.2　绿色纳米技术

纳米技术的管理具有挑战性，但是绿色化学能帮助发展中国家使用更清洁、更健康的产品。

Regulating nanotech is challenging，but green chemistry could help developing countries leapfrog to cleaner，healthier products.

无害的纳米材料研究已有了重大突破，其中一些材料已经从实验室进入现实应用。如今我们仍需要密切关注它们对于卫生和环境的潜在风险，而这些风险仍然没有得到人们很好的了解。

There have been major breakthroughs in nanomaterials for use in healthcare situations and some of these have already moved beyond the laboratory into the real world. Now we need to pay serious attention to their potential risk to health and to the environment，both of which are still poorly understood.

商业化纳米技术将会影响所有的工业和制造业，包括医疗和药物供给。新的基于纳米技术的产品正在以一种惊人的速度进行开发和应用。有估计称，到 2015 年，商业纳米材料和纳米辅助装置将成为价值 1 万亿美元的产业。然而纳米材料的制造和使用在应用中未受管制，特别是在发展中国家。

Commercial nanotechnology is expected to affect almost every industrial and manufacturing sector，including medicine and drug delivery. New nano-based products are being created and introduced at an alarmingly rapid rate. One estimate says commercial nanomaterials and nano-assisted devices will be a US$1 trillion industry by 2015. Yet producing and using nanomaterials is practically unregulated，particularly in the developing world.

纳米技术迫切需要相应的监管机制。世界卫生大会（世界卫生组织的决策机构）认为需要全球行动来减少纳米材料对工人健康的影响，而控制纳米材料的暴露是首要问题（2007 年通过）。而且世界卫生组织职业卫生全球合作中心网络已经把纳米技术作为一个重点关注领域。

There is an urgent need for oversight mechanisms. The World Health Assembly（the WHO's decision-making body）identified exposure to nanomaterials as a priority for the Global Plan of Action on Workers Health（adopted in 2007）. And the WHO Global Network of Collaborating Centers in Occupational Health has selected nanotechnology as one of its key focus areas.

1. 不仅仅是纳米（Not just nano）

纳米材料在美国和欧洲受到了严格的评估，但对于所有化学产品，在发展中国家落实这类管理标准仍是一个挑战，而这不仅限于纳米产品。发展中国家对这些问题的忽视将为自身带来风险。

Nanomaterials are being rigorously evaluated in the United States and Europe，but implementing and enforcing such regulatory standards in developing countries has been a challenging problem for all chemical-based products，not just nano products. These countries ignore the issues at their own peril.

例如，在印度，有许多公司——从采矿业到化工业，都没能消除当地社区和人权组织的担忧。从 1984 年博帕尔的有毒化学物质的灾难到奥萨里邦 Niyamgiri Hills 的铝土采矿与铝厂，活动人士对有毒废物发起了长期的法律之战。环保意识随着环境影响评估而成长起来，这些环境影响评估对任何新的工业活动来说都是关键的组成部分。

In India，for example，there is a long list of companies，ranging across mining and chemical industries，that have failed to address the concerns of local communities and of human rights groups. From the 1984 toxic chemical disaster in Bhopal，to a bauxite mining and aluminium refinery in the Niyamgiri Hills，Orissa，activists have been waging long-running legal battles against toxic wastes. Environmental activism has grown with environmental impact assessments being a critical component of any newer industrial activity.

然而，不仅大型跨国企业正在转移环境负担，把可能对人类有毒的效应转移到发展中国家，而且发展中国家较小的企业也在这样做。

However，it is not only large multinational companies that are shifting environmental burdens，with possible adverse toxic effects on humans into the developing world but also smaller companies within developing nations.

2. 要检验什么，谁应该承担费用（What to test and who should pay？）

那么谁应该承担筛查、安全评估和管理的费用呢？这些费用很高，可能会严重影响发展中国家的企业。大多数的纳米技术的创新都来源于小型创业企业的相关研究团队。这些企业能否存活可能就取决于监管机构检验带来的负担。小公司可能受到不断增长的监管相关成本的严重限制。然而，许多公司正在满足高成本国家外包的廉价原材料和产品需求。

So who should pay for screening，safety assessments and regulation？These are big costs that would hit developing country companies hard. Most nanotechnology innovations originate from research groups in small start-up businesses. Whether these businesses survive may depend on the burden imposed from regulatory bodies. Small companies can be severely restricted by the costs associated with increased oversight. Yet many of companies are catering to the needs for cheaper raw materials and products outsource by high-cost countries.

特别是在发展中国家，需要详细讨论卫生和安全管理规定中谁应该承担管理测试的成本。这是一个重要的任务，因为这些规定将在风险评估的优先次序中起到重要作用。

In developing countries in particular，health and safety regulations will have to carefully deliberate who should bear the cost burden of regulatory testing. It is an important task，because the regulations will in turn play a substantial role in prioritizing，which risks are assessed.

关于筛查纳米材料毒性的正确方法的争论让监管负担进一步复杂化——究竟是应该把重点放在实验室环境下对离体细胞影响的研究，还是对整个动物（活体研究）影响的研究？后者更具挑战性，但也更昂贵。

The regulatory burden is further compounded by an ongoing debate on the correct way to screen nanomaterials for toxicity—whether to focus mainly on effects on cells investigated *in vitro*，in laboratory setting，or effects on whole animals（*in vivo* studies），which are more challenging，and can be more expensive.

我们已经知道，传统的毒理学测定和测定的模型可能不适用纳米材料，且测试结果通常不可再现，因此被人们所接受的筛查平台还不存在。

We have already known that traditional toxicological assays and models can produce conflicting and often irreproducible results for nanomaterials. So there is no single accepted screening platform.

3. 绿色化学（Green Chemistry）

规避这些挑战的另一种方法可能是将重点放在“绿色化学”这一新兴领域，以减少或消除化学产品的设计、制造和应用中产生的有害物质，这也有助于降低纳米材料的健康毒性。在金属纳米颗粒的生产中使用生态友好且生物可降解的材料对于制药和生物医学领域具有重要性。

Another way to circumvent some of these challenges may be to focus on the emerging area of Green Chemistry to reduce or eliminate hazardous substances in the design，manufacture，and application of chemical products which also holds promise for reducing toxic health effects of nano-based entities. The use of eco-friendly and biodegradable materials in the production of metal nanoparticles is important for pharmaceutical and biomedical applications.

制造纳米颗粒常需要有毒和易于反应的还原剂，如硼氢化钠和肼，这是一种用于稳定纳米颗粒的封盖剂，以及挥发性的有机溶剂，如甲苯或三氯甲烷。尽管这些方法可能成功地生产出纯净的、界限分明的纳米颗粒，但生产这些材料的环境和卫生成本很高。因此我们迫切需要开发出更具成本效益且更加温和的替代品。

Generating nanoparticles often requires toxic and aggressive chemical reducing agents like sodium borohydride and hydrazine，a capping agent to stabilize the particles，and volatile organic solvents such as toluene or chloroform. Although these methods may successfully produce pure，well-defined metal nanoparticles，the material，environmental and health cost of production is high. We urgently need to develop more cost-effective and benign alternatives.

4. 跃进到更绿色的纳米技术（Leapfrogging to greener nanotech）

一些研究团队已经开发出了几种温和的生产方法，它们使用天然可再生资源，如植物提取物、生物可降解聚合物、来自茶糖的多酚，甚至是葡萄果渣等农业废物。

Some team has already developed several benign methods which use natural renewable resources such plant extracts，biodegradable polymers，polyphenols from tea sugars and even an agricultural waste such as grape pomace.

相关进展可能有助于发展中国家特别是那些可再生植物原材料丰富的国家更安全地制造纳米材料和纳米复合材料。例如，印度的 Tata 化工厂最近推广了一种农村社区使用的净水技术，它使用水稻壳纤维素材料支撑的银纳米颗粒，每个过滤器的成本只有 21 美元。虽然它还处于开发的早期阶段，但是预计将在全球广泛应用和传播。

These sorts of advances could help developing nations，particularly those rich in renewable plant-derived raw materials，generate nanomaterials and nanocomposites more safely. For example，Tata Chemicals in India recently introduced a water purification technology for rural communities that uses silver nanoparticles supported on rice husk-based cellulosic material and costs only US$21 per filter. It is at an early stage of development yet is expected to be widely applied and distributed around the globe.

在纳米技术开发初期将绿色化学原理应用于新纳米材料和应用的发展上非常重要，而且可能带来高性能纳米材料新的全球设计规则——更加生态友好，而且对人类健康更加有利。

Applying green chemistry principles to the development of new nanomaterials and applications is all the more significant at this early stage of nanotechnology development and could lead to new global design rules for high-performance nanoscale substances that are eco-friendly and benign to human health.

主要参考文献

范玉龙，胡楠，丁圣彦，等. 2016. 陆地生态系统服务与生物多样性研究进展. 生态学报，36（15）：4583-4593.

傅伯杰，于丹丹，吕楠. 2017. 中国生物多样性与生态系统服务评估指标体系. 生态学报，37（2）：341-348.

世界环境与发展委员会. 1987. 我们共同的未来. 王之佳，柯金良，译. 长春：吉林人民出版社.

孙兴滨，闫立龙，张宝杰. 2010. 环境物理性污染与控制. 北京：化学工业出版社.

王进，张宗明. 2012. 纳米科技的潜在风险及法律对策探源. 大连理工大学学报（社会科学版），33（4）：126-131.

王世昌，丁涛，王志，等. 2006. 膜技术在生态环境治理中的应用. 膜科学与技术，26（3）：1-6.

王铁宇，周云桥，李奇锋，等. 2016. 我国化学品的风险评价及风险管理. 环境科学，37（2）：405-412.

王雪松. 2017. 我国能源问题与环境发展的战略分析. 环境与发展，29（7）：18-19.

肖湘雄. 2007. 中国生物技术发展战略研究. 发展战略研究，7（2）：1-4.

周生贤. 2014. 我国环境保护的发展历程与探索. 人民论坛，（9）：10-13.

左玉辉，华新，柏益尧，等. 2010. 环境学原理. 北京：科学出版社.

左玉辉. 2002. 环境学. 北京：高等教育出版社.

Clancy T M，Hayes K F，Raskin L. 2013. Arsenic waste management：a critical review of testing and disposal of arsenic-bearing solid wastes generated during arsenic removal from drinking water. Environmental Science & Technology，47（19）：10799-10812.

Coriddi J. 2008. An inconvenient truth. Policy & Practice：A Development Education Review，（6）：104-106.

Feyisa G L，Dons K，Meilby H. 2014. Efficiency of parks in mitigating urban heat island effect：An example from Addis Ababa. Landscape & Urban Planning，123（2）：87-95.

Magurran A E. 1988. Ecological Diversity and Its Measurement. Princeton：Princeton University Press.

Nathaniel M. 2007. Noise pollution：the sound behind heart effects. Environmental Health Perspectives，115（11）：A536-537.

Singh A. 2016. Managing the water resources problems of irrigated agriculture through geospatial techniques：An overview. Agricultural Water Management，174：2-10.